普通高等学校土木工程专业新编系列教材
中国土木工程学会教育工作委员会　审订

地基处理

（第2版）

主　编　陈昌富
副主编　葛忻声
　　　　吴曙光
　　　　周德泉

武汉理工大学出版社
·武汉·

内容提要

本书根据高等学校土木工程学科专业指导委员会组织制定的教学大纲编写，比较系统地介绍了各种地基处理方法的特点与适用范围、加固机理、设计计算、施工工艺及质量检验，并给出了相应的工程实例。本书内容包括绪论、换土垫层法、强夯法、排水固结法、复合地基理论概要、碎(砂)石桩法、土桩和灰土桩挤密法、石灰桩法、水泥粉煤灰碎石桩法、灌浆法、高压喷射注浆法、水泥土搅拌法、加筋法、既有建(构)筑物纠偏及地基基础托换与加固、特殊性岩土地基处理。

本书可作为高等学校土木工程及相关专业的教材，也可供从事地基处理的工程技术人员阅读参考。

图书在版编目(CIP)数据

地基处理/陈昌富主编．—2版．—武汉：武汉理工大学出版社，2016．3(2021．12重印)

ISBN 978-7-5629-5121-6

Ⅰ．①地…　Ⅱ．①陈…　Ⅲ．①地基处理-高等学校-教材　Ⅳ．①TU472

中国版本图书馆CIP数据核字(2016)第050275号

项目负责人：高　英

责任编辑：高　英

责任校对：张明华

封面设计：橙子工作室

出版发行：武汉理工大学出版社

地　　址：武汉市洪山区珞狮路122号

邮　　编：430070

网　　址：http://www.wutp.com.cn

经　　销：各地新华书店

印　　刷：武汉兴和彩色印务有限公司

开　　本：880×1230　1/16

印　　张：14.25

字　　数：461千字

版　　次：2016年3月第2版

印　　次：2021年12月第6次印刷

定　　价：28.00元

凡购本书，如有缺页、倒页、脱页等印装质量问题，请向出版社发行部调换。

本社购书热线：027-87523148　87785758　87165708(传真)

·版权所有，盗版必究·

第2版前言

自本书第1版于2010年初发行以来，我国地基处理技术无论是理论研究还是工程实践都取得了长足的进展。在此期间，我国发布了新的国家标准《复合地基技术规范》(GB/T 50783—2012)，同时我国对原有的GB 50007《建筑地基基础设计规范》、JGJ 79《建筑地基处理技术规范》等相关的国家标准和行业标准也进行了修订。因此，为及时反映本领域技术的最新发展，并体现相关行业的最新要求，有必要对《地基处理》教材进行全面的修编。

按照高等学校土木工程学科专业指导委员会编制的《高等学校土木工程本科指导性专业规范》对核心知识单元"地基处理技术"的要求，同时考虑到从业岩土工程师的需要，本书此次修编仍沿用第1版的架构，内容包括绪论、换土垫层法、强夯法、排水固结法、复合地基理论概要、碎(砂)石桩法、土桩和灰土桩挤密法、石灰桩法、水泥粉煤灰碎石桩法、灌浆法、高压喷射注浆法、水泥土搅拌法、加筋法、既有建(构)筑物纠偏及地基基础托换与加固、特殊性岩土地基处理。

本书仍分为15章，第1、4、6、10章由湖南大学陈昌富编写，第2、13、14章由重庆大学吴曙光编写，第3、7、15章由太原理工大学葛忻声编写，第5、11、12章由长沙理工大学周德泉编写，第8、9章由大连大学刘晓洲编写。全书由陈昌富担任主编，葛忻声、吴曙光、周德泉担任副主编。

由于编者水平有限，本书难免存在疏漏、差错之处，敬请同行专家及读者不吝赐教，以便我们进一步修改、完善。

编　者

2015.10

目　　录

1 绪　　论

本章提要

本章主要介绍了场地、地基、基础、软弱土地基和特殊土地基的基本概念；阐述了地基常见问题，地基处理的目的和意义，以及确定地基处理方案的基本原则和流程；简要介绍了常见软弱土和特殊土的类型及其工程特性，常用地基处理方法的分类及其适用范围和特点，以及地基处理技术发展概况。

本章要求掌握场地、地基、基础、软弱土地基和特殊土地基等的基本概念；掌握地基常见问题和地基处理的目的；熟悉常见软弱土和特殊土的工程特性；了解常用地基处理方法分类和适用范围。

1.1 概　　述

1.1.1 基本概念

1.1.1.1 场地(Site)

狭义地讲，场地是指工程建设所直接占有并直接使用的有限面积的土地。然而，此有限面积土地的稳定性常常会受到较大范围内的地质环境的影响，因此，从广义上说，场地应包括该有限面积土地在内的并对其稳定性有直接影响的某个微地貌、地形和不良地质单元，比如古滑坡区域、古断层区域、地震构造带等。

1.1.1.2 地基(Subgrade, Foundation Soils)

地基是指承托建筑物基础的那一部分场地。假如地基中的天然土层可直接放置基础，则称为天然地基。若天然土层过于软弱或有不良工程地质问题，需加固或处理后才能建造基础，这种经过处置的地基称为人工地基。工程上，建(构)筑物地基面临的主要问题包括：

① 稳定性问题。有时也称为承载力问题，它是指地基土体的抗剪强度能否足够抵抗建(构)筑物荷载在地基中产生的剪切应力，是否会发生局部或整体剪切等破坏。这种局部或整体剪切破坏将直接影响建(构)筑物的安全与正常使用，甚至使其产生破坏。地基的稳定性或承载能力不仅取决于地基土层的条件及抗剪强度，而且与基础的形式、大小和埋深密切相关。

② 变形问题。它是指在由建(构)筑物等产生的各种形式荷载作用下，地基土体的变形(沉降、不均匀沉降或水平位移)是否超过相应的允许值。过大的地基变形将影响建(构)筑物的使用功能，严重时将导致其开裂甚至破坏。地基变形量主要取决于荷载大小和地基土体的压缩性(或变形模量)，同时也与基础的形式和尺寸大小等因素有关。

③ 渗透问题。主要体现在两个方面：一是蓄水构筑物地基因渗流而造成水量损失、蓄水位降低甚至蓄水失败；二是由于水力坡降超过其允许值，地基因潜蚀、流土或管涌而产生削弱或失稳，进而导致建(构)筑物开裂或破坏。地基渗透问题主要与地基中水力坡降大小和土体的渗透性质有关。

④ 液化。有时也称为动力稳定性问题，它是指饱和松散粉细砂和部分粉土在动力荷载作用下产生液化，使土体失去抗剪强度，呈现近似液体特性的现象，从而导致地基失稳或震陷。

1.1.1.3 基础(Foundation, Footing)

基础是将建(构)筑物产生的荷载传递至地基的下部结构，具有承上启下的作用。因此，作用于基础上的力既有来自上部结构的荷载，又有来自地基的反力，而作用于地基上的荷载则来自于基础的作用力(比如基底压力)。

1.1.1.4 地基处理(Ground Treatment)

地基处理是指对存在有强度、变形、稳定性和渗漏等问题的地基所作的改良(Improvement)和加固(Reinforcement)。天然地基通过改良和加固,形成人工地基,从而满足建(构)筑物对地基的各项要求。

1.1.2 地基处理的目的和意义

地基处理的目的是采用各种地基处理措施和方法实现对地基岩土体的改良和加固,其作用主要有:① 提高地基的抗剪切强度和承载能力;② 降低地基的压缩性;③ 改善地基的透水特性;④ 改善地基的动力特性并提高地基抗震性能;⑤ 改善特殊性岩土地基的不良工程特性。

天然地基的工程性质通常呈现不确定性、复杂性和区域性等特点,因此,对具有各种问题的地基进行妥善的加固和处理,不仅可以提高工程安全度、保证工程质量,而且可以加快工程建设速度、节省工程建设投资。

1.2 常见软弱土和特殊性岩土的工程特性

1.2.1 软弱地基和特殊性岩土地基

地基处理的对象是软弱地基和特殊性岩土地基。

软弱地基系指由淤泥、淤泥质土、冲填土、杂填土或其他高压缩性土等软弱土层构成的地基,其中淤泥及淤泥质土通常称为软黏土。

特殊性岩土是指具有特殊的物质成分和结构以及独特工程性质的岩土,比如饱和软黏土、湿陷性黄土、膨胀性岩土、红黏土、冻土、岩渍土、岩溶等,由特殊性岩土构成的地基称为特殊性岩土地基。由于特殊性岩土具有区域性分布特征,因此有时也称其为区域性岩土地基。

1.2.2 软弱土和特殊性岩土工程特性

1.2.2.1 软(黏)土

软(黏)土是第四纪后期形成的海相、泻湖相、三角洲相、溺谷相和湖泊相的黏性土沉积物、河流冲积物或新近淤积物。软(黏)土大部分处于饱和状态,其天然含水量大于液限,天然孔隙比大于1.0。当天然孔隙比大于1.5时,称为淤泥;大于1.0而小于1.5时,称为淤泥质土。软(黏)土的特点是天然含水量高,天然孔隙比大,压缩系数高,抗剪强度低,渗透系数小。在荷载作用下,软(黏)土地基承载力低,地基沉降变形大,不均匀沉降也大,而且沉降稳定历时比较长(一般需要几年,甚至几十年)。软(黏)土地基是在工程建设中常遇到的需要进行处理的软弱地基,它广泛分布在我国沿海以及内地河流两岸和湖泊地区。例如:天津、连云港、上海、杭州、宁波、台州、温州、福州、厦门、湛江、广州、深圳、珠海等沿海地区,以及昆明、武汉、南京、马鞍山等内陆地区。

1.2.2.2 人工填土

人工填土是指由于人类活动而堆填的土,按照物质组成和堆填方式可分为素填土、杂填土和冲填土。

① 素填土,主要由黏性土、粉土、砂土或碎石土组成,不含或含有少量杂物。素填土按其堆积年限分为新素填土和老素填土两类。当堆积年限在10年以上或孔隙比小于或等于1.1的黏性素填土称为黏性老素填土;当堆积年限在5年以上或孔隙比小于或等于1.0的非黏性素填土称为非黏性老素填土。经分层碾压或夯实的填土称为压实填土,它有目的地使填土达到一定密实程度,应与一般素填土区分开来。

② 杂填土,是主要由建筑垃圾、生活垃圾、工业废料等复杂成分构成的无规则堆积物,其性质差异大且无规律性。大多数情况下,杂填土比较疏松且不均匀,即使在同一场地的不同位置,地基承载力和压缩性也可能有较大的差异。

③ 冲填土,是用水力冲填法抽排出水底泥沙等沉积物堆积而成。按冲填堆积年限可分为老冲填土(冲填时间在5年以上者)和新冲填土。冲填土的性质与冲填物成分和冲填时的水力条件有密切关系。若

冲填土中含黏土颗粒较多，则其通常是欠固结的，并且其工程性质比同类天然沉积土差；若以粉细砂为主，则其工程性质基本上与粉细砂相同。

总之，人工填土的形成复杂而极不规律，组成物质杂乱，分布范围很不一致，一般是任意堆填、未经充分压实，故土质松散，空洞、孔隙极多。因此，人工填土最基本的特点是不均匀、低密实度、高压缩性和低强度，有时具有湿陷性。

1.2.2.3 饱和砂土和粉土

主要指饱和的细砂土、粉砂土和砂质粉土。粒径大于 0.25 mm 的颗粒不超过全重的 50%，而且粒径大于 0.075 mm 的颗粒超过全重的 85%的土称为细砂土。粒径大于 0.075 mm 的颗粒不超过全重的 85%但超过 50%的土称为粉砂土。粒径小于 0.005 mm 的颗粒含量不超过全重的 10%，塑性指标 I_p 小于或等于 10 的土称为砂质粉土。处于饱和状态的细砂土、粉砂土和砂质粉土在静载作用下虽然具有较高的强度，但在机器振动、车辆荷载、波浪或地震作用下有可能产生液化或产生大量震陷变形，地基会因地基土体液化而丧失承载能力。因此，这类地基如果需要承担动力荷载，则需要进行加固处理。

1.2.2.4 湿陷性黄土

湿陷性黄土是指在覆盖土层的自重应力或自重应力与建筑物附加应力综合作用下，受水浸湿后，土的结构迅速破坏，并发生显著的附加沉降，其强度也迅速降低的黄土。当以黄土作为建筑物地基时，首先要判断它是否具有湿陷性，然后才考虑是否需要地基处理。其处理方法应根据建筑物的类别、湿陷性黄土的特性、施工条件和当地材料来源等因素综合确定。

1.2.2.5 膨胀土

膨胀土是指黏粒成分主要由亲水性黏土矿物组成的黏性土。膨胀土在环境的温度和湿度发生变化时会产生强烈的胀缩变形。膨胀土的液限、塑限、塑性指数都较大，天然含水量较小，所以常处于硬塑或坚硬状态，强度较高，黏聚力较大，内摩擦角普遍较高，压缩性一般中等偏低，故常被简单认为是很好的地基。但在水量增加或结构扰动时，其强度显著降低，压缩性明显增大。

1.2.2.6 红黏土

红黏土主要是指石灰岩和白云岩等碳酸盐类岩石在亚热带温湿气候条件下，经风化和红土化作用而形成的一种含较多黏粒，富含铁、铝氧化物胶结的红色黏性土。通常红黏土是较好的地基，但由于其下卧岩面起伏较大且存在软弱土层，一般容易引起地基不均匀沉降。

1.2.2.7 盐渍土

土中含盐量超过一定数量的土称为盐渍土。盐渍土地基浸水后，土中盐溶解可能产生地基溶陷，某些盐渍土(如含硫酸钠的土)在环境温度和湿度变化时，可能产生土体体积膨胀。除此之外，盐渍土中的盐溶液还会导致建筑物材料和市政设施材料的腐蚀，造成建筑物或市政设施的破坏。

1.2.2.8 多年冻土

多年冻土是指温度连续 3 年或 3 年以上保持在 0 ℃或以下，并含有冰的土层。多年冻土的强度和变形有许多特殊性。例如，冻土中因冰和冰水的存在，在长期荷载作用下有强烈的流变性。多年冻土在人类活动影响下，可能产生融化。因此，多年冻土作为建筑物地基时需慎重考虑，应采取必要的处理措施。

1.2.2.9 岩溶、土洞和山区地基

岩溶也可称为“喀斯特”，它是石灰岩、白云岩、泥灰岩、大理石、盐岩、石膏等可溶性岩层受水的化学和机械作用而形成的溶洞、溶沟、裂隙，以及由于溶洞的顶板塌落使地表产生陷穴、洼地等现象和作用的总称。

土洞是岩溶地区上覆土层被地下水冲蚀或被地下水潜蚀所形成的洞穴。

岩溶和土洞对建(构)筑物的影响很大，可能造成地面变形、地基陷落，发生水的渗漏和涌水现象。在岩溶地区修建建筑物时要特别重视岩溶和土洞的影响。

山区地基地质条件比较复杂，主要表现在地基的不均匀性和场地的稳定性两个方面。山区基岩表面起伏大，且可能有大块孤石，这些因素常会导致建筑物基础产生不均匀沉降。另外，在山区常有可能遇到滑坡、崩塌和泥石流等不良地质现象，给建(构)筑物造成直接的或潜在的威胁。在山区修建建(构)筑物时要重视地基的稳定性和避免过大的不均匀沉降，必要时需进行地基处理。

1.3　常见地基处理方法的分类、适用条件和特点

地基处理方法分类多种多样，往往同一种处理方法具有多种效用，而且地基处理新方法不断出现，传统方法的功能也在不断扩大，这都使分类越来越困难。因此，地基处理方法分类不宜太细，类别不宜太多。本书根据加固原理对地基处理方法进行分类，大致分为六类，各类中的地基处理方法及其适用条件见表 1.1。

表 1.1　常见地基处理方法的分类、适用条件和特点

分类	处理方法	原理和作用	适用条件及特点
换土垫层法	机械碾压法	挖除浅层软弱土或不良土，回填性能良好的岩土材料，经分层碾压或夯实形成抗剪强度高、压缩性小的垫层。按回填的材料可分为砂(石)垫层、碎石垫层、粉煤灰垫层、矿渣垫层、土(灰土)垫层等。其作用是可提高持力层的承载力，减小沉降量；消除或部分消除土的湿陷性和胀缩性；防止土的冻胀作用；改善土的抗液化性能	① 常用于基坑面积大、开挖土方量大的回填土方工程； ② 适用于处理浅层软弱地基(厚度不大于 3 m)、湿陷性黄土地基(厚度不大于 5 m)、膨胀土地基、季节性冻土地基、素填土和杂填土地基； ③ 对地下水位较高的重要工程，需降低地下水位施工
	平板振动法		① 适用于处理非饱和无黏性土地基或黏粒含量小和透水性好的杂填土地基； ② 仅限于浅层处理，一般不大于 3 m，对于湿陷性黄土地基不大于 5 m
深层密实或置换法	强夯法	利用强大的夯击能迫使深层土体液化和动力固结，使土体密实，用以提高地基承载力、减小沉降量，消除土的湿陷性、胀缩性和液化性。强夯置换是指对厚度小于 7 m 的软弱土层边夯边填碎石等粗颗粒材料，形成深度为 3～7 m、直径为 2 m 左右的碎石柱体，与周围土体形成复合地基	① 强夯法适用于碎石土、素填土、杂填土、砂土、低饱和度的粉土与黏性土以及湿陷性黄土； ② 强夯置换法适用于高饱和度的粉土和软塑-流塑的黏性土等地基上对控制变形要求不严的工程，对淤泥、泥炭等黏性软弱土层，置换墩应穿透软弱土层； ③ 施工速度快、施工质量容易保证，经处理后土性较为均匀，造价经济，适用于处理大面积场地； ④ 因施工产生很大震动和噪声，不宜在闹市区施工
	挤密桩法(碎石桩、砂石桩挤密法，石灰桩、土桩、灰土桩挤密法)	利用挤密或振动使深层土体密实，并在振动或挤密过程中，回填碎石、砾石、砂、石灰、土、灰土等材料，形成碎石桩、砂桩、砂石桩、石灰桩、土桩、灰土桩等，与桩间土一起形成复合地基，从而提高地基承载力，减小沉降量，消除或部分消除土的湿陷性和液化性	① 砂(碎石)桩挤密法、振动水冲法、干振碎石桩法，一般适用于杂填土和松散砂土，对软土地基经试验证明加固有效时方可使用； ② 石灰桩适用于软弱黏性土和杂填土，土桩、灰土桩挤密法一般适用于地下水位以上深度为 5～15 m 的湿陷性黄土和人工填土
	水泥粉煤灰碎石桩法	由水泥、粉煤灰、碎石、石屑或砂加水拌和形成的高黏结强度桩，桩、桩间土和褥垫层一起构成复合地基，从而大幅度提高地基承载力，减少变形	① 适用于处理黏性土、粉土、砂土和已自重固结的素填土等地基； ② 对淤泥质土应通过现场试验确定其适用性
排水固结法	堆载预压法、真空预压法、降水预压法、电渗排水法	通过布置垂直排水井，改善地基的排水条件，并采取加压、抽气、抽水或电渗等措施，以加速地基土的固结和强度的增长，提高地基土的稳定性，并使沉降提前完成	① 适用于处理厚度较大的饱和软土和冲填土地基，但对于厚度较大的泥炭层要慎重对待； ② 需要有预压时间和荷载条件，及土石方搬运机械； ③ 对真空预压，预压力应达 80 kPa，不够时，可同时加土石方堆载，真空泵需长时间抽气，耗电量较大； ④ 降水预压法无须堆载，效果取决于降低水位的深度，需长时间抽水，耗电量较大
胶结法	注浆法	通过注入水泥浆液或化学浆液，使土层中的土粒胶结，用以提高地基承载力，减小沉降量、增加稳定性，防止渗漏	用于处理岩基、砂土、粉土、淤泥质黏土、粉质黏土、黏土和一般人工填土，也可用于加固暗浜和托换工程
	高压喷射注浆法	将带有特殊喷嘴的注浆管，通过钻孔置入要处理土层的预定深度，然后以高压水泥浆液冲切土体，在喷射浆液的同时，以一定的速度旋转、提升，即形成水泥土圆柱体；若喷嘴提升而不旋转，则形成墙状固结体。加固后可以提高地基承载力，减小沉降量，防止砂土液化、管涌和基坑隆起，建成防渗帷幕	① 适用于处理淤泥、淤泥质土、黏性土、粉土、黄土、砂土、碎石土和素填土等地基； ② 当土中含有较多的大粒径块石、坚硬黏性土、大量植物根茎或有过多的有机质，以及地下水流速过大和已涌水的工程，应根据现场试验结果确定其适用程度； ③ 对已有建筑物可进行托换、加固； ④ 施工时水泥浆冒出地面流失量较大，对流失水泥浆应设法予以利用
	深层土搅拌法	深层土搅拌法施工时分湿法和干法两种。湿法是利用深层搅拌机，将水泥浆与地基土在原位拌和；干法是利用喷粉机，将水泥粉或石灰粉与地基土在原位拌和。搅拌后形成的柱状水泥土体，可以提高地基承载力、减小沉降量、增强稳定性和防渗堵漏	① 适用于处理正常固结的淤泥、淤泥质土、粉土、饱和黄土、素填土、黏性土以及无流动地下水的饱和松散砂土等地基； ② 当用于处理泥炭土或地下水具有侵蚀性时，宜通过试验确定其适用程度； ③ 不能用于含石块的杂填土

续表 1.1

分类	处理方法	原理和作用	适用条件及特点
加筋法	土工合成材料法	在人工填土的路堤或挡土墙内铺设土工合成材料、钢带、钢条、尼龙绳或玻璃纤维等作为拉筋；或在软弱土层中设置土锚、土钉和锚定板、树根桩、低强度混凝土桩、钢筋混凝土桩等，从而形成可承受抗拉、抗压、抗剪和抗弯作用的人工复合土体，用以增加土体的自身强度和自稳能力，并提高地基承载力、减小沉降量和增强地基稳定性	土工合成材料适用于砂土、黏性土和软土
	加筋土、土锚、土钉、锚定板法		① 加筋土适用于人工填土的路堤和挡墙结构；② 土锚、土钉和锚定板适用于土坡稳定
	树根桩法		树根桩适用于各类土，可用于稳定土坡的支挡结构，或用于对既有建筑物的托换工程
	低强度混凝土桩或钢筋混凝土桩法		各类深厚软弱地基
热学法	热加固法	热加固法是通过渗入压缩的热空气和燃烧物，并依靠热传导，将细粒土加热到 100 ℃以上，则土的强度就会提高，压缩性随之降低	① 适用于非饱和黏性土、粉土和湿陷性黄土；② 适用于能提供富余热能的地区
	冻结法	采用液体氮或二氧化碳膨胀的方法，或采用普通的机械制冷设备与一个封闭式液压系统相连接，而使冷却液在内流动，从而使软而湿的土冻结，以提高地基土的强度和降低土的压缩性	① 适用于饱和砂土或软黏土，作为施工临时措施；② 要求有一套制冷设备，耗电量大

地基处理方案应根据可靠性、经济性、先进性和实用性原则，并考虑建筑物情况、地基条件、环境影响和施工条件等因素进行综合确定。

地基加固处理工程的基本流程包括：场地勘察、初步方案比选、设计计算、施工设计和现场试验、现场施工监测与监理、加固处理效果检验。

1.4 地基处理技术发展概况

地基处理技术在我国具有悠久的历史，比如灰土垫层基础和短桩处理地基方法可追溯到 2000 多年以前。但近 50 多年来，国外开发出许多地基处理技术和方法，并广泛应用于各类土木工程建设中，取得了显著的经济效益和社会效益。新中国成立以来，尤其是改革开放以后，为满足我国工程基本建设的需要，许多地基处理技术被引进并加以改造以适应我国实际情况，同时，我国也自行开发了许多地基处理技术和方法(表 1.2)，相应的设计计算理论和方法、施工设备和工艺等也得到了长足的发展。

表 1.2 部分地基处理方法在我国应用最早年份

地基处理方法	年 份	地基处理方法	年 份
普通砂井法	20 世纪 50 年代	土工合成材料	20 世纪 50 年代末
真空预压法	1980 年	强夯置换法	1988 年
袋装砂井法	20 世纪 70 年代	EPS 超轻质填料法	1995 年
塑料排水法	1981 年	低强度桩复合地基法	1990 年
砂桩法	20 世纪 50 年代	刚性桩复合地基法	1981 年
土桩法	20 世纪 50 年代中	锚杆静压桩法	1982 年
灰土法	20 世纪 60 年代中	掏土纠倾法	20 世纪 60 年代初
振冲法	1977 年	顶升纠倾法	1986 年
强夯法	1978 年	树根桩法	1981 年
高压喷射注浆法	1972 年	沉管碎石桩法	1987 年
浆液深层搅拌法	1977 年	石灰桩法	1953 年
粉体深层搅拌法	1983 年		

目前地基处理已成为土力学与岩土工程领域的一个重要分支，中国和国际土力学与岩土工程学会都专门设有地基处理学术委员会。我国不仅出版了大量的有关地基处理手册、理论专著和参考资料，而且国家各部委及地方还编写了有关设计与施工等的技术规范和规程。

总之，地基处理技术在我国房建、水利、交通、市政、近海岸工程等领域得到了广泛的应用，并且在实际工程应用中，已有的技术和方法不断得以完善和发展，新的处理技术方法、工艺和设备不断涌现。随着我国基本工程建设的快速发展，地基处理技术也将面临良好的发展机遇，可以预见，经过岩土工程界的不懈努力，地基处理的设计理论、计算方法、施工工艺、设备仪器、质量监控及检测技术等必将跃上一个新的台阶。

思考题与习题

1.1 何谓场地、地基和基础？

1.2 一般建筑物地基面临的问题有哪些？

1.3 何谓软弱地基？软土有哪些特点？

1.4 何谓地基处理？地基处理的目的是什么？

1.5 常见的特殊性岩土有哪些？它们各有什么特点？

1.6 简述常用地基处理方法及其适用范围。

2 换土垫层法

本章提要

当软弱土地基的承载力和变形满足不了建筑物的功能要求，而软弱土层的厚度又不是很大时，可以采用换土垫层法进行地基处理，即将基础底面下一定范围内的软弱土层部分或全部挖除，然后分层换填强度较大的材料，并压实（夯实、振实）至要求的密实度为止，让垫层承受上部较大的应力，软弱层承担较小的应力，以满足上部结构对地基的要求。本章主要介绍了换土垫层法的基本加固原理、垫层的作用、土的压实原理、垫层的设计与计算以及换土垫层法施工质量检验。

要求掌握换土垫层法的特点及适用范围、作用原理、设计要点和施工质量要求，能根据不同的情况，选择地基处理的具体方案。

2.1 概　　述

2.1.1 换土垫层法的原理

当软弱土地基的承载力和变形满足不了建筑物的功能要求，而软弱土层的厚度又不是很大时，将基础底面下一定范围内的软弱土层部分或全部挖除，然后分层换填强度较大的砂、砂石、素土、灰土、炉渣、粉煤灰或其他性能稳定、无侵蚀性的材料，并压实（夯实、振实）至要求的密实度为止，这种地基处理方法称为换土垫层法。

换土垫层法的加固原理是根据土中附加应力分布规律，让垫层承受上部较大的应力，软弱层承担较小的应力，以满足上部结构对地基的要求。

2.1.2 垫层的分类和适用范围

垫层按其换填材料的不同，可分为砂垫层、砂卵石垫层、砂石垫层、碎石垫层、素土垫层、灰土垫层、粉煤灰垫层、矿渣垫层和水泥土垫层等。由于各种材料具有不同的性质，换填后所形成的垫层，其作用也就各不相同。因此，必须根据具体的工程情况和地基条件，选择恰当的换填材料，以满足其垫层作用的要求。如一般地基上荷载较大的工程，垫层的主要作用是提高地基强度和减小其变形，此时应选择砂石、水泥土等强度高、压缩性低的材料；又如软土地基垫层的主要作用是加速排水固结，应选用砂石等透水性大的材料，而不得使用素土、灰土等材料。

选择换填材料时，除应满足其垫层作用的要求外，还应注意就地取材，充分利用地方材料，这样不仅材料来源丰富可保证工程的需要，而且价格便宜可降低工程费用。

换填法适用于淤泥、淤泥质土、湿陷性黄土、素填土、杂填土地基及暗沟、暗塘等的浅层处理。常用垫层分类及其适用范围见表2.1。

对于大面积填土，往往是压缩层深度大，沉降量绝对值也大，且沉降持续时间较长。采用大面积填土作为建筑地基，应符合《建筑地基基础设计规范》(GB 50007—2011)的有关设计规定。

表 2.1　垫层分类及其适用范围

垫层分类	适用范围
砂(砂石、碎石)垫层	多用于中小型建筑工程的浜、塘、沟等的局部处理。适用于一般饱和、非饱和的软弱土和水下黄土地基处理。不宜用于湿陷性黄土地基，也不宜用于大面积堆载、密集基础和动力基础的软土地基处理。砂垫层不宜用于有地下水流并且流速快、流量大的地基处理
素土垫层	适用于中小型工程及大面积回填、湿陷性黄土地基的处理
灰土垫层	适用于中小型工程，尤其适用于湿陷性黄土地基的处理
粉煤灰垫层	适用于厂房、机场、港区陆域和堆场等大、中、小型工程的大面积填筑
矿渣垫层	适用于中小型建筑工程，尤其适用于地坪、堆场等工程大面积的地基处理和场地平整。但对于受酸性或碱性废水影响的地基不得采用矿渣垫层

通常基坑开挖后，利用分层回填压实，也可处理较深的软弱土层，但经常由于地下水位高而需要采用降水措施，坑壁放坡占地面积大或需要基坑支护，以及施工土方量大、弃土多等因素，从而使处理费用增加、工期延长，因此，换填法的处理深度通常宜控制在 3 m 以内，但也不应小于 0.5 m，因为垫层太薄，则换土垫层的作用不显著。在湿陷性黄土地区或土质较好场地，一般坑壁可直立或边坡稳定时，处理深度可限制在 5 m 以内。

换填法在国外亦有将它归属于“压实”的地基处理范畴。“压实”可认为是由于排除空气而使孔隙减小，因此，它不同于“固结”，“固结”是由于排除孔隙水而使孔隙体积减小。换填土属于置换法，换填后将土层压实，就增加了土的抗剪强度、提高了地基承载力，同时减少了渗透性和压缩性，降低了沉降量，减弱了液化性，消除了膨胀土地基的胀缩性、湿陷性黄土地基的湿陷性和季节性冻土地基的冻胀性。

2.2　垫层的作用

垫层具有以下作用：

(1) 提高地基承载力

浅基础的地基承载力取决于地基土的抗剪强度。因此，以抗剪强度较高的砂或其他填筑材料置换较软弱的土，可提高地基的承载力。

(2) 减小地基变形

一般地基浅层部分的沉降量在总沉降量中所占的比例是比较大的(如条形基础在相当于基础宽度的深度范围内的沉降量占总沉降量的 50%左右)。因此，以密实砂或其他填筑材料代替上部软弱土层，就可以减少浅层地基的沉降量。加之由于垫层对应力的扩散作用，使作用在下卧层上的附加应力减小，相应也会减小下卧层土的沉降量。

(3) 加速软弱土层的排水固结

对于软土地基，不仅强度低，压缩性大，而且渗透性差，固结速度慢。建筑物的不透水基础直接与软弱土层相接触时，在荷载作用下，软弱地基中的水被迫绕基础两侧排出，因而使基底下的软弱土不易固结，形成较大的孔隙水压力，还会由于地基强度降低而产生塑性破坏的危险。砂和砂石等材料组成的垫层透水性大，软弱土层受压后，垫层可作为良好的排水面，使基础下的孔隙水压力迅速消散，加速垫层下软弱土层的固结和提高其强度，避免地基土塑性破坏。

(4) 防止冻胀

因为粗颗粒的垫层材料孔隙大，不易产生毛细管现象，因此，可以防止寒冷地区土中结冰所造成的冻胀。这时，砂垫层的底面应满足当地冻结深度的要求。

(5) 消除膨胀土的胀缩作用

在膨胀土地基上采用换土垫层法时，一般可选用砂、碎石、块石、煤渣、土灰或灰土等材料作为垫层，基础两侧宜用与垫层相同的材料回填。

(6) 消除湿陷性黄土的湿陷作用

采用素土、灰土或二灰土垫层处理的湿陷性黄土,可用于消除1～3 m厚黄土的湿陷性。必须指出的是砂垫层不宜用于处理消除黄土地基湿陷性。因为砂垫层的透水性大,采用砂垫层时反而易造成黄土湿陷。

(7) 用于处理暗浜和暗沟的建筑场地

城市建筑场地,有时会遇到暗浜和暗沟。此类地基具有土质松软、均匀性差、有机质含量较高等特点,其承载力和变形一般都满足不了建筑物的功能要求。一般处理的方法有基础加深、基础梁跨越、短桩支承和换土垫层。而换土垫层主要适用于需要处理的深度不大、范围较大,土质较差,无法直接作为基础持力层的情况。

在各种不同类型的工程中,垫层所起的主要作用,有时也是不同的。例如,砂垫层可分为换土砂垫层和排水砂垫层两种。一般工业与民用建筑物基础下的砂垫层主要起换土作用,视工程具体情况,可部分换土,也可全部换土。当软弱土层较薄时,可采用全部换填,在短期内便可达到设计效果。当软弱土层很厚时,可对靠近地表附近的部分进行置换,并容许有一定程度的沉降和变形。采用垫层法的前提条件是挖除的软弱土能搬迁堆置,同时又能获取大量便宜的良质土。对路堤和土坝等工程的砂垫层,主要利用垫层的排水固结作用,提高固结速率,促使地基土的强度增长。

2.3 土的压实原理

土体压实的效果主要取决于被压实土的含水量和压实机械的压实能量。在一定的外部压实能量作用下,当黏性土的土样含水量较小时,粒间引力较大(土体含黏粒愈多,粒间引力愈大),若压实能量不能有效地克服引力而使土粒相对移动,这时压实效果就比较差;当增大土样含水量时,结合水膜逐渐增厚,减小了引力,土粒在相同压实能量下易于移动而挤密,故压实效果较好;但当土样含水量增大到一定程度后,孔隙中就出现了自由水,结合水膜的扩大作用就不大了,因而引力的减小也不显著,此时自由水填充在孔隙中,压实时孔隙中过多的水分不易立即排出,势必阻止土粒的移动,所以压实效果反而又有所下降,这就是土的压实机理。

因此,在一定的压实能量作用下使土最容易压实,并能达到最大密实度的含水量,就称为土的最优含水量(或称最佳含水量),用 w_{op} 表示。相应的干密度称为最大干密度,用 ρ_{dmax} 表示。

在工程实践中,对垫层的碾压质量的检验,要求能获得填土的最大干密度 ρ_{dmax},其最大干密度可用室内击实试验确定。击实试验的操作步骤如下:

① 将具有代表性的风干的或在低于60 ℃的温度下烘烤干的土样放在橡皮板上用木碾碾散,过5 mm筛,拌匀备用。

② 测定土样风干含水量,按土的塑限估计其最优含水量,依次相差约2%,使其中有2个大于最优含水量、2个小于最优含水量,计算所需加水量。

③ 按预定含水量制备试样。称取土样,每个约2.5 kg,平铺于一不吸水的平板上,用喷水设备往土样上均匀喷洒预定的水量,稍静置一段时间再装入塑料袋内或密封盛样器内浸润备用。浸润时间对高塑性黏土不得少于一昼夜,对低塑性黏土可酌情缩短,但不应少于12 h。

④ 将直径9.215 cm、高15 cm、体积为1000 cm^3 的击实筒放在坚实地面上,将制备好的试样600～800 g(其数量应使击实后的试样略大于筒高的1/3)倒入筒内,整平其表面,并用圆木板稍加压紧,然后用锤(锤重2.5 kg,锤底直径5 cm)进行击实。锤击时锤应自由铅直落下,落距46 cm,对砂土和粉土,每层为20击;对粉质黏土和黏土,每层为30击。锤迹必须均匀分布于土面。然后安装套环,把土面刨成毛面,重复上述步骤进行第二层及第三层的击实,击实后超出击实筒的余土高度不得大于10 mm。

⑤ 用修土刀沿套环内壁削挖后,扭动并取下套环。齐筒顶细心削平试样,拆除底板。

⑥ 用推土器推出击实筒内试样,从试样中心处取2个各15～30 g的土样测定其含水量 w。

⑦ 重复步骤④～⑥,进行其他不同含水量试样的击实试验。

计算上述5个不同含水量 w 试样的5个相应干密度 ρ_d,以干密度为纵坐标,含水量为横坐标,绘制 ρ_d

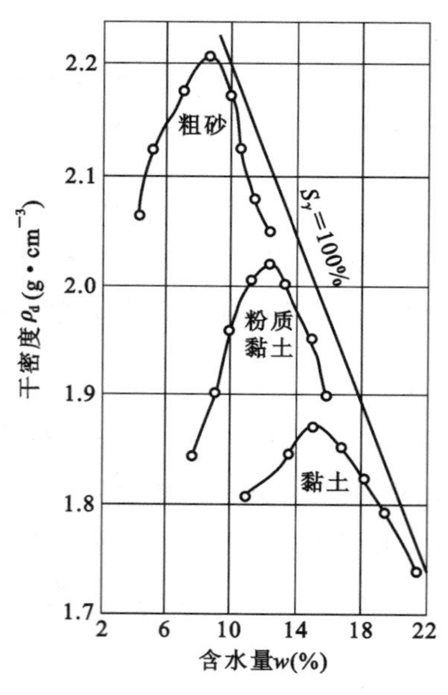

图 2.1　砂土和黏土的压实曲线

和 w 关系曲线，如图 2.1 所示。在曲线上，ρ_d 的峰值即为最大干密度 ρ_{dmax}，与之相应的含水量即为最优含水量 w_{op}。

不同的土体，其最优含水量是不相同的。相同的击实功能对不同粒径的土的压实效果并不完全相同。黏粒含量较多的土，土粒间引力就愈大，只有在含水量比较大时，才能达到最大干密度的压实状态。如果改变压实能量而土体含水量不变时，其压实效果显然不同。压实能量愈大，粒间引力愈易克服，土的最大干密度增大，最优含水量却减小。即击实功能愈大，则愈容易克服颗粒间的引力，因此，在较低含水量下可达到更大的密实程度。

击实试验是用锤击的方法使土体密度增大，是模拟现场土的室内压实试验。实际上击实试验是土样在有侧限的击实筒内进行，不可能发生侧向位移，力作用在有侧限的土体上，则夯实会均匀，且能在最优含水量状态下获得最大干密度。而现场施工的土料，土块大小不一，含水量和铺填厚度又很难控制均匀，则实际压实土的均匀性会稍差。因此，现场施工时，常以压实系数 λ_c（土的控制干密度 ρ_d 与最大干密度 ρ_{dmax} 之比）与施工含水量（最优含水量 $w_{op}\pm2\%$）作为控制指标进行施工质量的检验。

2.4　垫层的设计与计算

虽然不同材料的垫层，其应力分布稍有差异，但从试验结果分析其极限承载力还是比较接近的。通过沉降观测资料得知，不同材料垫层（如砂垫层、粉煤灰垫层和矿渣垫层等）的特性基本相似，故可将各种材料的垫层设计都近似地按砂垫层的计算方法进行计算。但对湿陷性黄土、膨胀土、季节性冻土等某些特殊土采用换填法处理时，因其主要处理目的是消除或部分消除地基土的湿陷性、胀缩性或冻胀性，所以在设计时所需考虑解决问题的关键也应有所不同。

换土垫层法加固地基设计包括垫层材料的选用、垫层铺设范围、垫层厚度的确定，以及地基沉降计算等。

2.4.1　垫层材料的选用

采用换土垫层法处理地基，垫层的材料应当按照“满足要求和因地制宜”的原则来执行。

（1）砂石

用砂石料作垫层填料时，宜选用颗粒级配良好和质地坚硬的中砂、粗砂、砾砂、圆砾、卵石或碎石等，填料中不得含有植物残体、垃圾等杂质，且含泥量不应超过 5%。用粉细砂作填筑料时，应掺入不少于 30% 的碎石或卵石，且应分布均匀，最大粒径均不得大于 50 mm。当碾压（或夯、振）功能较大时，最大粒径亦不宜大于 80 mm。用于排水固结地基垫层的砂石料，含泥量不宜超过 3%。对湿陷性黄土地基，不得选用砂石等渗水材料。

砂垫层材料应选用级配良好的中粗砂，含泥量不超过 3%，并应除去树皮、草皮等杂质。

若用细砂作垫层填料时，应掺入 30%～50% 的碎石，碎石最大粒径不宜大于 50 mm，并应通过试验确定铺填厚度、振捣遍数、振捣器功率等技术参数。

开挖基坑时应避免坑底土层扰动，可保留 200 mm 厚土层暂不挖去，待铺砂前再挖至设计标高，如果有浮土则必须清除。当坑底为饱和软土时，须在与土面接触处铺一层细砂起反滤作用，其厚度不计入砂垫层设计厚度内。

砂垫层施工一般可采用分层振实法，压实机械宜采用 1.55～2.2 kW 的平板振捣器。

第一分层（底层）松砂铺填厚度宜为 150～200 mm，应仔细夯实并防止扰动坑底原状土，其余分层铺填厚度可取 200～250 mm。

施工时应重叠半板往复振实，宜由四周逐步向中间推进。每层压实量以 50～70 mm 为宜。同一座建筑物下砂垫层设计厚度不同时，顶面标高应相同，厚度不同的砂垫层交接处或分段施工的交接处，应做成踏步或斜坡，加强捣实，并酌量增加质量检查点。

在基础做好后应立即回填基坑，建筑物完工后，在邻近进行低于砂垫层顶面开挖工作时，应采取措施以保证砂垫层的稳定。

对砂垫层可用环刀法或钢筋贯入法检验垫层质量。使用环刀容积不应小于 200 cm^3，以减少其偶然误差。砂垫层干密度控制标准：中砂为 16 kN/m^3，粗砂为 17 kN/m^3。用钢筋贯入法检验砂垫层质量时，通常可用 ϕ20 mm 的平头钢筋，钢筋长 1.25 m，垂直举离砂面 0.7 m，自由落下，测其贯入度，检验点的间距应不小于 4 m。对砂石垫层可设置纯砂检验点，再按环刀法取样检验。垫层质量检验点，对大基坑每 50～100 m^2应不少于 1 个检验点；对基槽每 10～20 m 应不少于 1 个点；每个单独柱基应不少于 1 个点。

（2）素土

素土（或灰土等）垫层材料的施工含水量宜控制在最优含水量 $w_{op}\pm2\%$范围内。

素土（或灰土）垫层分段施工时不得在柱基、墙角及承重窗间墙下接缝。上下两层的缝距不得大于 500 mm。灰土应拌和均匀，应当日铺填夯压，压实后 3 天内不得受水浸泡。

素土（或灰土）可用环刀法或钢筋贯入法检验垫层质量。垫层的质量检验必须分层进行，每夯压完一层，应检验该层的平均压实系数。当压实系数符合设计要求后，才能铺填上层。当采用环刀法取样时，取样点应位于每层 2/3 的深度处。

当采用钢筋贯入法或环刀法检验垫层质量时，其检验点数量与砂垫层检验标准相同。

（3）粉煤灰

粉煤灰垫层可采用分层压实法，压实的仪器可用压路机、振动压路机、平板振动器和蛙式打夯机。机具选用应按工程性质、设计要求和工程地质条件等确定。

对过湿的粉煤灰应滤干装运，装运时含水量以 15%～25%为宜。底层粉煤灰宜选用较粗的灰，并使含水量稍低于最佳含水量。

施工压实参数（$\rho_{d\max}$，w_{op}）可由室内击实试验确定。压实系数一般可取 0.9～0.95，根据工程性质、施工工具、地质条件等因素确定。

填筑应分层铺筑与碾压，设置泄水沟或排水盲沟。虚铺厚度、碾压遍数应通过现场小型试验确定。若无试验资料时，可选用铺筑厚度 200～300 mm，压实厚度 150～200 mm。小型工程可采用人工分层摊铺，在整平后用平板振动器或蛙式打夯机进行压实。施工时须一板压 1/2～1/3 板，往复压实，由外围向中间进行，直至达到设计密实度要求。

大中型工程可采用机械摊铺，在整平后用履带式机具初压 2 遍，然后用中型、重型压路机碾压。施工时须一轮压 1/2～1/3 轮，往复碾压，后轮必须超过两施工段的接缝，碾压遍数一般为 4～6 遍，直至达到设计密实度要求。

施工时宜当天铺筑、当天压实。若压实时呈松散状，则应洒水湿润再压实。洒水的水质应不含油质，pH＝6～9；若出现“橡皮土”现象，则应暂缓压实，采取开槽、翻开晾晒或换灰等方法处理，施工压实含水量可控制在 $w_{opt}\pm4\%$范围内。施工最低气温不低于 0 ℃，以防粉煤灰含水冻胀。

每一层粉煤灰垫层经验收合格后，应及时铺筑上层或采用封层，以防干燥松散起尘污染环境，并禁止车辆在其上行驶通行。

粉煤灰质量检验可用环刀压入法或钢筋贯入法。对大中型工程测点布置要求为：环刀法按 100～400 m^2布置 3 个测点；钢筋贯入法按 20～50 m^2 布置 1 个测点。

（4）干渣

干渣亦称高炉重矿渣，简称矿渣，是高炉冶炼生铁过程中所产生的固体废渣经自然冷却而成。干渣具有原料足、造价低、节约天然资源（砂石料）等优点。干渣垫层材料可根据工程的具体条件选用分级干渣、混合干渣或原状干渣。小面积垫层一般用 8～40 mm 与 40～60 mm 的分级干渣，或 0～60 mm 的混合干渣；大面积铺填时，可采用混合干渣或原状干渣，原状干渣最大粒径不大于 200 mm 或不大于碾压分层虚铺厚度的 2/3。

用于垫层的干渣技术条件应符合下列规定：稳定性合格；松散密度不小于 11 kN/m³；泥土与有机杂质含量不大于 5%。对用于一般场地平整的干渣，其质量可不受上述指标限制。

用干渣做垫层时采用分层压实法施工。压实可用平板振动法或机械碾压法。小面积施工宜采用平板振动器振实，振动器的功率应大于 1.5 kW，每层虚铺厚度 200～250 mm，振捣遍数由试验确定，以达到设计密实度为准。大面积施工宜采用 8～12 t 压路机，每层虚铺厚度不大于 300 mm；也可采用振动压路机碾压，碾压遍数均可由现场试验确定。

(5) 土工合成材料加碎石

由分层铺设的土工合成材料与地基土构成加筋垫层时，所用土工合成材料的品种与性能及填土类应根据工程特性和地基土条件，按照现行国家标准《土工合成材料应用技术规范》(GB 50290—2014)的要求，通过设计并进行现场试验后确定。

作为加筋的土工合成材料应采用抗拉强度较高，同时耐久性好、抗腐蚀的土工格栅、土工格室、土工垫或土工织物等土工合成材料；垫层填料宜用碎石、角砾、砾砂、粗砂、中砂或粉质黏土等材料。当工程要求垫层具有排水功能时，垫层材料应具有良好的透水性。在软土地基上使用加筋垫层时，应保证建筑物稳定并满足允许变形的要求。

(6) 其他工业废渣

在有可靠试验结果或成功工程经验时，对质地坚硬、性能稳定、无腐蚀性和放射性危害的工业废渣等均可用于填筑换填垫层。被选用工业废渣的粒径、级配和施工工艺等应通过试验确定。

2.4.2 砂垫层设计要点

垫层是作为基础的持力层处理地基的，它是地基的主要受力部分。因此，垫层的设计不但要满足建筑物对地基变形及稳定的要求，而且应符合经济合理的原则。垫层设计时，既要求有足够的厚度来置换可能被剪切破坏的软弱土层，又要求有足够的宽度以防止垫层向两侧挤出。对于有排水要求的垫层来说，除要求有一定的厚度和宽度满足上述要求外，还需形成一个排水面，促进软弱土层的固结，提高其强度，以满足上部荷载的要求。所以，垫层的设计内容主要是确定其断面的合理厚度和宽度。

2.4.2.1 *垫层厚度的确定*

垫层厚度一般是根据垫层底部下卧土层的承载力确定，即作用在垫层底面处土的自重应力与附加应力之和不大于垫层底面下土层的承载力(图 2.2)：

$$p_z + p_{cz} \leqslant f_{az} \tag{2.1}$$

式中 p_z——垫层底面处土的附加应力值(kPa)；

p_{cz}——垫层底面处土的自重应力值(kPa)；

f_{az}——垫层底面处软弱土层经深度修正后的地基承载力特征值(kPa)。

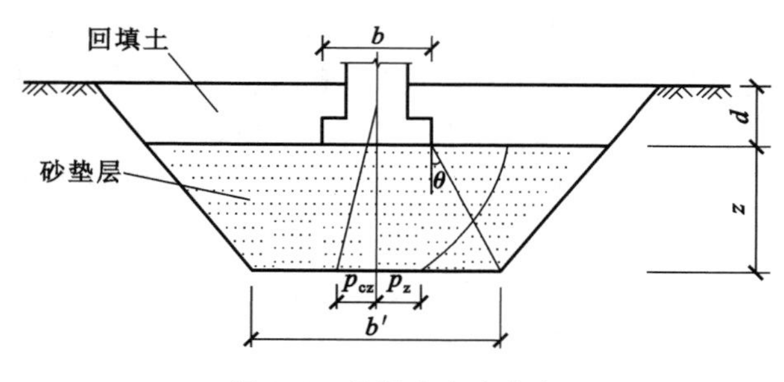

图 2.2 垫层内应力分布

2.4.2.2 *垫层内应力分布*

垫层底面处土的附加压力值可按简化的压力扩散角法计算(图 2.2)，即假定压力按某一扩散角(表 2.2)向下扩散，在作用范围内假定为均匀分布，则可按下式计算：

条形基础时

$$p_z = \frac{b(p_k - p_c)}{b + 2z\tan\theta} \tag{2.2}$$

矩形基础时

$$p_z = \frac{bl(p_k - p_c)}{(b + 2z\tan\theta)(l + 2z\tan\theta)} \tag{2.3}$$

式中　b——矩形基础或条形基础底面的宽度(m)；

l——矩形基础底面的长度(m)；

p_k——基础底面处的平均压力值(kPa)；

p_c——基础底面处土的自重应力值(kPa)；

z——基础底面下垫层的厚度(m)；

θ——垫层的压力扩散角，宜通过试验确定，当无试验资料时，可按表2.2选取。

表2.2　垫层压力扩散角 θ

z/b \ 填料	中砂、粗砂、砾砂、圆砾、角砾、卵石、碎石	粉质黏土、粉煤灰	灰土
0.25	20°	6°	28°
≥0.50	30°	23°	

注：① 当 $z/b<0.25$ 时，除灰土取 $\theta=28°$ 外，其余材料均取 $\theta=0°$，必要时，宜由试验确定；
② 当 $0.25<z/b<0.5$ 时，θ 值可内插求得；
③ 土工合成材料加筋垫层其压力扩散角宜由现场载荷试验确定。

设计计算时，一般先初步拟定一个垫层厚度，再用式(2.1)验算。如果不能满足要求，则调整垫层厚度重新进行验算，直至满足要求为止。垫层厚度不宜大于3 m，太厚成本高而且施工比较困难，垫层的效用也并不随厚度线性增大，而太薄(<0.5 m)则换土垫层的作用不显著、效果差。一般垫层厚度为1～2 m。

2.4.2.3　*垫层宽度的确定*

垫层的宽度除应满足应力扩散的要求外，还应根据垫层侧面土的承载力，防止垫层向两边挤出。如果垫层宽度不足，四周侧面土质又较软弱时，垫层就有可能部分挤入侧面软弱土中，使基础沉降增大。垫层宽度的计算，目前还缺乏可靠的理论方法，在工程实践中常按照地区的经验确定或按扩散角法计算，如条形基础的垫层底面宽度应满足：

$$b' \geqslant b + 2z\tan\theta \tag{2.4}$$

扩散角仍按表2.2取值。当 $z/b<0.25$ 时，按表2.2中 $z/b=0.25$ 取值。垫层底面宽度确定后，再根据基坑开挖所要求的坡度延伸至地面，即得垫层的设计断面(图2.2)。

2.4.2.4　*砂垫层承载力的确定*

垫层的承载力取决于填筑材料的性质、施工机具能量大小及施工质量的优劣等，一般应通过试验现场确定。另外，垫层承载力尚须验算软弱下卧层的承载力后再确定，并应满足式(2.1)的要求。

垫层承载力亦可通过取土分析、标贯试验、动力触探等多种测试手段取得的资料进行综合分析后确定，并应验算软弱下卧层的承载力。

2.4.2.5　*沉降计算*

当垫层断面确定后，对重要的建筑物或垫层下存在软弱下卧层的建筑物，还应进行地基的变形计算，这时建筑物基础沉降量等于垫层自身变形量和下卧土层的变形量之和，沉降计算可采用分层总和法。

作为粗颗粒的垫层材料与下卧的较软土层相比，其变形模量比值均接近或大于10，且回填材料的自身压缩在建造期间几乎全部完成，因此，砂垫层地基的变形计算可仅考虑其下卧层的变形。但对沉降要求严的或垫层厚的建筑，应将垫层的自身变形计算在内。

垫层下卧层的变形量可按《建筑地基基础设计规范》(GB 50007—2011)的有关规定计算。垫层的模量应根据试验或当地经验确定。

对超出原地面标高的垫层或换填材料的密度高于天然土层密度的垫层，应及早换填，并应考虑垫层的附加荷载对建造的建筑物及邻近建筑物的影响(其值可按应力叠加原理，采用角点法计算)。

2.5　施工与质量检验

换土垫层法施工包括开挖换土和铺填垫层两部分。开挖换土应注意避免坑底土层扰动，采用干挖土法。铺填垫层应根据不同的换填材料选用不同的施工机械。垫层需分层铺填，分层密实。砂石垫层宜采用振动碾碾压；粉煤灰垫层宜采用平碾、振动碾、平板振动、蛙式打夯等碾压方法密实；灰土垫层宜采用平碾、振动碾等方法密实。

2.5.1　砂(砂石、碎石)垫层施工与质量检验

2.5.1.1　*施工参数*

砂垫层选用的砂料应进行室内击实试验，确定其最大干密度和最优含水量。然后根据设计要求压实系数 λ_c 确定设计要求的干密度。以此作为检验砂垫层质量控制的技术指标。

在无击实试验资料时，若砂垫层采用中粗砂，其中密状态的干密度可作为设计要求的干密度：中砂为 1.6 t/m^3；粗砂为 1.7 t/m^3；碎石和卵石为 2.0～2.2 t/m^3。由此作为施工碾压质量检验及施工控制的技术指标。

2.5.1.2　*施工要点*

(1) 按密实方法分类，施工机械有：机械碾压法和平板振动法。

① 机械碾压法：采用各种压实机械来压实地基土。此法常用于基坑面积大和开挖土方量较大的工程。常用压实机械见表 2.3。

表 2.3　垫层的每层铺填厚度及压实遍数

施 工 设 备	每层铺填厚度(mm)	每层压实遍数
平碾(8～12 t)	200～300	6～8
羊足碾(5～16 t)	200～350	8～16
蛙式夯(200 kg)	200～250	3～4
振动碾(8～15 t)	600～1300	6～8
振动压实机(2 t，振动力 98 kN)	1200～1500	10
插入式振动器	200～500	—
平板式振动器	150～250	—

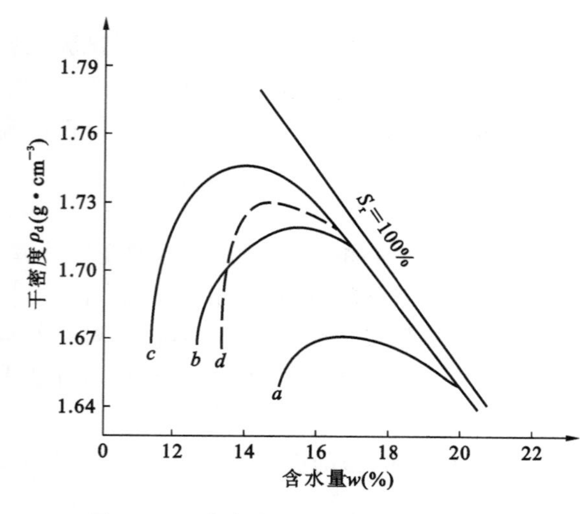

图 2.3　室内击实试验和现场碾压的关系

a—碾压 6 遍；*b*—碾压 12 遍；*c*—碾压 24 遍；*d*—室内击实试验

为了将室内击实试验的结果用于设计和施工，必须研究室内击实试验和现场碾压的关系(图 2.3)。

所有施工参数(如施工机械、铺筑厚度、碾压遍数与填筑含水量等)都必须由工地试验确定。由于现场条件与室内试验的条件有所不同，因而对现场应以压实系数 λ_c 与施工含水量进行控制。

② 平板振动法：使用振动压实机来处理无黏性土或黏粒含量少、透水性较好的松散杂填土等地基的一种方法。

振动压实机的工作原理是由电动机带动两个偏心块，以相同速度反向转动而产生很大的垂直振动力。这类振动压实的效果与填土成分、振动时间等因素有关。一般振动时间越长，效果越好，但振动时间超过某一值后，振动引起的下沉基本稳定，即使再继续振动也

不能起到进一步压实的作用。为此，需要在施工前进行试振，得出稳定下沉量和时间的关系。对主要由炉渣、碎砖、瓦块组成的建筑垃圾，振动时间在 1 min 以上；对含炉灰等细颗粒填土，振实时间为 3～5 min，有效振动深度为 1.2～1.5 m。振实范围应从基础边缘放出 0.6 m 左右，先振基槽两边，后振中间，其振实的标准是以振动机原地振实不再继续下沉为合格，并辅以轻便触探试验检验其均匀性及影响深度。振实后地基承载力宜通过现场载荷试验确定。一般经振实的杂填土地基承载力特征值可达 100～120 kPa。

(2) 砂石料宜采用振动碾压密实，其压实效果、分层铺填厚度、压实遍数、最优含水量等应根据具体施工方法及施工机具通过现场试验确定，也可根据施工方法的不同控制最优含水量。用平板振动器振实时，最优含水量为 15%～20%；用平碾及蛙式打夯时最优含水量为 8%～12%。用插入式振动器振实时，宜使碎石、卵石或矿渣充分洒水湿透后再进行夯压。

(3) 对垫层底部有古井、古墓、洞穴、旧基础、暗塘等软硬不均的部位，应先清理，再用砂石逐层回填夯实，并经检验合格后，方可铺填砂石料。

(4) 严禁扰动垫层下卧的软土，为防止受冻、浸泡或暴晒过久，坑底可保留 200 mm 厚土层暂不挖去，待铺砂石料前再挖至设计标高，如有浮土必须清除。当坑底为饱和软土时，须在土面接触处铺一层细砂起反滤作用，其厚度不计入砂垫层设计厚度内。

(5) 砂石垫层的底面宜铺设在同一标高上，如果置换深度不同，基底土层面应挖成阶梯或斜坡搭接，并按先深后浅的顺序施工，搭接处应夯压密实。垫层竣工后，应及时进行基础施工和基坑回填。

(6) 垫层施工时，其分层铺填厚度、每层压实遍数等宜通过试验确定。为保证分层压实质量，应控制机械碾压速度，一般平碾为 2 km/h、羊足碾为 3 km/h、振动碾为 2 km/h。

(7) 人工级配的砂石应拌和均匀。用细砂作填料时，应注意地下水的影响，且不宜使用平振法、插振法和水振法。

(8) 当地下水位高于基坑底面时，宜采用排水或降水措施，并注意边坡稳定，以防止边坡坍塌使土混入砂石垫层中。

2.5.1.3 *砂(砂石、碎石)垫层质量检验*

砂(砂石、碎石)垫层的质量检验应随施工分层进行。检验方法主要有环刀法、贯入测定法。

(1) 环刀法

用容积不小于 200 cm^3 的环刀压入每层 2/3 的深度处取样，取样前测点表面应刮去 30～50 mm 厚的松砂，环刀内砂样应不包含尺寸大于 10 mm 的泥团和石子。测定其干密度应符合设计才认为合格。

砂石或卵(碎)石垫层的质量检验，可在砂石(或碎石、卵石、砾石)垫层中设置纯砂点，在相同的施工条件下，用环刀取样测定其干密度。

(2) 贯入测定法

先将砂垫层表面 30～50 mm 厚的砂刮去，然后用钢筋的贯入度大小来定性地检查砂垫层的质量。根据砂垫层的控制干密度预先进行相关性试验确定贯入度值。可采用直径 20 mm 及长为 1.25 m 的平头钢筋，自 700 mm 高处自由落下，贯入度以不大于根据该砂的控制干密度测定的深度为合格。

检验点的间距应小于 4 m，当取样检验垫层的质量时，对大基坑每 50～100 m^2 应不少于 1 个检验点；对基槽每 10～20 m 应不少于 1 个检验点；每个独立柱基应不少于 1 个检验点。

砂(砂砾、碎石)垫层填筑工程竣工质量验收可用以下几种方法中的几种或一种方法进行检测：① 静载荷试验法；② $N_{63.5}$标准贯入试验法；③ N_{10}轻便触探法；④ 动测法；⑤ 静力触探法等。

当有成熟经验表明通过分层施工质量检查能满足工程要求时，也可不进行工程质量的整体验收。

2.5.2 灰土、素土垫层施工与质量检验

2.5.2.1 *灰土垫层施工要点*

(1) 灰土垫层施工前必须验槽，如果发现坑(槽)内有局部软弱土层或孔穴，应挖出后用素土或灰土分层填实。

(2) 施工时，应将灰土拌和均匀，控制含水量，如果土料水分过多或不足时，应晾干或洒水润湿。一般

可按经验在现场直接判断，其方法为手握灰土成团，两指轻捏即碎。这时，灰土基本上接近最优含水量。

(3) 分段施工时，不得在墙角、柱基及承重窗间墙下接缝。上下两层灰土的接缝距离不得小于500 mm。接缝处的灰土应夯实。

(4) 掌握分层虚铺厚度，必须按使用夯实机具来确定，每层灰土的夯打遍数应根据设计要求的干土重度由现场试验确定。

(5) 在地下水位以下的基坑(槽)内施工时，应采取排水措施。夯实后的灰土，在3天内不得受水浸泡。

(6) 灰土垫层筑完后，应及时修建基础和回填基坑，或设临时遮盖，防止日晒雨淋。刚筑完或尚未夯实的灰土如果遭受雨水浸泡，则应将积水及松软灰土除去并补填夯实，受浸湿的灰土应在晾干后再夯打密实。

2.5.2.2 灰土垫层的质量检验

灰土的质量检验，一般采用环刀取样，测定其干重度。质量标准可按压实系数进行鉴定，一般为0.93～0.95，压实系数为土在施工时实际达到的干土重度 γ_d 与室内采用击实试验得到的最大干土重度 γ_{dmax} 之比。

2.5.3 粉煤灰垫层的施工与质量检验

2.5.3.1 粉煤灰垫层施工要点

(1) 虽然不同材料的垫层，其应力分布稍有差异，但从试验结果分析，其极限承载力还是比较接近的。通过沉降观测资料发现，不同材料的垫层特性基本相似，故可将各种材料的垫层设计都近似地按砂垫层的计算方法进行计算。

(2) 粉煤灰垫层可采用分层压实法。可用平板振动器、蛙式打夯机、压路机或振动碾压机等进行压实。机具选用应按工程性质、设计要求和工程地质条件等确定。粉煤灰垫层不应采用水沉法或浸水饱和施工。

(3) 对过湿的粉煤灰应沥干装运，装运时含水量以15%～25%为宜。底层粉煤灰宜选用较粗的灰，并使含水量稍低于最优含水量。

(4) 施工压实参数可由室内轻型击实试验确定。压实系数应根据工程性质、施工机具、地质条件等因素选定，一般可取0.90～0.95。

(5) 填筑应分层铺筑与碾压，并设置泄水沟或排水盲沟。垫层四周宜设置具有防冲刷功能的帷幕。

(6) 虚铺厚度和碾压遍数应通过现场小型试验确定。若无试验资料时，可选用铺筑厚度为200～300 mm，碾压后的压实厚度为150～200 mm。

(7) 对小型工程可采用人工分层摊铺，在整平后用平板振动器或蛙式打夯机进行压实。施工时须一板压(1/3)～(1/2)板往复压实，由外围向中间进行，直至达到设计密实度要求。大中型工程可采用机械摊铺，在整平后用履带式机具初压两遍，然后用中、重型压路机碾压。施工时须一轮压(1/3)～(1/2)轮往复碾压，后轮必须超过两施工段的接缝。碾压次数一般为4～6遍，碾压至达到设计密实度要求。

(8) 施工时宜当天铺筑，当天压实。若压实时呈松散状，则应洒水湿润后再压实，洒水的水质应不含油质，pH值为6～9；若出现"橡皮土"现象，则应暂缓压实，并采取开槽、翻开晾晒或换灰等方法处理。

(9) 施工时压实含水量应控制在最优含水量区间 $w_{op}\pm4\%$ 范围内。

(10) 施工时最低气温不低于0 ℃，以防粉煤含水冻胀。

(11) 每一层粉煤灰垫层经验收合格后，应及时铺筑上层或采用封层，以防干燥松散起尘污染环境，并禁止车辆在其上行驶。

2.5.3.2 粉煤灰垫层的质量检验

(1) 粉煤灰的分层施工质量检验标准是压实系数应大于或等于0.95，可选用环刀压入法或钢筋贯入法进行检验。

(2) 换填结束后，可按工程的要求进行垫层的工程质量验收，验收可通过载荷试验进行。在有充分试验依据时，也可采用标准贯入试验或静力触探试验进行检验。

(3) 当有成熟经验表明通过分层施工质量检查能满足工程要求时，也可不进行工程质量的整体验收。

2.5.4 矿渣垫层施工与质量检验

2.5.4.1 *矿渣垫层施工要点*

(1) 矿渣垫层材料可根据工程的具体条件选用。对小面积垫层,一般用 8～40 mm 与 40～60 mm 的分级矿渣或 0～60 mm 的混合矿渣;对于大面积垫层,可采用混合矿渣或原状矿渣,原状矿渣最大粒径不大于 200 mm 或不大于碾压分层虚铺厚度的 2/3。

(2) 用于矿渣垫层的技术条件应符合下列指标:

① 稳定性须合格;

② 松散密度应大于 11 kN/m^3;

③ 泥土与有机杂质含量应小于 5%。

(3) 施工采用分层压实法。压实时可用平板振动法或碾压法。小面积施工宜采用平板振动器振实,电机功率大于 1.5 kW,每层虚铺厚度 200～250 mm,振动遍数由试验确定,以达到设计密实度为准。大面积施工宜采用 8～12 t 压路机或推土机碾压,每层虚铺厚度不大于 300 mm;也可采用 2～4 t 振动压路机碾压,每层虚铺厚度不大于 350 mm,单位面积振动时间不少于 60 s,碾压遍数由现场试验确定。

2.5.4.2 *矿渣垫层的质量检验*

矿渣垫层质量检验包括:分层施工质量检验和工程质量验收。

分层施工质量检验时应达到表面坚实、平整、无明显软陷,压陷差小于 2 mm。工程质量验收可通过载荷试验进行,在有充分试验依据时,也可采用标准贯入试验或静力触探试验进行检验。当有成熟经验表明,通过分层施工质量检验能满足工程要求时,也可不进行工程质量的整体验收。

2.6 工 程 实 例

2.6.1 工程概况

某多层住宅楼位于重庆市南岸区,上部结构采用砖混结构,基础采用钢筋混凝土墙下条形基础,基础宽度为 1.5～2.0 m,基础埋深 1.3 m。

2.6.2 工程地质条件

拟建场地地貌单元属构造剥蚀丘陵山坡地貌,根据现场钻探揭露,原地貌大致西北高东南低,现场地已经人工随机堆填,地面标高在 251～252 m 之间,地势较平坦。

场地位于川黔南北向(经向)构造体系的南温泉背斜东翼,岩层呈单斜状产出,产状为 125°∠19°。区内及附近未发现断层及破碎带通过,地质构造简单。综合分析,场地岩体裂隙不发育。

场地地层结构为:上覆第四纪全新人工填土层、坡残积粉质黏土层,下伏侏罗系砂质泥岩、砂岩互层。由新到老分述如下。

① 素填土(Q_4^{ml}):杂色,成分由强风化～中等风化砂质泥岩、砂岩碎块石、卵石及可塑状黏性土等组成,粒径绝大部分在 5～300 mm 之间,最大超过 450 mm,硬质含量大部分超过 50%,其中碎块石含量接近,稍湿,松散～稍密,厚度为 10～15 m,分布于整个场地,为新近随机抛填,堆填时间 1～2 年。填土上部松散,下部稍密,天然重度为 18 kN/m^3,综合内摩擦角为 22°～26°,压缩模量为 4.0 MPa,地基承载力特征值为 80 kPa。

② 粉质黏土(Q_4^{dl+el}):灰褐色,可塑状,表层为耕土,摇震反应中等,无光泽,干强度中等,韧性中等。分布于场地大部分地带,厚度 1.0～3.0 m。

③ 砂质泥岩(J_{2s}):紫褐色,由黏土矿物组成,粉砂泥质结构,局部含灰绿色砂质团斑,局部相变为粉砂岩,薄层～中厚层状构造。

④ 砂岩(J_{2s}):灰褐色,成分主要为石英、长石,其次为岩屑,见少量白云母,粗粒结构,钙质胶结,中厚层～厚层状。

经工程地质调查测绘及钻探揭露，场地地势较平坦，场地未发现滑坡、危岩崩塌等不良地质作用。场地地质剖面如图 2.4 所示。

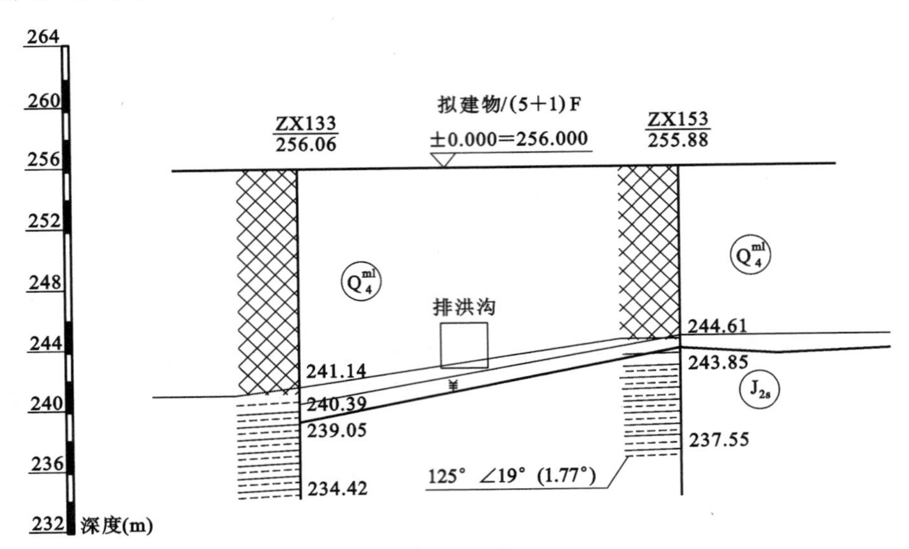

图 2.4　场地地质剖面图

2.6.3　垫层设计

(1) 设计要求

该建筑共 6 层，一层为商业用房，2～5 层为住宅，填土层由于结构松散，承载力和变形均无法满足要求。原设计对地基进行强夯处理后，基础采用钢筋混凝土条形基础，要求地基承载力特征值不小于 200 kPa。由于该幢房屋底部埋有一市政排洪沟，为避免强夯对排洪沟的不利影响，故改为换填处理，采用压实填土地基，处理后的地基要求地基承载力特征值为 200 kPa。

(2) 设计计算

以其中一承重墙下条形基础为例，基础宽度为 2.0 m，基础埋深 1.3 m。承重墙传到基顶的荷载 $F_k=310$ kN/m。

① 垫层材料选碎石土，$\gamma=20.0$ kN/m^3，并设垫层厚度 $z=2.5$ m，$z/b=2/2=1>0.5$，则垫层的压力扩散角 $\theta=30°$。

② 垫层厚度的验算。

根据题意，基础底面处的平均压力值为：

$$p_k=\frac{F_k+G_k}{b}=\frac{310+2\times1.3\times20}{2}=181\ \text{kPa}$$

基础底面处土的自重应力为：

$$p_c=18.0\times1.3=23.4\ \text{kPa}$$

垫层底面处的附加压力值：

$$p_z=\frac{(p_k-p_c)b}{b+2z\tan\theta}=\frac{(181-23.4)\times2}{2+2\times2.5\tan30°}=64.5\ \text{kPa}$$

垫层底面处土的自重应力为：

$$p_{cz}=18.0\times1.3+20.0\times2.5=73.4\ \text{kPa}$$

$\eta_d=1.0$，则经深度修正后填土的承载力特征值：

$$f_{az}=f_{ak}+\eta_d\gamma_{mz}(d-0.5)=80.0+1.0\times(3.8-0.5)\times18=139.4\ \text{kPa}$$

则

$$p_z+p_{cz}=64.5+73.4=137.9\ \text{kPa}<f_{az}=139.4\ \text{kPa}$$

满足强度要求，垫层厚度选定为 2.5 m 合适。

(3) 确定垫层底面宽度 b'

$$b' = b + 2z \cdot \tan\theta = 2.0 + 2 \times 2.5 \times \tan 30^\circ = 4.9 \text{ m}$$

取 b' 为 5 m，按 1∶1.5 放坡开挖。

2.6.4　垫层施工

开挖至垫层底部设计标高后，采用分层振动碾压法进行压实填土，填土每层的铺设厚度及碾压遍数由现场试验确定，初步设计如表 2.4 所示。

表 2.4　分层振动碾压填土参数表

振动碾自重(t)		12
振动碾振动力(kN)		500
填料	粒径(mm)	<200
	含水量范围(%)	8～12
	铺土厚度(mm)	400
碾压遍数		7～9
碾压方法		套压半轮
机械行驶速度		<2.0 km/h

在施工开始时，由设计人员、甲方及监理人员根据现场试验情况作适当调整。

2.6.5　质量检验

垫层在填土施工过程中，严格分层检验填土的干密度及相应的含水量。垫层填土的密实程度检验方法以灌砂或灌水法为准，每间隔 10～15 m 设一个检测点，且每幢单体建筑物范围内不少于 5 个检测点。垫层的承载力和压缩变形模量，根据现场静载荷试验确定，同时采用动力触探等现场原位测试技术配合确定。从现场静载荷试验结果来看，地基承载力特征值达到了 250 kPa，变形模量为 25 MPa，满足设计要求。竣工验收时建筑物没有出现异常情况，使用 2 年来，主体结构未发现明显裂缝。

思考题与习题

2.1　什么是换土垫层法？换土垫层法的原理是什么？

2.2　换填垫层有哪些主要作用？

2.3　换填垫层法常用的材料有哪些？如何选用换填材料？

2.4　如何确定砂垫层的厚度和宽度？

2.5　对灰土和素土垫层材料的要求是什么？

2.6　对碎石和矿渣垫层材料的要求是什么？

2.7　矿渣垫层的特性是什么？

2.8　碎石垫层和矿渣垫层各有什么构造要求？

2.9　粉煤灰垫层具有什么特点？

2.10　某砖混结构办公楼，承重墙下为条形基础，宽 1.2 m，埋深 1.0 m，承重墙传到基顶的荷载 $F_k = 180$ kN/m。地表为厚 1.5 m 的杂填土，天然重度 $\gamma = 17.0$ kN/m^3；下面为淤泥质土，其承载力特征值 $f_{ak} = 72$ kPa。试设计该墙基的垫层。

2.11　某办公楼设计砖混结构条形基础，上部建筑物作用于基础上的中心荷载为 $F_k = 250$ kN/m。地基土表层为杂填土，厚 1 m，重度 $\gamma = 18.2$ kN/m^3；第二层为淤泥质粉质黏土，厚 8.4 m，重度 $\gamma = 17.6$ kN/m^3，地基承载力特征值 $f_{ak} = 85$ kPa；地下水位深 3.5 m。试确定该基础的底面宽度、砂垫层的厚度和砂垫层的底面宽度。(垫层材料采用粗砂，承载力特征值 $f_{ak} = 150$ kPa。)

3 强 夯 法

本章提要

强夯法是通过给地基提供强大的夯击能量以达到加固碎石土、砂土、黏性土、杂填土、湿陷性黄土等的地基处理方法。本章介绍强夯法的加固机理、设计计算、施工方法和质量检验。

本章要求掌握强夯的加固机理，了解强夯法的设计计算、施工方法和质量检验。

3.1 概 述

强夯法又名动力固结法或动力压实法，是1969年由法国Menard技术公司首创的一种地基加固方法。我国于1978年开始进行试验，20世纪80年代初强夯试验取得较好效果后，迅速在全国各地推广应用。

强夯法是反复将10～40 t(最重可以达到200 t)的夯锤提到10～40 m的高度后使其自由落下，给地基以强大的冲击能和振动能，从而提高地基土的承载力并降低其压缩性，改善砂土的抗液化能力和消除湿陷性等。

对于软黏土地基，一般来说，用强夯法处理效果尚无定论。但由于强夯法具有诸多优点，许多研究人员和工程技术人员仍尝试以各种途径将强夯法应用于软土地区。国内外相继采用了在夯坑内回填块石、碎石等粗颗粒材料的方法，通过夯击排开软土，在地基中形成有较高强度的(碎)石墩，与周围的软土构成复合地基，使其弹性模量和承载力都有明显的提高。这种方法称为强夯置换法。

3.2 加固原理

关于强夯法加固地基的机理，国内外学者从不同的角度进行了大量的研究，看法不一致。这是因为土的类型多，不同类型的土的性状不同；同时，影响加固效果的因素复杂。从土自身来说，土的类型(黏性土、砂性土等)、土的结构(粗细、级配等)、内聚力、渗透性等都会影响加固效果。从强夯角度来说，单击夯击能、单位面积夯击能、夯点分布、锤底面积、夯击遍数等与加固效果密切相关。

3.2.1 一般原理

3.2.1.1 夯击能的传递机理

由冲击引起的振动，在土中是以振动波的形式向地下传播的。这种振动波可分为体波和面波两大类。体波包括压缩波和剪切波，可在土体内部传播；而面波如瑞利波，只能在地表土层中传播。压缩波的质点运动属于平行于波阵方向的一种推拉运动，这种波使孔隙水压力增大，同时还使土粒错位。剪切波的质点运动引起和波阵面方向正交的横向位移，而瑞利波的质点运动则由水平和竖向分量所组成。剪切波和瑞利波的水平分量使土颗粒间受剪，可使土得到密实，瑞利波的竖向分量起到松动的作用。

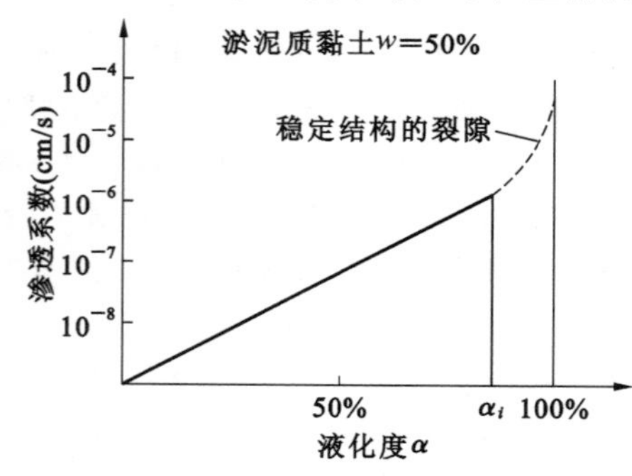

图3.1 土的渗透系数与液化度关系

3.2.1.2 在强夯能下孔隙水压力的变化机理

图3.1为土的渗透系数与液化度关系曲线。从图中可以看出，当液化度小于临界液化度α_i时，渗透系数随液化度呈线性增长，当液化度超出α_i时，渗透系数骤增，这时土体出现大量裂隙，

形成良好的排水通道。由于夯击点成网格布置,夯击能相互叠加,所以,在夯击点周围就产生了垂直破裂面,夯坑周围就出现冒气冒水现象。随着孔隙水压力逐渐消失,土颗粒就重新组合,此时土中液体流动又恢复到正常状态,即符合达西定律。

3.2.1.3 土强度的增长过程机理

如图 3.2 所示,地基上强度增长规律与土体中孔隙水压力的状态有关。在液化阶段,土的强度降到零;孔隙水压力消散阶段,为土的强度增长阶段;第⑦阶段为土的触变恢复阶段。经验表明,如果以孔隙水压力消散后测得的数据作为新的强度基值(一般在夯击后一个月),则 6 个月后,强度平均增大 20%~30%,变形模量增大 30%~80%。

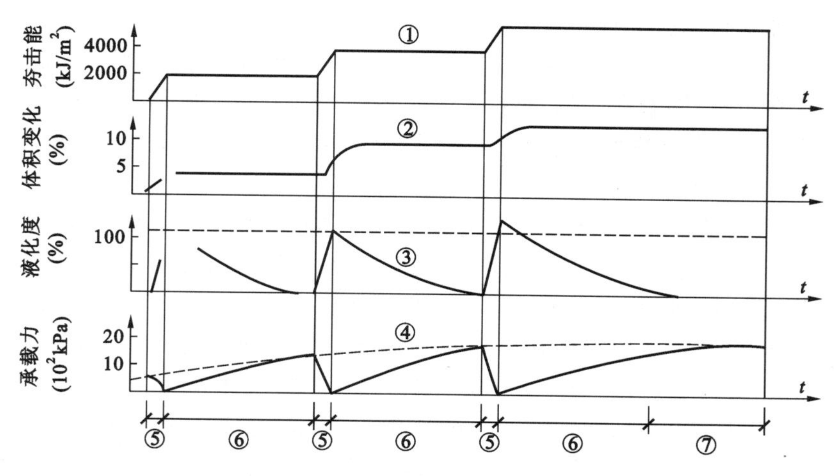

图 3.2 强夯阶段土的强度变化图

① 夯击能与时间的关系;② 体积变化与时间的关系;③ 孔隙水压力与完全液化压力之比随时间的变化;④ 极限压力与时间的关系;⑤ 液化及强度丧失过程;⑥ 孔隙水压力消散及强度增长过程;⑦触变的恢复过程

3.2.1.4 强夯时间效应理论

饱和黏性土是具有触变性的。当强夯后土的结构被破坏时,强度几乎降到零,随着时间的推移,强度又逐渐恢复。这种触变强度的恢复称为时间效应。图 3.3为土体在强夯以后第 17 d、31 d 和 118 d 的十字板强度值。

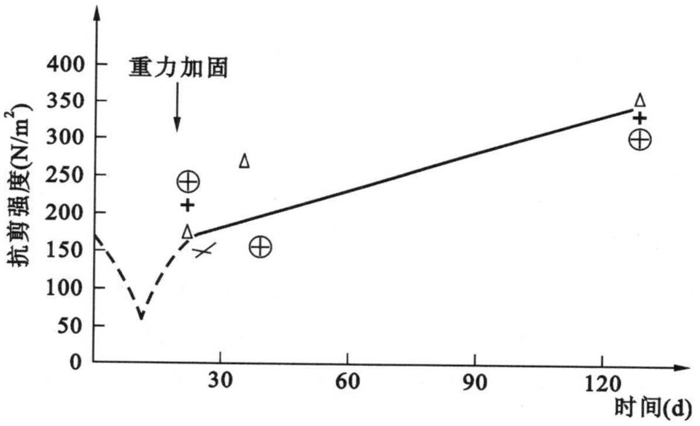

图 3.3 地基土抗剪强度增长与时间关系

3.2.2 不同情况下的加固机理

从加固机理和作用来看,强夯法可分为动力夯实、动力固结和动力置换三种情况。其共同的特点是:破坏土的天然结构,达到新的稳定状态。

3.2.2.1 动力夯实

非饱和土体是由固相、液相和气相三部分组成的。巨大的夯击能量产生的冲击波和动应力在土中传播,使颗粒破碎或使颗粒产生瞬间的相对运动,土颗粒互相靠拢。孔隙中气泡迅速排出或压缩,孔隙体积减小,形成较密实的结构。就是这种体积变化和塑性变化使土体在外荷载作用下达到新的稳定状态。可以认为,非饱和土的夯实变形主要是由于土颗粒的相对位移引起的。实际工程表明,在冲击动能作用下,地面立即产生沉降,一般夯击一遍后,夯坑深度可达 0.6~1.3 m,夯坑底部形成一层超压密硬壳层,承载力比夯前提高 2~3 倍以上。在中等夯击能量 1000~3000 kN·m 的作用下,主要产生冲切变形。加固范围内的气体体积将大大减小,最大可减小 60%,土体接近二相状态,非饱和土变成饱和土,或者土体的饱和度提高。

3.2.2.2 动力固结

Menard 教授认为饱和土是可压缩的。他根据强夯的实践提出,饱和二相土实际并非二相土,二相土的液体中存在一些封闭气泡，占土体总体积的1%～3%，在夯击时，这部分气体可压缩，因而土体积也可压缩。

Menard动力固结模型的特点：

(1) 饱和土的压缩性。进行强夯时，气体体积压缩，孔压增大，随后气体有所膨胀，孔隙水排出的同时，孔压就减少。

(2) 产生液化。土体中气体体积百分比为零时，就变成不可压缩的。相应于孔隙水压力上升到覆盖压力相等的能量级，土体即产生液化。继续施加能量，除了使土起重塑的破坏作用外，能量纯属浪费。

(3) 渗透性变化。超孔压大于颗粒间的侧向压力时，致使土颗粒间出现裂隙，形成排水通道。此时，土的渗透系数骤增，孔隙水得以顺利排出。

(4) 触变恢复。土体的强度逐渐减低，当出现液化或接近液化时，强度达到最低值。此时土体产生裂隙，而吸附水部分变成自由水，随着孔压的消散，土的抗剪强度和变形模量都有大幅度的增长。

由Menard的理论可知，强夯法加固饱和土是一个动力固结过程。在强夯过程中，根据土体中的孔隙水压力、动应力和应变关系，加固区内波对土体的作用分为三个阶段。

(1) 加载阶段。在夯击的一瞬间，夯锤的冲击使地基土体产生强烈的振动和动应力。在波动影响带内，动应力和孔隙水压力急剧上升。而动应力往往大于孔隙水压力，有效动应力使土产生塑性变形，破坏土的结构。对砂土，迫使土的颗粒重新排列而密实。对黏土，体积压缩的同时，当两者的动应力差大于土颗粒的吸附能时，土颗粒周围的部分结合水颗粒析出，产生动力水聚结，形成排水通道，制造动力排水条件。

(2) 卸荷阶段。夯击能卸去后，总动应力很快消失，而土中孔隙水压力仍保持较高的水平，从而使土体中有效应力为负并且较大，这将引起砂土、粉土的液化。而在黏性土中，当孔隙水压力大于主应力、静止侧压力及土的抗拉强度之和时，土体开裂，渗透系数骤增，形成良好的排水通道。从宏观上看，在夯击点周围产生垂直破裂面，夯坑周围出现冒气、冒水现象，孔隙水压力随之迅速下降。

(3) 动力固结阶段。卸载之后，土体中原来保持的较高孔隙水压力将随时间迁延而消散，土体排水固结。在砂土中，由于孔隙水压力消散很快，这个阶段较短，大约需要3～5 min；但在黏性土中，孔隙水压力消散较慢，可能会延续2～4周。随着土体排水固结的发展，土颗粒进一步靠近，逐渐重新形成新的水膜和结构连接，土的强度随之恢复和提高，达到加固地基的目的。

3.2.2.3 *动力置换*

对透水性极低的饱和软土，强夯可使土的结构破坏，但难以使孔隙水压力迅速消散，表现为夯点周围地面隆起，土的体积没有明显减小，因而这种土的强夯效果不好。解决方法之一是，利用夯击时的冲击力，强行将砂、碎石、块石等挤填到饱和软土层中，置换原饱和软土，形成墩柱状砂石体或密实的砂石层。这些墩柱状的砂石体经强力夯击，一般结构紧密，承载力高，变形量小，并插入饱和软土中一定深度，众多的墩柱体与周围的原地基土形成了碎石墩复合地基。同时，未被置换的下卧饱和软土，可以密实墩体或密实砂石层，并成为排水通道，在动力作用下排水固结，变得更加密实，从而使地基承载力提高，沉降减小。动力置换分为整式置换和桩式置换。前者是采用强夯法将碎石整体挤入淤泥中，其作用机理类似于换土垫层；后者是通过强夯将碎石填筑土体中，形成桩式(或墩式)的碎石墩(或桩)，其作用机理类似碎石桩，主要靠碎石内摩擦角和墩间土的侧限来维持桩体平衡，并与墩间土共同作用。

3.3 设计计算

强夯法的设计与计算主要包括有效加固深度的预定、夯击能的预定、夯点布置与加固范围的预定、夯击击数与遍数的预定、时间间隔的预定、强夯前垫层的预定等。

3.3.1 有效加固深度

强夯法加固地基的有效加固深度是指经强夯加固后，该土层强度和变形等指标能满足设计要求的土层范围。有效加固深度常采用以下几种方法来确定。

3.3.1.1 公式计算

根据实践经验，我国的科研人员修正了法国梅纳最初提出的公式，按下式计算加固土层深度：

$$H \approx \alpha \sqrt{M \cdot h} \tag{3.1}$$

式中 H——加固土层深度(m)；

M——夯锤重量(kN)；

h——落距(m)；

α——Menard 公式修正系数，一般通过实测加固深度与按式(3.1)得出的计算值比较确定或凭经验选定。

3.3.1.2 规范要求值

《建筑地基处理技术规范》(JGJ 79—2012)规定，强夯法的有效加固深度应根据现场试夯或当地经验确定，在缺少试验资料或经验时可按表 3.1 预估。

表 3.1 强夯法的有效加固深度(m)

单击夯击能(kN·m)	碎石土、砂土等粗颗粒土	粉土、粉质黏土、湿陷性黄土等细颗粒土	单击夯击能(kN·m)	碎石土、砂土等粗颗粒土	粉土、粉质黏土、湿陷性黄土等细颗粒土
1000	4.0～5.0	3.0～4.0	6000	8.5～9.0	7.5～8.0
2000	5.0～6.0	4.0～5.0	8000	9.0～9.5	8.0～8.5
3000	6.0～7.0	5.0～6.0	10000	9.5～10.0	8.5～9.0
4000	7.0～8.0	6.0～7.0	12000	10.0～11.0	9.0～10.0
5000	8.0～8.5	7.0～7.5			

注：强夯法的有效加固深度应从起夯面算起。

3.3.1.3 强夯置换墩的深度

加固深度主要由软弱层的厚度或要求加固的深度而定。对淤泥、泥炭等黏性软弱土层，置换墩应穿透软土层，墩底落在较好土层上；对深厚饱和粉土、粉砂，墩身可不穿透该层，且深度不宜超过 7 m。

3.3.2 夯击能

夯击能可分为单击夯击能、单位夯击能和最佳夯击能。

3.3.2.1 单击夯击能

单击夯击能是表征每击能量大小的参数，其值等于锤重和落距的乘积[式(3.2)]；也可根据工程要求的加固深度、地基状况和土质成分按式(3.3)来确定。强夯置换法的单击夯击能应根据现场试验确定。

$$E = Mgh \tag{3.2}$$

$$E = \left(\frac{H}{d}\right)^2 g \tag{3.3}$$

式中 E——单击夯击能(kN·m)；

M——夯锤重(t)；

g——重力加速度，$g=9.8$ m/s；

h——落距(m)；

H——加固深度(m)；

d——修正系数，变动范围为 0.35～0.70，一般黏性土、粉土取 0.5，砂土取 0.7，黄土取 0.350～0.500。

3.3.2.2 单位夯击能

单位夯击能指单位面积上所施加的总夯击能，其大小与地基土的类别有关，一般来说，在相同条件下细颗粒土的单位夯击能要比粗颗粒土适当大些。在一般情况下，对粗颗粒土可取 1000～3000 kN·m/m^2，对细颗粒土可取 1500～4000 kN·m/m^2。

但值得注意的是，对饱和黏性土所需的能量不能一次施加，否则土体会产生侧向挤出，强度反而有所降低，且难以恢复。根据需要可分几遍施加，两遍间可间歇一段时间。

3.3.2.3 最佳夯击能

最佳夯击能是指在这样的夯击能作用下，地基中出现的孔隙水压力达到土的自重压力。最佳夯击能的确定应该区分黏性土和砂土。由于黏性土地基中孔隙水压力消散慢，随着夯击能增加，孔隙水压力可以叠加，因而可根据有效影响深度内孔隙水压力的叠加值来确定最佳夯击能。但砂性土地基由于孔隙水压力的变化比较快，故孔隙水压力不能随夯击能增加而叠加。当孔隙水压力增量随夯击次数的增加而趋于稳定时，可认为砂土能够接受的能量已达到饱和状态。因此，可以通过绘制孔隙水压力增量与夯击击数（夯击能）的关系曲线来确定最佳夯击能。

对于强夯置换法，尤其是对饱和黏性土，最佳夯击能的控制并不是太重要，因为其作用是利用夯击能促使石块沉降和密实，只要能达到此目的即可。

3.3.3 夯点的布置与加固范围

3.3.3.1 夯点的布置

夯击点位置可根据基础平面形状进行布置：对于某些基础面积较大的建筑物或构筑物，为便于施工，可按等边三角形或正方形布置夯点；对于办公楼、住宅建筑等，可根据承重墙位置布置夯点，一般采用等腰三角形布点，这样可保证横向承重墙以及纵墙和横墙交接处墙基下均有夯点；对于工业厂房来说，也可以按柱网来设置夯击点。

强夯置换墩墩位布置宜采用等边三角形或正方形。对独立基础或条形基础可根据基础形状与宽度相应布置。

3.3.3.2 夯点间距

根据地基土的性质和要求加固深度来确定夯点间距，以保证夯击能量能传递到深处和保护邻近夯坑周围所产生的辐射向裂隙。对于细颗粒土，为了便于超孔隙水压力消散，夯点间距不宜过小。要求加固深度较大时，第一遍的夯点间距要适当大一些。

《建筑地基处理技术规范》规定，强夯第一遍夯击点间距可取夯锤直径的2.5～3.5倍，第二遍夯击点位于第一遍夯击点之间，以后各遍夯击点间距可适当减小。

强夯置换法夯击点间距一般比强夯法大。其间距应根据荷载大小和原土的承载力选定，当满堂布置时可取夯锤直径的2～3倍。对独立基础或条形基础可取夯锤直径的1.5～2.0倍。墩的计算直径可取夯锤直径的1.1～1.2倍。

3.3.4 夯击击数、遍数与时间间隔

3.3.4.1 夯击击数

夯击击数是指在一个夯击点上夯击最有效的次数。各夯击点的夯击数，应以使夯坑的压缩量最大、夯坑周围隆起量最小为确定原则，一般为4～10击。

对于碎石土、砂土、低饱和度的湿陷性黄土和填土等地基，夯击时夯坑周围往往没有隆起或隆起量很小，应尽量增多夯击次数，以减少夯击遍数。对于饱和度较高的黏性土地基，随着夯击击数的增加，土体积压缩，孔隙水压力升高，但由于此类土渗透性较差，使夯坑下的地基土产生较大的侧向位移，引起夯坑周围地面隆起。此时如果继续夯击，并不能使地基土得到有效的夯实，造成浪费，有时甚至造成地基土强度的降低。

强夯夯点的夯击击数，按现场试夯得到的夯击次数和夯沉量关系曲线确定。但同时应该满足下列要求：

① 最后两击平均夯沉量不宜大于下列数值：单击夯击能小于4000 kN · m时为50 mm，单击夯击能为4000～6000 kN · m时为100 mm，单击夯击能大于6000 kN · m时为200 mm；

② 夯坑周围地面不应发生过大的隆起；

③ 不因夯坑过深而发生提锤困难。

强夯置换法的夯击击数应通过现场试夯确定，且应同时满足下列规范要求：

① 墩底穿透软弱土层，且达到设计墩长；

② 累计夯沉量为设计墩长的 1.5～2.0 倍；

③ 最后两击的平均夯沉量不大于强夯的规定值。

3.3.4.2 夯击遍数

对粗颗粒土组成的渗透性好的地基，夯击遍数可少些。对细颗粒土组成的渗透性差、含水量高的地基，夯击遍数要多些。一般情况下每个夯点夯 2～4 遍。常用夯击期间的沉降量达到计算最终沉降量的 60%～90%，或根据设计要求已经夯到预定标高来控制夯击遍数。能一次夯到底或已满足要求的，可一遍夯成。

满夯的作用是加固表层，即加固单夯点间未压密土、深层加固时的坑侧松土及整平夯坑填土。其加固深度可达 3～5 m 或更大，故满夯单击能可选用 500～1000 kN · m 或更大，布点选用一夯挨一夯交错相切或一夯压半夯，每点击数 510 击，并控制最后两击的夯沉量宜小于 3～5 cm。

采用强夯置换法时，主要将石和砂夯实下沉至要求的深度，可以增加击数，为方便施工尽量减少夯击遍数。

3.3.4.3 时间间隔

两遍夯击之间应有一定的时间间隔，以利于土中超静孔隙水压力的消散。所以，间隔时间取决于超静孔隙水压力的消散时间。但是孔隙水压力的消散速率与土的性质、夯点间距等因素有关。对土颗粒细、含水量高、土层厚的黏性土地基，孔隙水压消散慢，孔压叠加，故时间间隔要长。一般透水性较好的黏性土的时间间隔为 1～2 周，透水性差的黏性土、淤泥质土时间间隔不少于 2～3 周。对颗粒较粗、地下水位较低、透水性较好的砂土地基或含水量较小的回填土，孔隙水压消散快，间歇时间可短些，可以连续夯。此外，夯点间距对孔隙水压力的消散有很大影响。夯点间距小，夯击能的叠加使孔压升高，因此，消散所用的时间更长。反之，夯点间距大，孔压消散比较快。在强夯实施过程中，利用埋设孔隙水压力测头及时观测孔压变化情况，确定间隔时间。

在饱和软黏土地基上采用强夯置换法时，也会造成夯坑周围孔压的升高，但是所形成的砂石墩体是良好的排水通道，地基土中的超孔隙水压力会通过这个通道进行消散。因此，也无须设置间隔时间，可连续夯击。

上述几条仅是初步确定的强夯参数，实际工程中需根据这些初步确定的参数提出强夯试验方案，进行现场试夯，并通过测试，与夯前测试数据进行对比，检验强夯效果，再确定工程采用的各项强夯参数，若不符合使用要求，则应改变设计参数。在进行试夯时，也可将不同设计参数的方案进行比较，择优选用。

3.3.5 强夯前垫层铺设

强夯前要求拟加固的场地必须具有一层稍硬的表层，使其能支承起重设备，并便于让所施加的“夯击能”得到扩散。同时也可加大地下水位与地表面的距离，对场地地下水位在 −2 m 深度以下的砂砾石土层，可直接施行强夯，无须铺设垫层；对软弱饱和土或地下水很浅时，或是易液化流动的饱和砂土，需要铺设砂、砂砾或碎石垫层才能进行强夯，否则土体会发生流动。

垫层厚度由场地的土质条件、夯锤重量及其形状等条件而定。当场地土质条件好，夯锤小，起吊时吸力小者，也可减小垫层厚度。垫层厚度一般为 0.5～1.5 m，保证地下水位低于坑底面以下 2 m。铺设的垫层不能含有黏土。

3.4 施 工 方 法

3.4.1 施工机具

3.4.1.1 强夯锤

根据要求处理的深度和起重机的起重能力选择强夯锤质量。我国至今采用的最大夯锤质量为 40 t，常用的夯锤质量为 10～25 t。夯锤可采用铸钢(铸铁)锤、外包钢板的混凝土锤。底面形状宜采用圆形或多边形。锤底面积宜按土的性质确定,锤底静接地压力值可取 25～40 kPa,对于细颗粒土,锤底静接地压力宜取较小值。强夯置换锤底静接地压力值可为 100～200 kPa。为了提高夯击效果,锤底应对称设置若干个与其顶面贯通的排气孔,以利于夯锤着地时坑底空气迅速排出和起锤时减小坑底的吸力。

3.4.1.2 其他施工机械

宜采用带有自动脱钩装置的履带式起重机或其他专用设备。采用履带式起重机时,可在臂杆端部设置辅助门架,或采取其他安全措施,防止落锤时机架倾覆。

自动脱钩装置有两种:一种利用吊车副卷扬机的钢丝绳,吊起特制的焊合件,使锤脱钩下落;另一种采用定高度自动脱锤索。

3.4.1.3 施工前的准备

当场地地表土软弱或地下水位较高,夯坑底积水影响施工时,宜采用人工降低地下水位或铺填一定厚度的松散性材料,使地下水位位于坑底面下 2 m。坑内或场地积水应及时排除。

施工前应查明场地范围内的地下构筑物和各种地下管线的位置和标高等,并采取必要措施,以免因施工而造成损坏。

当强夯施工所产生的振动对邻近建筑物或设备会造成有害影响时,应设置监测点,并采取挖隔振沟等隔振或防振措施。对振动有特殊要求的建筑物或精密仪器设备等,当强夯振动有可能对其产生有害影响时,应采取隔振或防振措施。

3.4.2 施工的步骤及要求

3.4.2.1 强夯法施工步骤

① 清理并平整施工场地;

② 铺设垫层,使在地表形成硬层,用以支承起重设备,确保机械通行和施工,同时可加大地下水和表层面的距离,防止夯击的效率降低;

③ 标出第一遍夯击点的位置,并测量场地高程;

④ 起重机就位,使夯锤对准夯点位置;

⑤ 测量夯前锤顶标高;

⑥ 将夯锤起吊到预定高度,待夯锤脱钩自由下落后放下吊钩,测量锤顶高程,若发现因坑底倾斜而造成夯锤歪斜时,应及时将坑底整平;

⑦ 重复步骤⑥,按设计规定的夯击次数及控制标准,完成一个夯点的夯击;

⑧ 换夯点,重复步骤④～⑦,完成第一遍全部夯点的夯击;

⑨ 用推土机将夯坑填平,并测量场地高程;

⑩ 在规定的间隔时间后,按上述步骤逐次完成全部夯击遍数,最后用低能量满夯,将场地表层土夯实,并测量夯后场地高程。

3.4.2.2 强夯置换施工步骤

当表层土松软时应铺设一层厚为 1.0～2.0 m 的砂石施工垫层以利于施工机具运转。随着置换墩的加深,被挤出的软土渐多,夯点周围地面渐高,先铺的施工垫层在向夯坑中填料时往往被推入坑中成了填料,施工层越来越薄,因此,施工中须不断地在夯点周围加厚施工垫层,避免地面松软。

① 清理并平整施工场地,当表层土松软时可铺设一层厚度为 1.0～2.0 m 的砂石施工垫层。

② 标出夯点位置,并测量场地高程。

③ 起重机就位,夯锤置于夯点位置。

④ 测量夯前锤顶高程。

⑤ 夯击并逐击记录夯坑深度。当夯坑过深而发生起锤困难时停夯,向坑内填料直至与坑顶平,记录填料数量,如此重复直至满足规定的夯击次数及控制标准,完成一个墩体的夯击;当夯点周围软土挤出影响施工时,可随时清理并在夯点周围铺垫碎石,继续施工。

⑥ 按由内向外、隔行跳打原则完成全部夯点的施工。

⑦ 推平场地，用低能量满夯，将场地表层松土夯实，并测量夯后场地高程。

⑧ 铺设垫层，并分层碾压密实。

采用强夯置换法形成墩柱式复合地基，组成墩柱体，主要是依靠自身骨料的内摩擦角和墩间土的侧限来维持墩身平衡的，因此，材料的选择很重要。可以选择块石、碎石、角砾、砾砂、粗砂，也可选用矿渣、水泥渣、建筑垃圾及其他质地较硬的散体材料。材料的选取是比较广泛的，但是就施工来说应选择最合适的优质散体材料，并符合下列条件：

① 因复合地基要减少沉降、达到较高的地基承载力和良好的排水条件，首先应考虑选用高抗剪性能的块石、碎石，其次再考虑选用砾石和粗砂。

② 所选用的材料要求质坚，不易风化，水稳性好，以便在较长的时期内保持坚实状态。

③ 选择合理的颗粒级配，形成最紧密的排列，以提高地基的承载力，减少地基沉降。

④ 控制含泥量，含泥量要小于10%，因为含泥量的增加或碎石风化成黏粒将大大影响墩柱体的排水效果，减缓地基固结。

⑤ 在选择矿渣、水泥渣、建筑垃圾及其他人工的散体材料时，除了考虑质坚的因素外，必须考虑这些材料使用后对环境的影响，要求保护环境和地下水资源不受影响。

3.4.2.3 夯击过程的检测及记录

① 开夯前应检查夯锤质量和落距，以确保单击夯击能量符合设计要求。

② 在每一遍夯击前，应对夯点放线进行复核，夯完后检查夯坑位置，发现偏差或漏夯应及时纠正。

③ 按设计要求检查每个夯点的夯击次数和每击的夯沉量，对强夯置换尚应检查置换深度。

④ 记录每个夯点的每击夯沉量、夯击深度、开口大小、夯坑体积、填料量。

⑤ 场地隆起、下沉记录，特别是邻近有建筑物时。

⑥ 每遍夯后场地的夯沉量、填料量记录。

⑦ 附近建筑物的变形监测。

⑧ 孔隙水压力增长、消散监测，每遍或每批夯点的加固效果检测，为避免时效的影响，最有效的是检验干密度，其次为静力触探，以及时了解加固效果。

⑨ 满夯前根据设计基底标高，考虑夯沉预留量并整平场地，使满夯后接近设计标高。

3.5 质量检验

为了对强夯过的场地做出加固效果的评价，检验是否满足设计的预期目标，强夯后的检测是必须进行的项目。

首先检查施工过程中的各项测试数据和施工记录，不符合设计要求时应及时补夯或采取其他有效措施。强夯置换法施工中可采用超重型或重型圆锥动力触探检查置换墩底情况。

检测点位置可分别布置在夯坑内、夯坑外和夯击区边缘。检验深度应超过设计处理深度。

强夯检验的项目和方法：对于一般工程，应用两种或两种以上方法综合检验，如现场十字板剪切试验、动力触探试验（轻型动力触探、重型动力触探、超重型动力触探、标准贯入试验）、静力触探试验（包括单桥探头和双桥探头两种）、旁压试验、波速试验和载荷试验；对于重要工程，应增加现场大型载荷试验；对液化场地，应做标准贯入试验。

强夯检验应在场地施工完成一段时间后才能检验。对粗粒土地基，应充分使孔压消散，一般间隔时间可取7～14 d；对饱和细粒粉土、黏性土则需孔压消散和土触变恢复后才能检验，一般需14～28 d。强夯置换地基的间隔时间可取28 d。由于孔压消散后土体积变化不大，取土检验孔隙比及干密度比较准确。土触变尚未完全恢复易重受扰动，故动力触探振动易引起对探杆的握裹力，常使测值偏大。一般来说，静力触探效果较好，可作为主要的使用方法。

竣工验收承载力检验点的数量，应根据场地复杂程度和建筑物的重要性确定。对于简单场地上的一般建筑物，每个建筑地基的载荷试验检验点不应少于 3 点；对于复杂场地或重要建筑地基，应根据场地变化类型来定，每个类型不少于 3 处。强夯面积超过 1000 m^2 时，每增加 1000 m^2 及以内，应增加 1 处。强夯置换地基载荷试验检验和置换墩着底情况检验数量均不应少于墩点数的 1%，且不应少于 3 点。

强夯场地地表夯击过程中标高变化较大，勘察检验时需认真测定孔口标高，换算为统一高程，以便于夯前夯后测定结果对比。

3.6 工程实例

强夯法处理山西化肥厂湿陷性黄土地基的设计计算。

3.6.1 工程概况

厂区主要工程集中在Ⅱ级自重和非自重湿陷区，工程地质条件如下：

(1) 第一层：黄土状粉质黏土(Q_4^2)，层厚 4～4.5 m，稍密，湿或稍湿，干密度 1.28～1.4 g/cm^3，湿陷系数 0.032～0.056，压缩模量 3～4 MPa。

(2) 第二层：黄土状粉质黏土(Q_4^1)，层厚 4.7～5.3 m，稍～中密，湿，干密度 1.30～1.45 g/cm^3，湿陷系数 0.015～0.040，压缩模量 4.5～7 MPa。

(3) 第三层：黄土状粉质黏土(Q_3)，层厚 4.3～4.7 m，中密，湿，干密度 1.4～1.45 g/cm^3，湿陷系数 0.016～0.030，压缩模量 7～12 MPa。

(4) 第四层：黄土状粉质黏土(Q_2)，密实，湿，不具有湿陷性，压缩模量大于 13.8 MPa。

根据工程要求，加固后承载力 $f_{ak} \geqslant 250$ kPa，压缩模量 $E_s \geqslant 15$ MPa。

3.6.2 设计计算

(1) 有效处理深度

山西化肥厂为乙类建筑，其厂区主要为Ⅱ级自重和非自重湿陷区，故有效处理深度 Z 应满足：

$$Z \geqslant Z_l, \quad Z_l \geqslant \frac{2}{3}H \tag{3.4}$$

式中　Z_l——最小处理厚度(m)；

H——压缩层的深度(m)，对于条形基础，可取基础宽度的 3 倍；对于独立基础，可取基础宽度的 2 倍，如果小于 5 m，可取 5 m。

此处取条形基础宽度 $b=2.5$ m，由上式可得，有效处理深度 $Z \geqslant 5$ m。此处取有效深度为 6 m 进行设计。

(2) 夯击能

由工程地质条件可知，全新世(Q_4)黄土和晚更新世(Q_3)黄土平均厚度达 10m 多，根据《湿陷性黄土地区建筑规范》(GB 50025—2004)的规定，单击夯击能可预估为 3000 kN·m。

(3) 夯锤和落距

处理湿陷性黄土的夯锤重可取 $M=20$ t，由式(3.2)，并取 $E=3000$ kN·m，可得落距 $h=12$ m。

可选用圆柱形钢外壳钢筋混凝土锤，锤底面积取为 6 m^2，夯锤中设置孔径为 250～300 mm、上下贯通的气孔。

(4) 夯点布置

夯点拟用矩形布置，第一遍夯点间距可取夯锤直径的 2.5～3.5 倍，即可预取为 6.5 m，第二遍夯击点位于第一遍夯击点之间，以后各遍夯击点间距适当减小。

(5) 夯击击数及遍数、间隔时间

可分 3 遍夯击，由于该工程土含水量高，且为透水性较差的黏土，故每遍可间隔 4 周。第一遍夯击 12 锤，第二遍夯击 9 锤，第三遍夯击 5 锤。最后仍需按试夯结果或试夯记录绘制的夯击次数和夯沉量的关系曲线确定。

(6) 垫层铺设

按规范要求,夯前铺设 500 mm 的灰土垫层。

3.6.3 现场试夯结果

现场用各能级(6000 kN·m、5000 kN·m、4000 kN·m、3000 kN·m)试夯,并对各夯击能下,不同深度土的干密度值增长、地基土物理力学指标记录对比可知,有效深度范围内在不同能级夯后,同一深度的干密度大小、压缩模量 E_s 平均值及加固后承载力 f_{ak} 相差不大,故选单击夯击能设计 3000 kN·m 是合适的。

思考题与习题

3.1 何谓强夯法?试述其加固原理及适用范围。

3.2 试述强夯法中夯击能转化成不同波型对地基土的作用。

3.3 强夯法与重夯夯实法有何不同?

3.4 何谓强夯置换法?其加固原理与强夯法加固原理有什么异同?

3.5 试述强夯法和强夯置换法的施工要点。

4 排水固结法

本章提要

排水固结法是通过设置竖向排水井改善地基的排水条件，并采取加压、抽气、抽水或电渗等措施，以加速地基土的固结，提高地基强度和稳定性，促使地基沉降提前完成。本章主要介绍了排水固结法的类型和系统构成；介绍了瞬时加载和分级加载条件下竖井地基在是否考虑涂抹作用和井阻效应时平均固结度的计算方法；详细阐述了各类排水固结法的加固机理、适用范围、设计计算方法、施工设备和工艺以及施工监控检测方法。

本章要求掌握排水固结法的类型和系统构成、各类排水固结法的加固机理和适用范围；熟练地应用瞬时加载和分级加载条件下竖井地基平均固结度计算方法进行竖井堆载预压法设计计算；了解各类排水固结法的施工设备和工艺以及施工监控检测方法。

4.1 概　　述

排水固结法是对天然地基或者设置有竖井（普通砂井、袋装砂井或塑料排水带等）的地基，分级逐渐加载，使土体因孔隙水逐渐排出而固结，地基强度、承载力和稳定性得到提高，地基沉降在加载预压期就基本完成或大部分完成，从而使建筑物在使用期间不致产生过大沉降和沉降差的地基处理方法。

排水固结法主要解决地基的沉降和稳定问题，其系统构成包括排水系统和加压系统（图 4.1）。排水系统可以仅由水平排水垫层（比如砂垫层）构成，或者由水平排水垫层和竖井组合而成，其目的是改善排水条件，增加排水途径，缩短排水距离，加速土体固结。加压系统是指对地基施行预压的荷载，所用方式有固体（土石料等）、液体（水等）、真空负压等加载法。排水和加压是排水固结法中不可缺少的两个部分，若只设排水系统而不设加压系统，则孔隙中的水没有压力差，水不会自然排出，地基也就得不到加固；反之，若只加压而不设排水系统，则地基不能在预压期间尽快完成设计所要求的沉降量，强度不能及时提高，加载也不能顺利进行。

工程中，排水固结法按是否设竖井可分为天然地基上堆载预压法和竖井堆载预压法；按加压方式又可分为正压加载（堆载）预压法、负压加载（真空加压、降低地下水位）预压法和联合法，如图 4.1 所示。

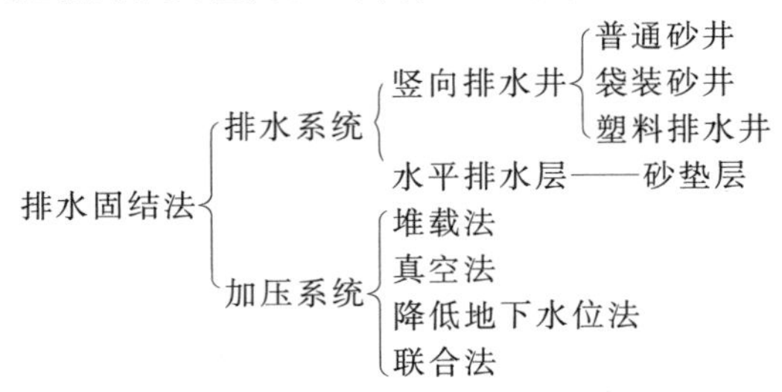

图 4.1　排水固结法系统构成

排水固结法适用于处理各类淤泥、淤泥质土及冲填土等饱和黏性土地基。天然地基上堆载预压法适合软土层较薄或者土的渗透性较好而施工期允许较长的情况，施工中仅在地面铺设一层砂垫层就可直接加载预压。竖井预压法特别适用于存在有连续砂层的地基。但砂井只能加速主固结而不能减少次固结，对有机质土和泥炭等次固结土，不宜只采用竖井法，可利用超载的方法克服次固结。真空预压法适用于能在加固区形成（包括采取措施后形成）稳定负压边界条件的软土地基。降低地下水法适合黏土层和透水层相连的地基。真空预压法、降低地下水位法和电渗法由于不增加剪应力，地基不会产生剪切破坏，对非常软弱的软土地基也能适用。

4.2 加固机理

4.2.1 堆载预压法加固机理

在饱和软黏土地基上堆载，会产生较大的初始超静孔隙水压力，它促使孔隙水慢慢排出，随之孔隙体积慢慢减小，地基发生固结变形，同时随着超静孔隙水压力逐渐消散，有效应力逐渐提高，地基土强度逐渐增长。

现以 e-σ_c'曲线和 τ-σ_c'曲线（图 4.2）说明堆载预压法加固机理。当土样的天然固结压力为 σ_0'时，其孔隙比为 e_0，对应 e-σ_c'曲线上的 a 点[图 4.2(a)]；当压力增加 $\Delta\sigma'$，固结终了时变为 c 点，孔隙比减小了 Δe，曲线$\widehat{abc}$称为压缩曲线。与此同时，抗剪强度与固结压力成比例地由 a_1 点提高到 c_1 点[图 4.2(b)]，说明土体在受压固结过程中，抗剪强度也得到提高。如果从 c 点卸除压力 $\Delta\sigma'$，则土样发生膨胀，图中$\widehat{chf}$为卸载膨胀（回弹）曲线。如果从 f 点再加压 $\Delta\sigma'$，土样发生再压缩，沿虚线变化到 c'，其相应的强度包络线如图 4.2(b)所示。从再压缩曲线$\widehat{fgc'}$，可清楚地看到，固结压力同样从 σ_0'增加 $\Delta\sigma'$，而孔隙比减少值为 $\Delta e'$，$\Delta e'$比 Δe 小了很多。这说明，如果在建筑场地先加一个和上部建筑物相同的荷载进行预压，使土层固结[对应图 4.2(a)中 a 点到 c 点]，然后卸除荷载[对应图 4.2(a)中 c 点到 f 点]再建造建筑物[对应图 4.2(a)中 f 点到c'点]，这样，建筑物所引起的沉降就可大大减小。如果预压荷载大于建筑物荷载，即所谓超载预压，则效果更好。因为经过超载预压，当土层的固结压力大于使用荷载下的固结压力时，原来的正常固结黏土层将处于超固结状态，而使土层在使用荷载下的变形大为减小。

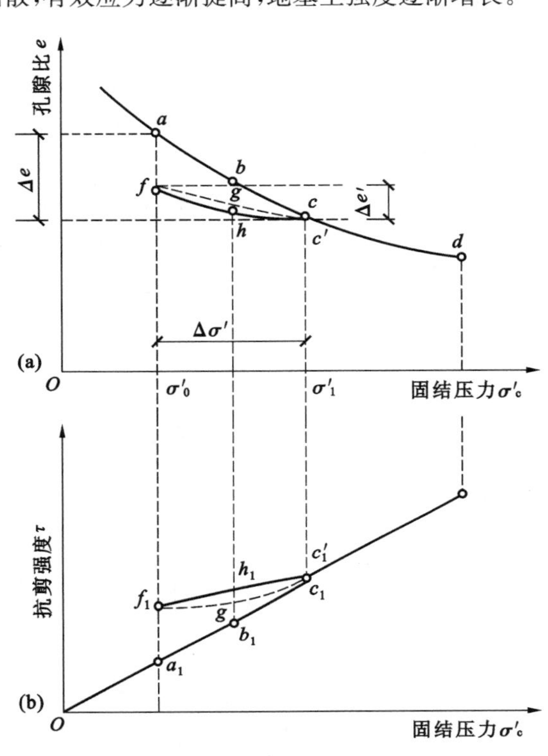

图 4.2 排水固结法增大地基土密度的原理

在荷载作用下，土体的固结过程就是超静孔隙水压力（可简称为孔隙水压力，系指因外载引起的土中孔隙水压力增量）消散和有效应力增加的过程。而土体的固结速率不仅取决于土体的渗透性，而且与排水条件也密切相关。理论上，黏性土固结所需时间与排水距离的平方成正比，土层越厚[图 4.3(a)]，固结完成所需时间就越长。因此，为加速土层固结，最有效的方法是增加土层的排水路径，缩短排水距离，比如在土层中设置图 4.3(b)所示的竖井，这样便可大大加速地基的固结（或沉降）速率，促使地基土强度快速增长，这已被理论和实践所证实。

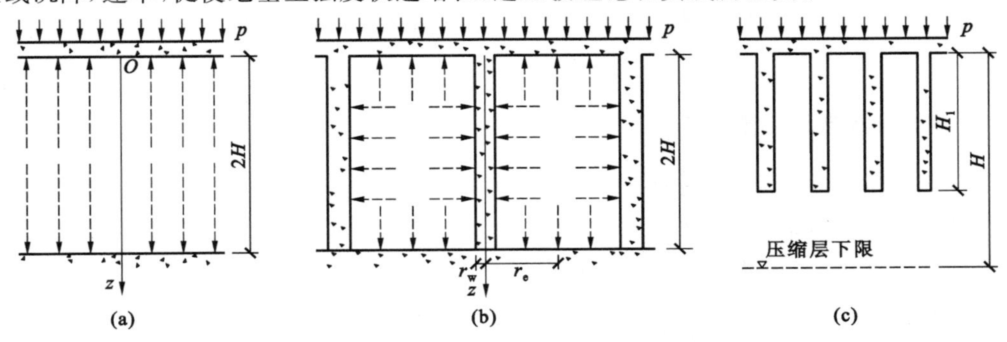

图 4.3 排水固结法排水路径示意图

(a) 天然地基情况；(b) 竖井贯穿受压土层情况；(c) 竖井未贯穿受压土层情况

4.2.2 真空预压法加固机理

真空预压法最早由瑞典皇家地质学院 W. Kjellman 教授于 1952 年提出，随后美国、日本等国进行了相关研究，但因密封问题和真空装置未能得到很好解决，该技术未能在工程中很好地应用。我国在 20 世纪 50 年代末 60 年代初对该技术进行了跟踪研究，也因同样原因未能在工程中应用。直到 20 世纪 80 年代，为满足沿海大面积软土地基快速加固处理的需要，国内多家单位对这项技术进行了室内外试验和工程应用研究，并取得了成功。同时，我国还开发了真空-堆载联合预压法成套技术，并在工程中得到成功应用，取得了良好效果。目前，真空预压法已在工程中得到广泛应用。

真空预压法是在需要加固的软黏土地基内设置竖井，然后在地面铺设砂垫层，其上再覆盖不透气的密封膜与大气隔绝，膜四周埋入土中，通过埋设于砂垫层中带有滤水孔的分布管道，利用真空装置不断从管道中抽气，在地表砂垫层和竖井中逐渐形成负压，进而在密封膜内外以及地基土与排水体界面形成压差，并通过这一压差使土体实现固结。因此，真空预压法的加固机理可归纳为如下几点：

① 密封膜内外以及地基土与排水体界面的压差作用。在抽气前，密封膜内外都承受一个大气压 p_a。抽气后，密封膜内气压逐渐降低，砂垫层和竖井中的气压先后降至 p_v。于是，土体与砂垫层和竖井间形成 $(p_a - p_v)$ 的初始压差（真空度）（图 4.4），促使土中的孔隙水向排水井中渗流，孔隙水压力不断降低，有效应力不断增加，土体逐渐固结。随着抽气时间的增长，压差逐渐变小，最终趋于零，此时渗流停止，土体固结完成。

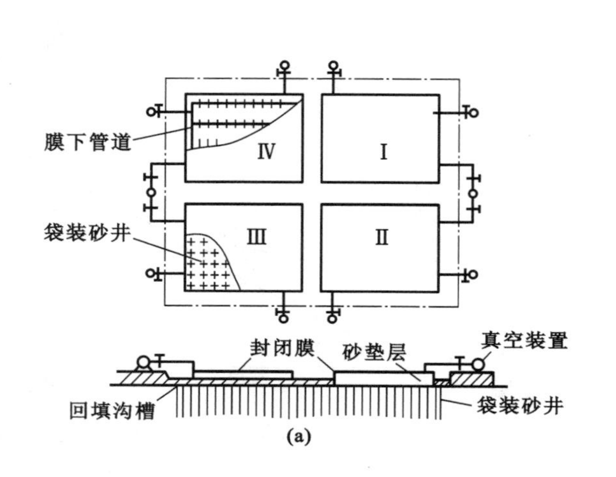

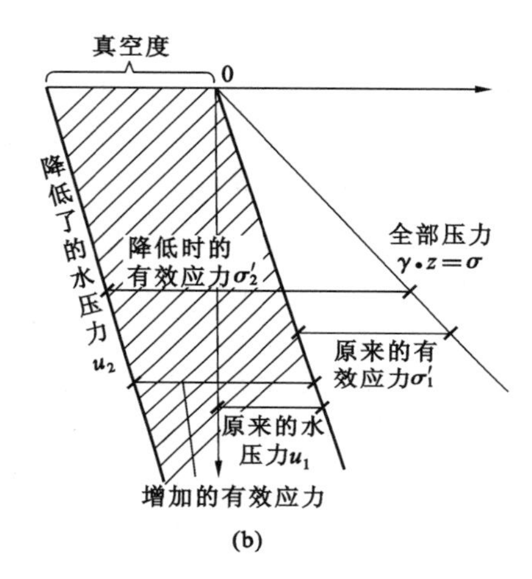

图 4.4 真空预压法原理

② 地下水位降低，相应增加了附加应力。若抽气前地下水位离地面为 H_1，抽气后土体中水位降至 H_2，亦即下降了 $(H_1 - H_2)$，则在此范围内的土体便从浮重度变为湿重度，此时土骨架增加了大约 $(H_1 - H_2)$ 水头高的固结压力。

③ 封闭气泡排出，土的渗透性加大。如果饱和土体中含有少量封闭气泡，在正压作用下，该气泡堵塞孔隙，使土的渗透性降低，固结过程减慢。但在真空吸力下，封闭气泡被吸出，从而使土体的渗透性提高，固结过程加速。

4.2.3 堆载预压法与真空预压法对比

根据有效应力原理，堆载预压法是通过增加总应力，并在地基土中先形成超静孔隙水压力，再通过孔隙水压力逐渐消散来增加有效应力，促使土体固结，称为正压固结；而真空预压法和降低地下水预压法则是在总应力不变的情况下，通过减小地基土中的孔隙水压力，即通过形成负超静孔隙水压力来增加有效应力，促使土体固结，称为负压固结。它们都是通过减小孔隙水压力来增加有效应力，但它们的加固机理以及固结过程中的地基变形、强度增长等特性却不尽相同，详见表 4.1。

表 4.1 堆载预压法和真空预压法加固机理比较

堆载预压法	真空预压法
(1) 根据有效应力原理,总应力增加,孔隙水压力也增加,但随孔隙水压力消散而使有效应力增加; (2) 加载预压过程中,一方面土体强度在提高,另一方面剪应力也在增大,当剪应力增大到土的抗剪强度时,土体发生破坏; (3) 堆载过程中需控制加载速率,以防止地基剪切破坏; (4) 预压过程中,预压区周围土产生向外的侧向变形; (5) 非等向应力增量下固结而使土的强度增长; (6) 有效影响深度较大,其大小取决于附加应力的大小和分布	(1) 根据有效应力原理,总应力不变,但孔隙水压力减小,从而使有效应力增加; (2) 预压过程中,有效应力增量是各向相等的,剪应力不增加,不会引起土体的剪切破坏; (3) 不必控制加载速率,可连续抽真空至最大真空度,因而可缩短预压时间; (4) 预压过程中,预压区周围土产生向内的侧向变形; (5) 等向应力增量下固结而使土的强度增长; (6) 真空度往下传递有一定衰减,实测衰减速率为(0.8～2.0)kPa/m

4.3 计 算 理 论

4.3.1 瞬时加荷条件下固结度计算

4.3.1.1 理想井排水条件固结度计算

竖井地基的竖向排水井在平面上通常采用等边三角形[图 4.5(a)]和正方形[图 4.5(b)]的布置形式,因此,井的有效排水范围分别为正六边形和正方形柱体,而排水形式则是径向和竖向排水的组合[图 4.5(c)]。

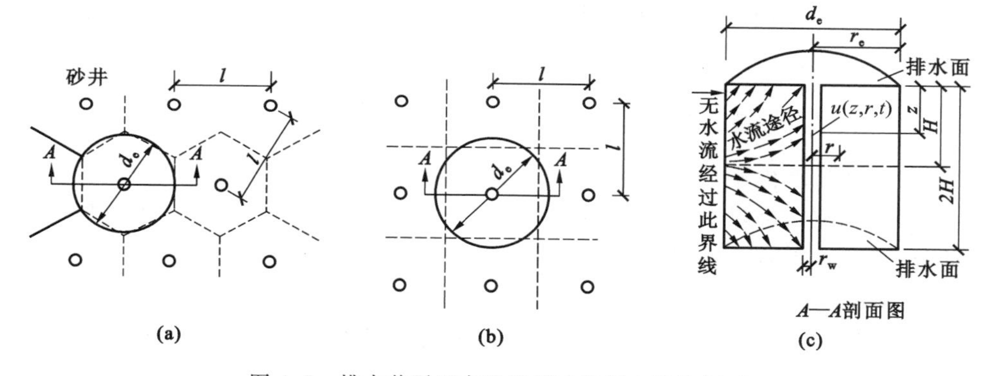

图 4.5 排水井平面布置及影响范围土柱体剖面

(a) 等边三角形排列;(b) 正方形排列;(c) 剖面图

理想排水条件下竖井固结理论假设:① 每个竖井的有效影响范围可简化为一圆柱体;② 竖井地基表面受瞬时施加的连续均布荷载作用,地基中附加应力分布不随深度变化(当荷载面宽度大于或等于竖井的长度时,此假设才与实际基本符合);③ 土体仅有竖向压密变形,土的压缩系数和渗透系数是常数;④ 土体完全饱和,加荷开始时,荷载所引起的全部应力由孔隙水承担;⑤ 不考虑施工引起的涂抹作用以及井阻效应。于是,可导出如下固结微分方程:

$$\frac{\partial u}{\partial t}=C_v\frac{\partial^2 u}{\partial z^2}+C_h\left(\frac{\partial^2 u}{\partial r^2}+\frac{1}{r}\frac{\partial u}{\partial r}\right) \tag{4.1}$$

式中 u——地基中任意点(r,z)在时刻 t 时的孔隙水压力(kPa);

C_h——径向固结系数(或称水平固结系数),$C_h=k_h(1+e)/(a\cdot\gamma_w)$(其中 k_h 为径向渗透系数,e 为土的孔隙比,a 为土体压缩系数,γ_w 为水的重度);

C_v——竖向固结系数,$C_v=k_v(1+e)/(a\cdot\gamma_w)$(其中 k_v 为竖向渗透系数)。

式(4.1)可用分离变量法求解,即分解为竖向固结和径向固结两个微分方程:

$$\frac{\partial u_z}{\partial t}=C_v\frac{\partial^2 u_z}{\partial z^2} \tag{4.2}$$

$$\frac{\partial u_r}{\partial t}=C_h\left(\frac{\partial^2 u_r}{\partial r^2}+\frac{1}{r}\frac{\partial u_r}{\partial r}\right) \tag{4.3}$$

式中 u_z、u_r——竖向排水的孔隙水压力分量和径向向内排水固结的孔隙水压力分量(kPa)。

式(4.2)即为太沙基(Tezaghi)竖向固结微分方程,先采用分离变量法求出其傅里叶级数解,再根据固结度定义(即深度 z 处到时刻 t 时的固结度 U_z 为此时超静孔隙水压力的消散程度,有 $U_z=\frac{u_0-u}{u_0}=1-\frac{u}{u_0}$,其中 u_0 为起始孔隙水压力,u 为地层 z 处时刻 t 时的孔隙水压力),并在整个排水地层求平均值,可得竖井地基竖向排水平均固结度公式(当 $\overline{U}_z>30\%$时,可仅取级数的第一项):

$$\overline{U}_z=1-\frac{8}{\pi^2}e^{-\frac{\pi^2 C_v}{4H^2}t} \tag{4.4}$$

式中 H——竖向排水距离,地基双面排水时取土层厚度的一半,地基单面排水时取土层厚度。

式(4.3)为内径向固结微分方程,巴隆(Barron,1948)给出竖井地基内径向排水平均固结度 $\overline{U}_r$ 的解为:

$$\overline{U}_r=1-e^{-\frac{8}{F_n}\frac{C_h}{d_e^2}t} \tag{4.5}$$

式中,$F_n=\frac{n^2}{n^2-1}\ln(n)-\frac{3n^2-1}{4n^2}$,$n$ 为井径比,$n=\frac{d_e}{d_w}$[d_w 为竖井直径;d_e 为竖井有效影响范围等效直径,按式(4.23)确定]。

根据 N. 卡里罗(Carrillo)理论,任意一点的孔隙水压力 u 存在$(u/u_0)=(u_r/u_0)\cdot(u_z/u_0)$的关系,那么整个竖井影响范围内土柱体平均孔隙水压力也同样有$(\overline{u}/u_0)=(\overline{u}_r/u_0)\cdot(\overline{u}_z/u_0)$。于是,由固结度定义可得竖井地基总的平均固结度 $\overline{U}_{rz}$ 计算式为:

$$\overline{U}_{rz}=1-(1-\overline{U}_r)\cdot(1-\overline{U}_z)=1-\frac{8}{\pi^2}e^{-\left(\frac{8C_h}{F_n d_e^2}+\frac{\pi^2 C_v}{4H^2}\right)t} \tag{4.6}$$

4.3.1.2 非理想井排水条件固结度计算

实际上,在竖井地基固结过程中,排水井对渗流有一定的阻力,这将影响土层的固结速率,这一现象称为井阻效应。此外,竖井施工时对周围土产生涂抹和扰动作用,使扰动区土的渗透系数减小。Hansbo 和谢康和分别导出了等应变条件下考虑井阻效应和涂抹作用的竖井地基固结理论解。

考虑涂抹和井阻影响,瞬时加载下竖井地基平均固结度$\overline{U}_{rz}$简化计算公式为:

$$\overline{U}_{rz}=1-\frac{8}{\pi^2}e^{-\left(\frac{8C_h}{F\cdot d_e^2}+\frac{\pi^2 C_v}{4H^2}\right)t} \tag{4.7}$$

其中,$F=F_n+F_s+F_r$,F_s 为反映涂抹作用和扰动的影响因子,$F_s=[(k_h/k_s)-1]\cdot\ln(d_s/d_w)$,而 d_s 为涂抹区直径,d_w 为砂井直径(可取 $s=d_s/d_w=2.0\sim3.0$,中等灵敏土取低值,高灵敏土取高值),k_h 为天然土层水平向渗透系数,k_s 为涂抹区土的渗透系数(可取 $k_s/k_h=1/5\sim1/3$);F_r 为反映井阻效应的影响因子,$F_r=\pi^2 k_h H^2/(4q_w)$,q_w 为竖井纵向通水量,为单位水力梯度下单位时间的排水量,对砂井 $q_w=\pi k_w d_w^2/4$,而 k_w 为砂料的渗透系数。

4.3.1.3 竖井未打穿受压土层平均固结度计算

当竖井未打穿整个压缩层时[图 4.3(c)],整个压缩层的平均固结度按下式计算:

$$\overline{U}=Q\overline{U}_{rz}+(1-Q)\overline{U}_z' \tag{4.8}$$

式中 Q——竖井深度 H_1 与整个受压土层厚度 H 之比,$Q=H_1/H$;

$\overline{U}_{rz}$——竖井范围土层的平均固结度,可按式(4.6)和式(4.7)计算,其中排水距离取受压土层厚度 H;

$\overline{U}_z'$——竖井底面以下受压土层的平均固结度,按式(4.4)计算,其中竖向排水距离按下式(谢康和,1987)计算:

$$H'=(1-a\cdot Q)H \tag{4.9}$$

其中，$\alpha=1-\sqrt{\beta_z/(\beta_r+\beta_z)}$，$\beta_z=\pi^2C_v/(4H^2)$，$\beta_r=8C_h/(F\cdot d_e^2)$，$F=F_n+F_s+F_r$。

值得注意的是，当竖井底面以下受压土层较厚时，竖井范围土层与竖井底面以下受压土层的平均固结度相差较大，因此应分别计算各自的固结度和相应的固结变形。

4.3.1.4 *固结度的通用表达式*

不同排水条件平均固结度计算公式可用以下表达式统一起来（曾国熙，1959）：

$$\overline{U}=1-\alpha\cdot e^{-\beta t} \tag{4.10}$$

式中参数 α、β 视不同排水条件而异，汇总于表 4.2 中。

表 4.2 不同条件下平均固结度计算公式

序号	条件	平均固结度计算公式	系数 α、β		备注
1	通用表达式	$\overline{U}=1-\alpha e^{-\beta t}$	α	β	曾国熙
2	竖向排水固结（$\overline{U}_z>30\%$）	$\overline{U}_z=1-\alpha_z e^{-\beta_z t}$	$\alpha_z=\dfrac{8}{\pi^2}$	$\beta_z=\dfrac{\pi^2C_v}{4H^2}$	Tezaghi 解
3	内径向排水固结	$\overline{U}_r=1-\alpha_r e^{-\beta_r t}$	$\alpha_r=1$	$\beta_r=\dfrac{8C_h}{F\cdot d_e^2}$	$F=\begin{cases}F_n（理想井，Barron 解）\\F_n+F_s+F_r（非理想井，谢康和解）\end{cases}$
4	竖井地基固结	$\overline{U}_{rz}=1-(1-\overline{U}_r)\cdot(1-\overline{U}_z)=1-\alpha_{rz}e^{-\beta_{rz}t}$	$\alpha_{rz}=\dfrac{8}{\pi^2}$	$\beta_{rz}=\dfrac{\pi^2C_v}{4H^2}+\dfrac{8C_h}{F\cdot d_e^2}$	$F_n=\dfrac{n^2}{n^2-1}\ln(n)-\dfrac{3n^2-1}{4n^2}$，$n=\dfrac{d_e}{d_w}$ $F_s=\left(\dfrac{k_h}{k_s}-1\right)\cdot\ln\left(\dfrac{d_s}{d_w}\right)$，$F_r=\dfrac{\pi^2k_hH^2}{4q_w}$

4.3.2 逐级加荷条件下地基固结度计算

4.3.1 节所列固结度计算公式只适合荷载一次性瞬时加足的情况，但实际工程中总是分级逐渐加载，因此必须对它们进行修正。修正的方法有改进太沙基法和改进高木俊介法。

4.3.2.1 *改进太沙基法*

改进太沙基（Tezaghi）法假定：① 每级等速加载的荷载增量 Δp_i 所引起的固结过程是单独进行的，与上一级或下一级荷载增量所引起的固结度无关，即每级荷载下的固结度仅对本级荷载而言；② 第 i 级荷载增量 Δp_i 在等速加载至 $\Delta p_i'$（$\leqslant\Delta p_i$）经过了时间 Δt_i 时，此荷载下的固结度与在 $\Delta t_i/2$ 时瞬时加载 $\Delta p_i'$ 的固结度相同，即计算荷载 $\Delta p_i'$ 下固结度的时间为 $(t-T_{2i-2})/2$，其中 t、T_{2i-2} 从第一级荷载加载初始时算起（图 4.6）；③ 第 i 级荷载增量 Δp_i 等速加载完成并进入恒载作用期，此时本级荷载下的固结度与从加载期间中点 $(T_{2i-1}+T_{2i-2})/2$ 始一次瞬时加载 Δp_i 的情况相同，即计算荷载 Δp_i 下固结度的时间为 $t-(T_{2i-1}-T_{2i-2})/2$；④ 总荷载下的总固结度等于各级荷载增量作用下的固结度按荷载比例修正后的叠加。

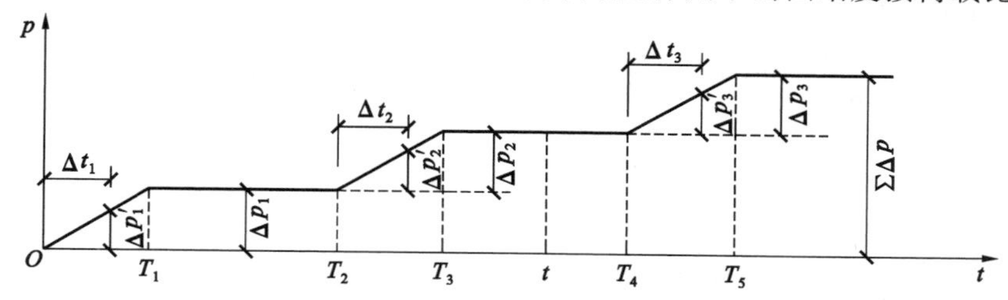

图 4.6 多级等速加载示意图

根据上述假设，可推求出多级等速加载地基总平均固结度 $\overline{U}_t'$ 计算公式：

$$\overline{U}_t'=\sum_{i=1}^{n}\left[\frac{\Delta p_i}{\sum\Delta p}\cdot\overline{U}_{rz\left(t-\frac{T_{2i-2}+T_{2i-1}}{2}\right)}\right] \tag{4.11}$$

式中 Δp_i——第 i 级荷载增量（kPa），若计算加载过程中某一时刻 t 的固结度时，则用该时刻对应的荷载增量 $\Delta p_i'$；

$\sum\Delta p$——各级荷载的累加值（kPa）；

$\overline{U}_{rz\left(t-\frac{T_{2i-2}+T_{2i-1}}{2}\right)}$——第 i 级荷载一次瞬时加载经历了时间 $t-\dfrac{T_{2i-2}+T_{2i-1}}{2}$ 的固结度，其中 T_{2i-2} 和

T_{2i-1}分别为第 i 级荷载加载的起点和终点时间(从时间 0 点起算),若计算加载期间时刻 t 的固结度(加载至 $\Delta p_i'$),则 T_{2i-1}改为 t。

4.3.2.2　改进高木俊介法

高木俊介(1955)以巴隆理论解为基础,导出了变速加载内径向排水平均固结度计算公式。曾国熙(1975)对其进行了改进,同时考虑竖向和径向排水情况,得出了多级变速加载竖井地基平均固结度计算公式:

$$\overline{U}_t' = \sum_{i=1}^{n} \frac{\dot{q}_i}{\sum \Delta p}\left[(T_{2i-1} - T_{2i-2}) - \frac{\alpha}{\beta}e^{-\beta t}(e^{\beta T_{2i-1}} - e^{\beta T_{2i-2}})\right] \tag{4.12}$$

式中　$\dot{q}_i$——第 i 级荷载加载速率(kPa/d);

T_{2i-2}、T_{2i-1}——第 i 级荷载加载的起点和终点时间(从时间 0 点起算)(d),若计算加载期间时刻 t 的固结度(加载至 $\Delta p_i'$),则 T_{2i-1}改为 t。

α 和 β 见表 4.2。

【例 4.1】　某深厚淤泥质黏土地基,固结系数 $C_h = C_v = 1.8\times10^{-3}$ cm²/s,受压土层厚 20 m。采用袋装砂井堆载预压加固处理,打穿受压土层。袋装砂井直径 $d_w = 7$ cm,等边三角形布置,砂井间距 $l = 1.4$ m。预压总荷载 100 kPa,分 2 级等速加载:第 1 级堆载 60 kPa,10 d 完成,之后预压 20 d;第 2 级堆载 40 kPa,10 d 完成,之后预压 80 d。试计算:

① 不考虑井阻和涂抹影响受压土层平均固结度;

② 考虑井阻和涂抹影响受压土层平均固结度(假设土层水平向渗透系数 $k_h = 1\times10^{-7}$ cm/s,砂料渗透系数 $k_w = 2\times10^{-2}$ cm/s,涂抹区土的 $k_s = k_h/5 = 0.2\times10^{-7}$ cm/s。取涂抹区直径 d_s 与竖井直径 d_w 之比值 $s=2$)。

【解】　① 不考虑井阻和涂抹影响受压土层平均固结度 $\overline{U}_t'$计算(按改进高木俊介法计算)。

每级荷载加载速率:$\overline{q}_1 = 60/10 = 6$ kPa/d,$\overline{q}_2 = 40/10 = 4$ kPa/d。

每级堆载起止时刻:第 1 级堆载起止时刻分别为 $T_0 = 0$、$T_1 = 10$ d,第 2 级堆载起止时刻分别为 $T_2 = 30$ d、$T_3 = 40$ d,总的预压时间 $t = 120$ d。

有效排水直径 d_e:

$$d_e = 1.05l = 1.05\times1.4 = 1.47\ \text{m} = 147\ \text{cm}$$

井径比 n:

$$n = \frac{d_e}{d_w} = \frac{147}{7} = 21$$

反映井径比影响参数 F_n:

$$F_n = \frac{n^2}{n^2-1}\ln(n) - \frac{3n^2-1}{4n^2} = \frac{21^2}{21^2-1}\ln 21 - \frac{3\times21^2-1}{4\times21^2} = 2.30$$

α、β 参数计算:

$$\alpha = \frac{8}{\pi^2} = 0.81$$

$$\beta = \frac{8C_h}{F_n d_e^2} + \frac{\pi^2 C_v}{4H^2} = \frac{8\times1.8\times10^{-3}}{2.30\times147^2} + \frac{3.14^2\times1.8\times10^{-3}}{4\times2000^2} = 2.91\times10^{-7}(1/\text{s}) = 0.025(1/\text{d})$$

受压土层平均固结度 $\overline{U}_t'$:

$$\begin{aligned}\overline{U}_t' &= \sum_{i=1}^{n} \frac{\dot{q}_i}{\sum \Delta p}\left[(T_{2i-1} - T_{2i-2}) - \frac{\alpha}{\beta}e^{-\beta t}(e^{\beta T_{2i-1}} - e^{\beta T_{2i-2}})\right] \\ &= \frac{6}{100}\left[(10-0) - \frac{0.81}{0.025}e^{-0.025\times120}(e^{0.025\times10} - e^{0.025\times0})\right] \\ &\quad + \frac{4}{100}\left[(40-30) - \frac{0.81}{0.025}e^{-0.025\times120}(e^{0.025\times40} - e^{0.025\times30})\right] = 0.93\end{aligned}$$

② 考虑井阻和涂抹影响受压土层平均固结度 $\overline{U}_t{}'$计算(按改进高木俊介法计算)。

袋装砂井纵向通水量 q_w:

$$q_w = k_w \times \pi \frac{d_w^2}{4} = 2 \times 10^{-2} \times 3.14 \times \frac{7^2}{4} = 0.77\ \mathrm{cm^3/s}$$

反映井阻影响参数 F_r：

$$F_r = \frac{\pi^2 H^2}{4} \frac{k_h}{q_w} = \frac{3.14^2 \times 2000^2}{4} \times \frac{1 \times 10^{-7}}{0.77} = 1.28$$

反映涂抹扰动影响参数 F_s：

$$F_s = \left(\frac{k_h}{k_s} - 1\right)\ln s = \left(\frac{1 \times 10^{-7}}{0.2 \times 10^{-7}} - 1\right)\ln 2 = 2.77$$

综合影响参数 F：

$$F = F_n + F_r + F_s = 2.30 + 1.28 + 2.77 = 6.35$$

α、β 参数计算：

$$\alpha = \frac{8}{\pi^2} = 0.81$$

$$\beta = \frac{8C_h}{F \cdot d_e^2} + \frac{\pi^2 C_v}{4H^2} = \frac{8 \times 1.8 \times 10^{-3}}{6.35 \times 147^2} + \frac{3.14^2 \times 1.8 \times 10^{-3}}{4 \times 2000^2} = 1.06 \times 10^{-7}(1/\mathrm{s}) = 0.0092(1/\mathrm{d})$$

受压土层平均固结度 $\overline{U}'_t$：

$$\begin{aligned}\overline{U}'_t &= \sum_{i=1}^{n} \frac{\dot{q}_i}{\sum \Delta p}\left[(T_{2i-1} - T_{2i-2}) - \frac{\alpha}{\beta} e^{-\beta t}\left(e^{\beta T_{2i-1}} - e^{\beta T_{2i-2}}\right)\right] \\ &= \frac{6}{100}\left[(10-0) - \frac{0.81}{0.0092} e^{-0.0092\times120}\left(e^{0.0092\times10} - e^{0}\right)\right] \\ &\quad + \frac{4}{100}\left[(40-30) - \frac{0.81}{0.0092} e^{-0.0092\times120}\left(e^{0.0092\times40} - e^{0.0092\times30}\right)\right] = 0.68\end{aligned}$$

4.3.3　地基土抗剪强度增长的预估

在逐级加载作用下，地基土不断排水固结，其抗剪强度逐渐增长。同时，地基中的剪应力也随逐级加载而增大，这可能导致在一定条件下因剪切蠕动而使地基强度降低。因此，地基中某点在某一时刻的抗剪强度 τ_f 可表示为(曾国熙，1975—1981)：

$$\tau_f = \tau_{f0} + \Delta\tau_{fc} - \Delta\tau_{f\tau} \tag{4.13}$$

式中　τ_{f0}——地基中某点在加载之前的地基土抗剪强度(kPa)；

$\Delta\tau_{fc}$——由于固结而产生的抗剪强度增量(kPa)；

$\Delta\tau_{f\tau}$——由于剪切蠕动而引起的抗剪强度降低量(kPa)。

剪切蠕动引起的抗剪强度降低量 $\Delta\tau_{f\tau}$ 目前尚难计算，但为了考虑 $\Delta\tau_{f\tau}$ 对地基抗剪强度的影响，将其计入前两项中，于是有：

$$\tau_f = \eta(\tau_{f0} + \Delta\tau_{fc}) \tag{4.14}$$

式中 η 是考虑到剪切蠕变及其他因数对强度影响的一个综合性的折减系数，它与地基土在附加剪应力作用下可能产生的强度衰减作用有关。根据国内有些地区实测反算的结果，η 值取为 0.8～0.85。若判断地基土没有可能产生强度降低时，则 $\eta=1.0$。

工程中常采用有效应力法和有效固结压力法预估因固结而引起的抗剪强度增量 $\Delta\tau_{fc}$：

① 有效应力法。该法根据正常固结土有效应力的摩尔-库伦强度准则和极限平衡条件，导出预压过程中某时刻地基中某点的固结抗剪强度增量 $\Delta\tau_{fc}$ 计算式：

$$\Delta\tau_{fc} = k \cdot \Delta\sigma_1' = k \cdot (\Delta\sigma_1 - \Delta u) = k \cdot \Delta\sigma_1 \cdot U_t \tag{4.15}$$

式中　k——与土的有效内摩擦角 φ' 有关的系数，$k=\sin\varphi' \cdot \cos\varphi'/(1+\sin\varphi')$；

$\Delta\sigma_1$——给定点最大总主应力增量，可认为是预压荷载引起的该点的附加竖向应力(kPa)；

Δu——该点的孔隙水压力增量(kPa)；

U_t——该时刻该点土的固结度。

② 有效固结压力法：该法只模拟压力作用下排水固结过程，不模拟剪力作用下附加压缩，这对于荷载面积相对于土层厚度比较大的预压工程是大致合理的。这样，土的强度变化可以通过剪切前的有效固结压力来表示。对于正常固结饱和软黏土，当施加预压荷载后，由于固结而增长的强度 $\Delta\tau_{fc}$ 可近似按下式计算：

$$\Delta\tau_{fc} = \Delta\sigma_c' \cdot \tan\varphi_{cu} = (\Delta\sigma_c - \Delta u) \cdot \tan\varphi_{cu} = \Delta\sigma_c \cdot U_t \cdot \tan\varphi_{cu} \tag{4.16}$$

式中 $\Delta\sigma_c$、$\Delta\sigma_c'$——预压荷载引起的该点的附加竖向总应力和有效应力(kPa)；

φ_{cu}——三轴固结不排水试验求得的土的内摩擦角(°)。

4.3.4 地基承载力计算

对于饱和软黏土(φ=0)，可按斯开普顿(A. W. Skempton，1952)公式估算地基极限承载力 p_u：

$$p_u = 5c_u\left(1+\frac{B}{5A}\right)\left(1+\frac{D}{5B}\right)+\gamma_0 D \tag{4.17}$$

式中 A、B、D——基础的长度、宽度和埋深(m)；

γ_0——基础埋置深度范围内土的重度(kN/m^3)；

c_u——地基土不排水抗剪强度，取基底以下 $0.707B$ 深度范围内的平均值(kPa)。

对长条形填土，也可根据 Fellenius 公式估算地基极限承载力 p_u：

$$p_u = 5.52c_u \tag{4.18}$$

实践证明，斯开普顿公式计算软土地基承载力与实际接近。地基承载力安全系数 K 可取 1.1～1.3。

4.3.5 地基沉降计算

地基固结沉降 s_c 的计算通常采用单向压缩分层总和法，压缩层的计算深度可取附加应力与土自重应力的比值为 0.1 的深度，计算式为：

$$s_c = \sum_{i=1}^{n}\frac{e_{0i}-e_{1i}}{1+e_{0i}} \cdot \Delta h_i \tag{4.19}$$

式中 Δh_i——第 i 层土层厚度(m)；

e_{0i}——第 i 层中点土自重应力所对应的孔隙比，由室内固结试验 e-p 曲线查得；

e_{1i}——第 i 层中点土自重应力与附加应力之和所对应的孔隙比，由室内固结试验 e-p 曲线查得。

地基最终沉降量 s_∞ 可按下式计算：

$$s_\infty = \xi \cdot s_c = \xi \cdot \sum_{i=1}^{n}\frac{e_{0i}-e_{1i}}{1+e_{0i}} \cdot \Delta h_i \tag{4.20}$$

式中 ξ——沉降修正经验系数，按地区经验确定，无经验时，对正常固结饱和黏性土地基可取 ξ= 1.1～1.4，荷载较大、地基土较软弱时取较大值，否则取较小值。

对于多级加载过程中，任意时间地基沉降量 s_t 可按下式计算：

$$s_t = \left[(\xi-1)\frac{p_t}{\sum\Delta p}+\overline{U}_t'\right] \cdot s_c \tag{4.21}$$

式中 p_t——t 时间的累积荷载(kPa)；

$\sum\Delta p$——总的累积荷载(kPa)；

$\overline{U}_t'$——修正后 t 时间地基平均固结度。

此外，还可根据实测沉降资料推算地基最终沉降量 s_∞，常用的方法有：三点法、双曲线法和指数曲线法。一般认为，用三点法求 s_∞ 较为理想。

4.4 设 计 方 法

4.4.1 堆载预压法设计

对深厚软黏土地基，应设置塑料排水带或砂井等排水竖井。当软土层厚度不大或软土层含较多薄粉砂夹层，且固结速率能满足工期要求时，可不设置排水竖井。采用竖井地基堆载预压法，应对其排水系统和加压系统分别进行设计，其主要设计内容包括：①竖井类型及其断面尺寸、间距、排列方式和深度的确定；②预压区范围以及预压荷载大小、荷载分级、加载速率和预压时间的确定；③预压过程中，地基土的固结度、强度增长、抗滑稳定性和变形的计算。

4.4.1.1 排水系统设计

(1) 竖井类型与直径

竖井可选用普通砂井、袋装砂井和塑料排水带。普通砂井直径可取 300～500 mm，袋装砂井直径可取 70～120 mm。塑料排水带通常由滤膜和芯板组成，滤膜采用耐腐蚀的涤纶衬布，芯板可以是由聚丙烯或聚乙烯塑料加工而成的沟槽结构，也可以仅是无纺布或其与螺旋排水管的组合结构(图 4.7)。土层固结时，渗流的孔隙水透过滤膜渗入到板芯，并通过板芯向上渗入到地表排水砂层中。塑料排水带截面尺寸一般为 $b\times\delta=100$ mm×(3.5～7.5) mm(b 为宽度，δ 为厚度)，其当量换算直径 d_p 可按下式计算：

$$d_p=\alpha\frac{2(b+\delta)}{\pi} \tag{4.22}$$

式中 α——换算系数，一般 $\alpha=0.75$～1.0。

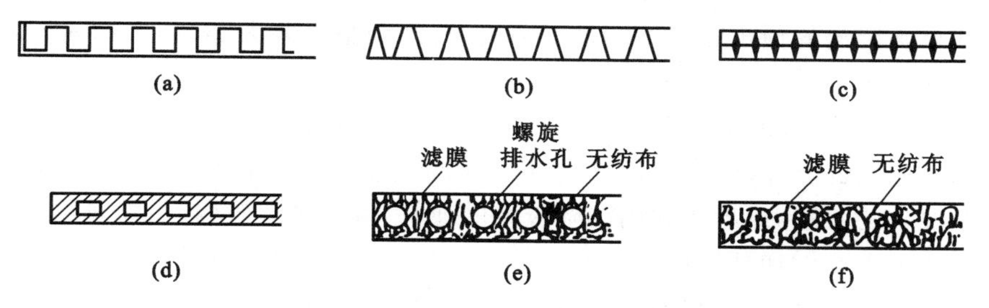

图 4.7 塑料排水带的结构

(a) 冂形槽塑料带；(b) 梯形槽塑料带；(c) △形槽塑料带；(d) 硬透水膜塑料带；(e) 无纺布螺旋孔排水带；(f) 无纺布柔性排水带

(2) 竖井的深度

排水竖井的深度应根据建(构)筑物对地基的稳定性、变形要求和工期等因素确定。对以地基抗滑稳定性控制的工程，竖井的深度至少应超过最危险滑动面 2.0 m。对以变形控制的工程，竖井深度应根据在限定的预压时间内需完成的变形量确定。竖井深度宜穿过受压土层。

(3) 竖井间距及平面布置形式

竖井的间距应根据地基土的固结特性、预定时间内所要求达到的固结度以及施工影响等通过计算分析确定。根据我国工程实践，普通砂井间距可根据井径比 $n=6$～8 选用，塑料排水带或袋装砂井的间距可按 $n=15$～22 选用。从缩短排水路径考虑，排水竖井宜设置成“细而密”为好。砂井的砂料应选用中粗砂，含泥量小于 3%。

排水竖井的平面布置可采用等边三角形排列或正方形排列(图 4.5)。竖井的有效排水直径 d_e 与间距 l 的关系为：

$$d_e=\begin{cases}1.05l\text{，等边三角形排列}\\1.13l\text{，正方形排列}\end{cases} \tag{4.23}$$

竖井布置范围(预压区范围)应比建筑物基础范围稍大，一般以基础轮廓线向外扩大 2～4 m 为宜。

(4) 地表排水砂垫层

砂垫层设计应保证形成连续的、畅通的水平排水通道，严防因地基沉降而被切断或淤堵。砂垫层的砂料应采用含泥量小于 3%的中粗砂，渗透系数应大于 1×10^{-2} cm/s。砂垫层的干密度应大于 1.5 g/cm^3。砂垫层厚度，一般地面施工时不应小于 0.5 m，水下施工时取 1 m 左右。砂垫层的范围应不小于堆载范围或竖井布置范围，并在周边设置与之相连的排水沟。在砂料贫乏地区，可采用连通砂井的纵横砂沟代替整片砂垫层。砂沟的宽度为 2～3 倍砂井直径，深度应大于 0.5 m。

此外，在预压区边缘应设置排水沟，在预压区内宜设置与砂垫层相连的排水盲沟。

4.4.1.2　加压系统设计

加压系统设计主要是指堆载材料的选用和堆载预压计划的确定。堆载材料可以是建(构)筑物自身、砂石、填土或水。堆载预压计划是指根据给定的排水设计方案确定预压时每级荷载大小以及每级荷载加荷时间和持续时间,具体计算步骤如下:

① 第一级容许施加荷载 p_1 的确定。原则上根据地质勘察资料提供的地基承载力确定;若无资料,则可按式(4.17)和式(4.18)估算值确定。同时,施加的荷载 p_1 应使地基的稳定性满足要求。

② 确定第一级荷载加荷时间。根据第一级荷载 p_1 的大小和加荷速率 $\dot{q}$ 确定。

③ 确定第一级荷载施加后停歇时间。通过计算 p_1 作用下达到设定固结度(通常假设为70%)所需要的时间,从而确定第一级荷载停歇时间,亦即第二级荷载 p_2 施加时间点。

④ 确定第二级荷载 p_2 大小。先根据预设的固结度按式(4.15)或式(4.16)估算地基在上级荷载作用下的强度增长值,并由式(4.14)计算此时地基强度;再近似按式(4.18)估算 p_2;最后验算在 p_2 作用下的地基稳定性(根据预压工程所在工程领域的相关规范推荐方法验算),若不满足要求则对 p_2 大小进行调整。

重复第②~④步,确定出第二级荷载的加载时间、停歇时间以及第三级荷载大小,以此类推,可确定出初步加载计划。如果确定出的预压时间不满足工期要求,则调整竖井大小、深度和间距,再重复第②~④步进行计算。

⑤ 地基沉降量计算。计算预压完成时地基沉降量 s_t 和地基最终沉降量 s_∞,若两者之差(剩留沉降量)满足建筑物所允许的沉降要求则完成计算,否则应调整竖井大小、深度和间距,重新计算。

对沉降有严格要求的工程,或者次固结沉降较大的地基,可通过超载(超出建筑物荷载)预压控制地基沉降量。超载预压实际上是增加预压期间总的固结沉降量。当地基达到的固结度一定,则预压荷载越大,完成的主固结沉降量越大。因此,超载预压可加速地基固结沉降,还可减小次固结沉降量并使次固结沉降发生的时间推迟。

4.4.2　真空预压法设计

真空预压法设计主要是确定排水竖井尺寸、密封膜内真空度和加固土层要求达到平均固结度,以及对加固后地基的沉降进行计算。

(1) 排水竖井类型和尺寸

竖井尽量选用单孔截面大、排水阻力较小的塑料排水带,或者袋装砂井。当采用袋装砂井时,应尽量选用渗透系数较大的砂料作为排水材料。竖井的间距对预压时间及其地基能达到的固结度有很大影响,设计时应根据地基土性、工期、工程要求等通过计算确定。对塑料排水带或直径为7 cm的袋装砂井,间距一般可在1.0~1.5 m范围内选用。竖井深度应根据软土层厚度、地基预压需完成的沉降量以及地基稳定性等要求计算确定。

(2) 密封膜内真空度

密封膜内真空度大小对真空预压效果影响很大。密封膜内真空度应稳定在86.7 kPa(650mmHg)以上,且分布均匀。

(3) 平均固结度

地基预压后竖井深度范围内土层平均固结度应达到90%,若工期允许还可更大。一般在地层条件相同情况下,地层达到的固结度与预压时间和竖井间距密切相关。达到相同的固结度,竖井间距越小,则所需时间越短(表4.3)。

表4.3　固结度与预压时间和袋装砂井间距的关系

固结度(%)	80			90		
砂井间距(m)	1.3	1.5	1.8	1.3	1.5	1.8
所需时间(d)	40~50	60~70	90~105	60~70	85~100	120~130

(4) 预压范围

真空预压面积不得小于基础外缘所包围的面积，一般真空预压的边缘应比建筑基础外缘超出 3 m；另外，每块预压的面积应尽可能大，根据加固要求彼此间可搭接或有一定间距。加固面积越大，它与周边长度之比也越大，气密性就越好，真空度就越高。

(5) 沉降计算

先计算加固前在建筑物荷载下天然地基的沉降量，然后计算真空预压期间所完成的沉降量，两者之差即为预压后在建筑物使用荷载下可能发生的沉降，它应小于建筑物允许沉降量。

真空预压地基最终沉降量仍可按式(4.20)估算，但沉降修正经验系数 ξ 无地区经验时可取 1.0～1.3。

真空预压的关键是保证预压系统具有良好的密封性，使预压土层与大气隔绝。当预压区有透气层和透水层时，可在塑料薄膜周边设置壁式水泥土搅拌桩密封帷幕等有效措施隔断透气层或透水层。

4.5 施工方法

4.5.1 水平排水砂垫层的施工

根据地基土层情况，地表排水砂垫层的施工可采用如下方法：

① 当地表为一能承受轻型运输机械施工的硬壳层时，一般可采用机械分堆摊铺法，即先用机械运输堆成若干砂堆，然后用机械或人工摊平。

② 当硬壳层不能承受轻型运输机械施工时，一般采用顺序推进摊铺法。

③ 当地基为新近沉积地基或堆填不久的超软地基时，必须先改善地基表层的承载能力，使其能承受轻型运输工具和施工人员施工。工程上，可通过在软弱地基表面铺设荆笆、塑料编织网、土工合成材料等来改善地基承载能力，采用人力手推车铺设、轻型小翻斗车或由轻型汽车改装的专用运砂翻斗车铺设、轻型皮带输送机推进铺设、小型水力输砂铺垫等方式施工砂垫层。

砂垫层施工应注意：

① 严格控制施工机械的重量和施工扰动、砂堆的大小和堆放时间，避免表层软土因挤出、隆起而造成砂垫层被切断或者与软黏土混合，影响垫层的连续性和排水效果。

② 若先施工竖井，则在施工砂垫层前应将竖井顶面的淤泥或杂物清除干净，以保证砂井与砂垫层连接良好，排水畅通。

4.5.2 竖向排水井的施工

4.5.2.1 普通砂井的施工

普通砂井施工要求：① 保证砂井连续、密实，防止缩颈、断颈和错位现象发生；② 尽量降低对砂井周围土体的扰动；③ 施工后砂井的直径、长度和间距应达到设计要求；④ 砂井的灌砂量应按井孔的体积和砂在中密状态时的干密度计算，其实际灌砂量不得少于计算值的 95%。

目前，普通砂井施工方法主要有：套管法、水冲成孔法和螺旋钻成孔法。

(1) 套管法

该法是将带有活瓣管尖或套有混凝土端靴的套管沉到预定深度，然后在管内灌砂并拔出套管形成砂井。沉管方法通常有静压沉管法、锤击沉管法、锤击静压联合沉管法和振动沉管法。在工程中，常用的是后两种沉管方法。由于砂拱作用和管壁摩阻力，锤击静压联合沉管法施工时易带出管内砂柱，造成断颈、缩颈现象，一般辅以饱水气压法(称为气压法)施工工艺来解决。但气压法施工工艺复杂，工程中用得较少。振动沉管法采用振动沉管和振动拔管灌砂工艺，其振动作用不仅可防止管内砂随管带出，还可振密砂井，保证砂井完整连续。

沉管法在沉管、拔管过程中，管壁对土体会产生挤压和剪切作用并扰动土体，同时管-土相对滑动还会对土体产生涂抹作用。

(2) 水冲成孔法

该法是通过专用喷头，产生高压水射流冲击地层成孔，再经过清孔后向孔内灌砂形成砂井。施工时应注意水压和孔内泥浆浓度的控制和清孔工艺。若水压控制不当，则易造成砂井上下孔径不一致。若泥浆浓度不能与孔壁侧压力相适应，则在软黏土地基中会出现缩孔、塌孔等现象。若清孔不彻底，则砂井中含泥，影响砂井渗透性。

水冲成孔法设备比较简单，对土质相对较好且均匀的黏性土地基较适用，但对很软的地基则易引起缩孔。对夹有薄层粉砂层软土地基，若压力控制不当，易造成串孔现象，对地基扰动较大。

(3) 螺旋钻成孔法

该法以动力螺旋钻钻孔，提钻后向孔内灌砂形成砂井。该法属干钻法，适用于陆上、砂井长度 10 m 以内、土质较好、不会出现缩颈和塌孔现象的软弱地基。

4.5.2.2 袋装砂井的施工

袋装砂井是指将在抗拉强度高、具有一定伸缩性的聚丙烯或聚乙烯编织袋中灌满砂子的长条形砂袋，设置在软土地基中形成排水砂柱，以加速软土排水固结的地基处理方法。它与普通砂井相比，具有直径小(一般 70～120 mm)、用砂量少、连续性好，而且可减轻施工设备重量、简化施工工艺、提高打设砂井效率等优点。

袋装砂井施工一般采用导管式振动打设机械，只是在行进方式上有不同，通常有轨道门架式、履带臂架式、步履臂架式、吊机导架式等。袋装砂井施工包括设备就位、整理桩尖、振动沉管、将砂袋放入导管、往管内灌水、振动拔管等工序。

袋装砂井施工要求：

① 砂袋宜用干砂密实灌制；

② 砂井应定位准确，平面井距偏差不应大于井径，垂直度偏差不应大于 1.5%；

③ 砂井深度不得小于设计要求，且埋入砂垫层的长度不应小于 0.5 m；

④ 导管内径宜略大于砂井直径，且应在砂袋入口处的导管口装设滚轮，避免砂袋被刮破；

⑤ 用聚丙烯编织袋进行灌砂时应避免太阳光长时间直接照射；

⑥ 拔管上带砂袋的长度不宜超过 0.50 m。

4.5.2.3 塑料排水带的施工

塑料排水带的施工机械基本上可与袋装砂井打设机械共用，通常用圆形或矩形导管，导管下端带管靴或桩尖。桩尖的作用是在打设塑料带时锚定塑料带，防止淤泥进入导管内以及提管时将塑料带带出。通常采用的桩尖形式有混凝土圆形桩尖、连续使用型活动桩尖、倒梯形绑扎连接桩尖(图 4.8)和倒梯形楔挤压连接桩尖(图 4.9)。

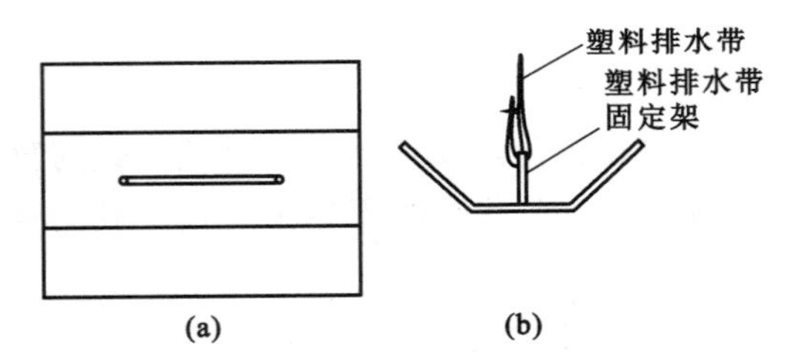

图 4.8　倒梯形绑扎连接桩尖

(a) 平面图；(b) 剖面图

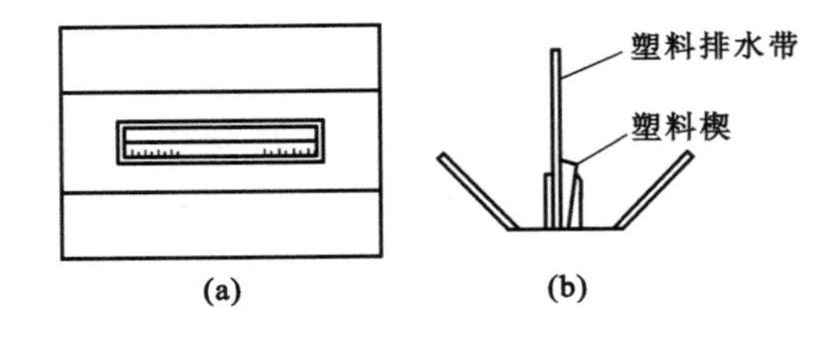

图 4.9　倒梯形楔挤压连接桩尖

(a) 平面图；(b) 剖面图

塑料排水带打设工序包括定位、将塑料带通过导管从管靴穿出、将塑料带与桩尖连接贴紧管靴并对准桩位、插入塑料带、拔管剪断塑料带等。

塑料排水带施工时应注意：

① 塑料排水带应防止阳光照射、破损或污染；

② 塑料带滤水膜在转盘和打设过程中应避免损坏，防止淤泥进入带芯堵塞输水孔；

③ 塑料带与桩尖连接要牢固，避免提管时脱开，将塑料带拔出；

④ 桩尖平端与导管靴配合要适当，避免错缝，防止淤泥在打设过程中进入导管，增大对塑料带的阻

力，甚至将塑料带拔出；

⑤ 所用套管应保证插入地基中的带子平直、不扭曲，所以，施工所用套管应采用菱形断面或出口段扁矩形断面，不应全长都采用圆形断面；

⑥ 塑料带需要接长时，应采用滤膜内芯带平搭接的连接方法，搭接长度宜大于 200 mm；

⑦ 平面井距偏差不应大于井径，垂直度偏差不应大于1.5%；

⑧ 塑料排水带深度不得小于设计要求，且埋入砂垫层的长度不应小于 0.5 m。

4.5.3 预压荷载的施工

4.5.3.1 利用建筑物自重预压荷载施工

这是一种经济有效的方法，一般适用于以地基的稳定性为控制条件，并能适应较大变形的建筑物，如路堤、土石坝、灰矿场、油罐、水池等。特别是对于油罐或水池等建筑物，先进行充水加压，可检验罐壁本身有无渗漏现象，同时，还可利用分级逐渐充水预压，使地基土强度得以提高，满足稳定性要求，但此时应保证建筑物的差异沉降在设计许可范围内。对路堤、土石坝等建筑物，由于填土高、荷载大，地基的强度不能满足快速填筑的要求，工程上应采用严格控制加荷速率、逐层填筑的方法以确保地基的稳定性，同时应考虑给建筑物预留沉降高度，保证建筑物预压后标高满足设计要求。

4.5.3.2 堆载预压荷载施工

堆载预压一般采用石料、砂、砖等散体材料进行堆载，采用自卸汽车与推土机联合施工作业。对超软地基，第一级荷载宜用轻型机械或人工进行堆载施工作业。

施工时应注意：

① 堆载的顶面积不小于建筑物的底面积，且当软弱地基比较深厚时，考虑荷载的边界作用时应适当扩大堆载的底面积，以保证建筑物范围内的地基得到均匀加固；

② 荷载分级要适宜，加荷速率控制要严，且应避免部分堆载过高，防止地基局部失稳或整体失稳；

③ 精心设计施工工艺，尽量避免扰动和破坏地基土体。

4.5.3.3 真空预压荷载施工

(1) 真空预压荷载施工工艺

① 埋设孔隙水压力和深层沉降观测等仪器；

② 埋设真空分布管；

③ 铺设密封膜，通常铺设 3 层，膜上全面覆水密封；

④ 安装出膜装置，每一个出膜点就是一个通道，必须严格进行真空密封处理；

⑤ 按已设定的出膜装置，安装好射流真空泵、真空管、离心泵与射流泵连接管路；

⑥ 连接好泵、真空管、连接管、排水管及膜内真空压力传感器；

⑦ 在加固范围内按设计要求在密封膜上布设沉降观测点；

⑧ 启动离心泵进行真空抽气，膜内真空压力逐渐提高，直到预定的真空压力值。

(2) 真空预压荷载施工要求

① 真空预压的抽气设备宜采用射流真空泵，空抽时必须达到 95 kPa 以上的真空吸力，真空泵的设置应根据预压面积大小和形状、真空泵效率和工程经验确定，但每块预压区至少应设置 2 台真空泵；

② 真空管路的连接应严格密封，在真空管路中应设置止回阀和截门；

③ 水平向分布滤水管可采用条状、梳齿状及羽毛状等形式，滤水管布置宜形成回路并应设在砂垫层中，其上覆盖厚度为 100～200 mm 的砂层，滤水管可采用钢管或塑料管，滤水部分钻有直径为 8～10 mm、间距为 50 cm 的滤水孔，外包尼龙纱或土工织物等滤水材料；

④ 密封膜应采用抗老化性能好、韧性好、抗穿刺性能强的不透气材料，密封膜热合时宜采用双热合缝的平搭接，搭接宽度应大于 15 mm；

⑤ 密封膜宜铺设 3 层，膜周边可采用挖沟埋膜、平铺并用黏土覆盖压边、围埝沟内及膜上覆水等方法进行密封；

⑥ 采用真空-堆载联合预压时，先进行抽真空，当真空压力达到设计要求并稳定后，再进行堆载，并继续抽气，堆载时需在膜上铺设土工编织布等保护材料。

4.5.4 预压试验

对重要工程，应在现场选择试验区进行预压试验，在预压过程中应进行地基竖向变形、侧向位移、孔隙水压力、地下水位等项目的监测，并进行原位十字板剪切试验和室内土工试验。根据试验区获得的监测资料确定加载速率控制指标，推算土的固结系数、固结度以及最终竖向变形等，分析地基处理效果，对原设计进行修正，并指导全场的设计与施工。

4.6 质量检验

4.6.1 施工过程质量检验和监测

施工过程质量检验和监测应包括以下内容：

① 塑料排水带必须在现场随机抽样送往实验室进行性能指标的测试，其性能指标包括纵向通水量、复合体抗拉强度、滤膜抗拉强度、滤膜渗透系数和等效孔径等。

② 对不同来源的砂井和砂垫层砂料，必须取样进行颗粒分析和渗透性试验。

③ 对于以抗滑稳定控制的重要工程，应在预压区内选择有代表性的地点预留孔位，在加载不同阶段进行原位十字板剪切试验和取土进行室内土工试验。

④ 对预压工程，应进行地基竖向变形、侧向位移和孔隙水压力等项目的监测。

⑤ 真空预压工程除应进行地基变形、孔隙水压力的监测外，尚应进行膜下真空度和地下水位的量测。

4.6.2 竣工验收检验

预压地基竣工验收检验应符合下列规定：

① 排水竖井处理深度范围内和竖井底面以下受压土层，经预压所完成的竖向变形和平均固结度应满足设计要求。

② 应对预压的地基土进行原位十字板剪切试验和室内土工试验。必要时，尚应进行现场载荷试验，试验数量不应少于 3 点。

4.7 工程实例

4.7.1 工程概要

某炼油厂建造在沿海地区，其中有 10000 m^3 油罐数个，罐体用钢板焊接，考虑到地基不均匀沉降，采用固定拱顶的结构形式，其倾斜度(周边最大沉降与最小沉降的差值和直径之比)控制在 1%。

建筑场地是近年新淤积的海滩。地基土层的层序和主要物理力学指标如表 4.4 所示。该场地含水量高(普遍大于 30%，最高达 50.2%)，压缩性大，抗剪强度低。天然地基承载力小(60～70 kPa)，远不能满足油罐荷载的要求。可认为第 1～4 土层(深度在 17.5 m 以上的淤泥质黏土层)对油罐稳定和沉降具有决定性影响。

固结系数采用加权平均值。根据表 4.4 计算第 1～4 土层平均固结系数 $\overline{C}_v=1.1\times10^{-3}$ cm^2/s，$\overline{C}_h=3.04\times10^{-3}$ cm^2/s。

十字板强度用最小二乘法整理，求得十字板的天然地基抗剪强度(kPa)为：

$$S_{+} = 0.92 + 0.273z$$

其中 z 为离地表面距离。

表 4.4 各层土的主要物理力学性质指标

层序	土层厚(m)	土层名称	含水量(%)	重度(kN/m³)	孔隙比	液限(%)	塑限(%)	塑性指数	液性指数	压缩系数 a_{1-2} (MPa^{-1})	固结系数(10^{-3} cm²/s)		三轴有效强度指标		十字板强度(kPa)
											竖向 C_v	水平 C_h	c' (kPa)	φ' (°)	
1	1	粉质黏土	31.3	19.1	0.87	34.7	19.3	15.5	0.78	0.36	1.57	1.82			
2	3.2	淤泥质黏土	46.7	17.7	1.28	40.4	21.3	19.1	1.33	1.14	1.12	0.91	0	26.01	17.5
3	4.0	淤泥质粉质黏土	39.1	18.1	1.07	33.1	19.0	14.1	1.42	0.66	3.40	4.81	11.4	28.88	24.8
4	9.3	淤泥质黏土	50.2	17.1	1.40	41.4	21.3	20.1	1.43	1.02	0.81	3.15		25.65	41.0
5		中砂	30.1	18.4	0.90					0.23					
6a		粉质黏土	32.3	18.4	0.90	29.0	17.9	11.1	1.29	0.38	3.82	6.28			
6b		淤泥质黏土	41.2	17.6	1.20	41.0	21.3	19.7	1.01	0.61					
7		黏土	44.4	17.3	1.28	46.7	25.3	21.4	0.89	0.45					
8		粉质黏土	32.4	18.3	0.97	33.8	20.7	13.1	0.89	0.28					

4.7.2 地基处理方案选择

10000 m³ 油罐的直径 $D=31.28$ m，高度 $H=14.07$ m，钢板自重为 2214.5 kN，由于工艺要求，油罐底板高出地面 2.3 m。油罐基础底面荷载为 191.4 kPa。显然，若油罐基础不做任何处理，就不能满足其稳定和沉降控制标准。

针对工程和地基具体条件，可能采用的地基处理方案有桩基、砂垫层预压、砂井预压、井点降水预压和振冲碎石桩。桩基在技术上比较可靠，但费用昂贵。砂垫层预压在经济上比较合理，但以一个 10000 m³ 油罐而言，预压期大于 3 年。由于井点降水深度有限，土的渗透系数较小，采用井点降水可能效果不好。若采用振冲碎石桩，由于地基不排水，抗剪强度小于 20 kPa，要起到复合地基的作用，需要耗费大量的碎石。经综合考虑，权衡利弊，认为采用砂井预压法，既能满足较大的荷载要求，又能按照 100 d 预计时间完成试水加荷计划，技术上不复杂，经济上也合理。

4.7.3 确定砂井直径、间距、深度和范围

砂井的直径、间距主要取决于固结特性，根据工程特点，本工程砂井地基基本设计参数为：砂井的直径 d_w 为 40 cm、间距 2.5 m、深度 18 m，基础边外超打两排砂井，梅花形布井，砂井总数共计 253 根。砂井地基设计剖面图如图 4.10 所示。

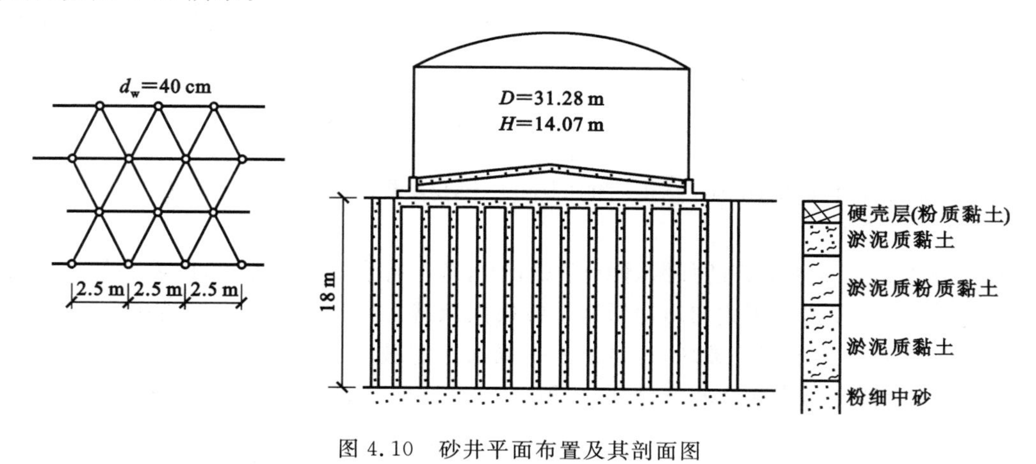

图 4.10 砂井平面布置及其剖面图

4.7.4 制定加载(充水)预压计划

拟订加载速率控制计划分两步进行：先用一般方法拟订一个初步计划，然后校核这个初步计划的地基

稳定性和沉降。具体步骤如下：

① 求出天然地基可能承受的荷载，按下式估算可施加的第一级荷载 p_1：

$$p_1 = \frac{5.52c_{u0}}{K}$$

式中　c_{u0}——天然地基的抗剪强度(kPa)，一般采用不排水剪切试验强度或现场十字板强度；

K——安全系数，初步估算时可取为 1.0～1.1。

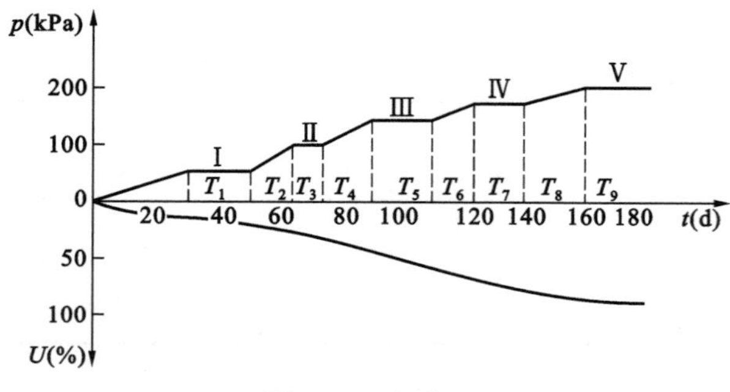

图 4.11　加载过程

② 求出在 p_1 作用下地基固结度达到 70%时所需停歇时间 t 及地基强度的增长值。

第一级荷载作用下，地基强度将增加到：

$$\tau_{f1} = \eta(\tau_{f0} + p_1 \cdot U_t \cdot k),\quad k = \frac{\sin\varphi' \cos\varphi'}{1 + \sin\varphi'}$$

求得 $k=0.287$，可取 $\eta=0.9$。

③ 计算可施加的第二级荷载 $p_2=5.52\tau_{f1}/K$。

④ 求出 p_2 作用下地基强度的增长值。

第三级、第四级……荷载可依此类推，一直计算到设计所要求的荷载。本工程加载计划如表 4.5 和图 4.11所示。拟订的加荷计划必须满足固结计算和稳定分析要求。

表 4.5　加荷分级及修正后固结度

项　目	荷载分级					备注
	Ⅰ	Ⅱ	Ⅲ	Ⅳ	Ⅴ	
充水高度(m)	0	5	9	12	14.07	
基底压力 p_0(kPa)	50.7	100.7	140.7	170.7	191.4	
各级荷载增量 Δp_i(kPa)	50.7	50	40	30	20.7	
各级荷载始终时间 t_{n-1}, t_n(d)	0～30	50～64	74～90	110～124	140～160	$t=160$ d
$t-\frac{t_n+t_{n-1}}{2}$(d)	145	103	78	43	10	
各级荷载下固结度 U_t(%)	98	95	90	70	30	
$\Delta p_i/p_0$	0.265	0.261	0.209	0.156	0.108	
修正后的固结度 $\overline{U}_t'$(%)	25.9	24.7	18.8	10.9	3.2	$\sum=83.5$

⑤ 固结度计算

固结度计算按巴伦砂井固结理论计算，但巴伦固结理论假设荷载是一次性瞬时施加的，而本工程实际上是分级加载的，为此应按下式修正：

$$\overline{U}_t' = \sum_{i=1}^{n}\left[\frac{\Delta p_i}{\sum \Delta p} \cdot \overline{U}_{rz\left(t-\frac{T_{2i-2}+T_{2i-1}}{2}\right)}\right]$$

当充水到 14.07 m，时间为 160 d，修正后的固结度计算结果列入表 4.5 和图 4.11。

⑥ 稳定分析

稳定分析的目的是检验所拟订的加载计划的安全度，若不符合安全度要求，则需要另拟加载计划。对油罐地基进行稳定分析，建议采用式(4.17)斯开普顿极限承载力的半经验公式作为初步估算。

油罐基础有可能发生整个底宽破坏，也可能发生局部底宽破坏，因此，必须试算不同底宽的极限承载力，其最小值就是危险情况。当整个底宽破坏时，取 $A/B=1$；局部破坏时，若局部破坏宽度小于油罐的半径，则取 A 为当量长度：$A=\frac{4}{3}\sqrt{2RB-B^2}$；如果破坏时的宽度 $B>R$，则：

$$A = \frac{\pi R^2}{B} - \frac{4}{3B}(D-B)\sqrt{2RB-B^2}$$

式中　R——滑弧半径(m)；

D——油罐半径(m)。

求得极限承载力荷载 p_u 后,则稳定安全系数 $K=p_u/p$,其中 p 为各级荷载下基础底面单位面积上压力(kPa),本工程 K 取 1.2。

油罐基础稳定分析也可按一般圆弧法计算,两者可相互校核。表 4.6 为按极限荷载法计算的结果。从分析结果可见,在各级荷载作用下,最小安全系数为 1.26,大于 1.2,所以拟订的加载计划是合理的。

⑦ 沉降及沉降速率计算

沉降计算的内容主要包括:计算油罐中心和周边的最终沉降以确定油罐底面的预抬高值和控制不均匀沉降;计算加载过程中的沉降量以估计加载结束后还可能产生的沉降值;估算沉降速率以便控制加载速度。具体沉降计算结果汇总见表 4.7。

表 4.6 安全系数 K 计算结果

荷载分级	荷载(kPa)	局部滑动(cm)			
		D	$0.6D$	$0.4D$	$0.2D$
Ⅲ	140.7	2.36	1.66	1.45	1.38
Ⅳ	170.7	2.08	1.48	1.35	1.27
Ⅴ	191.4	1.93	1.57	1.31	1.26

表 4.7 沉降计算结果

编号	位置	距罐中心距离(m)	s_0(cm)	ψ_s	s_∞(cm)	中边差(cm)	边边差(cm)	附注
1	中心	0	135.9	1.4	190.26			中边差比
2	边 1	r	75.59	1.4	105.8	84.46	2.42	$I_{1-边1}=\frac{84.46}{1564.1}=5.40\%$
3	边 2	r	77.30	1.4	108.22	82.04		$I_{1-边2}=\frac{82.04}{1564.1}=5.25\%$
4	中边间 1-边 1	$0.5r$	103.5	1.4	183.12		10.36	边边差比
5	中边间 1-边 2	$0.5r$	123.4	1.4	172.76			$I_{2-1}=\frac{2.42}{3128.2}=0.08\%$

注:r 为油罐半径,$r=15.64$ m。

4.7.5 工程效果

根据实测得知,利用 80 d 充水加载和 30 d 预压(共 110 d),孔隙水压力基本消散;放水前实测沉降值已接近推算的最终沉降,如测点 8,实测沉降为 1.88 m,推算的最终沉降值为 1.90 m,这说明利用砂井排水预压法处理油罐地基效果良好。

思考题与习题

4.1 试述排水固结法的系统构成。

4.2 简述堆载预压法、真空预压法和降低地下水法的适用地层及加固机理。

4.3 试述砂井堆载预压法加固地基的设计步骤。

4.4 试述“固结度”、“超载预压”、“涂抹作用”和“井阻效应”的含义。

4.5 砂井地基在什么情况下需要修正?如何修正?

4.6 为何砂井堆载预压不能减小次固结沉降量?

4.7 某厚度为 10 m 的饱和黏土层,底面以下为不排水层,顶面曾经瞬时大面积堆载 $p_0=150$ kPa。现从地表至黏土层底面每隔 2 m 布置测点,测得各测点的空隙水压力自上而下分别为 0 kPa、50 kPa、90 kPa、130 kPa、165 kPa、195 kPa,土层的 $E_s=5.5$ MPa、$k=5.14\times10^{-8}$ cm/s,试计算:① 此时土层平均固结度;② 土层已经固结几年?③ 再经过 5 年,土层的固结度达多少?

4.8 某软土地基采用砂井预压法加固地基,其土层分布为:地面下 15 m 为高压缩性软土,往下为粉砂层,地下水位在地面下 1.5 m。软土重度 $\gamma=18.5$ kN/m^3,空隙比 $e_1=1.1$,压缩系数 $a=0.58$ MPa^{-1},竖向渗透系数 $k_v=2.5\times10^{-8}$ cm/s,水平向渗透系数 $k_h=7.5\times10^{-8}$ cm/s。砂井直径 0.3 m,井距 3.0 m,等边三角形布井,砂井打至粉砂层顶面。总预压荷载为 100 kPa,分两级施加,第一级在 10 d 之内加至 60 kPa,预压 20 d,然后在 10 d 之内加至 100 kPa,试分别计算在 30 d、80 d 和 120 d 时的固结度。

4.9　某饱和黏性土厚度为10 m，初始空隙比 $e_0=1$，压缩系数 $a=0.3\ \mathrm{MPa}^{-1}$，压缩模量 $E_s=6.0$ MPa，渗透系数 $k=1.8$ m/a。该土层作用有大面积堆载 $p=120$ kPa，在单面和双面排水条件下，求：① 加载一年时的固结度；② 加载一年时的沉降量；③ 沉降150 mm所需时间。

4.10　某地基为饱和黏性土，固结系数 $C_h=C_v=1.8\times10^{-3}\ \mathrm{cm^2/s}$，水平渗透系数 $k_h=1\times10^{-7}$ cm/s。采用塑料排水板固结排水，排水板宽 $b=100$ mm，厚度 $\delta=4$ mm，渗透系数 $k_w=1\times10^{-2}$ cm/s，涂抹区渗透系数 $k_s=2.0\times10^{-8}$ cm/s，取涂抹区直径为排水板当量换算直径的2倍，塑料排水板按等边三角形排列，间距 $l=1.4$ m，深度 $H=20$ m，底部为不透水层，预压荷载 $p=100$ kPa，瞬时加载，试计算120 d时受压土层的平均固结度。

4.11　某地基上部为淤泥质黏性土，厚度20 m，固结系数 $C_h=C_v=1.8\times10^{-3}\ \mathrm{cm^2/s}$，其下部为不透水层。采用袋装砂井处理，砂井直径 $d_w=7$ cm，桩长15 m，等边三角形布置，间距 $l=1.4$ m，试计算地基预压3个月时的平均固结度。

5 复合地基理论概要

本章提要

复合地基所受荷载由基体和增强体共同承担，两者协调变形。在发挥天然土体作用的同时，通过调整增强体参数(如桩长、桩径、间距和桩体模量等)，使复合地基承载力大幅度提高，沉降量大幅度减小，具有显著的经济效益和应用前景。由于土体和增强体种类很多，特别是增强体的加强和联合，复合地基的受力特性和破坏形式等问题非常复杂。在较长的时间内，复合地基技术将处于工程应用超前理论研究的阶段。

本章介绍复合地基定义、分类、常用术语、受力特性、破坏形式及复合地基承载力和沉降确定的基本方法。

5.1 概　　述

5.1.1 复合地基的定义

复合地基(Composite Foundation)是指天然地基在地基处理过程中，部分土体得到增强，或被置换，或在天然地基中设置加筋体，由天然地基土体和增强体两部分组成共同承担荷载的人工地基。复合地基中，基体和增强体协调变形，基础、垫层、增强体与土始终密贴。

与均质地基和桩基础相比，复合地基有两个基本特点：

① 加固区由基体和增强体两部分组成，是非均质和各向异性的；

② 在荷载作用下，基体和增强体共同承担荷载的作用。

前一特点使复合地基区别于均质地基，后一特点使复合地基区别于桩基础。

自从复合地基概念在国际上于 1962 年首次被提出以来，其含义随着工程应用和理论研究而不断丰富和发展。最初，复合地基主要是指碎石桩复合地基，随着深层搅拌法和高压喷射注浆法在地基处理中的推广应用，人们开始重视水泥土桩复合地基的研究，于是，复合地基由散体材料桩复合地基逐步扩展到黏结材料桩复合地基，概念发生了变化。后来，减少沉降量桩、低强度混凝土桩和土工合成材料在地基基础工程中的应用，将复合地基概念进一步拓宽。目前，学术界和工程界对复合地基的定义有狭义和广义两种，前者认为各类砂石桩和各类水泥土桩与地基土才能形成复合地基，或者认为桩体与基础不相连接才能形成复合地基；后者侧重在荷载传递机理上揭示复合地基的本质，认为共同承担上部荷载并协调变形的增强体与基体组成的复合体形成复合地基。

5.1.2 复合地基的分类

基于试验研究和工程应用方面的考虑，可根据不同的分类标准将复合地基划分出多种类型：

① 根据增强体的设置方向，复合地基分为竖向增强体复合地基(桩长相等或不相等)、斜向增强体复合地基和水平向增强体复合地基，如图 5.1 所示。竖向增强体称为桩或柱，竖向增强体复合地基通常称为桩体复合地基。工程中，竖向增强体有土桩、灰土桩、石灰土桩、深层搅拌水泥土桩、夯实水泥土桩、石灰桩、钢渣桩、砂桩、振冲碎石桩、干振碎石桩、CFG 桩和钢筋混凝土桩等；斜向增强体有树根桩等；水平向增强体主要有土工合成材料和金属材料格栅等。

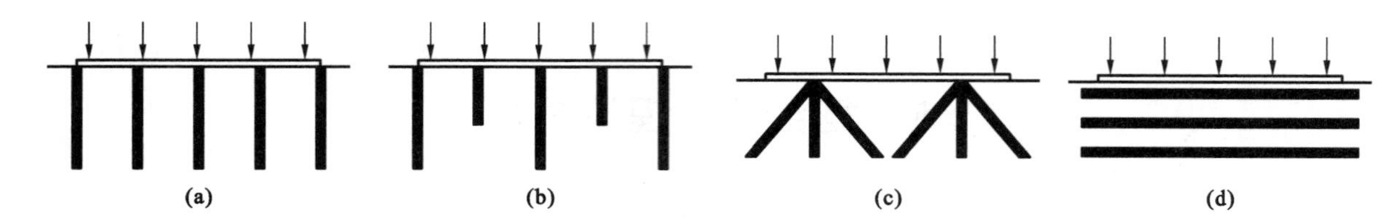

图 5.1　复合地基按增强体的设置方向分类示意图

(a) 桩体复合地基(桩长相等);(b) 桩体复合地基(桩长不相等);(c) 斜向增强体复合地基;(d) 水平向增强体复合地基

② 根据竖向增强体的性质，桩体复合地基分为散体材料桩复合地基(如砂桩、碎石桩和矿渣桩复合地基等)、柔性桩复合地基(如土桩、石灰桩、灰土桩、石灰土桩和水泥土桩复合地基等)和刚性桩复合地基(如CFG 桩和混凝土桩复合地基等)。

③ 根据制桩工艺，桩体复合地基分为挤土桩(如振冲桩和夯填桩)和非挤土桩(如旋喷桩和搅拌桩等)复合地基两大类 。

④ 根据桩体材料，桩体复合地基分为散体土类桩复合地基(如砂桩、碎石桩复合地基)、水泥土类桩复合地基(如水泥土搅拌桩、旋喷桩复合地基)和混凝土类桩复合地基(如 CFG 桩、树根桩和锚杆静压桩复合地基)。

⑤ 根据桩体材料性状，特别是桩体置换作用的大小，桩体复合地基分为散体桩复合地基(如以砂桩、碎石桩为增强体的复合地基)、一般黏结强度桩复合地基(如以石灰桩、水泥土桩为增强体的复合地基)和高黏结强度桩复合地基(如 CFG 桩复合地基)。对一般黏结强度桩复合地基也可再细分为低黏结强度桩复合地基(如石灰桩复合地基)和中等黏结强度桩复合地基(如以旋喷桩、夯实水泥土桩为增强体的复合地基)。

⑥ 根据桩型数量，桩体复合地基分为单一桩型复合地基和组合桩型复合地基(多桩型复合地基、多元复合地基、混合桩型复合地基、长短桩复合地基)。前者桩体为同一种材料;后者由两种或两种以上类型的桩组成，以充分发挥各桩型的优势，大幅度提高地基承载力，减少地基沉降量，显示良好的技术效果和经济效益。

由上可知，复合地基的形式非常复杂，要建立可适用于各类复合地基承载力和沉降计算的统一公式是很困难的，或者说是不可能的。在进行复合地基设计时，一定要因地制宜，不宜盲目套用，应该用一般理论作指导，结合具体工程进行精心设计。

5.1.3　复合地基的常用术语

(1) 褥垫层

在桩体复合地基和上部结构基础之间设置的垫层叫褥垫层。刚性基础下复合地基的褥垫层常采用柔性垫层，如砂石垫层，压实后通常的厚度为 10～35 cm;柔性基础下复合地基的褥垫层常采用刚度较大的垫层，如土工格栅加筋垫层、灰土垫层等;设置褥垫层可以保证桩土共同承担荷载、调整桩土应力分担比、减小基础底面的应力集中。

(2) 复合地基承载力特征值

复合地基的承载力特征值为由复合地基载荷试验测定的荷载-沉降曲线线性变形段内规定的变形所对应的压力值，其最大值为比例界限值，用 f_{spk} 表示。

(3) 面积置换率

竖向增强体复合地基中，竖向增强体习惯上称为桩体，基体称为桩间土体。若桩体的横截面面积为 A_p，该桩体所承担的加固面积为 A，则复合地基面积置换率的定义为:

$$m = \frac{A_p}{A} \tag{5.1}$$

对只在基础下布桩的复合地基，桩的截面面积之和与复合土体面积(与基础总面积相等)之比，称为平均面积置换率。

桩在平面上的布置形式有等边三角形布置、正方形布置和矩形布置三种(图 5.2)。

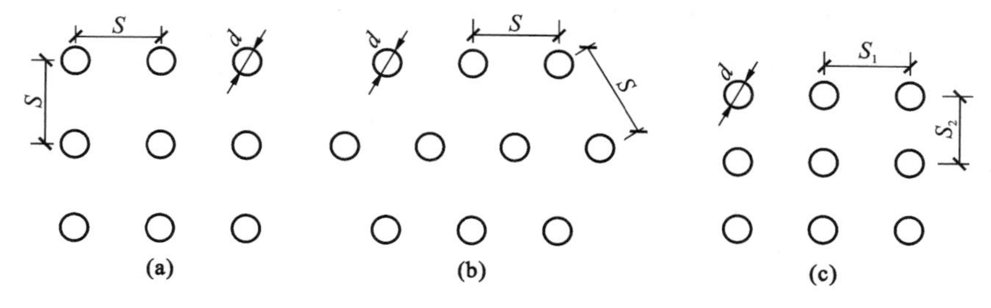

图 5.2 桩体平面布置形式

(a) 正方形布置;(b) 等边三角形布置;(c) 矩形布置

若桩体为圆形,直径为 d,则对应的复合地基面积置换率分别为:

$$m=\begin{cases}\dfrac{\pi d^2}{2\sqrt{3}S^2}(\text{等边三角形布桩})\\ \dfrac{\pi d^2}{4S^2}(\text{正方形布桩})\\ \dfrac{\pi d^2}{4S_1S_2}(\text{矩形布桩})\end{cases} \tag{5.2}$$

式中 S——等边三角形布桩和正方形布桩时的桩间距;

S_1、S_2——长方形布桩时的行间距和列间距。

(4) 桩土应力比

复合地基中桩体上的平均竖向应力和桩间土上的平均竖向应力的比值为桩土应力比。对某一复合土体单元,在荷载作用下,假设桩顶应力为 σ_p,桩间土表面应力为 σ_s,则桩土应力比 n 为:

$$n=\frac{\sigma_p}{\sigma_s} \tag{5.3}$$

实际工程中,桩处在基础下的部位不同或桩距不同,桩土应力比也不同。一般情况下,桩土应力比与桩体材料、桩长、面积置换率有关。其他条件相同时,桩体材料刚度越大,桩土应力比越大;桩越长,桩土应力比越大;面积置换率越小,桩土应力比越大;桩土应力比越大,桩承担的荷载占总荷载的百分比越大。

将基础下桩的平均桩顶应力与桩间土平均应力之比定义为平均桩土应力比,它是反映桩土荷载分担的一个参数,也是复合地基的设计参数。

(5) 桩、土荷载分担比

复合地基桩、土荷载分担比即桩体承担的荷载与桩间土承担的荷载的比值。复合地基中桩、土的荷载分担既可用桩土应力比表示,也可用桩、土荷载分担比 λ_p、λ_s 表示:

$$\lambda_p=\frac{P_p}{P} \tag{5.4}$$

$$\lambda_s=\frac{P_s}{P} \tag{5.5}$$

式中 P_p——桩承担的荷载(kN);

P_s——桩间土承担的荷载(kN);

P——总荷载(kN)。

当平均面积置换率已知后,桩土荷载分担比和桩土应力比可以相互表示。

(6) 复合模量

复合模量表征复合土体抵抗变形的能力,数值上等于某一应力水平时复合地基应力与复合地基相对变形之比。桩体复合地基的复合模量可用桩抵抗变形能力与桩间土抵抗变形能力的某种叠加来表示,计算式为:

$$E_{sp}=mE_p+(1-m)E_s \tag{5.6}$$

式中 E_p——桩体压缩模量(MPa);

E_s——桩间土压缩模量(MPa);

E_{sp}——复合模量(MPa)。

式(5.6)是在某些特定的理想条件下导出的,其条件为:① 复合地基上的基础为绝对刚性;② 桩端落在坚硬的土层上,即桩没有向下的刺入变形。其缺陷在于不能反映桩长的作用和桩端阻效应。实际工程中,桩的模量直接测定比较困难。常通过假定桩土模量比等于桩土应力比,采用复合地基承载力的提高系数计算复合模量。

承载力提高系数 ξ 由下式计算:

$$\xi = \frac{f_{spk}}{f_{ak}} \tag{5.7}$$

式中 f_{spk}、f_{ak}——复合地基和天然地基的承载力特征值(kPa);

ξ——模量提高系数,复合土层的复合模量为:

$$E_{sp} = \xi E_s \tag{5.8}$$

5.1.4 复合地基的工程应用

随着我国经济建设的发展,公路、机场、铁道、建筑、港口、堤坝等建设工程的规模和技术难度越来越大,地基基础工程的地位日显重要。我国地域辽阔,河流湖泊众多,软土地基竖向厚度不均匀,横向分布非常广泛,甚至在比较窄小的城市空地,由于河道变迁或岩溶发育等原因,基岩埋深差异可达数十米,严重影响了土木工程建设。如何充分挖掘天然地基的工程潜力,因地制宜,优选方案,至关重要。复合地基的最大特点就是"缺多少补多少",通过调整增强体参数(如桩长、桩径、间距和桩体模量等),使承载力大幅度提高,沉降量大幅度减少,具有显著的技术和经济效果。

实践的需要推动技术的发展。随着增强体加强和联合,复合地基的承载力大幅度提高,目前已较多地用于高路堤和高层建筑地基加固。在增强体加强方面,工程中采用了实心混凝土桩、实心钢筋混凝土桩、振动沉模大直径现浇薄壁管桩,或者在水泥土桩中插入钢管或预制混凝土芯桩;在增强体联合方面,工程中采用了不同材料或不同刚度的桩在平面上相间布置或者在竖向不等长布置,形成组合桩型复合地基,也称为多桩型复合地基、多元复合地基、混合桩型复合地基、长短桩复合地基。有一项专利,称为 CM 三维高强复合地基,其是由刚性桩、半刚性桩以及柔性桩与桩间土组成。另外,在较长的竖向排水体之间设置较短的桩体,形成长板-短桩复合地基;桩体复合地基上设置水平向增强体复合地基,形成桩-网复合地基。《建筑地基处理技术规范》(JGJ 79—2012)和《复合地基技术规范》(GB/T 50783—2012)等规范的实施,将推动复合地基技术的应用和发展,但在较长的时间内,复合地基技术将处于工程应用超前理论研究的阶段。

5.2 复合地基受力特性与破坏模式

5.2.1 桩体复合地基受力特性

(1) 桩身荷载传递规律与桩土应力分担

散体材料桩的黏结强度很小,荷载作用下,主要受力区在桩顶 4 倍桩径范围内,在桩顶附近(桩径的2~3倍处)发生侧向膨胀变形,桩土应力比 $n=2\sim5$,故碎石桩主要依靠周围土的约束来承受上部荷载,而被加固土常较软弱,故地基改良幅度不大,承载力提高 20%~60%,强度增长和沉降稳定需要较长时间。

柔性桩有一定的黏结强度,刚度较大,桩土应力比 $n=3\sim18$。对掺入比为 15%的水泥搅拌桩,变形、轴力和侧摩擦力主要集中在 0~17 倍桩径范围内,破坏发生在浅层,破坏形式为环向拉裂和桩体压碎。

刚性桩复合地基的桩土应力比 n 可达 70 以上,可以在全桩长范围内发挥侧阻力和端阻力。但是,由于桩顶褥垫层的作用,在垫层底部一定深度范围内,桩间土的位移大于桩的位移;在某一深度,桩间土的位移等于桩的位移；随着深度加大，桩间土的位移小于桩的位移。所以，桩身上部受到负摩擦力作用，桩身下部受到正摩擦力作用，在中性点处轴力最大，如图 5.3 所示。

(2) 桩、土垂直受力特性

如图 5.4 所示，在荷载较小时，土分担较多的荷载；随着荷载的增加，桩、土应力增加，桩体复合地基中桩分担的荷载比逐渐增大，桩间土分担的荷载比逐渐减小，桩、土的荷载比分别增大和减小的过程中可能将荷载平分，平分点所对应的荷载随桩长增大而减小。

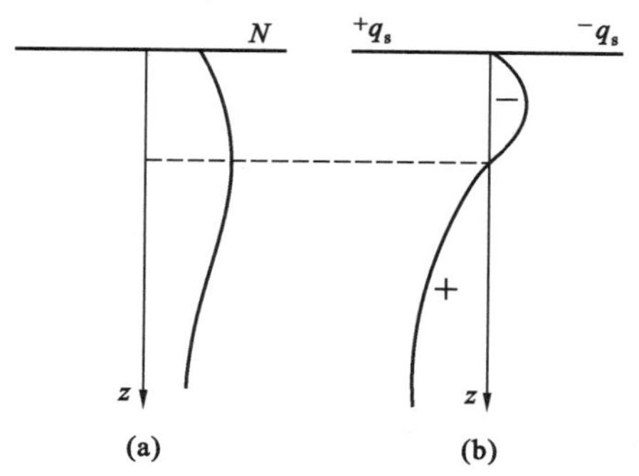

图 5.3　刚性桩复合地基中桩身荷载传递

(a) 桩身轴力分布；(b) 桩侧摩阻力分布

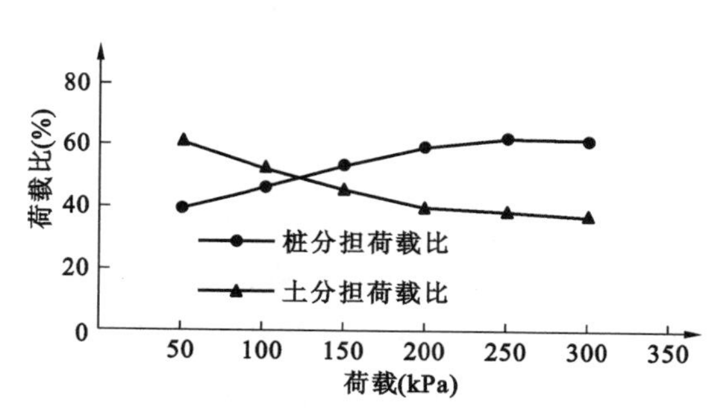

图 5.4　桩、土分担荷载比随荷载的变化

5.2.2　复合地基破坏模式

5.2.2.1　竖向增强体复合地基破坏模式

竖向增强体复合地基破坏形式可以分成两种情况：一种是桩间土首先破坏，另一种是桩体首先破坏。桩间土和桩体同时达到破坏是很难遇到的。在荷载作用下，复合地基究竟发生何种破坏，与增强体材料性质、基础结构形式、荷载形式及桩土性质差异程度等因素有关。刚性基础下复合地基失效主要不是地基失稳，而是沉降过大，或不均匀沉降过大。路堤或堆场下复合地基失效首先要重视地基稳定性问题，然后是变形问题。

竖向增强体复合地基中，桩体有刺入破坏、鼓胀破坏、剪切破坏和滑动剪切破坏四种破坏模式，如图 5.5 所示。

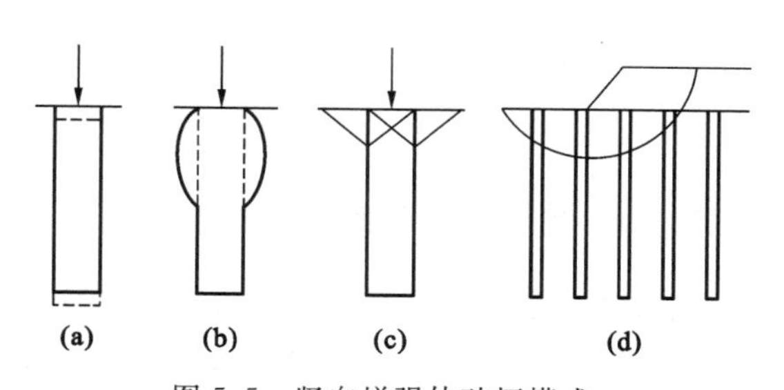

图 5.5　竖向增强体破坏模式

(a) 刺入破坏；(b)鼓胀破坏；

(c) 剪切破坏；(d) 滑动剪切破坏

(1) 桩体发生刺入破坏

如图 5.5(a)所示，一般限于刚性桩、地基土较软弱的情况。桩体发生刺入破坏，承担荷载大幅度降低，引起桩间土破坏，造成复合地基全面破坏。柔性基础下，刚性桩更容易发生刺入破坏。若处在刚性基础下，则可能产生较大沉降，造成复合地基失效。

(2) 桩体发生鼓胀破坏

如图 5.5(b)所示，多见于散体类桩。在荷载作用下，桩周土不能为散体桩提供足够的围压防止桩体发生过大的侧向变形，桩体产生鼓胀破坏，造成复合地基全面破坏。在刚性基础和柔性基础下，散体材料桩复合地基均可能发生桩体鼓胀破坏。

(3) 桩体发生剪切破坏

如图 5.5(c)所示，在荷载作用下，复合地基中桩体发生剪切破坏，进而引起复合地基全面破坏。低强度的柔性桩较容易产生桩体剪切破坏。刚性基础和柔性基础下低强度柔性桩复合地基均可能产生桩体剪切破坏。

(4) 桩体发生滑动剪切破坏

如图 5.5(d)所示，在荷载作用下，复合地基沿某一滑动面产生滑动破坏。在滑动面上，桩体和桩间土均发生剪切破坏。各种复合地基均可能发生滑动破坏模式，柔性基础下发生的可能性更大。

5.2.2.2　水平向增强体复合地基破坏模式

水平向增强体复合地基通常的破坏模式是整体破坏。受天然地基土体强度、加筋体强度和刚度以及加筋体的布置形式等因素影响，水平向增强体复合地基有多种破坏形式。不同学者对其有不同的分类。Jean Binquet 等人(1975) 根据土工织物的加筋复合土层模型试验的结果，认为有图 5.6 所示的三种破坏形式，其中，u 为第一层加筋体埋置深度(m)，B 为基础宽度(m)，N 为加筋体层数。

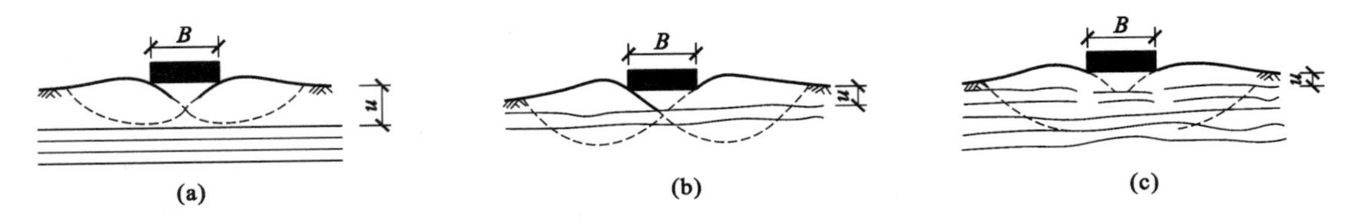

图 5.6　水平向增强体复合地基破坏模式

(a) $u/B>2/3$；(b) $u/B<2/3$，$N<2$ 或 3；(c) $u/B<2/3$，$N>4$

(1) 加筋体以上土体剪切破坏

如图 5.6(a)所示，在荷载作用下，最上层加筋体以上土体发生剪切破坏。也有人把它称为薄层挤出破坏。这种破坏多发生在第一层加筋体埋置较深、加筋体强度大，且具有足够锚固长度，加筋层上部土体强度较弱的情况。这种情况下，上部土体中的剪切破坏无法通过加筋层，剪切破坏局限于加筋体上部土体中。

(2) 加筋体在剪切过程中被拉出，或与土体产生过大相对滑动产生破坏

如图 5.6(b)所示，在荷载作用下，加筋体与土体间产生过大的相对滑动，甚至加筋体被拉出，加筋体发生破坏而引起整体剪切破坏。这种破坏形式多发生在加筋体埋置较浅，加筋层较少，加筋体强度高但锚固长度过短，两端加筋体与土体界面不能提供足够的摩擦力防止加筋体拉出的情况。

(3) 加筋体在剪切过程中被拉断而产生剪切破坏

如图 5.6(c)所示，在荷载作用下，剪切过程中加筋体被绷断，引起整体剪切破坏。这种破坏形式多发生在加筋体埋置较浅，加筋层数较多，并且加筋体足够长，两端加筋体与土体界面能够提供足够的摩擦力防止加筋体被拉出的情况。这种情况下，最上层加筋体首先被绷断，然后一层一层逐步向下发展。

5.3　复合地基承载力确定

5.3.1　复合地基载荷试验

载荷试验是对复合地基承载力和沉降性状进行检验、验算和评价的最客观方法。该试验是在一定面积(桩体所加固的范围)和形状的承压板上向地基土逐级施加荷载，并观测每级荷载下地基土的变形特征，用于测定承压板下应力主要影响范围内复合土层的承载力和变形参数，对地基土基本上不产生扰动。复合地基承载力特征值可这样确定：

第一，当压力-沉降曲线上极限荷载能确定，而其值不小于对应比例界限的 2 倍时，可取比例界限；当其值小于对应比例界限的 2 倍时，可取极限荷载的一半。

第二，当压力-沉降曲线是平缓的光滑曲线时，可按相对变形值确定。

5.3.2　桩体复合地基承载力计算

桩体复合地基中，散体材料桩、柔性材料桩和刚性材料桩的荷载传递机理是不同的，基础刚度大小、是否铺设垫层、垫层厚度等都对桩体复合地基的受力性状及承载力有较大的影响，桩体复合地基承载力计算比较复杂。桩体复合地基承载力是由地基和桩体两部分承载力组成的。工程中，一般采用《建筑地基处理技术规范》(JGJ 79—2012)和《复合地基技术规范》(GB/T 50783—2012)确定桩体和复合地基承载力特征值。如何合理估计桩和土对复合地基承载力的贡献是桩体复合地基计算承载力的关键。在荷载作用下，桩和土同时达到极限破坏的概率很小。通常认为桩先破坏，但也有例外。当其中一者破坏时另一者的发

挥度只能估计。目前有两种思路：

第一，分别确定桩体和桩间土的承载力，根据一定的原则叠加两部分承载力得到复合地基的承载力，如应力比法和面积比法。这是我国目前用得比较多的一种计算方法。

第二，将桩体和桩间土组成的复合地基作为整体来考虑，常用稳定分析法计算。

(1) 应力比法

如图5.7所示，根据材料力学中平截面假设，当均布荷载 p 作用于复合地基上，假定基础是刚性的，在地表平面内，加固桩体和软弱地基土的沉降相同，由于桩的变形模量大于土的变形模量，荷载向桩集中，作用于桩间土的荷载降低。在荷载 p 作用下复合地基平衡方程式为：

$$pA = p_p A_p + p_s A_s \tag{5.9}$$

式中 p——复合地基上的作用荷载(kPa)；

A——一根加固桩桩体所承担的加固地基的面积(m^2)；

p_p——作用在加固桩桩体上的应力(kPa)；

p_s——作用在桩间土上的应力(kPa)；

A_s——一根加固桩所承担的加固范围内松软土面积(m^2)；

A_p——一根加固桩的横截面面积(m^2)。

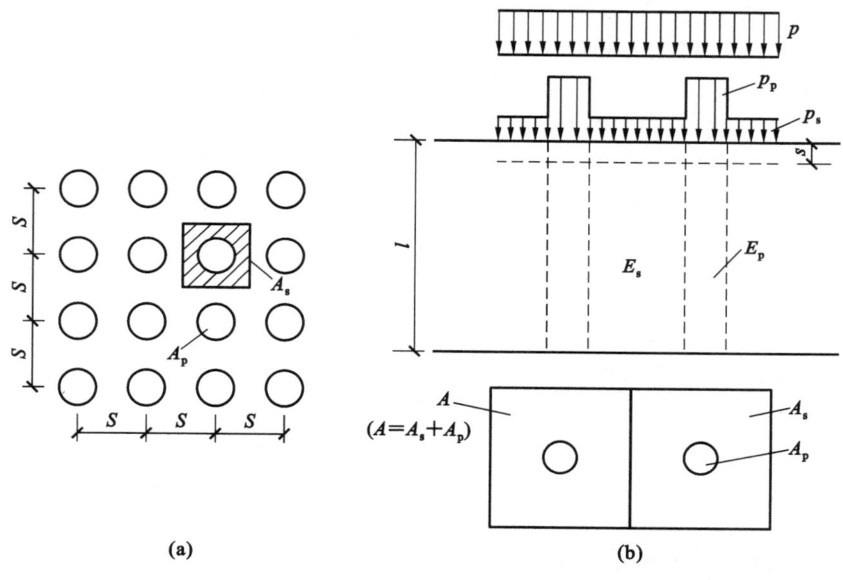

图5.7 复合地基承载力计算简图

(a) 平面布置图；(b) 桩土分担的荷载

当应力达到复合地基的极限承载力时，将应力比 n 和置换率 m 代入上式，则有：

$$p_f = \frac{m(n-1)+1}{n} p_{pf} \quad \text{(桩体先达到极限)} \tag{5.10}$$

$$p_f = [m(n-1)+1] p_{sf} \quad \text{(桩间土先达到极限)} \tag{5.11}$$

式中 p_f——复合地基的极限承载力(kPa)；

p_{pf}——加固桩桩体的极限承载力(kPa)；

p_{sf}——桩间土的极限承载力(kPa)。

应力比 n 一般用地区经验估计，如砂桩取3～5，碎石桩取2～5等，在无实测资料时，桩间土强度低时 n 取大值，桩间土强度高时 n 取小值，也可用桩土模量比计算：

$$n = \frac{E_p}{E_s} \tag{5.12}$$

式中 E_p——桩身变形模量(kPa)；

E_s——桩间土的变形模量(kPa)，可由载荷试验确定。

(2) 面积比法

将面积比代入复合地基平衡方程式(5.9),可得面积比计算公式:

$$p_f = mp_{pf} + (1-m)p_{sf} \qquad \text{(桩和土同时达到极限)} \tag{5.13}$$

考虑复合地基的实际破坏模式,有如下修正公式:

$$p_f = K_1 \times \lambda_1 \times m \times p_{pf} + K_2 \times \lambda_2 \times (1-m) \times p_{sf} \tag{5.14}$$

式中 p_{pf}——桩体极限承载力(kPa);

p_{sf}——天然地基极限承载力(kPa);

m——复合地基置换率;

K_1——反映复合地基中桩体实际极限承载力与自由单桩荷载试验测得的桩体极限承载力的区别的修正系数,一般大于1.0;

K_2——反映复合地基中桩间土实际极限承载力与天然地基极限承载力的区别的修正系数,其值视具体工程情况而定,可能大于1.0,也可能小于1.0;

λ_1——复合地基破坏时,桩体发挥其极限强度的比例,可称为桩体极限强度发挥度,桩体先达到极限强度,引起复合地基破坏,则 λ_1 取1.0,若桩间土先达到极限强度,则 λ_1 小于1.0;

λ_2——复合地基破坏时,桩间土发挥其极限强度的比例,可称为桩间土极限强度发挥度,一般情况下,复合地基中桩体先达到极限强度,λ_2 通常取0.4~1.0。

组合桩型复合地基中,可将次桩复合地基作为主桩复合地基的“桩间土”,参照式(5.14)计算承载力。

特别地,当能有效地确定复合地基中桩体和桩间土的实际极限承载力,而且破坏模式是桩体先破坏引起复合地基全面破坏,则承载力计算式可改写为:

$$p_f = m \times p_{pf} + \lambda(1-m) \times p_{sf} \tag{5.15}$$

式中 p_{pf}——桩体极限承载力(kPa);

p_{sf}——天然地基极限承载力(kPa);

m——复合地基置换率;

λ——复合地基破坏时,桩间土极限强度发挥度。

初步设计时,复合地基承载力特征值可以采用基于面积比法给出的类似于式(5.14)的表达式,详见《复合地基技术规范》(GB/T 50783—2012)和《建筑地基处理技术规范》(JGJ 79—2012)。

(3) 稳定分析法

复合地基的极限承载力也可采用稳定分析法计算。稳定分析方法很多,一般可采用圆弧分析法计算。在圆弧分析法中,假设地基土的滑动面呈圆弧形。在圆弧滑动面上,总剪切力记为 T_t,总抗剪切力记为 T_s,则沿该圆弧滑动面发生滑动破坏的安全系数 K 为:

$$K = \frac{T_s}{T_t} \tag{5.16}$$

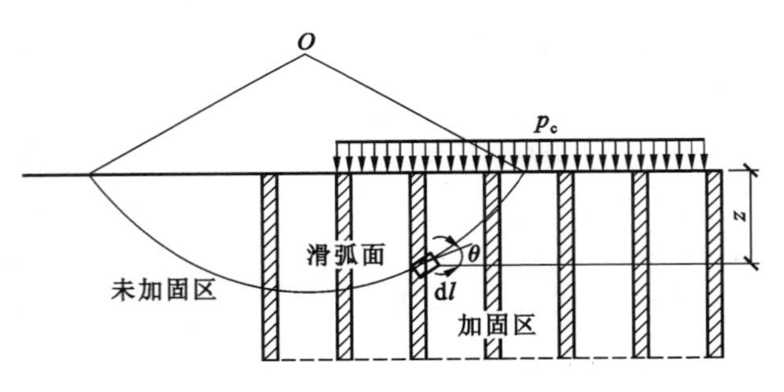

图5.8　圆弧分析法示意图

取不同的圆弧滑动面,可得到不同的安全系数,通过试算可以找到最危险的圆弧滑动面,并可确定最小的安全系数值。通过圆弧分析法即可根据要求的安全系数计算地基承载力,也可按确定的荷载计算地基在该荷载作用下的安全系数。

在圆弧分析法计算中,假设的圆弧滑动面往往经过加固区和未加固区。地基土的强度应分区计算。加固区和未加固区土体应采用不同的强度指标。未加固区采用天然土体强度指标。加固区土体强度指标可采用面积比法计算复合土体综合指标,也可分别采用桩体和桩间土的强度指标计算。

复合地基加固区的复合土体的抗剪强度 τ_c 可用下式表示:

$$\tau_c = (1-m)\tau_s + m\tau_p = (1-m)[c + (\mu_s p_c + \gamma_s z)\cos^2\theta\tan\varphi_s] + m(\mu_p p_c + \gamma_p z)\cos^2\theta\tan\varphi_p \tag{5.17}$$

式中 τ_s、τ_p——桩间土和桩的抗剪强度(kPa);

c——桩间土黏聚力(kPa);

p_c——复合地基上作用的荷载(kPa);

μ_s——应力降低系数,$\mu_s = 1/[1+(n-1)m]$;

μ_p——应力集中系数,$\mu_p = n/[1+(n-1)m]$;

γ_s、γ_p——桩间土体和桩体的重度(kN/m³);

φ_s、φ_p——桩间土体和桩体的内摩擦角(°);

θ——滑弧在地基某深度处剪切面与水平面的夹角(°);

z——分析中所取单元弧段的深度(m)。

复合土体黏聚力 c_c 和内摩擦角 φ_c 可用下式表示:

$$c_c = c_s(1 - m) + mc_p \tag{5.18}$$

$$\tan\varphi_c = \tan\varphi_s(1 - m) + m\tan\varphi_p \tag{5.19}$$

式中 c_s、c_p——桩间土和桩体的黏聚力(kPa)。

φ_s、φ_p——桩间土和桩体的内摩擦角(°)。

5.3.3 桩体极限承载力计算

桩体极限承载力 p_{pf} 除了通过载荷试验确定外,各国学者还提出了一些计算方法。

(1) 散体材料桩

散体材料桩是依靠周围土体的侧限阻力保持其桩形状并承受荷载的,受力后常发生鼓出破坏,其承载力除与桩身材料的性质及其紧密程度有关外,主要取决于桩周土的侧限能力。在荷载作用下,散体材料桩的存在将使桩周土体从原来主要是垂直向受力状态改为主要是水平向受力状态,桩周土可能发挥的对桩体的侧限能力是关键。其承载力可按式(5.20)或式(5.21)计算:

$$p_{pf} = 6c_u k_{zp} \tag{5.20}$$

$$p_{pf} = \left[(\gamma z + q)k_{zs} + 2c_u\sqrt{k_{zs}}\right]k_{zp} \tag{5.21}$$

式中 γ——土的重度(kN/m³);

z——桩的鼓胀深度(m);

q——桩间土的荷载(kPa);

c_u——土的不排水抗剪强度(kPa);

k_{zs}——桩周土的被动土压力系数,$k_{zs} = \tan^2\left(45° + \frac{\varphi}{2}\right)$;

k_{zp}——桩体材料被动土压力系数,$k_{zp} = \tan^2\left(45° + \frac{\varphi'}{2}\right)$,$\varphi'$ 为桩体材料内摩擦角。

(2) 刚性桩和柔性桩

刚性桩和柔性桩受力后常发生刺入破坏。此时可以根据桩身材料强度计算承载力,或者考虑有效桩长按摩擦桩计算承载力,取两者中较小值为桩的承载力。

初步设计时,可以采用《建筑地基处理技术规范》(JGJ 79—2012)和《复合地基技术规范》(GB/T 50783—2012)计算单桩竖向抗压承载力特征值。

5.3.4 桩间土极限承载力计算

桩间土极限承载力 p_{sf} 通常取相应的天然地基极限承载力值,有时还需考虑桩体影响。其值常由静载试验确定,也可通过其他原位测试确定。估算时,可根据地基土的物理、力学参数计算或从有关规范查用。可采用 Skempton 极限承载力公式计算:

$$p_{sf} = c_u N_c\left(1 + 0.2\frac{B}{L}\right)\left(1 + 0.2\frac{D}{L}\right) + \gamma D \tag{5.22}$$

式中 D、B、L——基础埋深、宽度和长度(m);

c_u——不排水抗剪强度(kPa);

N_c——承载力系数。

5.3.5　水平向增强体复合地基承载力计算

水平向增强体复合地基也称为加筋土地基。在荷载作用下，其工作性状与加筋体长度、强度、层数以及加筋体与土体间的黏聚力和摩擦系数等有关，目前许多问题尚未完全搞清楚。以下简单介绍 Florkiewicz(1990)承载力公式，以供参考。

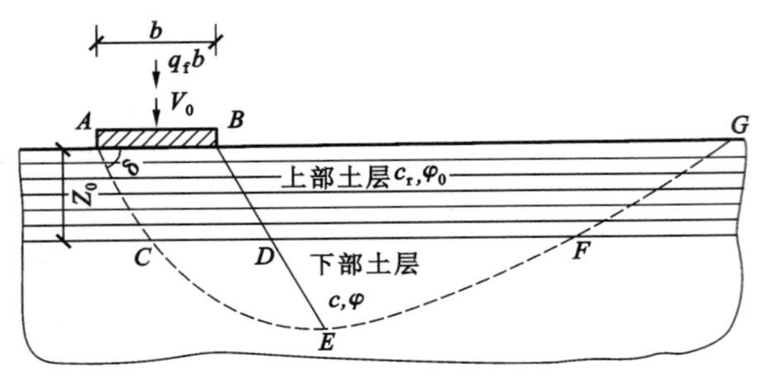

图 5.9　水平增强体复合地基上的条形基础

图 5.9 表示一水平向增强体复合地基上的条形基础。刚性基础宽度为 b、下卧层厚度为 Z_0 的加筋复合土层，其视黏聚力为 c_r，内摩擦角为 φ_0，复合土层下的天然土层黏聚力为 c，内摩擦角为 φ，Florkiewicz 认为，基础的极限荷载是无加筋体的双层土体系的常规承载力 q_0 和由加筋引起的承载力提高值 Δq_f 之和，即：

$$q_f = q_0 + \Delta q_f \tag{5.23}$$

复合土层中各点的视黏聚力 c_r 值取决于所考虑的方向，其表达式为：

$$c_r = \sigma_0 \frac{\sin\delta\cos(\delta - \varphi_0)}{\cos\varphi_0} \tag{5.24}$$

式中　δ——所考虑的方向与加筋体方向的倾斜角(°)；

σ_0——加筋材料的纵向抗拉强度(kPa)。

采用极限分析法分析，地基土体滑动模式取 Prandtl 滑移面模式，当加筋复合土层中加筋体沿滑移面 AC 断裂时，地基破坏，此时刚性基础速度为 V_0，加筋体沿 AC 面断裂引起的能量消散率增量为：

$$D = \overline{AC} \times c_r \times V_0 \frac{\cos\varphi_0}{\sin(\delta - \varphi_0)} = \sigma_0 \times V_0 \times Z_0 \times \cot(\delta - \varphi_0) \tag{5.25}$$

根据上限定理，承载力的提高值可用下式表示：

$$\Delta q_f = \frac{D}{V_0 \times b} = \frac{Z_0}{b} \times \sigma_0 \times \cot(\delta - \varphi_0) \tag{5.26}$$

上述分析忽略了 $ABCD$ 区和 $BGFD$ 区中由于加筋体存在($c_r \neq 0$)导致的能量耗散率增量的增加。δ 值根据 Prandtl 破坏模式确定，式中的计算结果与试验资料比较表明，该法可用于实际工程的计算。

5.3.6　加固区下卧层承载力验算

加固区下卧层为软弱土层时，需要验算下卧层承载力。要求作用在下卧层顶面处附加应力 p_z 和自重应力 p_{cz}之和不超过下卧层土的承载力特征值 f_{az}，即：

$$p_z + p_{cz} \leqslant f_{az} \tag{5.27}$$

式中　p_z——荷载效应标准组合时，软弱下卧层顶面处的附加压力值(kPa)；

p_{cz}——软弱下卧层顶面处地基土的自重压力值(kPa)；

f_{az}——软弱下卧层顶面处经深度修正后的地基承载力特征值(kPa)。

5.4　复合地基沉降确定

复合地基沉降计算方法还不成熟，可采用有限元法。实用的方法是按式(5.28)将复合地基的沉降量 s 分为加固区内的压缩量 s_1 和下卧层的压缩量 s_2 两部分(图 5.10)。

$$s = s_1 + s_2 \tag{5.28}$$

计算加固区压缩量的方法有复合模量法(E_c 法)、应力修正法(E_s 法)和桩身压缩量法(E_p 法)，下卧层压缩量通常采用分层总和法计算。计算下卧层压缩量时，作用在下卧层顶面的荷载难以精确计算，工程上常采用应力扩散法、等效实体法和改进 Geddes 法。

5.4.1　复合地基加固区压缩量计算方法

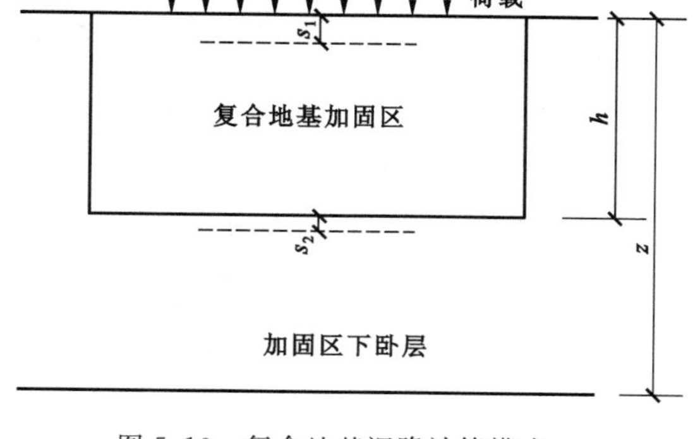

图 5.10　复合地基沉降计算模式

（1）复合模量法（E_c 法）

将加固区视为复合土体，采用复合压缩模量来评价复合土体的压缩性，一般适用于散体材料桩复合地基和柔性桩复合地基。

$$s_1=\varphi_{s1}\sum_{i=1}^{n}\frac{\Delta p_i}{E_{spi}}l_i \tag{5.29}$$

式中　φ_{s1}——复合地基加固区复合土层压缩变形量计算经验系数，根据复合地基类型、地区实测资料及经验确定；

Δp_i——第 i 层复合土层上附加应力增量（kPa）；

l_i——第 i 层复合土层的厚度（m）；

E_{spi}——第 i 层复合土压缩模量（kPa）。

（2）应力修正法（E_s 法）

根据桩间土承担的荷载和桩间土的压缩模量，忽略增强体的存在，采用分层总和法计算加固土层的压缩量 s_1。

$$s_1=\sum_{i=1}^{n}\frac{\Delta p_{si}}{E_{si}}l_i=\mu_s\sum\frac{\Delta p_i}{E_{si}}l_i=\mu_s s_{1s} \tag{5.30}$$

式中　μ_s——应力修正（减小）系数，$\mu_s=\dfrac{1}{1+m(n-1)}$，$n$、$m$ 分别为桩土应力比和面积置换率；

Δp_{si}——复合地基中第 i 层土中的附加应力增量（kPa）；

Δp_i——未加固地基在荷载 p 作用下第 i 层土上的附加应力增量（kPa）；

E_{si}——未加固地基第 i 层土的压缩模量（kPa）；

s_{1s}——未加固地基在荷载 p 作用下与加固区相应厚度土层内的压缩量（m）。

很明显，s_1 比 s_{1s} 小，体现了加固效果。

（3）桩身压缩量法（E_p 法）

$$s_1=s_p+\Delta \tag{5.31}$$

$$s_p=\frac{\mu_p p+p_{b0}}{2E_p}l \tag{5.32}$$

$$\mu_p=\frac{n}{1+m(n-1)} \tag{5.33}$$

式中　μ_p——应力集中系数，大于 1；

l——桩身长度（m），即加固区厚度；

E_p——桩身材料变形模量（kPa）；

p_{b0}——桩底端承力强度（kPa）；

p——复合地基上的平均荷载密度（kPa）；

s_p——桩体的压缩量（m）；

Δ——桩底的下刺入量（m）。

5.4.2　复合地基下卧层压缩量计算方法

下卧层压缩量按《建筑地基基础设计规范》（GB 50007—2011）有关规定，采用分层总和法计算。作用在下卧层顶部的荷载 p_b 常采用以下方法计算。

（1）应力扩散法

一般适用于散体材料桩复合地基，如图 5.11 所示。设复合地基上荷载为 p，作用宽度为 B，长度为 D，加固区厚度为 h，压力扩散角为 β，则 p_b 为：

$$p_{\mathrm{b}}=\frac{B\times D\times p}{(B+2h\tan\beta)\times(D+2h\tan\beta)}\quad（空间问题）\tag{5.34}$$

$$p_{\mathrm{b}}=\frac{B\times p}{B+2\times h\times\tan\beta}\quad（平面问题）\tag{5.35}$$

（2）等效实体法

一般适用于刚性桩复合地基，如图 5.12 所示。设复合地基上荷载为 p，作用宽度为 B，长度为 D，加固区厚度为 h，f 为等效实体侧摩阻力密度，则作用在下卧层上的荷载为：

$$p_{\mathrm{b}}=\frac{B\times D\times p-(2B+2D)\times h\times f}{B\times D}\quad（矩形基础）\tag{5.36}$$

$$p_{\mathrm{b}}=p-\frac{2\times h\times f}{B}\quad（条形基础）\tag{5.37}$$

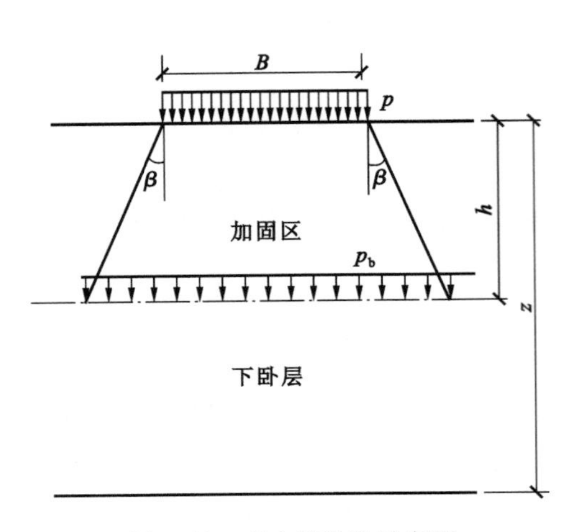

图 5.11 应力扩散法示意图

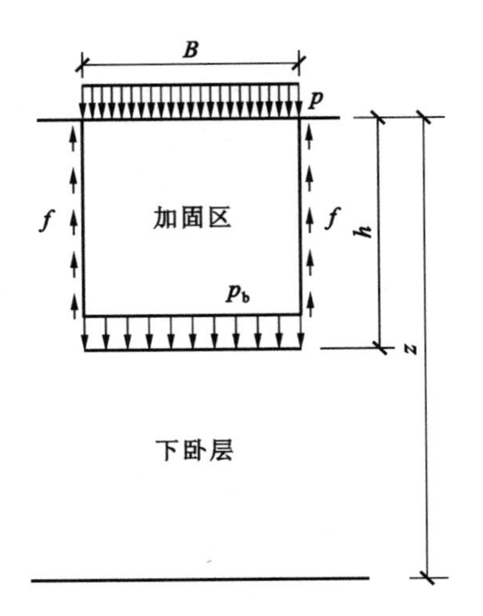

图 5.12 等效实体法示意图

（3）改进 Geddes 法

如图 5.13 所示，S. D. Geddes 认为长度为 L 的单桩在 Q 作用下对地基土产生的作用力 $\sigma_{z,Q}$ 由三部分组成：桩端集中力 Q_{p} 产生的应力 $\sigma_{z,Qp}$、均布侧摩阻力 Q_{r} 产生的应力 $\sigma_{z,Qr}$ 和随深度线性增长的侧摩阻力 Q_{t} 产生的应力 $\sigma_{z,Qt}$，并根据集中力作用下的 Mindlin 解积分求解，即：

$$\sigma_{z,Q}=\sigma_{z,Q_{p}}+\sigma_{z,Q_{r}}+\sigma_{z,Q_{t}}=\frac{Q_{p}K_{p}}{L^{2}}+\frac{Q_{r}K_{r}}{L^{2}}+\frac{Q_{t}K_{t}}{L^{2}}\tag{5.38}$$

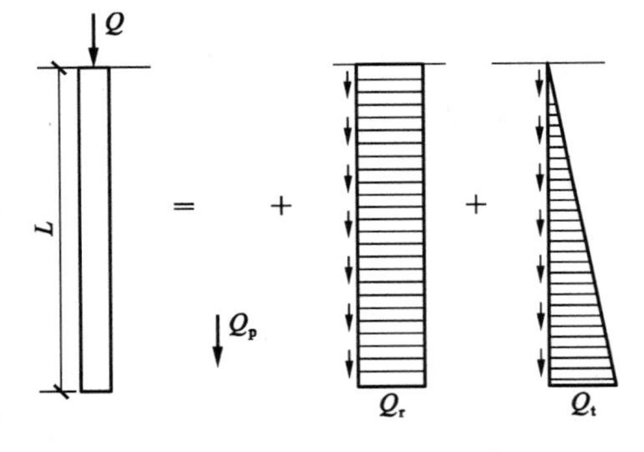

图 5.13 改进 Geddes 法示意图

式中 K_{p}、K_{r}、K_{t}——竖向应力系数。

根据叠加原理，黄绍铭建议采用式(5.39)计算下卧层顶部荷载。复合地基总荷载为 p，桩体承担 Q，桩间土承担 p_{s}。桩间土承担的荷载在地基中产生的竖向应力按天然地基中应力计算。桩体承担的荷载在地基中产生的竖向应力采用 Geddes 法按式(5.38)计算，然后叠加两部分应力得到地基中总的竖向应力。

$$p_{\mathrm{b}}=\sum_{i=1}^{n}(\sigma_{z,Q_{p}i}+\sigma_{z,Q_{r}i}+\sigma_{z,Q_{t}i})+\sigma_{z,ps}\tag{5.39}$$

思考题和习题

5.1 复合地基有哪些常用术语？解释这些术语。

5.2 竖向增强体复合地基有哪几种破坏模式？

5.3 复合地基极限承载力如何确定？

5.4 复合地基沉降量如何确定？

6 碎(砂)石桩法

本章提要

碎(砂)石桩法是指先利用振冲或沉管等方式在软弱地基中成孔,再在孔中压入砂、碎石料形成密实桩体,以达到对地基挤密、振密、置换、排水目的,或者桩和土形成复合地基并起到垫层等作用的地基加固方法。本章主要介绍碎(砂)石桩法的特点、类型、适用范围、加固机理、设计计算方法、施工工艺和质量检验方法。

本章要求掌握碎(砂)石桩法加固松散砂土和粉土地基以及黏性土地基的加固机理和设计计算方法,了解振冲法和沉管法的特点、适用范围、施工工艺和质量检验方法。

6.1 概 述

碎(砂)石桩是指由砂、卵石、碎石等散体材料构成的桩,又称为粗粒土桩、粒料桩或者散体材料桩。碎(砂)石桩法是指利用振冲(振动和水冲)或者沉管(振动、冲击等)等方式在软弱地基中成孔后,将砂、卵石、碎石等散体材料挤压入已成孔中,形成密实的桩体,从而实现对地基加固处理的方法。

早在1835年法国就出现了利用碎石桩加固地基的方法,但由于缺乏先进有效的施工机具和工艺而未得到推广应用。直到1937年德国人发明了振冲器,该法才得以新生,并开发出振动水冲施工工艺(简称振冲法),用来挤密砂土地基。第二次世界大战后,这种方法在前苏联得到广泛应用并取得了较大成就。20世纪50年代末,振冲法开始用来加固黏性土地基。同期,出现了振动式和冲击式施工方法,并采用自动记录装置。1958年,日本开始采用振动重复压拔管挤密砂桩施工工艺。新的工艺技术不断得以开发利用,使碎(砂)石桩法得到了长足的发展,施工的质量和效率以及加固和处理的深度都有显著提高。

我国于1977年开始应用振冲法,并逐步在工业民用建筑、水利水电、交通土建工程的地基抗震加固工程中推广应用。后来,电力部北京勘测设计院研制了75 kW大功率振冲器,在工程应用中取得了良好效果。近年来,国内研制成功的振冲器最大功率已达180 kW。用130～150 kW的振冲器处理的最大深度已达25 m。三峡大坝二期围堰风化砂砾层采用75 kW振冲器制作碎石桩深达30 m,但仅在5～25 m深度范围内取得预期效果。

1959年,我国首次引入砂桩法处理上海重型机器厂的地基。1978年,采用振动重复压拔管砂桩施工法处理宝山钢铁厂矿石原料堆场地基。1994年,宝钢三期工程新的堆石场继续采用砂桩加固地基。2005年,在上海洋山深水港建设中大规模应用海上砂桩技术,取得了良好效果。

同时,自20世纪80年代开始,相继产生了锤击法、振挤法、干挤法、干振法、沉管法、振动气冲法、袋装碎石法、强夯碎石桩置换法等多种碎(砂)石桩施工工艺。

碎(砂)石桩法适用于处理松散砂土、粉土、粉质黏土、素填土、杂填土等地基以及可液化地基。对于处理地基土不排水抗剪强度 c_u 小于20 kPa的饱和黏性土和饱和黄土地基,应在施工前通过现场试验确定其适用性。不加填料振冲挤密法适用于处理黏粒含量小于10%的中砂地基和粗砂地基。

6.2 加 固 机 理

6.2.1 对松散砂土和粉土地基的加固机理

碎(砂)石桩法对松散砂土和粉土地基的加固机理主要体现在挤密振密作用、排水减压作用、砂石桩体减振作用和桩间土的预振作用。

6.2.1.1 挤密、振密作用

砂土和粉土属于单粒结构,其组成单元为松散粒状体,在动(静)力作用下会重新排列,趋于较稳定的状态。松散砂土在振动力作用下,其体积缩小可达20%。

当采用锤击法或者振动法在砂土和粉土中沉入桩管时,对周围土体都会产生很大的横向挤压力,桩管将地基中等于桩管体积的土体挤向桩管周围的土层,使其孔隙比减小,密度增加。这就是碎(砂)石桩法的挤密作用,有效挤密范围可达3～4倍直径。

对振冲挤密法,在施工的过程中由于水冲使松散砂土处于饱和状态,砂土在强烈的高频强迫振动下产生液化并重新排列致密,且在桩孔中填入的大量骨料,被强大的水平振动力挤入周围的土中,这种强制挤密使砂土的密实度增加,孔隙比降低。于是,地基土的干密度和内摩擦角增大,物理力学性能改善,地基承载力大幅度提高(一般可提高2～5倍)。

无论是采用振动沉管法或冲击沉管法还是振冲法,都会使砂土和粉土地基挤密和振密,或者先产生液化后土颗粒再重新排列组合,土体形成更加密实的状态,从而提高了桩间土的抗剪强度和抗液化能力。

碎(砂)石桩在松散粉土、粉细砂、塑性指数较小且密度不大的粉质黏土地基中的挤密作用效果较好,而在饱和软黏土、密度大的黏土、砂土地基中则挤密作用效果较差。另据经验数据显示,土中细颗粒含量超过20%时,振动挤密法不再有效。

6.2.1.2 排水减压作用

对砂土液化机理的研究表明,当饱和松散砂土受到剪切循环荷载作用时,将发生体积收缩并趋于密实;在砂土无排水条件时,体积的快速收缩将导致超静孔隙水压力来不及消散而急剧上升。当砂土中有效应力降低为零时便形成了完全液化。碎(砂)石桩加固砂土和粉土地基时,桩孔内充填碎石(卵石、砾石)、砂等反滤性能好的粗颗粒材料,在地基中形成渗透性良好的人工竖向排水减压通道,既可有效防止超静孔隙水压力的增高,避免地基的液化,又可逐渐消散超静孔隙水压力,加快地基的排水固结。

6.2.1.3 减振与抗震作用

碎(砂)石桩法的减振与抗震作用主要体现在桩体的减振作用和桩间土的预振作用两个方面:

(1) 桩体的减振作用

一般情况下,由于碎(砂)石桩的桩体强度大于桩间土的强度,在荷载作用下应力向桩体集中,尤其在地震应力作用下,应力集中于桩体后,减小了桩间土的剪应力,亦即桩体具有减振作用。

(2) 桩间土的预振作用

H. B. Seed等将相对密度D_r=54%的砂样在大型振动台上施加5次模拟小地震,结果砂样的相对密度仅增至54.7%,而使其初始液化所需的应力循环周数却增加到8～10倍,抗液化强度相当于相对密度D_r=80%的未经过预振的砂样。现场调查还表明,历史上经过多次地震的天然原状土样,比同样密度的湿击法制备的重塑砂样的抗液化强度高45%,比干击法制备的重塑砂样高65%～112%。因此,碎(砂)石桩振动成桩过程中对桩间土进行了多次预振,尤其是在振冲法施工中,振冲器以1450 r/min的振动频率、98 m/s^{2}的水平加速度和90 kN激振力喷水沉入土中,使填料和地基土在挤密的同时获得强烈的预振,这对砂土增强抗液化能力是极为有利的。

6.2.2 对黏性土地基的加固机理

由于饱和黏性土、密度大的黏土可挤密性较差,因此,碎(砂)石桩对黏土地基的主要作用是置换而不是挤密,桩与桩间土形成复合地基。此外,碎(砂)石桩的良好排水特性,对饱和软黏土地基还有排水固结作用。

6.2.2.1　置换作用

碎(砂)石桩成桩后,形成了一定桩径、桩长的密实桩体,取代了原位的软弱土,亦即桩位处原来性能较差的土被置换为密实碎(砂)石桩。同时,强度和刚度相对较大的碎(砂)石桩体与桩间土形成复合地基而共同工作,与天然地基相比,其承载力增大而沉降减小,地基的整体稳定性和抗破坏能力明显提高。

与桩间黏性土相比,碎(砂)石桩的刚度较大,在外荷载作用下,地基中应力按材料变形模量进行重新分配,应力向桩上集中,大部分荷载将由碎(砂)石桩承担。碎(砂)石桩复合地基的桩土应力比一般为2~4。

如果软弱土层厚度不大,则桩体可贯穿整个软弱土层,直达相对硬层,此时桩体在荷载作用下起应力集中的作用,从而使软土负担的压力相应减小;如果软弱土层较厚,则桩体可不贯穿整个软弱土层,此时加固的复合土层起垫层的作用,垫层将荷载扩散,使应力分布趋于均匀。

6.2.2.2　排水作用

碎(砂)石桩体不仅置换了土体,还形成良好的竖向排水通道。如果在选用碎(砂)石桩材料时考虑级配,碎(砂)石桩能起到排水砂井的作用。由于碎(砂)石桩缩短了排水距离,从而可以加快地基的固结速率。水是影响黏性土性质的主要因素之一,黏性土地基性质的改善很大程度上取决于其含水量的减小。砂石的渗透系数比黏土大4~6个数量级,能有效地加速荷载产生的超孔隙水压力的消散,可消散掉约80%的孔隙水压力,缩短碎(砂)石桩复合地基承受荷载后的固结时间。因此,在饱和黏性土地基中,碎(砂)石桩体的排水通道作用是碎(砂)石桩法处理饱和软黏土地基的主要作用之一,比之在砂土地基中的排水作用显著。

总之,由碎(砂)石桩和黏土组成的复合地基中,碎(砂)石桩起到了竖向增强体作用。一方面,碎(砂)石桩本身承担了部分荷载,将上部荷载通过桩体向地基深处传递;另一方面,挤压并置换了部分软土,改善了软土排水条件,提高了软土本身的物理力学性能,使得桩间土与碎石桩能够有效地协同工作,从而提高了地基承载力和抗变形能力。

值得注意的是:① 不论是对疏松砂性土或软弱黏性土,碎(砂)石桩都有挤密、振密、置换、排水、垫层等加固作用。② 碎(砂)石桩的承载力与桩周土强度密切相关,若桩周土为强度很低的淤泥、淤泥质土,桩的承载力较低,由其形成的复合地基承载力提高很小。工程实践表明,若桩周土密度不变,仅靠桩的置换作用,地基承载力提高的幅度一般为20%~60%,并且处理后的沉降仍然难以有效控制(因为砂石桩的排水作用会引起地基在承载后产生排水固结沉降),因此,对沉降变形要求较严的工程该法应慎用。

6.3　设计计算

6.3.1　一般设计

6.3.1.1　材料

桩体材料一般就地取材,可用碎石、卵石、角砾、圆砾、砾砂、粗砂、中砂、石屑或矿渣等硬质材料,含泥量不大于5%。这些材料可单独使用,也可根据颗粒级配配合使用,以提高桩体的密实度。对沉管法,填料最大粒径宜控制在5 cm以内。对振冲法,常用的填料粒径为:30 kW振冲器,2~8 cm;55 kW振冲器,3~10 cm;75 kW振冲器,4~15 cm。

6.3.1.2　桩径

碎(砂)石桩的直径取决于成桩设备能力、地基土质情况和处理目的等因素。目前,国内非振冲法成桩直径一般在0.3~0.8 m之间,而采用振冲法可达1.2 m以上。振冲桩全长直径大小一般会有所差异,其平均直径可按每根桩所用填料量计算得到。对饱和黏性土地基宜选用较大的直径。

6.3.1.3　桩距

碎(砂)石桩的间距应根据荷载大小、场地土质和施工设备等情况综合确定,并应通过地基承载力和沉降验算。对于沉管类砂石桩,桩距通常控制在3.0~4.5倍桩径以内,一般在粉土和砂土地基中不宜大于桩径的4.5倍，在黏性土地基中不宜大于桩径的3倍。对于振冲砂石桩布桩间距，30 kW振冲器可采用1.3～2.0 m，55 kW振冲器可采用1.4～2.5 m，75 kW振冲器可采用1.5～3.0 m。荷载大或对黏性土宜采用较小的间距，荷载小或对砂性土宜采用较大的间距。

6.3.1.4 桩长

碎(砂)石桩的桩长可根据工程要求和工程地质条件按如下原则确定：

① 当松软土层厚度不大时，桩长宜穿过松软土层；

② 当松软土层厚度较大时，对按稳定性控制的工程，桩长应不小于最危险滑动面以下2 m的深度；对按变形控制的工程，桩长应满足处理后地基的变形量不超过建筑物对地基变形的允许值，并同时满足软弱下卧层承载力的要求；

③ 对可液化地基，桩长应按要求的抗震处理深度确定；

④ 碎(砂)石桩单桩荷载试验表明，桩体在受荷过程中，自桩顶4倍桩径范围内将发生侧向膨胀，因此，设计桩长应大于主要受荷深度，即不宜短于4 m。

6.3.1.5 桩的平面布置形式

桩的平面布置形式应根据基础的形式确定。对大面积满堂处理，桩位宜按等边三角形布置；对独立或条形基础，宜按正方形、矩形、等腰三角形布置；对于圆形、环形基础(如油罐基础)宜按放射形布置，如图6.1所示。

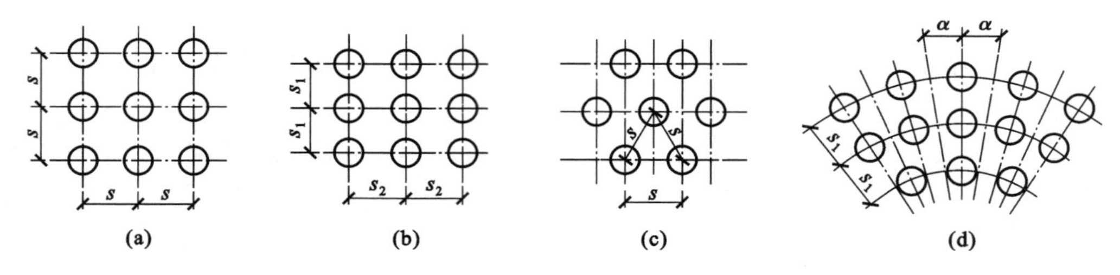

图6.1 桩位布置图

(a) 正方形；(b) 矩形；(c) 等边三角形；(d) 放射形

6.3.1.6 加固范围

加固范围应根据建筑物的重要性、场地条件及基础形式而定，通常都大于基底面积。对一般地基，宜在基础外缘扩大1～3排；对可液化地基，在基础外缘扩大宽度不应小于可液化土层厚度的1/2，并不应小于5 m。

6.3.1.7 褥垫层

碎(砂)石桩施工之后，因桩顶1.0 m左右长度的桩体是松散的，密实度较小，应当挖除或采用碾压、夯实等方法使之密实；然后，再铺设30～50 cm的碎石褥垫层，并分层压实。

6.3.1.8 桩孔内砂石料用量

碎(砂)石桩孔内的砂石用量应通过现场试验确定，估算时可按设计桩孔体积乘以充盈系数β确定，β可取1.2～1.4。若施工中地面有下沉或隆起现象，则填料用量应根据现场具体情况予以增减。

6.3.2 处理松散砂土和粉土地基设计计算

由于碎(砂)石桩在松散砂土和粉土中与在黏性土中的加固机理不同，所以，其设计计算方法也有所不同。对于松散砂土和粉土地基，碎(砂)石桩主要起振密和挤密作用，因此，可根据桩的平面布置形式(通常为正三角形布置和正方形布置，如图6.2所示)以及振密和挤密后地基要求达到的孔隙比来计算桩间距。

当桩位采用正三角形布置时，则每根桩所处理的范围为正六边形[如图6.2(b)中阴影部分]，加固处理后的土体体积应变为：

$$\varepsilon_v = \frac{\Delta V}{V_0} = \frac{e_0 - e_1}{1 + e_0} \tag{6.1}$$

式中 e_0——天然孔隙比；

e_1——处理后要求的孔隙比；

V_0——每根桩加固范围内正六边形棱柱初值体积(m^3)，$V_0 = \sqrt{3}s^2H/2$(s为桩间距，H为欲处理的

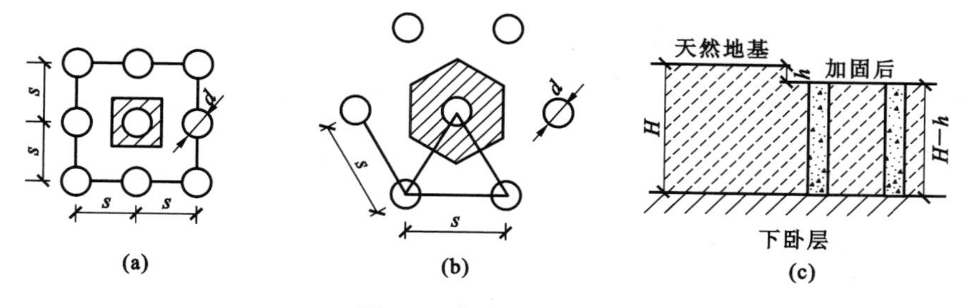

图 6.2　加密效果计算

(a) 正方形布桩；(b) 等边三角形布桩；(c) 剖面图

天然土层厚度)；

ΔV——每根桩加固范围内正六边形棱柱土体经振密、挤密后体积缩小量(m^3)，它应是桩体向四周挤排土的挤密作用引起的体积减小量和土体在振动作用下发生竖向的振密变形引起的体积减小量之和，即有

$$\Delta V = \frac{\pi d^2}{4}(H-h) + \frac{\sqrt{3}}{2}s^2 h \tag{6.2}$$

式中　d——桩的直径(m)；

h——地面竖向变形量(m)，沉陷时取正值，隆起时取负值，不考虑振密作用时为0。

将 V_0 和 ΔV 的计算式代入式(6.1)可解得桩间距 s 计算式为：

$$s = 0.95d\sqrt{\frac{H-h}{\frac{e_0-e_1}{1+e_0}H-h}} \tag{6.3}$$

同理，可推导出正方形布桩时桩间距 s 计算式为：

$$s = 0.89d\sqrt{\frac{H-h}{\frac{e_0-e_1}{1+e_0}H-h}} \tag{6.4}$$

由于式(6.3)和式(6.4)中的 h 难以准确得到，于是引入一修正系数来考虑地面振动下沉密实作用对桩间距的影响，则有：

$$s = \begin{cases} 0.95\xi d\sqrt{\dfrac{1+e_0}{e_0-e_1}} & (\text{正三角形布桩}) \\ 0.89\xi d\sqrt{\dfrac{1+e_0}{e_0-e_1}} & (\text{正方形布桩}) \end{cases} \tag{6.5}$$

式中　ξ——考虑地面振动下沉密实作用的修正系数，可取 $\xi=1.0\sim1.2$。

处理后地基土要求达到的孔隙比 e_1 可根据工程对地基承载力要求或按下式确定：

$$e_1 = e_{max} - D_r(e_{max} - e_{min}) \tag{6.6}$$

式中　e_{max}、e_{min}——砂土的最大和最小孔隙比，可按《土工试验方法标准》(GB/T 50123—1999)的有关规定确定；

D_r——地基挤密后要求砂土达到的相对密度，一般取值为0.70～0.85。

【例6.1】 某厚度达12 m的松散砂土地基，现场测得原始孔隙比 $e_0=0.8$，取砂土样进行室内土工试验，测得最大孔隙比 $e_{max}=0.89$，最小孔隙比 $e_{min}=0.58$。采用振动沉管砂石桩法加固，设备允许施工的桩直径为0.5 m，设计桩间距为 $s=1.6$ m，等边三角形布桩。现场砂石桩施工试验测得地面振密下沉量 $h=$ 10 cm。现根据地基承载力要求，加固后地基土的相对密度 D_r 应达到0.82。试分别考虑和不考虑地面振密下沉影响，验算设计桩间距是否满足要求。

【解】 计算挤密后砂土达到的孔隙比 e_1：

$$e_1 = e_{max} - D_r(e_{max} - e_{min}) = 0.89 - 0.82\times(0.89-0.58) = 0.636$$

计算不考虑地面振密下沉影响时桩间距 s_1：

$$s_1 = 0.95d\sqrt{\frac{1+e_0}{e_0-e_1}} = 0.95\times0.5\times\sqrt{\frac{1+0.8}{0.8-0.636}} = 1.57\text{ m}$$

计算考虑地面振密下沉影响时桩间距 s_2：

$$s_2 = 0.95d\sqrt{\frac{H-h}{\frac{e_0-e_1}{1+e_0}H-h}} = 0.95\times 0.5\times\sqrt{\frac{12-0.1}{\frac{0.8-0.636}{1+0.8}\times 12-0.1}} = 1.64\ \text{m}$$

$s_1 < s < s_2$，即满足要求。

6.3.3 处理黏性土地基设计计算

对于黏性土地基，碎(砂)石桩的主要作用是置换，桩与桩间土构成复合地基，其主要计算内容是根据6.3.1节设计原则初步确定桩径、桩长和桩间距等参数后，再验算复合地基承载力、沉降和稳定性，直到满足工程要求。

6.3.3.1 单桩承载力计算

由于碎(砂)石桩是一种散体材料桩，其承载力除与桩身材料的性质和密实程度有关外，主要取决于桩周土体的侧限能力。在荷载作用下，碎(砂)石桩绝大多数呈鼓出破坏形式。据此，国内外提出了许多碎石桩单桩极限承载力计算方法。于是，单桩极限承载力除了通过荷载试验和经验的计算图表确定外，还可通过计算桩间土侧向极限应力来估算。这样，单桩极限承载力计算式就可用如下一般表达式表示：

$$p_{\text{pf}} = \sigma_{\text{ru}} K_{\text{pp}} \tag{6.7}$$

式中　σ_{ru}——桩周土体能提供的侧向极限应力(kPa)；

K_{pp}——桩体材料被动土压力系数，$K_{\text{pp}}=\tan^2(45°+\frac{\varphi_{\text{p}}}{2})$($\varphi_{\text{p}}$ 为桩体材料的内摩擦角)。

桩周土侧限应力 σ_{ru} 计算主要有Brauns(1978)法、Hughes和Withers(1974)法、H. Y. Wong (1975)法、被动土压力法、圆筒形孔扩张理论计算法等，由此便得到相应的散体材料桩单桩极限承载力计算方法。以下仅介绍工程中常用的Brauns法和被动土压力法。

(1) Brauns计算法

Brauns(1978)认为，在荷载作用下，桩体产生鼓胀变形，并挤压桩周土使其进入被动极限平衡状态(图6.3)。同时假定：① 桩周土极限平衡区位于桩顶部长度为 $2r_0\tan\delta_{\text{p}}$($r_0$ 为桩的半径，$\delta_{\text{p}}=45°+\frac{\varphi_{\text{p}}}{2}$)段，滑动面呈漏斗形；② 桩周土与桩体间摩擦力 $\tau_{\text{m}}=0$，极限平衡土体中的环向应力 $\sigma_\theta=0$；③ 不计地基土和桩体的自重。据此，由图6.3(b)的力多边形可推导出作用于桩周上的极限应力 σ_{ru} 为：

$$\sigma_{\text{ru}} = \left(\sigma_{\text{s}}+\frac{2c_{\text{u}}}{\sin 2\delta}\right)\left(\frac{\tan\delta_{\text{p}}}{\tan\delta}+1\right) \tag{6.8}$$

式中　σ_{s}——桩周土表面荷载(kPa)；

c_{u}——桩周土不排水抗剪强度(kPa)；

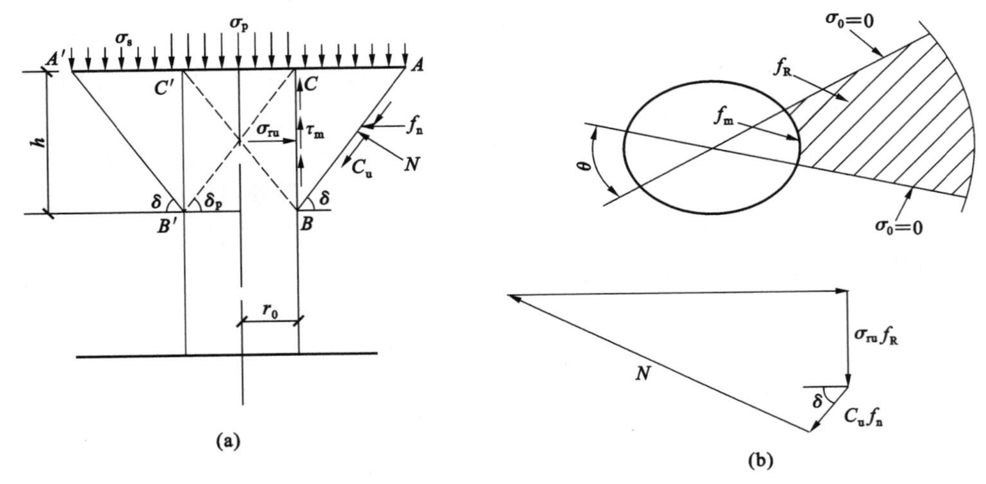

图6.3　Brauns的单桩计算简图

δ——滑动面与水平面夹角(°)。

将式(6.8)代入式(6.7)可得单桩极限承载力 p_{pf} 表达式为：

$$p_{pf} = \sigma_{ru} K_{pp} = \left(\sigma_s + \frac{2c_u}{\sin 2\delta}\right)\left(\frac{\tan\delta_p}{\tan\delta} + 1\right)\tan^2\delta_p \tag{6.9}$$

其中 δ 可根据下式按试算法求出：

$$\frac{\sigma_s}{2c_u}\tan\delta_p = -\frac{\tan\delta}{\tan 2\delta} - \frac{\tan\delta_p}{\tan 2\delta} - \frac{\tan\delta_p}{\sin 2\delta} \tag{6.10}$$

当 $\sigma_s = 0$ 时，式(6.9)和式(6.10)可分别改写为：

$$p_{pf} = \frac{2c_u}{\sin 2\delta}\left(\frac{\tan\delta_p}{\tan\delta} + 1\right)\tan^2\delta_p \tag{6.11}$$

$$\tan\delta_p = \frac{1}{2}\tan\delta(\tan^2\delta - 1) \tag{6.12}$$

根据统计，对碎石桩，φ_p 一般为 35°～45°，取 $\varphi_p = 38°$，则由式(6.12)可试算得 $\delta = 61°$，代入式(6.11)有：

$$p_{pf} = 21.2c_u \tag{6.13}$$

何广讷(1999)考虑桩体材料和土体自重作用得到 Brauns 法的修正公式如下：

$$p_{pf} = \left(\sigma_s + \frac{1}{2}\gamma_s Z + \frac{2c_u}{\sin 2\delta}\right)\left(\frac{\tan\delta_p}{\tan\delta} + 1\right)\tan^2\delta_p - \frac{1}{2}\gamma_p Z \tag{6.14}$$

式中 γ_s、γ_p——桩周土和桩体的重度(kN/m³)；

Z——桩体鼓胀深度，$Z = d_p\tan\delta_p$，d_p 为桩的直径(m)；

δ——仍然可由式(6.10)试算求出。

当 $\sigma_s = 0$ 时，式(6.14)改写为

$$p_{pf} = \left(\frac{1}{2}\gamma_s Z + \frac{2c_u}{\sin 2\delta}\right)\left(\frac{\tan\delta_p}{\tan\delta} + 1\right)\tan^2\delta_p - \frac{1}{2}\gamma_p Z \tag{6.15}$$

式中 δ 可由式(6.12)试算求出。

(2) 被动土压力计算法

该法通过计算桩周土中的被动土压力来计算桩周土对桩的侧限应力 σ_{ru}：

$$\sigma_{ru} = (\sigma_s + \gamma_s z)K_{ps} + 2c_u\sqrt{K_{ps}} \tag{6.16}$$

于是，单桩极限承载力 p_{pf} 为

$$p_{pf} = \sigma_{ru}K_{pp} = \left[(\sigma_s + \gamma_s z)K_{ps} + 2c_u\sqrt{K_{ps}}\right]\tan^2\left(45° + \frac{\varphi_p}{2}\right) \tag{6.17}$$

式中 σ_s——作用于桩周土上的荷载(kPa)；

γ_s——桩间土的重度(kN/m³)；

z——桩的鼓胀深度(m)；

K_{ps}——桩周土的被动土压力系数。

6.3.3.2 复合地基承载力计算

用上述方法计算得到的 p_{pf} 和由试验得到的地基土极限承载力 p_{sf} 便可计算出散体材料桩复合地基极限承载力。

对于振冲桩和砂石桩(均为散体材料桩)复合地基，其承载力特征值 f_{spk} 应通过现场复合地基载荷试验确定，初步设计时，f_{spk} 也可用单桩和处理后桩间土承载力特征值按下式估算：

$$f_{spk} = mf_{pk} + (1-m)f_{sk} \tag{6.18}$$

式中 f_{pk}——桩体承载力特征值(kPa)，宜通过单桩载荷试验确定；

f_{sk}——处理后桩间土承载力特征值(kPa)，宜按当地经验取值，如无经验时，可取天然地基承载力特征值；

m——桩土面积置换率，$m = d_p^2/d_e^2$，d_e 为直径为 d_p 的一根桩分担的处理地基面积的等效圆直径：

$$d_e = \begin{cases} 1.05s(\text{等边三角形布桩}) \\ 1.13s(\text{正方形布桩}) \\ 1.13\sqrt{s_1 s_2}(\text{矩形布桩}) \end{cases} \tag{6.19}$$

其中，s、s_1 和 s_2 分别为桩的间距、纵向间距和横向间距（图 6.1）。

碎（砂）石散体材料桩复合地基承载力特征值 f_{spk}，初步设计时也可按下式估算：

$$f_{spk} = [1 + m(n-1)]f_{sk} \tag{6.20}$$

式中　n——桩土应力比，可按地区经验确定。在无实测资料时，可取 $n=2\sim4$，原土强度低取大值，原土强度高取小值。

6.3.3.3　复合地基沉降计算

碎（砂）石桩复合地基的总沉降包括加固区的沉降和加固区下卧层的沉降。加固区下卧层的沉降根据下卧土层压缩模量按《建筑地基基础设计规范》（GB 50007—2011）推荐的分层总和法计算；加固区的沉降则根据复合土层的压缩量同样按《建筑地基基础设计规范》推荐的分层总和法计算，其中复合土层的压缩量 E_c 按下式计算：

$$E_c = [1 + m(n-1)]E_s \tag{6.21}$$

式中　E_s——桩间土的压缩模量（MPa），宜按当地经验取值，如无经验时，可取天然地基压缩模量；

n——桩土应力比，在无实测资料时，对黏性土可取 $n=2\sim4$，对粉土和砂土可取 $n=1.5\sim3$，原土强度低取大值，原土强度高取小值。

6.3.3.4　复合地基稳定性计算

若碎（砂）石桩用于处理堆载地基以改善地基整体稳定性时，可使用圆弧滑动法来进行计算，其中抗剪强度指标采用桩-土复合指标值，详见 5.3.2 节第（3）点所推荐方法。

【例 6.2】　一小型软土地基工程，采用振冲碎石桩加固处理形成复合地基，碎石桩直径为 0.8 m，桩间距 1.5 m。现场无载荷试验资料，桩间土天然地基承载力特征值为 120 kPa。试分别计算等边三角形布桩和正方形布桩时复合地基的承载力。

【解】　① 面积置换率 m 计算

等边三角形布桩时

$$m_1 = \frac{d_p^2}{d_e^2} = \frac{d_p^2}{(1.05s)^2} = \frac{0.8^2}{(1.05 \times 1.5)^2} = 0.258$$

正方形布桩时

$$m_2 = \frac{d_p^2}{d_e^2} = \frac{d_p^2}{(1.13s)^2} = \frac{0.8^2}{(1.13 \times 1.5)^2} = 0.223$$

② 复合地基承载力特征值计算

取桩土应力比为 $n=3.0$，则复合地基承载力为：

等边三角形布桩时

$$f_{spk} = [1 + m_1(n-1)]f_{sk} = [1 + 0.258 \times (3-1)] \times 120 = 181.92 \text{ kPa}$$

正方形布桩时

$$f_{spk} = [1 + m_2(n-1)]f_{sk} = [1 + 0.223 \times (3-1)] \times 120 = 173.52 \text{ kPa}$$

6.4　施工方法

有关的施工方法很多，但本节仅介绍工程中最常用的振冲法和沉管法。

6.4.1　振冲法施工

6.4.1.1　施工机具

振冲施工主要的机具和设备有振冲器、起吊机械、供水系统、排污系统、填料机械、电控仪表以及维修机具等。振冲器主要由潜水电机、振动器、减震器、导管和通水管等组成(图 6.4),其工作原理是依靠潜水电机的运转,通过弹性联轴器带动振动器内偏心体转动产生离心力,使壳体振动并对土体产生激振力,而压力水则通过空心竖轴从振冲器下端喷口喷出破土。地基处理工程中最常用的振冲器技术参数如表 6.1所示。

表 6.1 振冲器主要技术参数

型号	电机功率(kW)	电机转速(r/min)	偏心力矩(N·m)	激振力(kN)	头部振幅(mm)	外形尺寸(mm)	质量(kg)
ZCQ13	13	1450	14.89	35	3	ϕ273×1965	540
ZCQ30	30	1450	38.5	90	4.2	ϕ351×2150	940
ZCQ55	55	1460	55.4	130	5.6	ϕ351×2790	1130
ZCQ75C	75	1460	68.3	160	6.5	ϕ426×3162	1800
ZCQ75Ⅱ	75	1460	68.3	160	7.5	ϕ402×3084	1600

施工用振冲器型号可根据设计荷载的大小、原土强度的高低、设计桩长等条件选择。对于软土地基,一般选用 30 kW 或 55 kW 低功率振冲器。起吊机械有履带吊、汽车吊、自行井架式专用平车等。水泵规格是出口水压 400~600 kPa,流量 20~30 m^3/h。

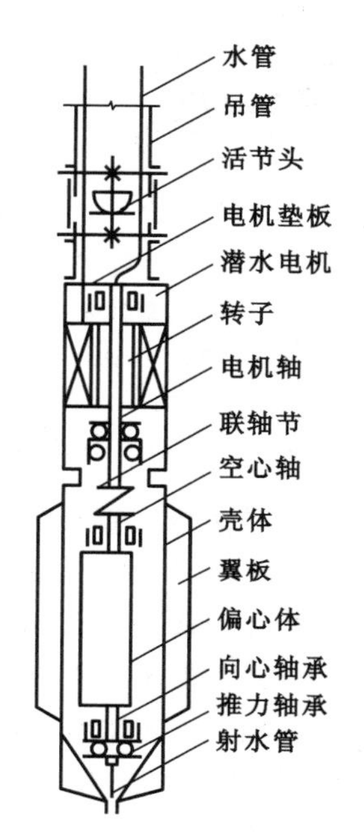

图 6.4 振冲器构造图

6.4.1.2 施工流程

① 清理、平整施工场地,布置桩位。

② 施工机具就位,使振冲器对准桩位。

③ 启动供水泵和振冲器,水压可用 200~600 kPa,水量可用 200~400 L/min,将振冲器徐徐沉入土中,造孔速度宜为 0.5~2.0 m/min,直至达到设计深度。记录振冲器经各深度的水压、电流和留振时间。

④ 造孔后边提升振冲器边冲水直至孔口,再放至孔底,重复两三次以扩大孔径并使孔内泥浆变稀,开始填料制桩。

⑤ 大功率振冲器投料时振冲器可不提出孔口,小功率振冲器下料困难时,可将振冲器提出孔口填料,每次填料厚度不宜大于 50 cm。将振冲器沉入填料中进行振密制桩,当电流达到规定的密实电流值和规定的留振时间后,将振冲器提升 30~50 cm。

⑥ 重复以上步骤,自下而上逐段制作桩体直至孔口,记录各段的填料量、最终电流值和留振时间,并使其均符合设计规定。

⑦ 关闭振冲器和水泵。

6.4.1.3 施工要求与注意事项

① 施工前应在现场进行试验,以确定水压、振密电流和留振时间等各种施工参数。

② 施工现场应事先开设泥水排放系统,或组织好运浆车辆将泥浆运至预先安排的存放地点,应尽可能设置沉淀池重复使用上部清水。

③ 桩体施工完毕后应将顶部预留的松散桩体挖除,如果无预留应将松散桩头压实,随后铺设并压实垫层。

④ 不加填料振冲加密宜采用大功率振冲器,为了避免造孔中塌砂将振冲器堵住,下沉速度宜快,造孔速度宜为 8~10 m/min,到达深度后将射水量减至最小,留振至密实电流达到规定时,上提 0.5 m,逐段振密直至孔口,一般每米振密时间约 1 min。

⑤ 在粗砂中施工如果下沉困难,可在振冲器两侧增焊辅助水管,加大造孔水量,但造孔水压宜小。

⑥ 振密孔施工顺序宜沿直线逐点逐行进行。

6.4.2 沉管法施工

碎(砂)石桩施工也可采用振动沉管、锤击沉管或冲击等干式成桩法。

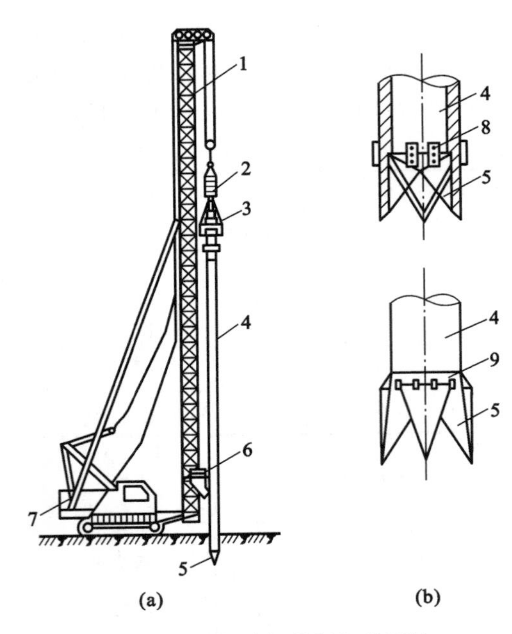

图 6.5　振动打桩机打砂石桩

(a) 振动打桩机；(b) 活瓣桩靴

1—桩机机架；2—减振器；3—振动器；4—钢套管；5—活瓣桩尖；6—装砂石下料斗；7—机座；8—活门开启限位装置；9—锁轴

6.4.2.1　施工机具

振动成桩法的主要设备有振动沉拔桩机、下端装有桩靴的桩管和加料设备等。沉拔桩机由桩架、振动桩锤组成(图 6.5)。桩架为步履式或座式，也可由起重机改装而成。振动桩锤有单电机和双电机两种，一般单电机功率为30～90 kW，双电机功率为(2×15～2×45) kW。振动桩锤的主要参数有振幅、激振频率、激振器偏心力矩、激振力、参振重量、振动功率等，这些参数的合理选择是提高振动沉拔桩机工作性能的关键。

锤击成桩法的主要设备有蒸汽打桩机或柴油打桩机、下端装有桩靴的桩管和加料设备等。打桩机由移动式桩架或由起重机改装而成的桩架与蒸汽桩锤或柴油桩锤组成，所用起重机的起重能力一般为 150～400 kN。桩锤的重量根据地基土层、桩管等情况选择，一般不小于桩管重量的 2 倍，通常为1.2～2.5 t。

6.4.2.2　振动沉管成桩法

振动沉管成桩法分为一次拔管成桩法、逐步拔管成桩法和重复压拔管成桩法三种。

(1) 一次拔管成桩法或逐步拔管成桩法

其施工工艺如图 6.6 所示：移动桩机及导向架→把桩尖及桩管(活瓣桩靴闭合)垂直对准桩位→启动振动桩锤将桩管沉入地层中设计深度→从桩管上端的投料口加入设计数量的砂石料→边振动边拔管直至拔出地面成桩，或者逐步拔管，即边振动边拔管，每拔 0.5 m 停止拔管，但继续振动 10～20 s，如此逐步拔管直至地面成桩。

拔管速度应通过试验确定，一般地层情况控制在 1～2 m/min之间。

(2) 重复压拔管成桩法

其施工工艺如图 6.7 所示：桩管垂直就位→将桩管(闭合桩靴)沉入土层至设计深度→用料斗向桩管内灌入设计规定的碎(砂)石→边振动边拔管(拔管高度根据设计确定)→边振动边压管(下压的高度根据设计和实验确定)使孔内填料密实→如此重复进行投料、拔管和压管工序直至桩管拔出地面，形成密实的碎(砂)石桩。

一般情况下，桩管每提高 100 cm，下压 30 cm，然后留振 10～20 s。

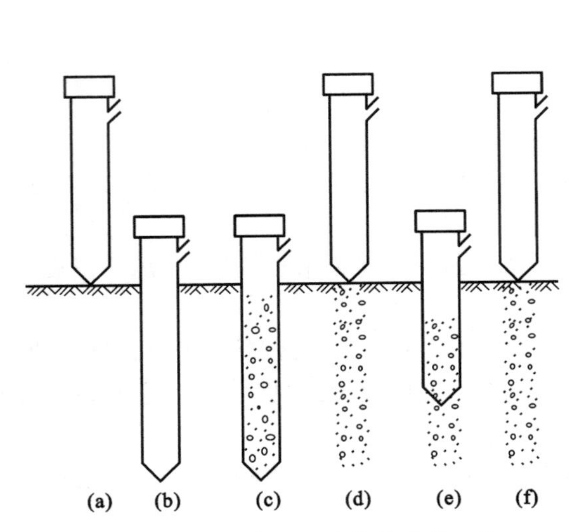

图 6.6　一次拔管和逐步拔管成桩工艺

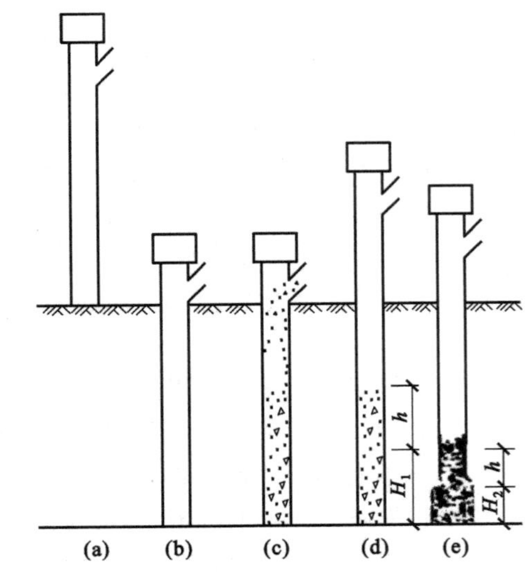

图 6.7　重复压拔管成桩工艺

6.4.2.3　锤击沉管成桩法

锤击沉管成桩法分为单管锤击成桩法和双管锤击沉桩法。

(1) 单管锤击成桩法

其施工工艺如图6.8所示：桩管(桩靴闭合)垂直就位→启动蒸汽桩锤或柴油桩锤将桩管打入土层中至设计深度→从料斗口向桩管内灌碎(砂)石(填料量较大时，可分两次灌入，第一次灌入2/3，待桩管从土中拔起一半长度后再灌入剩余的1/3)→按规定的拔出速度(根据试验确定，一般土质条件下拔管速度为1.5～3.0 m/min)从土层中拔出桩管成桩→必要时可在原位再沉入桩管复打一次。

(2) 双管锤击成桩法

其施工工艺如图6.9所示：将内外管垂直就位→启动蒸汽桩锤或柴油桩锤锤击内管和外管，使其下沉至设计深度→拔起内管，向外管内灌入碎(砂)石→放下内管至外管内的碎(砂)石面上，拔起外管至与内管平齐→锤击内管和外管将碎(砂)石压实→拔内管并向外管内灌入碎(砂)石→重复进行上述工序，直至桩管拔出地面成桩。

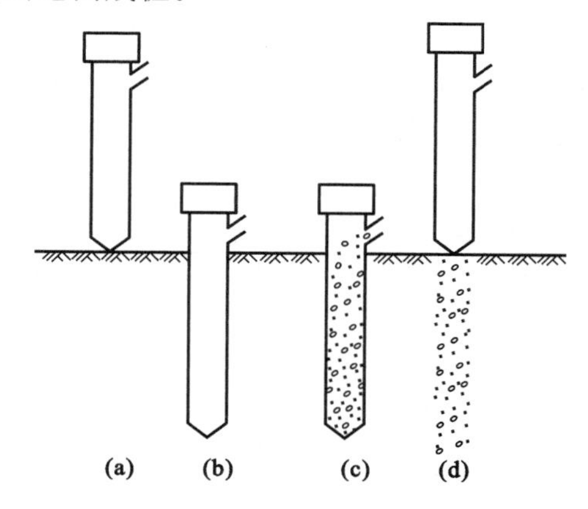

图6.8 单管锤击成桩工艺

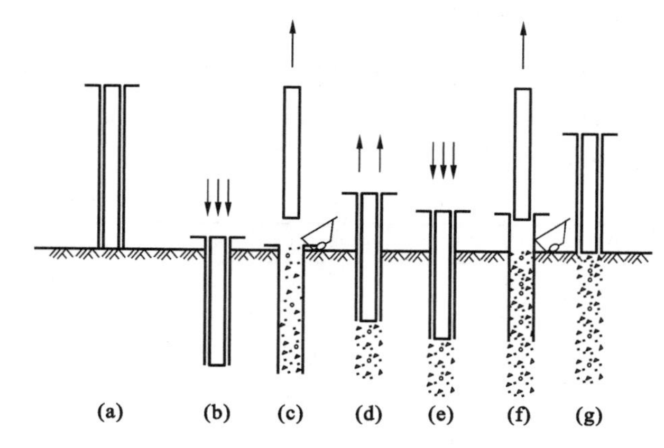

图6.9 双管锤击成桩工艺

6.4.2.4 *沉管法施工要求与注意事项*

① 施工前应进行成桩工艺和成桩挤密试验。当成桩质量不能满足设计要求时，应在调整设计与施工有关参数后，重新进行试验或改变设计。

② 振动沉管成桩法施工应根据沉管和挤密情况，控制填砂石量、提升高度和速度、挤压次数和时间、电机的工作电流等。

③ 施工中应选用能顺利出料和有效挤压桩孔内砂石料的桩尖结构。当采用活瓣桩靴时，对砂土和粉土地基宜选用尖锥形桩尖；对黏性土地基宜选用平底形桩尖；一次性桩尖可采用混凝土锥形桩尖。

④ 锤击沉管成桩法的挤密应根据锤击的能量，控制分段的填砂石量和成桩的长度。

⑤ 碎(砂)石桩的施工顺序：对砂土地基宜从外围或两侧向中间进行；对黏性土地基宜从中间向外围施工或隔排施工；在既有建(构)筑物邻近施工时，应背离建(构)筑物方向进行。

⑥ 施工时桩位水平偏差不应大于0.3倍套管外径；套管垂直度偏差不应大于1%。

⑦ 碎(砂)石桩施工后，应将基底标高下的松散层挖除或夯压密实，随后铺设并压实砂石垫层。

6.5 质量检验

碎(砂)石桩处理软弱地基效果的检验，除应对施工期的施工记录进行检查外，还应对施工结束后桩、桩间土以及由桩-土构成的复合地基的性能进行测试，以验证其是否满足工程要求。当某些性能不能满足要求时，要找出原因，及时补救。主要检验内容有：

① 应在施工期间和施工结束后，检查碎(砂)石桩的施工记录。对沉管法，尚应检查套管往复挤压振动次数与时间、套管升降幅度和速度、每次填砂石料量等记录。如果发现有遗漏或不符合规定要求，则应补做或采取有效的补救措施。

② 施工结束应间隔一定时间后方可进行质量检验。对振冲法，除砂土地基外，粉质黏土地基间隔时间可取21～28 d，粉土地基可取14～21 d。对沉管法，粉土、砂土和杂填土地基，间隔时间不宜少于7 d；饱

和黏性土地基因孔隙水压力消散慢，间隔时间不宜少于 28 d。

③ 碎(砂)石桩的施工质量检验，对碎(砂)石桩桩体检验可用重型动力触探进行随机检验；对桩间土的检验可在处理深度范围内用标准贯入、静力触探、动力触探或其他原位试验等方法进行检验，其检验点应选在桩间土的中间，检测数量不应少于桩孔总数的 2%。

④ 碎(砂)石桩处理后地基的承载力检验应采用复合地基载荷试验，检验数量不应少于总桩数的1%，且每个单体工程不应少于 3 点。

6.6 工 程 实 例

6.6.1 工程概况

某厂区拟建辅助厂房场区，地貌为长江二级阶地坳沟，表层有厚达 6～8 m 的新近填土层，主要由粉质土组成，夹有灰色淤泥质土及少量碎砖、瓦砾、岩石碎屑等，其下为粉质黏土和粉土，土层分布及主要性质如表 6.2 所示。

表 6.2 场区土层分布及物理力学指标

层序	土层名称	层厚(m)	w(%)	γ(kN/m^3)	e	$E_{1\text{-}2}$(MPa)	c_k(kPa)	φ_k(kPa)	f_k(kPa)
0	素填土	6.0～8.0	25.9	19.5	0.769	5.0	—	—	80
1A	粉质黏土	0.7～8.1	25.3	19.6	0.753	5.5	44	13.6	140
1B	粉质黏土	1.5～9.7	27.5	19.4	0.793	5.0	23	10.3	120
1C	粉土	6.0～8.8	27.7	19.4	0.785	5.5	16	7.0	110
1D	粉质黏土	1.4～9.0	27.3	19.5	0.790	5.5	29	8.1	140
2A	粉质黏土	1.2～7.3	22.5	20.1	0.674	10.0	78	16.6	250
2B	粉质黏土	2.0～10.5	26.7	19.6	0.776	8.0	47	11.1	180
2C	粉质黏土	0.9～4.8	20.3	20.7	0.592	11.5	71	16.2	280

按设计地基承载力特征值要求达到 130 kPa，由于填土层的地基承载力不能满足设计要求，因此，需要对填土层进行加固处理，以提高地基承载力，并使地基变形控制在一定范围内。

6.6.2 加固方案及加固设计

经过综合比较，选用振动沉管挤密碎石桩加固填土地基，可以满足地基承载力和变形要求，而且造价低，经济效益好。

6.6.2.1 碎石桩设计

取碎石桩桩长为 7 m，桩径为 500 mm，等边三角形布置，桩距 1.06 m，排距 0.93 m，置换率 $m=0.227$。

现验算碎石桩复合地基的承载力。对于小型工程，如果没有现场载荷试验资料，初步设计时可按式(6.20)估算碎石桩复合地基的承载力 f_{spk}。本例取 $n=4$，将其代入式(6.20)有：

$$f_{spk} = [1+m(n-1)]f_{sk} = [1+0.277\times(4-1)]\times 80 = 134 \text{ kPa} > 130 \text{ kPa}$$

满足要求。

6.6.2.2 复合地基沉降估算

采用分层总和法计算复合地基沉降量。当桩径为 500 mm 时，复合模量 E_{sp} 为：

$$E_{sp} = [1+m(n-1)]E_s = [1+0.227\times(4-1)]\times 5.0 = 8.4 \text{ MPa}$$

将复合土层分 7 层，每层 1 m，其下粉质黏土层土质较好($f_k=140$ kPa)，其下卧层沉降可忽略不计，算得 $s=23$ mm。

6.6.3 碎石桩施工工艺的确定

为了确定正确的施工工艺，工程桩施工前在加固区范围内选 3 个点施打了 10 根挤密碎石桩，进行了

3组复合地基静载试验,试桩桩长为7.8 m。

复试1施工工艺为:采用预制混凝土桩尖,复打一次。先预埋混凝土桩尖,沉管深度为7.8 m,投入5～20 cm石料1.3 t。然后在原位再施打一次,沉管深度7.8 m,投入与第一次施打等量的石料。一根桩共投入石料2.6 t。

复试2施工工艺为:采用铰链式活瓣桩尖,复打一次。先预埋桩尖,沉管深度7.8 m,投入5～20 cm石料1.3 t,然后在原位施打一次,沉管的深度7.8 m,投入与第一次施打等量的石料。

复试3施工工艺为:采用铰链式活瓣桩尖,沉管深度7.8 m,投入5～20 m石料0.78 t,单打。

施工7 d后,按《建筑地基处理技术规范》(JGJ 79—2012)推荐的方法进行复合地基静载试验。试验结果表明:复试1、复试2和复试3的复合地基承载力特征值分别为130 kPa、100 kPa和74 kPa。这是因为三根桩的施工工艺不同,投料差异较大,所以,试验结果相差较大。采用复试1的施工工艺,工程桩施工时使用预制桩尖,严格控制投料,可以满足设计要求。本工程共施打2799根碎石桩,桩长按设计要求和最后贯入度控制。

6.6.4 加固效果分析

为了检验地基处理的效果,碎石桩施工结束后,对复合地基进行了两组静载荷试验,试验结果表明,其承载力特征值分别为155 kPa和160 kPa,满足设计要求。

同时,通过对处理前后地基静载荷试验 p-s 曲线(图6.10)对比可以看出,相同荷载条件下,处理后地基沉降明显减小,沉降量得到有效控制,能够满足设计要求。

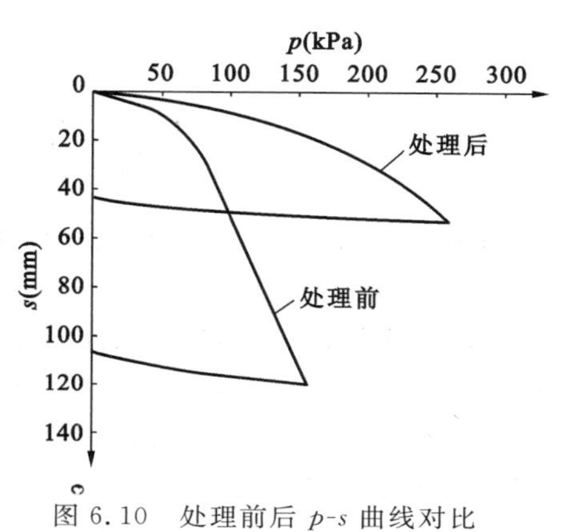

图6.10 处理前后 p-s 曲线对比

6.6.5 结论

振动挤密碎石桩处理新近填土地基是一种行之有效的处理方法,该方法通过对地基土的挤密和置换作用使地基承载力和变形得到明显的改善。挤密碎石桩施工前应通过实验确定合理的施工工艺,并在完成后采用适当的方法检验处理结果。

思考题与习题

6.1 试阐述振冲砂石桩和沉管砂石桩的特点和适用范围。

6.2 试阐述砂桩和碎石桩分别在黏性土和砂性土中的加固机理和设计方法。

6.3 试论述碎(砂)石桩与排水砂井的区别。

6.4 试阐述碎(砂)石桩复合地基的受力特点和破坏模式。

6.5 影响碎(砂)石桩复合地基承载力的主要因素有哪些?

6.6 简述振冲成桩法和沉管成桩法的施工要点和要求。

6.7 某小型工程采用振冲置换法碎石桩处理,碎石桩桩径为0.6 m,桩距初定为1.5 m,现场无载荷试验资料,依地区经验,桩间土天然地基承载力特征值取为120 kPa,桩土应力比为3.0。试分别计算等边三角形布桩和正方形布桩时该复合地基的面积置换率和承载力特征值。

6.8 某松散砂土地基,$e=0.81$,由室内试验得 $e_{max}=0.9$,$e_{min}=0.6$。采用砂石桩法加固,要求挤密后砂土地基相对密实度达0.8,砂石桩直径为0.7 m。试分别计算等边三角形布桩和正方形布桩时砂石桩的间距。

6.9 振冲碎石桩桩径0.8 m,桩距1.6 m,复合地基承载力特征值为160 kPa,桩间土承载力特征值为120 kPa,试分别求等边三角形布桩和正方形布桩时桩土应力比和面积置换率。

6.10 某住宅楼,筏板基础,尺寸12 m×60 m,埋深3.0 m,作用于基底的附加压力180 kPa。天然地基土层分布:0～3 m填土;3～9 m粉质黏土,$E_s=5.12$ MPa;9～25 m粉土,$E_s=12$ MPa;25 m以下圆砾,$E_s=40$ MPa。采用振冲碎石桩加固地基,等边三角形布桩,桩径0.8 m,桩长10 m,桩间距1.5 m,桩土应力比取3.0。试计算基础中点沉降量。

7　土桩、灰土桩挤密法

本章提要

土桩和灰土桩挤密地基是由桩间挤密土和填夯的桩体组成的人工"复合地基"。在我国西北和华北地区得到了广泛应用。本章介绍了土桩和灰土桩挤密法的加固机理、设计计算、施工方法和质量检验。

本章要求掌握土桩和灰土桩挤密法的加固机理和设计计算，了解其施工和质量检验方法。

7.1　概　　述

土桩和灰土桩挤密法是利用沉管、冲击或爆扩等方法形成桩孔时的侧向挤压作用挤密桩间土，然后将桩孔用素土或灰土分层夯填密实。在成孔过程中将桩孔位置的土体全部挤入桩孔周围的天然土体中，使桩周围一定范围内的土体在成孔和孔内填土夯密过程中得到挤密，从而消除桩与桩之间土体的湿陷性并提高其承载能力。用素土夯填的桩体，称为土桩挤密桩；用灰土夯填的桩体，称为灰土挤密桩。土桩和灰土桩均属柔性桩，其本身承载能力比刚性桩要小得多，挤密后桩与桩间土共同组成复合地基，一起承受基础传来的上部荷载。

土和灰土挤密桩复合地基有如下特点：土桩或灰土桩挤密法是横向挤密，但可同样达到所要求加密处理后的最大干密度的指标；无须大开挖，减少了土方施工量，不受开挖和回填的限制；特别适用于消除大厚度黄土地基的自重湿陷性；利用成孔侧向挤密，回填后用重锤夯实，使处理深度大大提高；填入桩孔的材料均属就地取材，比其他处理湿陷性黄土和人工填土的方法造价低。当回填体积比为 2∶8 或 3∶7 的灰土时，其地基承载力大大提高，有较好的技术经济效果。

土和灰土挤密法适用于处理地下水位以上的湿陷性黄土、素填土和杂填土地基。处理深度宜为 5～15 m。当以消除地基的湿陷性为主要目的时，宜选用土挤密桩法；当以提高地基的承载力为主要目的时，宜选用灰土挤密桩法。大量的实验研究资料和工程实践表明，土和灰土挤密桩处理地基，不论是消除土的湿陷性还是提高承载力都是有效的。但当土的含水量大于 24%及饱和度大于 65%时，在成孔拔管过程中不仅桩间土挤密效果差，桩孔也因缩颈而难以成形，往往无法夯填成桩，此时不宜选用土桩或灰土桩挤密法。对重要工程或在缺乏经验的地区，施工前按设计要求，在现场应进行试验，如果土性基本相同，试验可在同一处进行，如果土性差异明显，应在不同地段分别进行试验，确定合理可行的设计及工艺参数。

7.2　加固机理

7.2.1　成桩过程中的侧向挤密作用

土桩和灰土挤密桩在成孔过程中将桩孔位置的土体全部挤入桩孔周围的天然土体中，使桩周一定范围内的土被压缩、扰动。国内外一些学者认为：沉桩时沿桩孔周围土体应力的变化与圆柱形孔洞扩张时所产生的应力变化相似。如图 7.1 所示，在半径为 R_u 的桩孔外将产生半径为 R_p 的塑性区，桩孔内土的体积在塑性区被全部压缩；在半径 R_p 以外的弹性区，土体仍处于弹性平衡状态。图 7.1 中 P_u 为沉桩的最终侧向压力。

根据理论分析，塑性区的最大半径 R_p 可按下式计算：

$$R_p = R_u \sqrt{\frac{E_0}{2\tau(1+\mu)\cos\varphi}} \quad 或 \quad R_p = R_u \sqrt{\frac{G}{\tau\cos\varphi}} \tag{7.1}$$

式中　R_p——塑性区最大半径(m)；

R_u——桩孔半径(m)；

E_0——土的变形模量(MPa)；

G——土的剪切模量(MPa)；

τ——土的抗剪强度(MPa)，即 $\tau=\sigma\tan\varphi+c$，c 为土的黏聚力(MPa)；

μ——土的泊松比；

φ——土的内摩擦角(°)。

从式(7.1)可知，塑性区的半径与桩孔半径成正比，同时与土的剪切模量和抗剪强度指标等密切相关。若将黄土的有关力学性质指标(E_0，τ，μ 和 φ)的常见值代入式(7.1)，可得出在黄土中挤压成孔时塑性区半径 $R_p=(1.43\sim1.90)d$，d 为桩孔直径。与试验实测的桩周挤密影响区的半径基本一致。

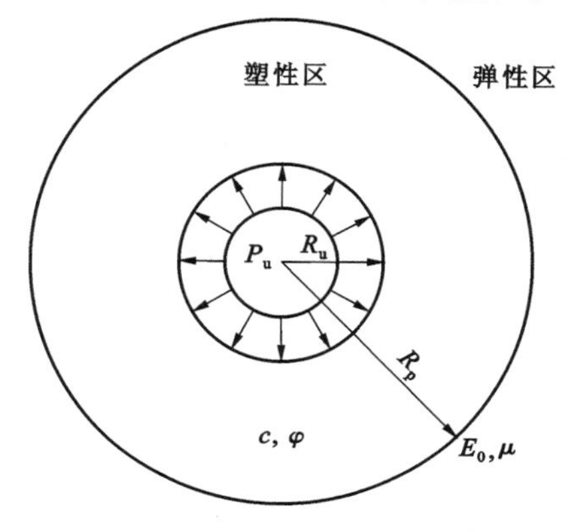

图 7.1　桩孔周围应力分区

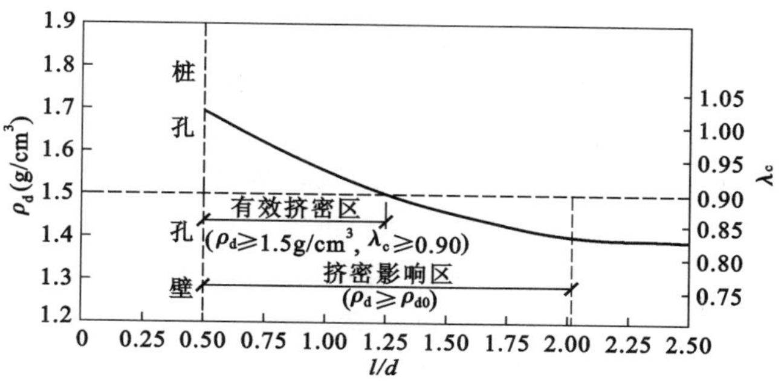

图 7.2　桩周土挤密后干容积密度沿径向的变化情况

图 7.2 所示为单桩成孔挤密试验的结果。在孔壁附近土的干密度 ρ_d 接近或超过其最大密度 $\rho_{d\max}$，压实系数 $\lambda_c\approx1.0$。依次向外土的干密度和压实系数逐渐减小，直至接近土的原始干密度 ρ_{d0}。对应于 $\rho_d=\rho_{d0}$ 界限点距桩中心的距离，可称为"挤密影响区"半径，其值通常为 $1.5\sim2.0d$。但从工程需要出发，桩周挤密土的物理力学指标应达到一定的要求方为有效，如为消除黄土的湿陷性，则应以 $\rho_d\geqslant1.5\ \mathrm{g/m^3}$ 或 $\lambda_c\geqslant0.9$为界，以确定满足消除湿陷性要求的"有效挤密区"。单个桩孔的"有效挤密区"半径一般为$(1.0\sim1.5)d$。

相邻桩孔间挤密效果试验表明，在相邻桩孔挤密区交界处挤密效果互相叠加，桩间土中心部位的密实度增大，且桩间土的密度变得均匀，桩距越小，桩径越大，挤密叠加效果越好。

土的天然含水量和干密度对挤密效果有显著影响。当含水量接近最优含水量时，土呈塑性状态，挤密效果最佳。当含水量偏低，土呈坚硬状态时，有效挤密区变小。当含水量过高时，土体难以挤密，很容易产生桩孔缩颈、回淤等现象。土的天然干密度越大，则有效挤密范围越大；反之，则有效挤密区较小，挤密效果较差。天然干密度是设计桩间距的基本依据。土的天然孔隙比对挤密效果也有影响；当 $e=0.90\sim1.20$ 时，挤密效果好；当 $e<0.8$ 时，一般情况下，土的湿陷性已消除，没有必要采用挤密地基。

7.2.2　土桩挤密地基的作用

土桩挤密法将土料填入桩孔内并进行夯实，最终形成的地基由土桩和桩间挤密土体组成。桩孔内夯填的土料多为就近挖运的土，其土质及夯实的标准与桩间挤密土质量基本一致，因此，它们的物理力学性质指标也无明显的差异。

土桩挤密地基接触压力测试证明，刚性矩形基础在均布荷载作用下基底土桩上的接触应力 σ_p 与桩间挤密土上的应力 σ_s 相差不大，土桩挤密地基基础下接触压力的分布与土垫层的情况相似，在同一平面可作为均质地基考虑。土桩挤密地基的加固作用主要是增加土的密实度，降低土中孔隙率，从而达到消除地基湿陷性和提高水稳定性的目的。

设计土桩挤密地基时，可以将其视为一个厚度较大的素土垫层，处理范围及承载力等设计原则与土垫层相同。我国有关规范如《建筑地基处理技术规范》(JGJ 79—2012)和《湿陷性黄土地区建筑规范》(GB 50025—2004)中，都规定关于土桩挤密地基的设计(容许承载力确定、处理范围验算等)应遵守土垫层的设计原理。

7.2.3 灰土桩加固地基的作用

7.2.3.1 *灰土的硬化原理*

土中掺入石灰后，在一定条件下将发生离子交换和凝硬等物理化学反应，使土的强度显著提高，并且具有一定的水稳定性。其主要反应和生成物如下：

(1) 离子间的相互交换　石灰中的钙离子(Ca^{2+})和土粒表面吸附的金属阳离子(Na^{+}、K^{+})发生离子交换作用，从而限制了黏土表面扩散层的厚度，并使土粒的吸水性能和膨胀性能大部分消失，大量的黏粒团粒化在土颗粒表面凝结成团块，增大了土粒的强度并使其黏性降低。这一反应在石灰与土拌和后即开始发生，并大约在 48 h 内完成。

(2) 凝硬反应　在离子交换作用的同时，石灰与土粒表面的胶质二氧化硅 SiO_2 及胶质氧化铝 Al_2O_3 发生复杂的反应并形成新的硅酸钙胶凝物，使土的颗粒缠绕在一起产生胶结强度。常温条件下，灰土的凝硬反应比较缓慢，新生成物的数量较少，这是灰土后期强度增长和具有水稳定性的主要原因。在蒸汽养护的条件下，灰土的凝硬反应十分迅速，24 h 的抗压强度即可达到 10 MPa，并具有近似于水泥的水稳定性。由此可见，灰土已不单纯是气硬性材料，而具有一定的水硬性。

7.2.3.2 *灰土的物理力学性质*

(1) 灰土的强度：硬化后的灰土属脆性材料，强度指标常用 28 d 的无侧限抗压强度表示，灰土的无侧限抗压强度 q_u 一般为 500～1000 kPa。为了提高灰土的强度，可掺入少量附加剂。除水泥外，NaOH、$CaSO_4 \cdot 0.5H_2O$、NaCl 附加剂的掺量均不宜超过 0.5%～1.0%。掺入水泥的灰土，其强度随掺入量的增加而相应提高。灰土的其他强度指标均与其抗压强度有关，灰土的抗拉强度为(0.11～0.29)q_u，抗剪强度为(0.20～0.40)q_u，抗弯强度为(0.35～0.40)q_u。

(2) 灰土的变形模量：通常为 40～200 MPa。根据室内试验求得的灰土应力应变关系曲线形态与混凝土的相似。在分析计算灰土桩的变形和研究灰土桩的工作机理时，应根据其实际应力的大小，采用相应的变形模量值。

(3) 灰土的水稳定性：可用软化系数表示。软化系数是灰土饱和状态下的抗压强度与普通潮湿状态下强度之比。灰土的软化系数一般为 0.54～0.90，平均约为 0.70。由于灰土有一定的水硬性，在高含水量的土中或处于地下水位下的灰土仍可以硬化和发展强度。为了提高灰土的水稳定性，保证灰土桩在水中的长期稳定，要严格控制灰土的施工质量。在灰土中掺入 2%～4%的水泥，可使其软化系数达到 0.80 以上。

7.2.3.3 *灰土桩的变形、荷载传递规律*

试验结果表明，在竖向荷载作用下长径比大于 6～10 的灰土桩其变形、破坏特征及其荷载传递规律有下述特点：

(1) 在竖向荷载作用下，灰土桩桩顶的沉降主要是桩身的压缩变形，桩身压缩量为总沉降量的 40%～90%，有的桩顶即使达到破坏状态，而桩底端仍未产生下沉。在灰土桩的全部桩身压缩变形量中，桩顶(1.0～1.5)d段内的变形占 60%～85%。从分段变形特征来看，灰土桩既不同于土桩，也不同于混凝土桩，是一种具有一定胶凝强度的柔性桩。

(2) 根据室内及现场载荷试验后开剖检查，在极限荷载作用下，灰土桩顶面上应力通常为灰土试件无侧限抗压强度的 50%～100%，即灰土已处于过渡阶段或已达到破坏阶段。灰土桩的破坏多发生在桩身上部(1.0～1.5)d 长度范围内，裂缝呈竖向或斜向，具有脆性破坏的特征。灰土桩的承载能力主要取决于桩身的强度，特别是上层灰土的强度。

(3) 灰土桩在竖向荷载作用下，通过桩周摩擦力将荷载向周围土体传递，桩身在一定深度内产生压缩变形及侧向膨胀，其值上大下小，其传递荷载的深度是有限的，一般不超过(6～10)d。灰土桩身的应力测试结果如图 7.3 所示，可以看出其荷载传递的规律：灰土桩顶受荷后，桩身应力及荷载将急剧衰减，在 $3d$ 深度处的桩身荷载仅为桩顶处的 1/6 左右，在(6～10)d深度以下桩身荷载已趋于零，同时桩身与桩周土中的应力亦趋于一致。显然，灰土桩荷载传递的深度与桩径及灰土的强度成正比，而与桩周土的摩擦力成反比，一般为(4～10)d。灰土桩桩身荷载通过桩周摩擦力迅速向土中传递，摩擦力约在 $2d$ 深度处达到峰值，在 $6d$ 深度以下趋于零，桩身与桩周土的应力比接近于 1.0。

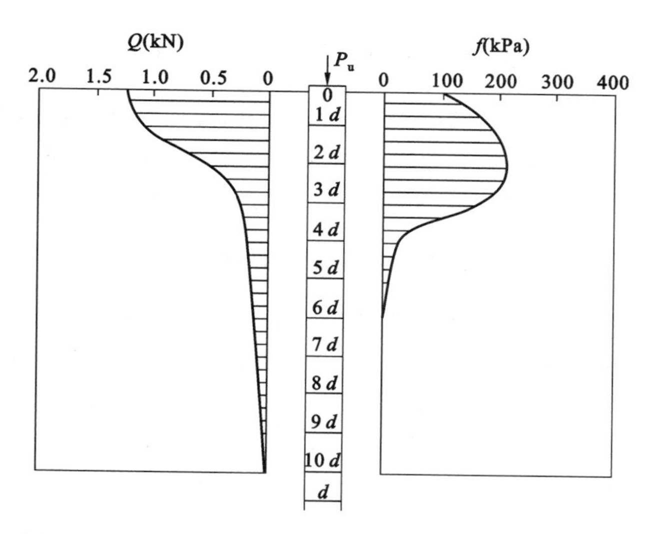

图 7.3　灰土桩身的竖向荷载 Q 与桩周摩擦力 f 的分布

7.2.3.4　灰土桩体的作用

① 分担荷载、降低土中应力，提高了地基的承载力：灰土桩具有一定的胶凝强度，其变形模量约为桩间土的 10 倍，因而，在刚性基底下灰土桩面上的应力约为桩间土的 10 倍，桩体承担着荷载的 50%左右。灰土桩分担荷载试验和工程经验证明，灰土桩复合地基的承载力为天然地基的 1.5～2.5 倍，并比土桩复合地基提高约 40%。

② 桩体对桩间土的侧向约束作用：具有一定刚度的灰土桩体，对桩间土有侧向约束作用，约束桩间土受压时产生侧向挤出变形并使其强度增大，使压力与沉降始终呈线性关系。

7.3　设 计 计 算

7.3.1　设计依据和基本要求

土桩和灰土桩挤密地基应依据下列资料和条件进行设计：

(1) 工程地质勘察报告。重点掌握地基湿陷性的类型、等级和湿陷性土层的深度，了解地基土的干密度和含水量。

(2) 建筑结构的类型、用途和荷载。明确地基处理的主要目的，并依此确定采用土桩还是灰土桩。地基处理的主要目的一般分为以下几种：

① 一般湿陷性黄土场地　对单层或多层建筑，当以消除湿陷性为主要目的时，宜采用土桩法；对高层建筑或地基浸水可能性较大的重要建筑物，当以提高承载力和水稳定性为主要目的时，宜采用灰土桩法。

② 新近堆积黄土场地　除要求消除其湿陷性外，一般以降低其压缩性并提高承载力为主要目的，根据建筑类型确定采用土桩法或灰土桩法。

③ 杂填土或素填土场地　以提高承载力为主要目的，一般多采用灰土桩法。

根据有关规范确定建筑物的等级。初步设计出基础的构造、平面尺寸和埋深，提供对地基承载力及变形的要求。

(3) 建筑场地和环境条件。着重了解场地范围内地面和地下障碍物，施工对相邻建筑可能造成的影响等情况。

(4) 当地应用土桩、灰土桩的施工条件和经验资料等。

7.3.2 桩孔直径确定

桩孔直径宜为 300～450 mm，设计时可根据成孔机械、施工工艺和场地土质等因素确定桩径的大小。桩径过小，则桩数增多，增加成孔和回填的工作量；桩径过大，则对桩间土挤密不够，不能完全消除黄土的湿陷性，也会影响挤密后土的均匀性。桩位宜按等边三角形布置，以使桩间土的挤密效果趋于均匀。

7.3.3 桩距和排距设计计算

桩的挤密效果与桩距有关。而桩距的确定与土的天然干密度和孔隙比有关。土桩或灰土桩在挤密成孔时，桩孔位置原有土体被强制侧向挤压，使桩周一定范围内土层密实度提高，其挤密影响半径通常为桩孔直径的 2 倍。桩距的设计一般应通过实验和计算确定，合理的相邻桩孔中心距为 2～3 倍桩孔直径。为了使桩间土挤密均匀，桩孔宜按等边三角形布置。当按等边三角形布置桩孔时，其间距可按下式计算：

$$s = 0.95d\sqrt{\frac{\bar{\eta}_c \rho_{d\max}}{\bar{\eta}_c \rho_{d\max} - \bar{\rho}_d}} \tag{7.2}$$

式中 s——桩孔之间的中心距离（m）；

d——桩孔直径（m）；

$\bar{\eta}_c$——桩间土经成孔挤密后的平均压实系数，对重要工程不宜小于 0.93，对一般工程不应小于 0.90；

$\rho_{d\max}$——桩间土的最大干密度（t/m^3），通过击实试验确定；

$\bar{\rho}_d$——地基处理前土的平均干密度，按各持力层土干密度的加权平均值确定。

桩孔排距即为等边三角形的高，$h=0.87s$。

桩间土挤密后的平均压实系数 $\bar{\eta}_c$，可按下式计算：

$$\bar{\eta}_c = \frac{\bar{\rho}_{d1}}{\rho_{d\max}} \tag{7.3}$$

式中 $\bar{\rho}_{d1}$——在成孔挤密深度内桩间土的平均干密度（t/m^3），平均试样不应少于 6 组。

桩孔的数量可按下式估算：

$$n = \frac{A}{A_e} \tag{7.4}$$

式中 n——桩孔的数量；

A——拟处理地基的面积（m^2）；

A_e——单根土挤密桩或灰土挤密桩所承担的处理地基面积（m^2），即 $A_e = \frac{\pi d_e^2}{4}$；

d_e——单根桩分担的处理地基面积等效圆直径（m），等边三角形布置时 $d_e=1.05s$，s 为桩距。

7.3.4 处理范围的确定

7.3.4.1 处理宽度

土桩和灰土桩处理地基的面积，应大于基础或建筑物底层平面的面积，以保证地基的稳定性，并应符合下列规定：

(1) 局部处理一般用于消除地基的全部或部分湿陷量或用于提高地基的承载力，通常不考虑防渗隔水作用。当采用局部处理时超出基础底面的宽度：对非自重湿陷性黄土、素填土、杂填土等地基，每边不应小于基底宽度的 $\frac{1}{4}$，并不应小于 0.5 m；对自重湿陷性黄土地基，每边不应小于基底宽度的 $\frac{3}{4}$，并不应小于 1.00 m。

(2) 整片处理用于Ⅲ级、Ⅳ级自重湿陷性黄土场地，它除为了消除土层的湿陷性外，并要求具有防渗隔水的作用。当采用整片处理时，超过建筑物外墙基础外缘的宽度，每边不宜小于处理土层厚度的 1/2，并不应小于 2.00 m。

7.3.4.2 处理深度

土挤密桩和灰土挤密桩处理地基的深度，应根据建筑场地的土质情况、工程要求和成孔及夯实设备等综合因素确定，一般来说，处理深度应在基础底面下大于 3.0 m。对湿陷性黄土地基，应按《湿陷性黄土地区建筑规范》(GB 50025—2004)规定的原则及消除全部或部分湿陷量的不同要求确定土桩或灰土桩挤密地基的深度。常见的处理深度多为 8～12 m。

(1) 消除地基全部湿陷量，应符合下列要求：在自重湿陷性土层，应处理基础以下全部湿陷性土层；对非自重湿陷性黄土地基，应将基础下湿陷起始压力小于附加压力与上覆土的饱和自重压力之和的所有土层进行处理或处理至基础下的压缩层下限为止。

(2) 消除地基部分湿陷量，应对基础底面以下湿陷性大的土层进行处理，因为贴近基底下湿陷性大的土层附加应力大，并且容易受管道和地沟等漏水影响而引起湿陷，对建筑物的危害性大。消除地基部分湿陷量的桩孔深度，自基础底面算起，对乙类建筑，在自重湿陷性黄土场地，不应小于湿陷性土层厚度的2/3，并应控制剩余湿陷量不大于 20 cm；在非自重湿陷性黄土场地，不应小于压缩层厚度的 2/3，且不应小于 4 m。

(3) 当以提高地基承载力为主要目的时，对基底下持力层范围内的低承载力和高压缩性土层应进行处理，并应通过下卧层承载力验算来确定地基的处理深度。

设计处理深度时，要考虑施工后桩顶及桩间土上部出现表层松动，在设计图纸文件中注明挖去 0.25～0.5 m的松动层，并在桩顶面上设置厚度 0.3 m 以上的素土或灰土垫层。

7.3.5 承载力的确定

土桩、灰土桩挤密复合地基的承载力，应通过现场单桩或多桩复合地基载荷试验确定。若无试验资料，在初步设计时，可按当地经验确定。

对重大工程项目，一般应通过荷载试验确定其承载力。对于一般工程，可以参考当地建设工程经验确定挤密地基土的承载力设计值。当无试验资料时，对湿陷性黄土场地，土桩挤密地基的承载力设计值不宜大于处理前地基承载力的 1.4 倍，并不应大于 180 kPa；灰土桩挤密地基的承载力设计值不宜大于处理前地基承载力的 2 倍，并不应大于 250 kPa；对填土场地，可适当降低上述标准。

若已知桩体的承载力特征值 f_{pk} 和桩间土的承载力特征值 f_{sk}、处理地基中桩的置换率 m，可按下式计算复合地基承载力 f_{spk}：

$$f_{spk} = mf_{pk} + (1-m)f_{sk} \tag{7.5}$$

式中 m——面积置换率，$m=d^2/d_e^2$，d 为桩直径，d_e 为等效影响圆直径。

7.3.6 变形计算

土桩或灰土桩挤密地基的变形计算应按现行《建筑地基基础设计规范》的有关规定执行。其中复合土层的变形模量，可采用荷载试验的变形模量代替。

7.4 施工方法

7.4.1 施工准备

施工准备主要有以下内容：切实了解建筑场地的工程地质和环境条件的资料；编制施工技术方案；整理施工场地；测量定桩位；进行成孔挤密试验和制定预浸水措施。

7.4.2 成孔

土桩与灰土桩的桩孔填料不同，但二者的施工工艺和程序相同。成孔挤密的施工方法有：沉管法、爆扩法和冲击法等，沉管法是目前国内最常用的一种。具体采用哪种方法应根据土质情况、桩孔深度、机械装备和当地施工经验等条件来确定。

7.4.2.1 桩孔定位

在对施工场地进行平整时，应设置控制点，放出基础的全部轴线。施工放线应准确定出桩孔位置，桩孔中心点的位置偏差不应超过桩距设计值的5%，桩孔垂直的偏差应不大于1.5%。桩孔的直径和深度偏差，对沉管法，其直径和深度应与设计值相同；对冲击法和爆扩法，桩孔直径的误差不得超过±70 mm，对桩孔深度要求不应小于设计深度0.5 m。

7.4.2.2 沉管法成孔

沉管法成孔是利用柴油沉桩机或振动沉桩机，将带有通气桩尖的钢制桩管打入土中直至设计深度，然后再缓慢拔出桩管形成桩孔。桩管由无缝钢管制成，壁厚10 mm以上，外径与桩孔直径相同，桩尖可做成活动锥尖式，以便拔管时通气。沉桩机的导向架安装在履带式起重机上，由起重机带动行走、起吊和定位沉桩。沉管成孔的最大深度由于受到桩架高度的限制，一般不超过8 m。

沉管法成孔施工时，应注意：桩机就位必须准确平稳，桩管与孔位对中，在施工过程中桩架不应发生位移或倾斜；沉管开始阶段应轻击慢沉，待桩管方向稳定后再按正常速度沉管。桩管上需设置醒目牢固的尺度标志，沉管过程中应注意观察桩管的垂直度和贯入速度，发现反常现象时应立即分析原因进行处理，并详细记录出现的问题和处理方法；桩管沉入设计深度后应及时拔出，不宜在土中搁置时间过长，以免摩阻力增大后拔管困难。拔管确实困难时，可用水浸润桩管周围土层或将桩管旋转后再拔出；拔管成孔后，应由专人检查桩孔的质量，观测孔径和深度偏差是否超过容许值。如果发现缩颈、回淤等情况，应作记录并及时处理。

7.4.2.3 爆扩法成孔

爆扩法是将一定量的炸药埋入土中引爆后爆炸挤压成孔，它无须打桩机械，工艺简便，工效也高，特别适用于缺乏施工机械的地区和新建的工程场地。其缺点是由于爆扩振动影响，不适于在城市施工。它对地基土的天然含水量要求较高，含水量过低或过高，爆扩挤密效果都不好。采用爆扩法成孔一般应通过现场试验取得有关数据后才能施工。

爆扩法成孔的施工工艺，国内常用的有药眼法和药管法。

(1) 药眼法：将直径为1.5～3.0 cm的钢钎打入土中预定深度，拔出钢钎后即在土中形成孔眼，然后向药眼内直接装入密度均匀的安全炸药和1～2个电雷管，引爆后即扩大成具有一定直径的桩孔。当土的含水量超过22%时则不适用。

(2) 药管法：用洛阳铲或带钢锥头的冲杆在土中挖成直径为6～8 cm和深度与桩孔设计深度一致的药管孔，然后在孔内放入直径为1.5～3.0 cm的炸药管和1～2个电雷管，引爆后即扩成桩孔。药管法的炸药装在封闭防潮的预制药管内，不与土层直接接触，因而适用于含水量较大的土层。

爆扩成孔宜选用硝铵炸药或其他安全炸药，根据土中爆孔原理，爆扩孔的体积与炸药的用量成正比(也与土体强度有关)。爆扩法成孔施工前必须按照设计要求在现场进行爆扩成孔和挤密效果试验，求得适用的爆扩系数及合理的桩孔间距，摸清本场地爆扩成孔可能出现的问题和应采取的措施。平行试验不得少于2组。

7.4.2.4 冲击法成孔

冲击法成孔是利用冲击钻机将重6～32 kN的锥形锤头提升0.5～2.0 m后自由落下，反复冲击成孔。与沉管法相比，它不需另备钢管，成孔速度可达0.9 m/min，孔径达40～60 cm。冲击法成孔的冲孔深度不受机架高度的限制，成孔深度可达20 m以上，同时，填夯桩孔也使用同一套设备，夯填质量高，因而它特别适用于处理厚度较大的自重湿陷性黄土地基，并有利于采用素土桩，降低工程造价。

冲击法成孔施工过程中应注意：为防止孔口破坏和保证冲击锤头准确入土，钻机上应装有钢管导向管。钢管壁厚度不小于10 mm，其内径略大于锤头直径；开孔时应低锤轻击，锤头入土后再按正常冲程锤击。一般不宜多用高冲程，以免引起塌孔、扩孔或卡锤等问题；必须准确控制松绳长度，既要少松轻松，又要免打空锤；经常检查钢丝绳磨损情况、卡扣松紧程度、转向装置是否灵活，以免突然掉锤；钢丝绳上应有长度标记，随时观察和掌握桩孔深度。钢丝绳的安全系数应大于12，长短绳连接卡扣不得少于3个。

7.4.3 桩孔填夯

7.4.3.1 填料制备

桩孔填料的选用及配备与同类垫层的标准相同，应符合下列要求：

(1) 素土 土料宜选用纯净的黄土、一般黏性土或 $I_p>4$ 的粉土，有机质含量不得超过 5%，也不得含有杂土、砖瓦块、石块、膨胀土、盐渍土和冻土块等。使用土料前应过筛，土块的最大粒径不宜大于15 mm。含水量应控制在最优含水量的±3%范围内。

(2) 石灰 应使用生石灰消解 3～4 d 后过筛的熟石灰粉，颗粒直径不得大于 5mm，并不宜夹有未熟化的生石灰块，也不应使其含水量太高。石灰的质量不应低于Ⅲ级标准，活性 CaO 和 MgO 的含量(按干重计)不低于 50%。

(3) 灰土 灰土的配合比应符合设计要求，常用的配合比为体积比 2∶8 或 3∶7，用量斗或推车计量。配制灰土时应充分拌和至颜色均匀一致，多数情况下应边拌边加水至含水量接近其最优值，灰土粒径不应大于 15 mm。当含水量超过最优含水量±3%时，可予以晾晒或洒水湿润。一般情况下，均需加水湿润，使其含水量接近最优含水量，并应边拌边填桩孔，不得隔日使用。

灰土的最优含水量一般为 21%～26%，而素土的最优含水量多数在 20%以下，两者相差悬殊。素土或灰土填料前均应通过击实试验求得其最大干密度和最优含水量。填夯时素土或灰土的含水量宜接近其最优值；夯实后应达到设计要求的压实系数。

7.4.3.2 填夯施工

(1) 偏心轮夹杆式夯实机：是在一对同步反向偏心轮之间，夹一根底部连有夯锤的钢管，管和锤由夹管轮摩擦夹带提升后自由下落，通常安装在翻斗车或小型拖拉机上行走定位。夯锤重一般为 1.0 kN 左右，落距 0.6～1.0 m，1 min 夯击 40～50 次。其优点是构造简单，便于操作；缺点是仅依靠偏心轮的摩擦力提升夯锤，因而锤重受到限制并普遍偏小。施工时必须严格控制一次填料的数量，否则夯实质量难以保证。

(2) 卷扬机提升式夯实机：有自行设计机架的，也有安装在翻斗车架上行走定位的。锤重 1.5～3.0 kN，卷扬机的提升力不宜小于锤重的 1.5 倍。夯锤落距 1.0～3.0 m，工作时通过卷扬机提升和放落夯锤，一般可在 10～15 min 内夯填一根灰土桩。其优点是夯击能量较高，夯实效果好并一次填料较多；缺点是需人工操纵卷扬机，劳动强度较大。

夯锤直径宜小于桩孔直径 9～12 cm，一般应为 260～420 mm，锤重愈大愈好，锤底截面静压力以不小于 30 kPa 为宜。夯锤重心应位于下部，以便自由下落时平稳。夯锤形状最好呈梨形或纺锤形，弧形的锤底在夯击时有侧向挤压作用，使整个桩孔夯实。

现有的夯实机均由人工配合填料，填料过快时会影响夯实质量。因此，施工前应进行夯填试验，从中确定合理的填料速度并在施工中严格控制。

7.5 质量检验

7.5.1 桩点位置及桩孔质量检验

桩点位置的检验应检查基础轴线、临时水准点标高和桩点位置是否与施工图相符。

桩孔质量的检验应检查已成桩孔的位置、直径、垂直度和深度是否在容许偏差以内，桩孔有无缩颈、回淤、塌土和渗水情况，检查结果和处理情况应记入施工记录中。

7.5.2 桩身填夯质量检验

桩孔填夯的质量是保证地基处理技术效果的重要因素，应采取随机的方法抽样检查，抽查的数量不得少于桩孔总数的 2%。下面是常用的检测桩孔填夯质量的方法。

(1) 轻便触探检测法:通过施工前先填夯试验求得轻便触探锤击数 N_{10} 与桩孔填料压实系数之间的关系曲线,并按设计要求的 λ_c 值定出轻便触探试验应达到的“检定锤击数”,施工检测时以实测锤击数不少于“检定锤击数”为合格。由于灰土的强度随时间而增长,因此,触探法检测试验应在填夯后 24 h 内进行。其有效检测深度一般为 3～4 m,过深时探头容易偏离桩体。对素土宜在 72 h 内进行。

(2) 小环刀深层取样检测法:先用洛阳铲在桩体中心部位掏孔至预定深度,测试点从桩顶起每隔 1.0～1.5 m取一个,再用专用小环刀在孔底取出原状土样,掏孔与取样按预定深度依次向下,测定其干密度和压实系数。小环刀深层取样法使用简便,检测结果直观。但应注意在取样时要尽量减少对土样的扰动,其有效检测深度一般为 5～6 m。

(3) 开剖取样检测法:挖探井开剖桩体,按 1.0～1.5 m 为一层取样试验,每层取样不应少于 2 个。除测试干密度和压实系数外,也可取样进行强度和湿陷性等试验。开剖取样直观可靠,但需开挖并回填探井,只能在有条件或确有必要的工程中采用。

(4) 夯击能控制检测法:填料的压实系数 η_c 与施加给单位体积填料的夯击能量 N_{hg} 之间具有对数关系,其表达式为 $\eta_c = a + b\lg N_{hg}$(式中 a、b 为通过试验确定的常数,而 a 就是单位桩体夯击能 $N_{hg}=1$ 时填料的压实系数)。如果锤重和提升高度已定,夯击能主要取决于填料的数量和厚度,夯锤的实际落距和夯击次数。因此,只要测得夯锤的实际落距和击数,就可算出单位桩体的夯击能,同时也就能推算出它的压实系数。

7.5.3 桩间土挤密质量检验

检测桩间土的挤密质量,可在由三个桩孔构成的挤密单元内,按天然土层或每 1.0～1.5 m 为一层取出原状土样,测定单元内各测试点处土的干密度及其压实系数,然后计算桩间土的平均压实系数。

标准贯入试验和静(动)力触探检验也是常用的确定桩间土挤密质量的方法。

7.5.4 消除湿陷性效果检验

消除湿陷性的效果,可通过室内试验测定桩间土和桩孔内夯实素土或灰土的湿陷系数 δ_s 进行检验。如果 $\delta_s < 0.015$,则认为土的湿陷性已经消除。对于重大工程,也可通过现场浸水载荷试验,观测在一定压力下浸水后处理地基的湿陷量 s_w 或相对湿陷量 $\frac{s_w}{b}$(b 为压板直径或宽度)进行检验。如果湿陷量 s_w 均小于 3.0 cm,相对湿陷量 $\frac{s_w}{b}$ 均小于 0.02,则可以认为地基的湿陷量已经消除。

7.5.5 承载力检验

土挤密桩和灰土挤密桩复合地基的承载力取决于地基单位面积桩体截面面积所占的百分率,同时也取决于土的类别、性质、挤密效果、桩孔填料的种类和夯实质量等因素。一般情况下,桩体的承载力远大于桩间挤密土。土桩和灰土桩单桩承压试验结果表明,土桩的临界荷载为 250～300 kPa,灰土桩的临界荷载为 500～600 kPa,两者均大于挤密桩桩间土体承载力 120～200 kPa。土或灰土桩挤密复合地基的承载力介于桩体和桩间土之间,其承载力主要通过现场荷载试验确定。检验数量不应少于桩总数的 0.5%,且每项单体工程不应少于 3 点。

7.6 工 程 实 例

7.6.1 工程概况

山西省肿瘤医院住院楼地基处理工程,建筑面积 12000 m²,高层部分基础采用片筏基础,低层部分采用柱下独立基础,其埋深分别为 −3.5 m 和 −2.5 m。根据《湿陷性黄土地区建筑规范》,该建筑为乙类建筑，整个场地为Ⅱ级自重湿陷性黄土场地，场地类型为中软场地，场地类别为Ⅲ类，湿陷性土层厚度为16 m，地面以下18.6 m为地下水位。各层土的物理力学性质指标如表7.1所示。

表7.1 各层土的物理力学性质指标

取土深度(m)	含水量(%)	密度(g/cm^3)	干密度(g/cm^3)	土粒相对密度	孔隙比	饱和度(%)	湿陷系数	液限(%)	塑限(%)	塑性指数	液性指数
1～5	14	1.67	1.42	2.7	0.843	44.3	0.043	25.3	16.6	8.7	0.26
5～12	18.6	1.79	1.45	2.7	0.789	63.7	0.04	27.2	17.2	10	0.36
12～16	15.7	1.98	1.39	2.7	0.672	90.8	0.034	26.7	17	9.7	0.26
16～30	23	1.99	1.51	2.7	0.710	97.7		28.8	17.7	11.1	0.88

7.6.2 灰土挤密桩设计计算

(1) 灰土桩处理深度确定

该工程地基的处理不仅要消除湿陷性，而且要提高地基的承载力。根据《湿陷性黄土地区建筑规范》，在自重湿陷性黄土场地，乙类建筑消除地基部分湿陷量的最小处理厚度不应小于湿陷性土层厚度的2/3，并且应控制未处理土层的湿陷量不大于20 cm。该工程基底下湿陷性土层厚度约为12 m，所以，其灰土桩桩长要达到8 m，剩余湿陷性黄土厚度为4 m，其剩余湿陷量用下式计算：

$$\Delta s_i = \sum_{i=j}^{n} \beta \delta_{si} h_i \tag{7.6}$$

式中 Δs_i——剩余湿陷量(cm)；

β——考虑地基土的侧向挤出和浸水概率等因素的修正系数，取0.5；

δ_{si}——第i层土的湿陷系数，本例中为第3层土的湿陷系数，取0.039；

h_i——剩余湿陷性黄土厚度(cm)，本例取400 cm。

将各值代入式(7.6)计算出剩余湿陷量为$\Delta s_i = 0.5 \times 0.039 \times 400 = 7.8$ cm$<$20 cm。故取桩长为8 m。

(2) 灰土桩桩径、间距及其布置

灰土挤密桩按等边三角形布置，孔径取30 cm。对于既要消除黄土湿陷性又要提高承载力的地基，要求桩间土的平均压实系数$\bar{\eta}_c$不小于0.93，根据原土的性质，地基挤密前各土层的平均干密度$\bar{\rho}_d$为1.45 g/cm^3，最大干密度用室内击实试验确定为$\rho_{d\max} = 1.73$ g/cm^3。

等边三角形布置桩孔间距按式(7.2)确定。

将各值代入计算有：

$$s = 0.95d\sqrt{\frac{\bar{\eta}_c \rho_{d\max}}{\bar{\eta}_c \rho_{d\max} - \bar{\rho}_d}} = 0.95 \times 30 \times \sqrt{\frac{0.93 \times 1.73}{0.93 \times 1.73 - 1.45}} = 90.7 \text{ cm}$$

即桩距应该小于或等于90.7 cm，以计算的桩距作参考，分别取$2d$、$2.5d$、$3d$三种桩距进行试桩，每一种桩距共打桩19根构成正六边形(图7.4)，分别在里边三桩构成的正三角形形心位置上及形心与桩边线三等分点位置上取土测定其物理力学性质。通过分析以上三种桩距桩间土的物理力学性质，得知$2d$桩距其挤密效果最佳但成孔难度大，$3d$桩距挤密效果较差，$2.5d$桩距的成孔速度以及挤密效果均满足设计要求，故设计桩距为75 cm，桩径为30 cm，成等边三角形布置。

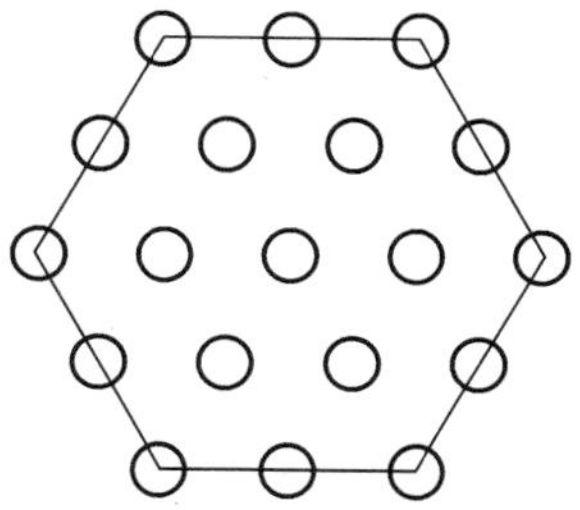

图7.4 桩位

(3) 灰土桩复合地基承载力计算

分析试桩的结果，当灰土桩的压实系数达到0.97时，桩体单位截面面积承载力特征值f_{pk}达300 kPa。$2.5d$桩距成桩后桩间土的孔隙比平均值为0.75，液限平均值为23.5，压实系数为0.93，根据现行《湿陷性黄土地区建筑规范》，桩间土承载力特征值$f_{sk} = 180 \sim 210$ kPa，取其平均值195 kPa，按式(7.5)计算出复合地基承载力特征值。

按正三角形布置 $d_e=1.05s=1.05\times75=78.8$ cm，$m=0.145$。

代入式(7.5)得

$$f_{spk}=mf_{pk}+(1-m)f_{sk}=0.145\times300+(1-0.145)\times195=210\ \text{kPa}$$

(4) 灰土桩处理范围

处理范围的确定：处理宽度，整片处理每边超过建筑物外墙基础外缘的宽度要大于处理土层厚度的一半；处理的深度为 8 m。

思考题与习题

7.1　什么是土桩或灰土桩？它们有什么特点？

7.2　土桩和灰土桩的异同点是什么？它们分别适用于什么情况？

7.3　简述土桩和灰土桩的加固机理。

7.4　土桩或灰土桩设计主要有哪些方面？设计依据和要求是什么？

7.5　什么情况下要进行人工预浸水？

7.6　成孔挤密有哪些方法？并简述沉管法的施工要点。

7.7　简单介绍常用的桩孔夯实机械。

7.8　成桩的质量检验有哪些方面？

7.9　桩孔填夯质量的常用检测方法有哪些？

7.10　土桩或灰土桩质量检验有哪些方面？

8 石灰桩法

本章提要

石灰桩法是地基处理的主要方法之一，被广泛应用于工程实践中。本章主要介绍了石灰桩法的概述、加固原理、石灰桩的设计计算、施工方法及对石灰桩的质量检验。

本章要求了解石灰桩法的发展概况、石灰桩的分类、石灰桩法的适用范围；理解并掌握桩间土加固的机理、桩身加固机理及石灰桩所形成的复合地基；牢固掌握石灰桩桩径、桩长、桩距及置换率等计算方法以及简化的计算模型和石灰桩复合地基承载力计算等；了解并掌握石灰桩的施工工艺方法和质量检测方法。

8.1 概　　述

石灰桩法(Lime Pile)是以生石灰为主要固化剂，与粉煤灰或火山灰、炉渣、矿渣、黏性土等掺和料按一定比例均匀混合后，分层夯实所形成的竖向增强体，并与桩间土组成复合地基的处理方法。由于生石灰与地基中的水、土产生一系列的化学、物理作用，使得土体的结构得到改良，土中的含水率大大降低，并伴随膨胀压力而挤密土体。又由于桩体本身硬化后的强度要远高于桩间土，故使得桩与桩间土形成了复合地基，其承载力提高、沉降量减少。有时为了提高桩身强度，还可掺加石膏或水泥等外加剂。

8.1.1 发展概况

石灰作为建筑物基础垫层材料及石灰稳定土体的技术在我国已有两千多年的历史，石灰桩技术最早也发源于我国。但是，直到20世纪中叶，国内外应用石灰来加固软弱地基的方法大多仅限于浅层或表层处理，如将生石灰块直接投入冲孔中后夯实，生石灰块经吸水膨胀形成桩体，其形状上大下小，从而使得土体被挤密、干燥和变硬，以达到地基处理的目的。

石灰桩法在我国被系统地研究与开发始于20世纪50年代初，天津大学首先采用石灰短桩处理软土地基，并通过室内外试验开始对石灰桩的基本性质、加固机理、设计和施工等方面进行了系统的研究。但是，限于当时的条件、施工方法，加之桩身“软心”等关键技术未能解决等原因，难以保证石灰桩的质量，故其应用未得到广泛推广。直到70年代中期，学者们又重新恢复了对石灰桩的试验研究。特别是从80年代初开始，学者们相继做了石灰桩、砂桩、碎石桩和混凝土灌注桩的复合地基承载力的对比试验，结果石灰桩复合地基承载力最高。到目前为止，我国已有十几个省份(包括台湾省)有过应用石灰桩的经验，不仅建(构)筑物采用了石灰桩复合地基，而且石灰桩还被应用于油罐、烟囱等特种结构物的地基加固及基坑支护、路基加固、市政管线工程和房屋的托换工程中。不仅如此，多家科研机构还在试验研究基础上，测得了石灰桩复合地基变形与桩体应力分布规律，提出了石灰桩复合地基承载力和变形的计算方法，并对其水下硬化机理、固结机理、加固层的减载效应等重要机理做了深入的研究。

在国外，20世纪60年代期间，美国、德国、英国、法国、日本、瑞典、前苏联、澳大利亚等国纷纷大力开展了石灰桩对软弱地基加固的试验研究与应用工作。其中石灰桩应用最多、技术最发达的应属日本。在日本，不仅石灰桩施工自动化程度高，而且桩长和桩径都很大，使得石灰桩的应用领域得到拓宽。上述国家对石灰桩的研究虽晚于中国，但其发展速度却很快，并兼有深层加固和机械化施工两大特点。

目前，作为一种地基处理手段，它的研究工作还在进一步深入，研究的重点是各种施工工艺的完善和实测设计所需参数的确定。同时，各地正努力扩大石灰桩的应用范围，以取得更大的经济效益和社会效益。

8.1.2 石灰桩的分类

按用料特征和施工工艺可将石灰桩分为以下三类：

① 石灰桩法(块灰灌入法)就是采用钢套管成孔，后在孔中灌入生石灰块或在生石灰块中掺入适量的水硬性掺和料和火山灰，一般经验的配合比为 2∶8 或 3∶7。在拔管的同时振密捣实，利用生石灰吸收桩周土体中的水分发生水化反应，此时，生石灰的吸水、膨胀、发热以及离子交换作用使桩间土体的水分降低、孔隙比减小、土体挤密和桩柱体硬化，形成由桩和桩间土共同承担外荷载的一种复合地基。

② 石灰柱法(粉灰搅拌法)是粉体喷射搅拌法的一种，所用的原料是石灰粉。通过特制的搅拌机将石灰粉加固料与原位软土搅拌均匀，促使软土硬结，形成石灰(土)柱。

③ 石灰浆压力喷注法(此方法国内很少用)是高压喷射注浆法的一种。采用压力将石灰浆或石灰-粉煤灰(二灰)浆喷射注入地基土的孔隙或预先钻好的桩孔中，使得灰浆在地基土中扩散和凝结硬化，形成不透水的网状结构层，从而达到加固的目的。此方法可用于处理膨胀土，以减小膨胀和弱化隆起趋势，还可用于加固破坏的堤岸岸坡，也可用于整治易松散下沉的路基。

8.1.3 石灰桩的适用范围

由于我国广泛分布的江、河、滨海冲积层，滨湖区近代湖积层及冲积层多为颗粒细小、有机物含量高的黏性软弱土，上部有较厚的淤泥层，下部多为砂土层。因此，这类地区的地基处理采用石灰桩法加固最为适合。

石灰桩法适用于加固杂填土、素填土、饱和黏土、淤泥质土、淤泥和透水性小的粉土地基，特别适用于新填土和淤泥地基。该方法可用于提高软土地基的承载力、减小沉降量、提高稳定性，适用工程有：

① 深厚软土地区 7 层以下，一般软土地区 8 层以下住宅楼或相当的多层工业与民用建筑物；

② 配合箱基、筏基，一般情况下可用于 12 层左右的高层建筑物；

③ 当有工作经验时，此方法也可用于软土地区大面积堆载场或大跨度工业与民用建筑物的独立柱基下的软弱地基的加固；

④ 该方法也可用于机器基础和高层建筑深基开挖的支护结构；

⑤ 适用于公路、铁路桥涵后填土，涵洞及路基软土处理；

⑥ 适用于危房地基加固。

但是，对透水性高的砂土和砂质粉土、一级超高含水量的软土以及地下水中含有过量的强酸时，该方法则不适用。

8.2 加 固 原 理

石灰桩既有别于砂桩、碎石桩等散体材料桩，又不同于混凝土桩等刚性桩。其主要特点是在形成桩身强度的同时也加固了桩间土。当用作建筑物地基时，石灰桩便与桩间土组成了石灰桩复合地基，共同承担上部结构的荷载。

8.2.1 桩体材料及配合比

8.2.1.1 生石灰

石灰桩所用气硬性胶凝材料——石灰，其主要成分为 CaO，也叫生石灰，是以 $CaCO_3$ 为主要原料的石灰岩经过相当高的温度煅烧后所得到的一种胶凝材料。石灰块易碎，天然密度为 0.8～1.0 g/cm^3。经过煅烧后，其密度可变大，达到 1.3～1.7 g/cm^3，其硬度也会增加。

此外，氧化镁的慢消化性质也是石灰桩所必需的。因为在高温下氧化镁被烧成“死烧”状态，其结构致密，消化缓慢，以其作为石灰桩的原料则有利于地基的加固。

8.2.1.2 掺和料

石灰桩的生石灰用量很大，为了节省生石灰，应该加入掺和料。掺和料所起到的作用是减少生石灰用量和提高桩体强度。它应为价格低廉、方便施工的活性材料。

在实际工程中，常常采用粉煤灰、火山灰、煤渣、矿渣等作为掺和料，有时附加石膏和水泥。其中以粉煤灰、火山灰应用最多，煤渣次之。

由于粉煤灰、火山灰等材料中含有大量的 SiO_2 和 Al_2O_3，它们可以同 $Ca(OH)_2$ 发生反应，生成具有水硬性的水化硅酸钙和水化铝酸钙，可大大提高桩体的强度。

8.2.1.3 桩体材料配合比

为了充分发挥掺和料的填充作用，减少膨胀力内耗，掺和料的数量在理论上至少应能够充满生石灰的孔隙。由于生石灰的天然孔隙大致在40%左右，故掺和料的用量大约占其体积比的30%～70%（体积比）。

桩体材料配合比的效果与生石灰及掺和料质量、土质、地下水状况、桩距、施工密实度等因素有关。

衡量桩体材料配合比效果的指标是桩体强度，其中，施工的密实度对其影响最大，是一个主要的控制因素。但是，在工程实践中，衡量桩体配合比效果的最终指标是复合地基整体强度。

8.2.2 加固机理

8.2.2.1 桩间土加固机理

石灰桩成孔过程中，对桩间土的挤密和生石灰吸水发生的消化反应、胶凝反应，均能改善桩间土的结构，从而提高土体的强度。

(1) 成孔挤密作用

石灰桩施工时是由振动钢管下沉而成孔的，由于静压、振动、击入成孔和成桩夯实桩料的情况不同，桩径和桩距不同，对土的挤密效果也不同。这使得桩间土产生挤压和排土作用，其挤密效果与土质、上覆压力及地下水等状况有密切关系。一般来说，基土的渗透性越大，其挤密效果越好；挤密效果在地下水位以上比地下水位以下要好。

(2) 生石灰吸水膨胀挤密桩间土

生石灰桩打入土中后，首先发生消化反应，吸水、发热、产生体积膨胀，直至桩内的毛细吸力达到平衡为止。这使得桩间土受到强大的挤压力，它对地下水位以下软黏土的挤密起到主导作用。

(3) 脱水挤密

石灰桩的吸水量包括两部分：一部分是 CaO 消解水化所需的吸水量；另一部分是石灰桩身，主要是水化产物 $Ca(OH)_2$ 的孔隙吸水量。其总吸水量越大，桩间土的改善就越好，但桩体强度却受到影响。另外，由于在生石灰消解反应中会放出大量的热量，提高了地基土的温度，使土产生一定的汽化脱水，从而使土中含水量下降，这对基础开挖施工是有利的。

(4) 桩体材料的胶凝作用

生石灰与活性掺和料的反应比较复杂，总的看来是 $Ca(OH)_2$ 与活性掺和料中的 SiO_2、Al_2O_3 等的反应，生成了硅酸钙、铝酸钙等化合物。这些水化物对土颗粒产生的胶结作用使得土聚集体积增大，并趋于紧密。

(5) 离子交换、离子化作用

在土中加入石灰后，$Ca(OH)_2$ 离子化产生的钙离子和黏土颗粒表面的阳离子进行交换并吸附在颗粒表面，改变了黏土颗粒带电状态，使其表面弱结合水膜变薄，土粒凝聚、团粒增大、塑性减小、抗剪强度增大，这就是水胶联结。水胶联结后的土体组成一个稳定的结构，它在石灰桩的表层形成了一个强度很高的硬壳层。

此外，生石灰熟化生成的 $Ca(OH)_2$ 处于绝对干燥状态，仍保持很高的吸水能力，它将继续吸收周围土壤中的水分。

8.2.2.2 桩身加固机理

以纯生石灰作为原料的石灰桩，其生石灰经水化后使得石灰桩的直径膨胀到原来所填直径的1.1～1.5倍，如果填充密实、纯氧化钙的含量很高，则生石灰密度可达1100～1200 kg/m^3。

在石灰桩硬化加固地基的过程中桩身常常会出现“软心”现象。所谓石灰桩“软心”现象，究其原因是石灰桩的脱水挤密作用使桩周土的孔隙比减少，含水量降低，加上石灰桩和桩间土的化学作用，在桩周形成一圈类似空心桩的较硬土壳。这类桩的作用是使土脱水挤密加固，而自身不起承载作用。因此，对形成石灰桩的要求：应既要能把桩周土中的水分吸干，又要能防止桩自身的软化。为此，可通过下述途径来提高石灰桩的强度，克服石灰桩的“软心”问题。

① 必须要求石灰桩具有一定的初始密度，而且吸水过程中有一定的压力，限制其自由膨胀。当填充的初始密度为 11.7 kN/m^3，上覆压力大于 50 kPa 时，石灰吸水并不软化。

② 加大充盈系数，提高石灰含量或缩短桩距，进一步约束桩的膨胀作用，也可提高桩的密实度。

③ 桩顶采用黏土封顶，可限制由于石灰膨胀而产生的隆起，同样可起到提高桩身密实度的作用。

④ 用砂填石灰桩的孔隙，使膨胀后的石灰桩本身比膨胀前密实，但并不减弱桩身的排水固结作用。

⑤ 采用掺和料可防止石灰桩的软心现象。如掺入粉煤灰的量一般占石灰桩质量的 15%～30%。当桩身由生石灰和粉煤灰组成时，生石灰的吸水膨胀、放热、离子交换作用，促进化学反应，生成具有强度和水硬性的水化合物，使桩体的强度随龄期增长而增长。

8.2.2.3　形成复合地基

由于石灰的密度为 0.8～1.0 g/cm^3，掺和料的干密度为 0.6～0.8 g/cm^3，明显小于土的密度。即使桩体饱和后，其密度也小于土的天然密度。所以，当采用排土成桩时，虽然挤密效果相对较差，但是由于石灰桩的桩数较多，加固层的自重就会减轻；当桩有一定长度时，作用在桩端平面的自重压力就会减小，这样就可减小桩底下卧层顶面的附加压力；当下卧层强度低时，这种减载作用将对下卧层的强度有利。这也是深层的软土中，石灰桩沉降量小于计算值的原因。当采用不排土成桩时，对于杂填土、砂性土等，由于成孔挤密了桩间土，加固层的重量变化不大。对于饱和软黏土，成孔时土体将隆起或侧向挤出，加固层的减载作用仍能发挥。这种所谓的置换作用不同于局部的换填，它的实质是桩体发挥作用，它在复合地基承载力特性中起重要作用。

8.3　设计计算

8.3.1　设计参数及技术要点

(1) 桩径

石灰桩宜采用细而密的布桩方式，这样可以充分发挥生石灰的膨胀挤密效应，但桩径过细则工效降低。一般应根据设计要求及所选用的成孔方法确定其桩径，常用 300～400 mm，人工成孔的桩径应以 300 mm为宜。当排土成孔时，实际桩径取 1.1～1.2 倍的成孔直径。当管内投料时，桩管直径应视为设计桩径；管外投料时，应根据试桩情况测定实际桩径。

(2) 桩长

桩的长度取决于石灰桩的加固目的、上部结构条件及成孔机具。如果石灰桩加固只是为了形成压缩性较小的垫层，则桩长可取为 2～4 m；其加固目的若是为了减小沉降或是为了解决深层滑动问题，则需较长的桩长。当相对硬层埋藏不深时，桩长应至相对硬层顶面；当相对硬层埋藏较深时，应按桩底卧层承载力及变形计算决定桩长。当采用洛阳铲成孔时，其不宜超过 6 m；当采用机械成孔管外投料时，不宜超过 8 m。螺旋钻成孔及管内投料时可适当增加桩长。

石灰桩应留 500 mm 以上的孔口高度，并且用含水量适当的黏性土封口，封口材料必须夯实，封口标高应略高于原地面，桩顶施工标高应高出设计桩顶标高 100 mm 以上。同时，还应避免将桩端置于地下水渗透性较大的土层中。

(3) 桩距及置换率

桩距应根据复合地基承载力计算确定，桩中心距一般取 2～3 倍成孔直径，相对的置换率为 0.09～0.20，膨胀后实际置换率为 0.13～0.28。

(4) 桩体抗压强度

在通常支护率的情况下，桩分担了35%～60%的总荷载，桩土应力比在3～4之间，长桩取较大值，桩体抗压强度的比例界限值可取350～500 kPa。

(5) 桩间土承载力特征值

桩间土承载力特征值与置换率、施工工艺和土质情况有关，可取天然地基承载力特征值的1.05～1.20倍，当土质软弱或置换率大时取高值。

(6) 复合地基承载力

复合地基承载力特征值一般为120～140 kPa，不宜超过160 kPa。当土质较好，并有保证桩身强度的措施时，经试验后可适当提高。

(7) 沉降

当石灰桩未能穿透软弱土层时，沉降主要来自软弱下卧层，设计时应予以重视。试验及大量工程实践表明，当施工质量较好，设计合理时，加固层沉降为1～5 cm，为桩长的0.5%～0.8%。

(8) 布桩

石灰桩可仅仅布置于基础地面以下，当基底土的承载力特征值小于70 kPa时，宜在基础以外布置1～2排围护桩。石灰桩可按等边三角形或矩形布桩。

(9) 垫层

一般情况下，桩顶可不设垫层。当地基需要排水通道时，可在桩顶以上设200～300 mm厚的砂石垫层。

(10) 桩身材料配合比

石灰桩的主要固化剂为生石灰，掺和料宜优先选用粉煤灰、火山灰、炉渣等工业废料。生石灰与掺和料的配合比应根据地质情况确定，生石灰与掺和料的体积之比可选用1∶1或1∶2，对于淤泥、淤泥质土等软土可适当增加生石灰用量，桩顶附近生石灰用量不宜过大。当掺石膏和水泥时，掺加量为生石灰用量的3%～10%。

8.3.2　石灰桩复合地基的承载特性

试验研究证明，当石灰桩复合地基荷载达到其地基承载力特征值时，具有如下特征：

① 沿桩长范围内各点桩、土的相对位移很小，桩、土变形协调；

② 土的接触压力接近桩间土承载力的特征值，即桩间土发挥度系数为1；

③ 桩顶接触压力达到桩体的比例界限，桩顶出现塑性变形；

④ 桩、土应力比趋于稳定，其值在2.5～5之间；

⑤ 桩、土的接触压力可采用平均压力进行计算。

在石灰桩复合地基中，桩与土的模量比一般情况下符合$E_p/E_s<10$，满足共同工作的条件。从测试结果可以看出：当桩的荷载板底无砂垫层时，应力首先向桩上集中，随着荷载的增加，桩产生变形，桩土应力比陡降，应力向土上转移，桩、土共同处于弹性压缩状态；当荷载板底设有砂垫层时，此时土承受相对无垫层时较大的荷载，随着荷载的增加，土的变形加大，荷载迅速向桩上转移，桩土应力比陡增，继而桩发生变形，桩土应力比降低，桩土开始共同处于弹性压缩状态。上述阶段为桩、土变形的调整阶段，这一阶段由于基础与地基接触面不平整、垫层密实度不同等因素，使得桩土应力比的变化比较激烈。此阶段变形微小，如图8.1*OA*段。

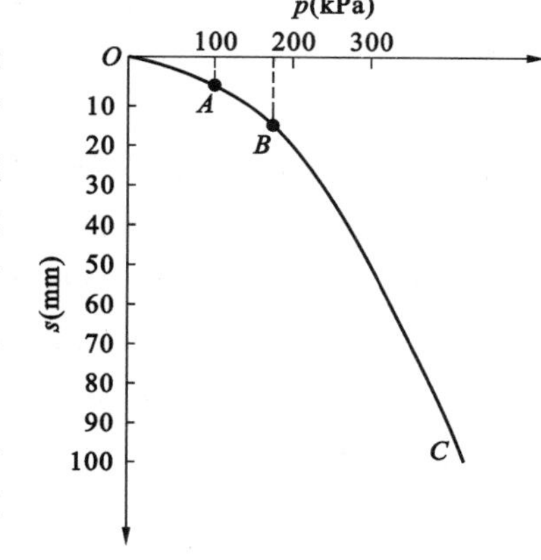

图8.1　桩载荷试验 *p*-*s* 曲线

随着荷载的继续增加，桩土应力比不断发生不大的调整。桩土的弹性变形不断增加，桩土的应力比不断减小，一直持续到复合地基荷载达到比例界限，此阶段为弹性压缩阶段，产生了可以容许的变形，如图8.1 *AB*段。当荷载继续增加，桩土应力比仅仅发生了微小的调整，其缓慢减小并接近某一定值。桩、土均产生塑性变形，基础周边发生局部剪切变形。由于桩体的作用，在继续增加荷载时，基础下土体也不会发生整体剪切破坏，同时由于土对桩的围护作用，桩又不会发生脆性失稳破坏，基础下的桩和土继续同时被压缩，基础呈冲切形式，不断下沉但不破坏。此阶段为塑性变形阶段，此时复合地基持续产生较大的塑性变形，如图 8.1*BC* 段。

石灰桩复合地基在整个受力阶段都受变形控制，因此，其承载力问题实质是变形问题。石灰桩复合地基中桩、土具有良好的共同工作特性，土的变形控制着复合地基的变形，所以，复合地基的容许变形的标准应与天然地基的标准一致。

8.3.3 计算模型

8.3.3.1 双层地基模型

在非深厚软土地区，当加固层的天然地基承载力在 80 kPa 以上时，可将石灰桩加固层看做是一层复合垫层，下卧层为另一层地基，在强度和变形计算时按一般的双层地基进行计算，如图 8.2 所示。

8.3.3.2 群桩地基模型

在深厚的软土地区，可按群桩地基模型计算。此时，可将石灰桩群桩看作一个假想实体基础(图 8.3)进行地基承载力和变形验算。沉降观测表明，按群桩地基模型计算时，所得结果往往偏大。

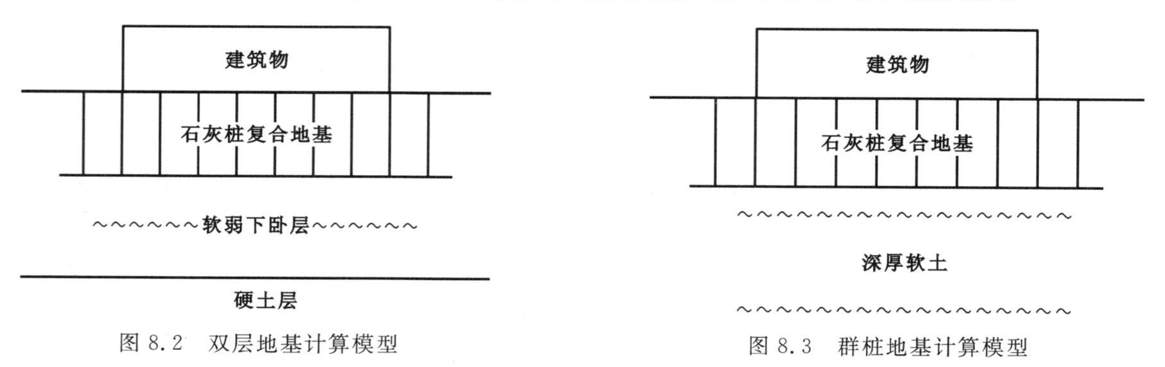

图 8.2 双层地基计算模型　　图 8.3 群桩地基计算模型

8.3.4 石灰桩复合地基承载力计算

石灰桩复合地基承载力特征值不宜超过 160 kPa，当土质较好并采取保证桩身强度的措施时，经过试验后可适当提高。石灰桩复合地基承载力特征值应通过单桩或多桩复合地基荷载试验确定，初步设计时也可采用单桩和处理后桩间土承载力特征值来估算。

根据复合地基概要所介绍的静力平衡计算公式可知，当 σ_p 达到桩体比例界限 f_{pk} 时，σ_s 达到桩间土承载力特征值 f_{sk}，σ_{sp} 达到复合地基承载力特征值 f_{spk}，因此，其公式可改写为：

$$f_{spk}=mf_{pk}+(1-m)f_{sk} \tag{8.1}$$

对于小型工程的黏性土地基若无现场载荷试验资料，初步设计时复合地基的承载力特征值也可按下式来估算：

$$f_{spk}=[1+m(n-1)]f_{sk} \tag{8.2}$$

式中 f_{spk}——石灰桩复合地基承载力特征值(kPa)；

f_{pk}——石灰桩桩身抗压强度比例界限值(kPa)；

f_{sk}——石灰桩处理后桩间土的承载力特征值(kPa)，取天然地基承载力特征值的 1.05～1.20 倍，土质软弱或置换率大时取高值；

m——面积置换率，$m=d^2/d_e^2$；

d——桩身平均直径(m)，当按 1.1～1.2 倍成孔计算，土质软弱时宜取高值；

d_e——1 根桩分担的处理地基面积的等效圆直径(m)；

n——桩土应力比，在无实测资料时可取 2～4，当原土强度低时取最大值，当原土强度高时取其最小值。

由式(8.1)还可得:

$$m = \frac{f_{spk} - f_{sk}}{f_{pk} - f_{sk}} \tag{8.3}$$

在设计时可直接利用式(8.3)先预估所需置换率。桩体的比例界限可通过单桩竖向静载荷试验测定,或利用桩体静力触探试验测定,也可取 $f_{pk}=350 \sim 500$ kPa 进行初步设计。施工条件好、土质好时取高值;施工条件差、地下水渗透系数大、土质差时取低值。

大量试验研究表明,石灰桩对桩周边厚度为 $0.3d$ 左右的环状土体具有明显的加固效果,强度提高系数达到 1.4~1.6,圆环以外的土体加固效果不明显。因此,可采用式(8.4)来计算桩间土承载力 f_{sk}:

$$f_{sk} = \left[\frac{(K-1) \cdot d_1^2}{A_e(1-m)} + 1\right] \cdot \mu f_{ak} \tag{8.4}$$

式中 f_{ak}——天然地基承载力特征值(kPa);

K——桩边土强度提高系数,取 1.4~1.6,软土取高值;

A_e——1 根桩分担的地基处理面积(m^2);

m——面积置换率;

d_1——桩身膨胀平均直径(m);

μ——成桩中挤压系数,排土成孔时 $\mu=1$,挤土成孔时 $\mu=1 \sim 1.3$(可挤密土取高值,饱和软土取 1)。

根据大量实测和计算结果显示,加固后桩间土的承载力 f_{sk} 和天然地基承载力 f_{ak} 存在如下关系:

$$f_{sk} = (1.05 \sim 1.20) f_{ak} \tag{8.5}$$

通常情况下,土较软时取高值,反之取低值。

当石灰桩复合地基存在软弱下卧层时,应按下式验算下卧层的地基承载力:

$$p_z + p_{cz} \leqslant f_{ak} \tag{8.6}$$

式中 p_z——相应于荷载效应标准组合时,软弱下卧层顶面处的附加压力值(kPa);

p_{cz}——软弱下卧层顶面处的自重压力值(kPa);

f_{ak}——软弱下卧层顶面经深度修正后的地基承载力特征值(kPa)。

8.3.5 石灰桩复合地基沉降计算

8.3.5.1 复合地基的变形特征

① 石灰桩复合地基桩土变形协调,桩与土之间无滑移现象。基础下桩、土在荷载作用下变形相等。

② 可以按桩间土分担的荷载,用天然地基的计算方法计算复合地基加固层的沉降。

③ 可以按复合地基中荷载,用天然地基的计算方法计算复合地基加固层以下的下卧层沉降。

8.3.5.2 复合地基变形的计算方法

由于石灰桩复合地基中桩土变形协调,因此,以复合地基的复合压缩模量来进行加固层的变形计算是可行的。石灰桩处理后的地基变形应按照《建筑地基基础设计规范》(GB 50007—2011)中相关规定进行计算。即 $s=\psi_s s'$,其中 s' 为按分层总和法计算出的地基变形量,变形经验系数 ψ_s 按地区沉降观测资料及经验确定。石灰桩复合土层的压缩模量宜通过桩身及桩间土压缩试验确定,初步设计可按下式估算:

$$E_{sp} = \alpha[1 + m(n-1)]E_s \tag{8.7}$$

式中 E_{sp}——复合土层的压缩模量(MPa);

α——修正系数,可取 1.1~1.3,成孔对桩周挤密效应好或置换率大时取大值;

n——桩土应力比,可取 3~4,长桩取大值;

E_s——天然地基土的压缩模量(MPa)。

8.4 施 工 方 法

8.4.1 成桩工艺

石灰桩的成桩工艺分无管成桩和有管成桩两大类。无管成桩是用人工或机械在土中成孔后，分段填料、分段夯实，最后封顶而成。有管成桩是用各类打桩机在土中沉入钢管，往管内填料，然后用心管压实或在施工时振动、压缩空气等作用的同时，拔管形成桩身，再用盲板封管将桩顶段反压密实，同样封顶成桩。

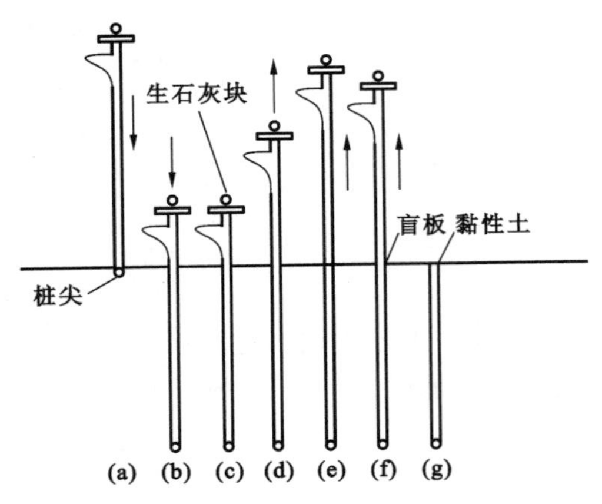

图 8.4　振动打桩机施工石灰桩工艺图

8.4.1.1　成孔方法

机械成孔方法分为沉管法、冲击法和螺旋钻进法。

(1) 沉管法是最常用的成孔方法。使用振动打桩机将带有特制桩尖的钢管桩打入土层中，达到设计深度后，缓慢拔出桩管即成桩孔，如图 8.4 所示。沉管法成孔的孔壁光滑规整，挤密效果和施工技术都比较容易控制和掌握，成孔最大深度由于受机架高度的限制，一般不超过 8 m。

(2) 冲击法成孔是使用冲击钻机将$(0.6\sim3.2)\times10^3$ kg 的锥形钻头提升 0.5～2.0 m 后自由落下，反复冲击，使土层成孔的方法。冲击法成孔的孔径大，孔深不受机架高度的限制，且同一套设备既可成孔又可填夯。

(3) 螺旋钻进法成孔的优点：不使用冲洗液，符合石灰桩的施工要求；钻进时不断向孔壁挤压，可使孔壁保持稳定；可一次成孔，不需要升降程序；可进行深孔钻进，桩孔深度不受设备限制；钻进效率高，如图 8.5 所示。

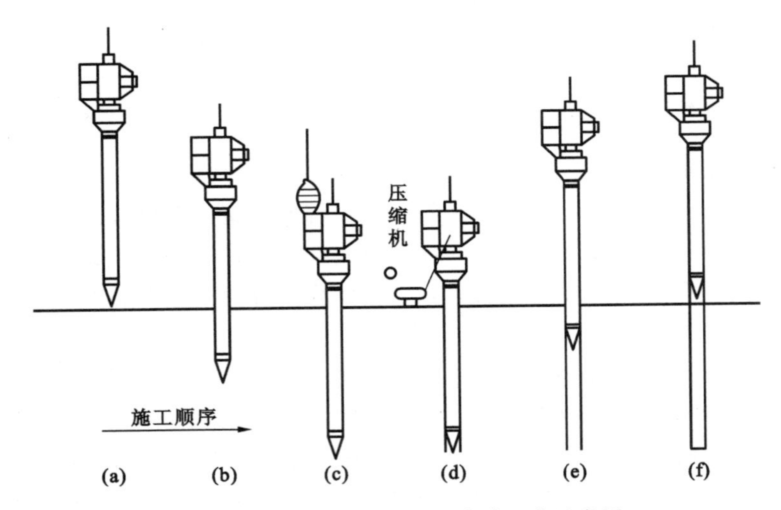

图 8.5　生石灰专用打桩机成孔工艺示意图

8.4.1.2　成桩方法

(1) 管外投料法

由于石灰桩的桩体掺和料具有一定的含水量，当掺和料与生石灰拌和后，生石灰与掺和料中的水分发生反应，由于生石灰体积膨胀，故极易发生管路受堵现象，因此，采用管外投料法可避免此种现象的发生。

① 施工方法

采用打入、振入、压入的灌注桩机械施工。

② 工艺流程

桩机定位→沉管→提管→填料→压实→再提管→再填料→再压实，最后填土封口压实。

③ 施工控制

a. 灌料量控制:控制灌料量的目的是保证桩径和桩长,同时要保证桩体的密实度。根据试验结果,当掺和料为粉煤灰及煤渣时,桩料干密度达到 1.00～1.1 g/cm^3 便可保证桩体的密实度。在确定灌料量时,首先根据设计桩径计算出每延米桩料体积,然后将计算所得数值乘以压实系数 1.4 作为每延米的灌料量。

b. 打桩顺序:应尽量采用封闭式,即从外圈向内圈施工,为避免生石灰膨胀引起的临近孔出现塌孔现象,故应间隔施打。

④ 技术安全措施

a. 生石灰与掺和料应随拌随灌,以免生石灰过早水化膨胀消解。

b. 防止冲孔的主要措施是保证桩料填充的密实度,要求孔内不能大量进水,掺和料的含水量不宜大于 50%。

c. 做好施工准备,采取可靠的场地排水措施,保证施工的顺利进行。

d. 封填孔口应用含水量适中的黏性土,封填高度不宜小于 0.5 m,封口的填土标高应不低于地面,防止地面水早期浸泡桩顶。

e. 桩顶应高出基底标高 20 cm 以上。

但是,此种方法也有不足之处:首先,在软土中成孔,当拔出桩管时易发生塌孔现象;其次,在软土中成孔深度不宜超过 6 m;再次,桩径和桩长的保证率相对较低。

(2) 管内投料法

该方法仅适用于地下水位较高的地区。

① 施工要点

a. 石灰及其他掺和料应符合设计要求,生石灰堆放不得超过 3 d。

b. 石灰灌入量不应小于设计要求,拔出套管后用盲板将套管底封住,并将桩顶石灰压入约 800 mm,然后用黏土将桩孔填平夯实。

c. 石灰桩施工应由有实际经验的技术人员在现场指导,并做好记录。

② 施工机具

振动打桩机、钢管、盲板和小车及配套工具。

(3) 挖空投料法

该方法利用特制的洛阳铲人工挖孔、投料夯实。这种方法不仅施工方法简易,而且避免了振动和噪声,能在极其狭窄的场地和室内作业,这大量节约了能源,具有造价低、工期短、质量可靠等优点,应用范围较为广泛。

① 施工方法

a. 利用洛阳铲人工挖孔,可挖任意孔径的孔。当遇有杂填土时,可用钢钎将杂物刺破,而后再用洛阳铲取出。取土成孔可在水下进行。

b. 灌料夯实。成孔完毕后,将生石灰和掺和料运至孔口分散堆放,然后用小型污水泵将孔内水排干,并立即在铁板上按配合比拌和桩料(每次拌和的料量为 0.3～0.4 m 桩长的用量),拌和均匀后灌入孔内,用铁夯夯实。

② 工艺流程

定位→十字镐、钢钎开口→人工洛阳铲成孔→孔径、孔深检查→孔内抽水→孔口拌和桩料→下料→夯实→再下料→再夯实,直至桩顶,用黏土封口夯实。

③ 技术安全措施

a. 在挖孔过程中为防止塌孔,一般不宜抽排孔内水。

b. 每次人工夯击次数不少于 10 次。

c. 孔底泥浆必须清除。

d. 灌料前孔内存水必须抽干。

e. 为保证成孔质量,应逐孔检查孔深和孔径。

但是，这种方法由于受到挖孔深度的限制，一般情况下，桩长不宜超过 6m，且在地下水位以下的砂类土及塑性指数小于 10 的粉土中难以成孔。

8.4.1.3 填夯

成桩时可采用人工夯实、机械夯实、沉管反插、螺旋反压等工艺。填料时必须分段夯实，若采用人工夯实，则每段填料厚度不应大于 400 mm。管外投料或人工成孔填料时应采取措施降低地下水渗入孔内的速度，成孔后填料前应排除孔底积水。

8.4.1.4 封顶

石灰桩应留 500 mm 以上的孔口高度，并用含水量适当的黏性土封口。封口材料必须夯实，封口标高应略高于原地面。石灰桩桩顶施工标高应高出设计桩顶标高 100 mm 以上。

8.4.2 施工顺序

石灰桩在加固范围内施工时，先外排后内排；先周边后中间；单排桩应先施工两端后施工中间，并按每间隔 12 孔的施工顺序进行，不应由一边向另一边平行推移。

对原建筑物地基加固时，其施工顺序应由外及里进行；如果临近建筑物或紧贴水源，可先施工部分"隔断桩"将其施工区隔开；对很软的黏性土地基，应先按较大间距打入石灰桩，过 4 个星期后再按设计间距补桩。

8.4.3 施工质量控制

施工质量控制内容包括：桩点位置、灌料质量和桩体密实度等。其中，尤以灌料质量和桩体密实度为控制重点。

① 施工前应做好场地排水设施，防止场地积水。

② 桩点位置及场地标高应与施工图相符合，桩位偏差不宜大于 0.5 倍桩身直径。

③ 成孔质量要求孔径误差为±3 cm，孔深误差为±15 cm，垂直度偏差小于 1.5%。

④ 施工材料应符合质量要求，进入场地的生石灰应有防水、防雨、防风等措施。石灰材料应选用新鲜生石灰块，有效氧化钙含量不应低于 70%，粒径不应大于 70 mm，消石灰含量小于 15%。

⑤ 掺和料应保持适当的含水量，使用粉煤灰或炉渣时含水量应控制在 30%左右。

⑥ 石灰桩填夯后必须立即用素土、灰土或素混凝土等材料压实封顶，以增加石灰桩的上覆压力，防止地表水流入桩身和防止石灰桩因水化过分激烈而引起桩孔喷料（放炮）现象。填料时必须分段夯实，人工夯实时，每段填料厚度不应大于 400 mm，每次下料夯击次数不少于 10 次。

⑦ 应在石灰桩达到一定强度（一般为 28 d）后方可进行基础浇筑。

⑧ 应建立完善的施工质量和施工安全管理制度，根据不同的施工工艺制定相应的技术保证措施。及时做好施工记录，监督成桩质量，进行施工阶段的质量检测。

⑨ 石灰桩施工时应采取防止冲孔伤人的有效措施，确保施工人员的安全。

8.5 质量检验

由于石灰桩施工质量的保证措施及施工工艺还不够完善，尚处于探索阶段，因此，做好施工质量检验是至关重要的。同时也能为以后的工程积累经验和研究数据。

因为石灰桩加固方法主要是对软弱地基起到加固作用，所以目前其质量检验主要指的是加固效果的检验。其包括：

（1）施工质量检测

一般情况下，石灰桩 7 d 内可以完成其物理固化作用，此时，桩身的密度和直径已经定型。在夯实力和石灰膨胀力的共同作用下，7～10 d 后石灰桩已经具有一定的强度，此时的强度约为设计强度的 60%。施工检测可采用静力触探试验、动力触探试验或标贯试验。检测部位为桩中心及桩间土，每两点为一组。

检测组数不少于总桩数的1%。

(2) 加固效果及竣工验收检验

竣工验收检测宜在施工28 d后进行,采用的方法是单桩承载力检验。

(3) 桩间土检验

桩间土检验常用静力触探试验、标准贯入试验、旁压试验,在检验软土地基时还可以用十字板剪力法检验。同时,钻取土样做室内土工试验分析其含水量、孔隙比等指标的变化。

(4) 复合地基检验

石灰桩地基竣工验收时,其承载力检验应采用复合地基荷载试验。荷载试验数量应为地基处理面积每200 m^2 左右布置一个点,且每一单体工程不应少于3个点。

大面积荷载板静载试验是检验复合地基承载力最可靠的方法。一般应做单桩复合地基载荷试验,以便对比分析。

除此之外,还应在基础开挖至设计标高后,进一步确认石灰桩的施工质量,并在基础施工完成后,及时设置沉降量观测点,检测建筑物施工期间及在一定使用期内的沉降情况。

8.6 工程实例

8.6.1 工程概况

某工厂住宅是6层砖混结构,四单元组合长48 m、宽10 m,三单元组合长36 m、宽10 m,总建筑面积20000 m^2,采用石灰桩复合地基。

8.6.2 地基条件

建筑场地原为一口20000 m^2 的大鱼塘,水深2 m,准备将水抽干后挖除塘底淤泥,然后采用条形基础或筏形基础。但当抽干水后发现塘底淤泥深1 m,人工不能下塘作业,同时周围鱼塘水不断渗入已抽干鱼塘中。要挖除近20000 m^3 的淤泥,施工十分困难,造价和工期均不允许,故决定采用先填土后处理的方案。填土过程中由于塘泥承载力极低,机械无法运行,因此,一层填筑厚度达2.5 m,压实效果很差。

第一层为新填素土,均匀性很差;第二层淤泥经填土挤淤与填土混合后,p_s 值在0.3 MPa左右;第三层为粉质黏土,厚度约2 m,p_s 值为0.8 MPa,$f_{ak}=100$ kPa,$E_s=4$ MPa;第四层为黏土,厚度约6 m以上,p_s 值为1.8 MPa,$f_{ak}=180$ kPa,$E_s=7.5$ MPa。

8.6.3 石灰桩设计

由于在填土后立即进行石灰桩施工,石灰桩能否消除新填土自重固结,过去尚无经验。为了确保安全,采取了加大置换率、满堂加固措施,建筑物四周条形基础外加打一排围护桩。设计桩径 ϕ300 mm,桩距700 mm,正方形布置,桩打入第三层土顶面下30 cm,平均桩长为2.6 m,经验算,桩底下卧层满足承载力要求。为了降低造价,基础采用钢筋混凝土条形基础,基础浅埋,基地标高为−1.40m。

设计如下:

设计桩径:$d=300$ mm,膨胀后实际桩径为 $d_1=1.1d+30=1.1\times300+30=360$ mm;

桩中心行距:$s_1=700$ mm,列距:$s_2=700$ mm;

置换率:$m=\dfrac{0.785d_1^2}{s_1\cdot s_2}=\dfrac{0.785\times360^2}{700\times700}=0.208$;

取天然地基承载力:$f_{ak}=70$ kPa;

取单桩分担的地基处理面积:$A_e=0.5$ m^2;

成桩挤压系数 $\mu=1$,则利用式(8.4)计算加固后桩间土承载力:

$$f_{sk}=\left[\frac{(K-1)\cdot d_1^2}{A_e(1-m)}+1\right]\cdot \mu f_{ak}$$

式中桩边土加强系数 K 取 1.6，则有

$$f_{sk}=\left[\frac{(1.6-1)\times 360^2}{0.5\times(1-0.208)}+1\right]\times 1\times 70=84\ \text{kPa}$$

桩体比例界限 f_{pk}经验值为 300～450 kPa，取 $f_{pk}=400$ kPa，则复合地基承载力为：

$$f_{spk}=mf_{pk}+(1-m)f_{sk}=0.208\times 400+(1-0.208)\times 84=149.7\ \text{kPa}>140\ \text{kPa}$$

满足设计要求。

8.6.4 石灰桩施工

采用人工洛阳铲成孔，成孔过程中地下水（填土内上层滞水及周围塘内渗水）渗水较大，采用建筑物周围加打一排围护桩，围护桩间距 650 mm，打完后，基础下工程桩孔内渗水明显减小。灌料前用软轴水泵排干孔内水，立即下料，30 cm 人工夯实一次。由于填土面标高未填足，孔顶黏土封口高度仅为 30 cm，在施工基础前对基槽进行了表面夯实，以消除由于封口高度不足而引起的地面隆起。

桩体配合比（体积比）为生石灰：粉煤灰＝1：1（下部 1 m）和 1：2（上部），7 幢住宅共打入石灰桩 6820 根，工期 59 d。除去雨雪天气，平均每天完成 120 根桩。共用工日 2412 个，平均每工日完成 2.8 根桩。

8.6.5 加固效果

为了确保建筑物安全，工程桩施工前，在建筑物场地选取了一个实验区，打石灰桩 20 根，混凝土桩 1 根。共做石灰桩单桩复合地基静载试验两次，天然地基静载试验一次，混凝土单桩复合地基静载试验一次，结果令人满意。

试验用压板尺寸 707 mm×707 mm，均等于单元体面积。设计桩径 ϕ300 mm，桩间距 700 mm，桩长 2.6 m。试验结果表明，天然地基承载力为 72 kPa（当 $s=0.02B$ 时）；石灰桩复合地基承载力为 168 kPa（当 $s=0.015B$时）；混凝土桩复合地基承载力为 150 kPa（当 $s=0.015B$ 时）。取样试验结果为，桩体无侧限抗压强度平均为 0.51 MPa，桩周土的强度提高到原来的 1.6 倍，两桩中点桩间土强度提高 10%～21%。上述结果说明石灰桩对新填土具有显著的加固效果，试验结果与设计计算值基本相符。

在建筑物施工及使用过程中，进行了系统的沉降观测，通过近 1 年的观测，观测点沉降平均值为 33 mm，最大差异沉降为 9 mm。

思考题与习题

8.1 简述石灰桩的适用范围。

8.2 石灰桩桩体材料的配合比如何确定？

8.3 石灰桩地基加固方法的桩间土及桩身的加固机理是什么？

8.4 试述石灰桩的加固机理和克服石灰桩“软心”的措施。

8.5 如何控制石灰桩施工过程中的质量？

8.6 石灰桩加固效果检验主要包括哪几方面内容？

8.7 某住宅占地面积 25000 m^2，建筑面积 6500 m^2，为 4 层砌体结构，无特殊设施，采用条形基础的一般民用建筑。土层条件如下：第一层为杂填土，厚度为 1.0～2.5 m，强度低；第二层为粉土，厚度为 2.0～2.5 m，土层呈软塑～流塑状态，土质不均匀，强度差异大，$p_s=0.6$ MPa、$f_{ak}=110$ kPa、$E_s=3.6$ MPa，但局部 $f_{ak}=80$ kPa；第三层为粉质黏土，厚度为 0.5～1.0 m，土层呈可塑状态，强度高，$p_s=1.6$ MPa、$f_{ak}>150$ kPa、$E_s=7$ MPa；第四层为夹砾黏土，未钻透，$f_{ak}>150$ kPa，利用石灰桩进行地基处理，求其复合地基承载力。

9 水泥粉煤灰碎石桩法

本章提要

水泥粉煤灰碎石桩法是地基处理的主要方法之一，它是由水泥、粉煤灰、碎石、石屑或砂加水拌和形成的高黏结强度桩(简称 CFG 桩)，桩、桩间土和褥垫层一起构成复合地基，在工程实践中被广泛应用。本章主要介绍了 CFG 桩的概况、加固原理、CFG 桩的设计计算、施工方法及其质量检验。其中要求了解 CFG 桩法的发展概况、CFG 桩的特征及其与碎石桩的比较、CFG 桩法的适用范围；理解并掌握其加固的机理、桩身及褥垫层对提高地基承载力的作用；牢固掌握 CFG 桩桩径、桩长、桩距、褥垫材料及厚度等计算方法以及复合地基承载力计算、复合地基沉降计算等计算方法；了解并掌握 CFG 桩的施工工艺及方法，以及其质量检测方法。

9.1 概　　述

9.1.1 发展概况

水泥粉煤灰碎石桩法又称 CFG 桩(cement-flyash-gravel pile)法，是指由水泥、粉煤灰、碎石、石屑或砂等混合料加水拌和，即通过在碎石桩体中添加以水泥为主要胶凝材料，并添加粉煤灰以增加混合料的和易性，同时还添加适量的石屑来改善级配后，利用各种成桩机械在地基中制成的高黏结强度桩，并由桩、桩间土和褥垫层一起组成复合地基的地基处理方法，如图 9.1 所示。它比一般的碎石桩复合地基的承载力高、变形小。

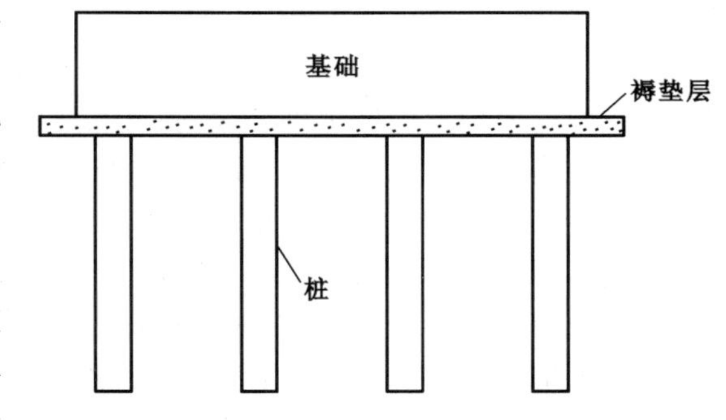

图 9.1　CFG 桩复合地基示意图

20 世纪 70 年代开始，便有了碎石桩加固地基，并在砂土、粉土中消除地基液化和提高地基承载力方面取得了令人满意的效果。但是，大量工程实践表明，在塑性指数较大的黏性土中采用此法加固，其地基承载力的提高幅度并不大。究其根本原因在于：碎石桩属散体材料桩，本身没有黏结强度，主要靠周围土的约束来抵抗基础传递来的竖向荷载。

CFG 桩是针对碎石桩承载特征的上述不足加以改进继而发展起来的。其机理在于：在碎石桩中掺入适量的水泥、粉煤灰、石屑等，后加水拌和形成一种黏结强度较高的桩体，其不仅可以发挥全桩的侧阻作用，而且当桩端落在较好的土层上时，还可以很好地发挥端阻的作用，从而使复合地基的承载力得到大大提高。

我国的水泥粉煤灰碎石桩复合地基成套技术于 1988 年开始由中国建筑科学研究院立项研究，1992 年通过了部级鉴定，1994 年开始推广应用。经过十多年的研究，目前已在 23 个省市、1000 多项工程中使用。CFG 桩吸取了振冲碎石桩和水泥搅拌桩的优点。其主要特点有：

① 施工工艺与普通振动沉管灌注桩一样，工艺简单，与振冲碎石桩相比，无场地污染，振动影响也较小。

② 所用材料仅需少量水泥，便于就地取材，基础工程不会与上部结构争“三材”，这也是比水泥搅拌桩优越之处。

③ 受力特性与水泥搅拌桩类似。

它与一般碎石桩的差异，如表 9.1 所示。

表 9.1 碎石桩与 CFG 桩的对比

对比值 \ 桩型	碎石桩	CFG 桩
单桩承载力	桩的承载力主要靠桩顶以下有限场地范围内桩周土的侧向约束，当桩长大于有效桩长时，增加桩长对承载力的提高作用不大，以置换率 10% 计，桩承担荷载占总荷载的百分比为 15%～30%	桩的承载力主要来自全桩长的摩阻力及桩端承载力，桩越长则承载力越高，以置换率 10% 计，桩承担荷载占总荷载的百分比为 40%～75%
复合地基承载力	加固黏性土复合地基承载力的提高幅度较小，一般为 0.5～1 倍	承载力提高幅度有较大的可调性，可提高 4 倍或更高
变形	减少地基变形的幅度较小，总的变形量较大	增加桩长可有效减少变形，总的变形量小
三轴应力应变曲线	应力应变曲线不呈直线关系，增加围压，破坏主应力差增大	应力应变曲线呈直线关系，围压对应力应变曲线没有多大影响
适用范围	多层建筑物地基	多层和高层建筑物地基

9.1.2 CFG 桩的适用性

CFG 桩复合地基具有承载力提高幅度大、地基变形小等特点，适用范围较大。就基础形式而言，CFG 桩既可适用于条形基础、独立基础，也可适用于箱形基础、筏形基础；在工业厂房、民用建筑中均有大量应用。就土性而言，CFG 桩适用于处理黏性土、粉土、砂土和正常固结的素填土等地基。对淤泥质土应通过现场试验确定其适用性。

CFG 桩不仅可用于承载力较低的地基，对承载力较高（如承载力 $f_{ak}=200\text{kPa}$）但变形不能满足要求的地基，也可采用 CFG 桩进行处理，以减小地基变形。

由于 CFG 桩的置换作用很突出，所以，CFG 桩适用于挤密效果较好的土，此时，其承载力的提高既有挤密作用又有置换作用；该方法还适用于挤密效果差的土，此时，承载力的提高则只与置换作用相关。因此，对于一般的黏性土、粉土或砂土，桩端具有良好的持力层，经 CFG 桩处理后的地基可作为高层或超高层建筑物地基。

但是，对于强度很低的饱和黏土或地基土的承载力特征值不大于 50 kPa 的地基来说，要慎重使用该方法。最好在使用前做好试桩试验，确定其适用性。

而塑性指数高的饱和黏土，成桩时土的挤密分量为零，承载力的提高仅取决于桩的置换作用。由于桩间土承载力太低，因此，不宜采用复合地基。

目前已积累的工程实例，用 CFG 桩处理承载力较低的地基多用于多层住宅和工业厂房。比如南京浦镇车辆厂厂南生活区 24 幢 6 层住宅楼，原地基土承载力特征值为 60kPa 的淤泥质土，经处理后复合地基承载力特征值达到 240kPa，基础形成为条形基础，建筑物最终沉降量多在 40mm 左右。

对一般黏性土、粉土或砂土，桩端具有较好的持力层，经 CFG 桩处理后可作为高层建筑地基，如北京华亭嘉园 35 层住宅楼，天然地基承载力特征值为 200kPa，采用 CFG 桩处理后建筑物沉降量在 50mm 以内。成都某 40 层的建筑，高度为 119.90m，强风化泥岩的承载力特征值为 320kPa，采用 CFG 桩处理后，承载力和变形均满足设计和规范要求，并且经受住了汶川大地震的考验。

近些年来，随着 CFG 桩在高层建筑物地基处理中的广泛应用，桩体材料组成和早期相比有所变化，主要由水泥、碎石、砂、粉煤灰和水组成，其中粉煤灰为Ⅱ-Ⅲ级细灰，在桩体混合料中主要提高混合料的可泵性。

混凝土灌注桩、预制桩作为复合地基增强体，其工作性状与水泥粉煤灰碎石桩复合地基接近，可参考相关规程进行设计、施工和检测。对预应力管桩桩顶可采取设置混凝土桩帽或采用高于增强体强度等级的混凝土灌芯的技术措施，减少桩顶的刺入变形。

9.2　加固机理

9.2.1　材料组成

粉煤灰、碎石和水泥是 CFG 桩的主要组成材料，混合料的密度一般在 2.1～2.2 t/m^3 之间。其中：

① 粉煤灰　燃煤电厂排出的一种工业废料，其球形颗粒在水泥浆中起到润滑的作用；

② 碎石　CFG 桩的骨料为级配碎石，掺入石屑的目的是填充碎石的孔隙，使其级配良好，从而可以提高桩体的抗剪强度；

③ 水泥　水泥为黏合剂，一般采用 32.5 级普通水泥。

9.2.2　作用原理

CFG 桩加固软弱地基，桩和桩间土一起通过褥垫层形成 CFG 桩复合地基，在荷载作用下，CFG 桩的压缩性明显比其周围软土小，因此，基础传给复合地基的附加应力随地基的变形逐渐集中到桩体上，出现应力集中现象，复合地基的 CFG 桩起到了桩体作用。其加固软弱地基主要有三种作用：桩体作用、挤密作用、褥垫层作用。

9.2.2.1　桩体作用

CFG 桩不同于碎石桩，是具有一定黏结强度的桩。在外荷载作用下，其桩身不会像碎石桩那样出现鼓胀破坏现象，并且不仅全桩长可以发挥侧摩擦阻力作用，而且在土层条件良好的情况下，还可以发挥端承载力的作用，从而可以使桩具有向深层传递荷载的能力，地基承载力得到大大提高。遇到上部软下部硬的地质条件时，不会像碎石桩那样出现荷载向其深部传递困难的现象。

9.2.2.2　挤密作用

由于 CFG 桩采用振动沉管法施工，振动作用和挤压作用使桩间土得到挤密。特别是当 CFG 桩在处理饱和砂土或粉土地基时，由于施工中的振动使得土体内产生较大的超静孔隙水压力，而刚刚施工完成的 CFG 桩将是一个良好的排水通道，特别是在较好透水层上还有透水性比较差的土层覆盖时，这种排水作用更加明显，直到 CFG 桩桩体结硬为止。通过对这种桩的静载试验可知，CFG 桩桩体的强度并没有受到排水现象的影响，反而这种排水作用对减少因孔压消散太慢所引起的地面隆起现象和增加桩间土密实度是有利的。

9.2.2.3　褥垫层作用

褥垫层技术是 CFG 桩复合地基的一个核心技术，它是 CFG 桩复合地基的重要组成部分，复合地基的许多特性都与混凝土褥垫层有关。这里所说的褥垫层是指由级配砂石、粗砂、碎石等散体材料组成大约 10 cm 厚的散体垫层。其在复合地基中加固作用主要体现在以下几个方面：

(1) 保证桩、土共同承担荷载

就 CFG 桩复合地基而言，基础是通过厚度为 H 的褥垫层与桩和桩间土相联系的。

如果基础和桩之间不设褥垫层，则在垂直荷载作用下桩和桩间土的工作情况与桩基础类似。与此相反，当在基础和桩之间设置一定厚度的褥垫时，复合地基中的桩和桩间土共同承担荷载的作用。随时间的增加，桩和桩间土都要发生沉降变形。又因为桩的变形能力小于土的变形能力，则桩会在荷载的作用下，可以向上刺入褥垫层，导致垫层材料不断调整补充到桩间土上，以保证基础始终能把一部分荷载传递到桩间土上，从而能够保证在任意荷载作用下桩和桩间土始终共同参与荷载作用。

(2) 调整桩、土水平荷载的分担

CFG 桩主要传递竖向荷载作用，但当基础受到水平荷载作用时，还应该考虑桩、土水平荷载的分担。

当有褥垫，且褥垫层厚度增大到一定数值时，作用在桩顶和桩间土上的剪应力 τ_p 和 τ_s 并不大，桩顶受到的剪应力 $Q_p = mA\tau_p$（m 为置换率；A 为基础面积；τ_p 为桩顶剪应力），占水平荷载的比例大体上和置换率相当，即此时桩受到的水平荷载很小，水平荷载主要由桩间土来承担。

表 9.2 给出了不同荷载水平,不同的褥垫层厚度、桩土承担荷载占总荷载百分比的变化情况。从表中可以看出桩土荷载分担比与褥垫层厚度密切相关。

表 9.2　桩承担荷载占总荷载百分比(%)

荷载(kPa) \ 褥垫层厚度(cm)	2	10	30	备　注
20	65	27	14	桩长 2.25 m,桩径 16 cm,荷载板 1.05 m×1.6 m
60	72	32	26	
100	75	39	38	

(3) 褥垫层合理厚度

褥垫层厚度薄,桩对基础将产生很明显的应力集中现象,需考虑桩对基础的冲切作用,势必要加厚基础。如果基础又承受水平荷载作用,则极可能造成复合地基中桩发生断裂现象。不仅如此,由于褥垫层厚度过小,桩间土承载能力不能充分发挥出来,要想达到设计要求的承载力,就必须增加桩的数量或长度,这样虽然可以减小建筑物的沉降量,但是同样也会造成经济上的极大浪费。

相反,如果褥垫层厚度比较大,则其对基础产生的应力集中很小,可不考虑桩对基础的冲切作用,即便是基础受到水平荷载的作用,也不会发生断桩现象。

但是,如果褥垫层的厚度过大的话,虽然能够充分发挥桩间土的承载力,同时也会导致桩土应力比等于或接近于 1。此时,桩承担的荷载太小,使得复合地基中桩的意义完全消失,这样设计的复合地基其承载力不会比天然地基有明显的提高,且建筑物的沉降量也会过大。

结合大量的工程实践,既要满足技术上安全可靠,又要满足经济合理的要求,工程中褥垫层厚度取 15～30 cm为佳。

9.3　设 计 计 算

9.3.1　设计思路

当 CFG 桩桩体强度较高时,具有刚性桩的性状,但在承担水平荷载方面与传统的桩基有明显的区别。桩基础是一种常用的基础类型,桩在基础中既可承受垂直荷载也可承受水平荷载,它传递水平荷载的能力远远小于传递垂直荷载的能力。而 CFG 桩复合地基通过褥垫层把桩和承台(基础)断开,改变了过分依赖桩承担垂直荷载和水平荷载的传统设计思想。

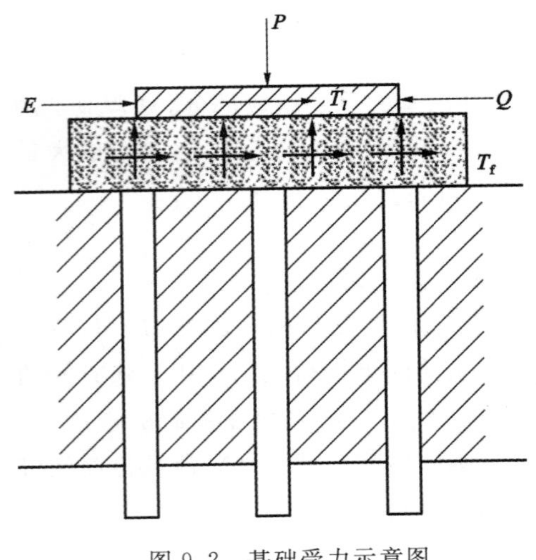

图 9.2　基础受力示意图

如图 9.2 所示,某一独立基础,当基础承受水平荷载 Q 时,有三部分力与 Q 平衡:① 基础底面摩阻力 T_f;② 基础两侧面摩阻力 T_l;③ 与水平荷载 Q 方向相反的土的抗力 E。

T_f 与基底和褥垫层之间的摩擦系数 μ 以及建筑物荷载 P 有关,P 数值越大则 T_f 越大。

基础底面摩阻力 T_f 传递到桩和桩间土上,桩顶应力为 p、桩间土应力为 s。由于 CFG 桩复合地基置换率一般不大于 10%,则有不低于 90%的基底面积的桩间土,承担了绝大部分水平荷载,而桩承担的水平荷载则占很小一部分。根据试验结果,桩、土切应力比随褥垫层厚度增大而减小。设计时可通过改变褥垫层厚度调整桩、土水平荷载分担比。

按照这一设计思想,复合地基水平承载力比按照传统桩基设计有相当大的增值。至于垂直荷载的传递,如何在桩基中发挥桩间土的承载能力是目前正在探索的课题。大桩距布桩的"疏桩理论"就是为发挥桩间土承载能力而形成的新的设计思想。传统桩基中只提供了桩可能向下刺入变形的条件,而 CFG 桩复合地基通过褥垫层与基础连接，并由上下双向刺入变形，保证桩间土始终参与工作。因此，垂直承载力设计时首先是将土的承载能力充分发挥，不足部分再由 CFG 桩来承担。显然，与传统的桩基设计思想相比，桩的数量可以大大减少。

CFG 桩处理软弱地基以提高地基承载力和减小地基变形为其主要目的，其途径是发挥 CFG 桩的桩体作用。但是，对于松散砂性土，采用 CFG 桩则是不经济的。此外，CFG 桩不仅能用于加固软弱的地基，对于较好的地基土，若建筑物荷载较大，天然地基承载力不够，也可以用 CFG 桩来弥补不足。

9.3.2 设计参数及技术要点

9.3.2.1 桩端持力层的选择

CFG 桩应选择承载力和压缩模量相对较高的土层作为桩端持力层。CFG 桩具有较强的置换作用，其他参数相同，桩越长，桩的荷载分担比（桩承担的荷载占总荷载的百分比）越高。设计时须将桩端落在承载力和压缩模量相对高的土层上，这样可以很好地发挥桩的端阻力，也可避免场地岩性变化大而造成建筑物的不均匀沉降。桩端持力层承载力和压缩模量越高，建筑物沉降稳定也越快。

9.3.2.2 布桩范围

《建筑地基基础设计规范》(GB 50007—2011)中规定：对于地基反力计算，当满足下列条件时可按线性分布：①当地基土比较均匀；②上部结构刚度比较好；③梁板式筏基梁的高跨比或平板式筏基板的厚跨比不小于 1/6；④相邻柱荷载及柱间距的变化不超过 20%。地基反力满足线性分布假定时，可在整个基础范围均匀布桩。

原则上，CFG 桩只布置在基础范围内，并可根据建筑物荷载分布、基础形式和地基土性状，合理确定布桩参数。砌体承重结构首层门窗洞口下不宜布桩，对可液化地基及饱和黏土地基，基础内可采用振动沉管 CFG 桩、振动沉管碎石桩间作的加固方案，但基础外一定范围内需设 1～2 排的碎石桩。布桩时要考虑桩受力的合理性，尽量利用桩间土应力所产生的附加应力对桩侧阻力的增大作用。

对框架核心筒结构形式，核心筒和外框柱宜采用不同布桩参数，核心筒部位荷载水平高，宜强化核心筒荷载影响部位布桩，相对弱化外框柱荷载影响部位布桩；通常核心筒外扩一倍板厚范围，为防止筏板发生冲切破坏产生足够的净反力，宜减小桩距或增大桩径，当桩端持力层较厚时最好加大桩长，提高复合地基承载力和复合土层模量；对设有沉降缝或防震缝的建筑物，宜在沉降缝或防震缝部位采用减小桩距、增加桩长或加大桩径布桩等措施，以防止建筑物发生较大相向变形。

对于墙下条形基础，在轴心荷载作用下，可采用单排、双排或多排布桩方式，且桩位应沿轴线对称。在偏心荷载作用下，可采用沿轴线非对称的布桩方式。

对于箱形基础、筏形基础，基础的边缘到桩的中心距一般为 1 倍桩径或基础边缘到桩边缘的最小距离不宜小于 150mm，对条形基础不宜小于 75mm。对相邻柱荷载水平相差较大的独立基础，则应按变形控制确定桩长和桩距。

对于柱（墙）下筏板基础，筏板厚度与跨距之比小于 1/6 的平板式筏形基础、梁的高跨比大于 1/6 且板的厚跨比（筏板厚度与梁的中心距之比）小于 1/6 的梁板式筏形基础，应在柱（平板式筏基）和梁（梁板式筏基）边缘每边外扩 2.5 倍板厚的面积范围内布桩。布桩时除考虑整体荷载传到基底的压应力不大于复合地基的承载力外，还必须考虑每根桩传到基础的荷载扩散到基底的范围，在扩散范围内的压应力也必须小于或等于复合地基的承载力。扩散范围取决于底板厚度，在扩散范围内底板必须满足抗冲切要求。

与散体桩和水泥土搅拌桩不同，水泥粉煤灰碎石桩复合地基承载力提高幅度大，条形基础下复合地基设计，当荷载水平不高时，可采用墙下单排布桩。此时，水泥粉煤灰碎石桩施工对桩位在垂直于轴线方向的偏差应严格控制，避免过大的基础偏心受力状态。

9.3.2.3 桩身强度

桩孔内夯填的混合料配合比应按工程要求、掺和料的性质及采用的水泥品种，由配合比试验确定。不同的成桩工艺对材料的要求如表 9.3 所示。

表 9.3　不同成桩工艺对材料的要求(mm)

成桩工艺 \ 桩体材料	水泥	碎石	卵石	石屑	砂	粉煤灰	坍落度	备注
振动沉管灌注	32.5级普通硅酸盐水泥	粒径30～50		石屑率 $\lambda=0.25\sim0.33$ $[\lambda=G_1/(G_1+G_2)]$	可代替石屑	粗灰	30～50	可用砂代替粉煤灰
长螺旋钻管内泵压	32.5级普通硅酸盐水泥	粒径小于或等于20	粒径小于或等于25		宜用	≥Ⅲ级灰	160～200	粗骨料宜为卵石或卵石与碎石的混合料并加泵送剂

注：G_1、G_2 分别为单方混合料中石屑、碎石用量(kg/m^3)。

原则上，桩体配比按桩体材料强度控制，桩体材料试块抗压强度应满足下式要求：

$$f_{cu} \geqslant 3\frac{R_a}{A_p} \tag{9.1}$$

式中　f_{cu}——桩体混合料标准试块在标准养护条件下养护28 d后的抗压强度平均值(kPa)；

R_a——CFG单桩竖向承载力特征值(kN)；

A_p——CFG单桩的截面面积(m^2)。

CFG桩和素混凝土桩的区别仅在于桩体材料构成的不同，而在其受力和变形特征方面没有大的区别，因此，在施工工艺条件允许的情况下，也可采用一般的素混凝土作为桩身材料。

9.3.2.4　桩长

CFG桩复合地基要求桩端落在好的土层上，这是CFG桩复合地基设计的一个重要原则。为此，桩长是CFG桩复合地基设计时最先要确定的参数，其取决于建筑物对承载力和变形的要求、土质条件和设备能力等因素。设计时应根据勘察报告分析各土层，确定桩端持力层和桩长，并计算单桩承载力。

9.3.2.5　桩径

桩径与选用施工工艺有关，长螺旋钻中心压灌成桩、干成孔和振动沉管成桩宜为350～600 mm；泥浆护壁钻孔成桩宜为600～800 mm；钢筋混凝土预制桩宜为300～600 mm。其他条件相同，桩径越小桩的比表面积越大，单方混合料提供的承载力高则施工质量不容易控制，而桩径过大，则需要加大褥垫层厚度才能保证桩土共同承担上部结构传来的荷载。

9.3.2.6　桩距

CFG桩的桩距应根据基础形式、设计要求的复合地基承载力和变形、土性、施工工艺等确定。设计的桩距首先要满足承载力和沉降变形的要求，一般设计承载力高时，桩距较小。其次才考虑施工是否方便，但必须考虑施工时相邻桩之间的相互影响，就施工而言，较大的桩距更能方便施工，所以，桩距的大小要综合考虑。通常情况下，可按照下述原则确定桩距：

① 对挤密性好的土，如砂土、粉土和松散填土，桩距可取较小值。

② 对单排或双排布桩的条形基础、面积不大的独立基础等，桩距可取较小值；反之，满堂布桩的筏形基础、箱形基础以及多排布桩的条形基础等，桩距可适当放大。

③ 地下水位高、地下水丰富的建筑物场地，桩距也可适当放大。

④ 采用非挤土成桩工艺和部分挤土成桩工艺，桩间距宜为3～5倍桩径；采用挤土成桩工艺和墙下条形基础单排布桩的桩间距宜为3～6倍桩径。

⑤ 桩长范围内有饱和粉土、粉细砂、淤泥、淤泥质土层，采用长螺旋钻中心压灌成桩，施工中为防止施工发生窜孔、缩颈、断桩，减少新打桩对已打桩的不良影响，宜采用较大桩距。

9.3.2.7　褥垫材料及厚度

桩顶和基础之间应设置褥垫层，设计褥垫层可使桩间土承载力充分发挥，作用在桩间土表面的荷载在桩侧的土单元体产生竖向和水平向附加应力，水平向附加应力作用在桩表面具有增大侧阻的作用，在桩端产生的竖向附加应力对提高单桩承载力是有益的。褥垫层厚度宜取为桩径的40%～60%，一般为150～300 mm，当桩径大或桩距大时，其厚度宜取高值。褥垫层材料宜用中砂、粗砂、级配砂石或碎石等，最大粒径不宜大于 30 mm,且不宜采用卵石。因为卵石咬合力差,施工时扰动较大、褥垫层厚度不易保证均匀。褥垫层在复合地基中具有以下作用:

① 保证桩、土共同承担荷载,它是水泥粉煤灰碎石桩形成复合地基的重要条件;

② 通过改变褥垫层厚度,调整桩垂直荷载的分担,通常褥垫层越薄,桩所承担的荷载占总荷载的百分比越高;

③ 减少基础底面的应力集中;

④ 调整桩、土水平荷载的大小,褥垫层越厚,土分担的水平荷载占总荷载的百分比越大,桩分担的水平荷载占总荷载的百分比越小。在抗震设防区,不宜采用厚度过薄的褥垫层。

9.3.2.8 CFG 桩复合地基承载力特征值计算

CFG 桩复合地基是由桩间土和增强体(桩)共同承担荷载的。目前,复合地基承载力的计算公式比较多,但最常用的、最普遍的有两种:一种是将桩间土承载力和单桩承载力进行合理叠加;另一种是将复合地基承载力用天然地基承载力扩大一个倍数来表示。

必须指出,复合地基承载力不是天然地基承载力和单桩承载力的简单叠加,需要对如下一些因素加以考虑:

① 施工时对桩间土是否产生扰动或挤密,桩间土承载力有无降低或提高。

② 桩对桩间土产生约束作用,使得土的变形减少。当竖向荷载不大时,对土起到阻碍变形作用,使土沉降减少;荷载较大时,其增大变形的作用。

③ 复合地基中桩的 Q-S 曲线呈加工硬化型,比只用单桩承载力要高。

④ 桩和桩间土承载力的发挥与变形有关,变形小时,桩和桩间土承载力的发挥都不充分。

⑤ 复合地基桩间土承载力的发挥与褥垫层厚度有关。

综合上述情况,再结合工程实践经验,CFG 桩复合地基承载力特征值可以按下式估算:

$$f_{spk} = \lambda m \frac{R_a}{A_p} + \beta(1-m) f_{sk} \tag{9.2}$$

式中 f_{spk}——复合地基承载力特征值(kPa);

m——面积置换率;

R_a——CFG 桩单桩竖向承载力特征值(kN);

A_p——CFG 桩单桩的截面面积(m^2);

λ——单桩承载力发挥系数;

β——桩间土承载力发挥系数,天然地基承载力较高时取较大值;

f_{sk}——处理后桩间土承载力特征值(kPa),应按当地经验取值,当无地区经验时,可取天然地基承载力特征值。

单桩竖向承载力特征值 R_a 的取值,应符合下列规定:

(1) 当采用单桩载荷试验时,应将单桩竖向极限承载力除以安全系数 2;当无单桩载荷试验资料时,可按下式估算:

$$R_a = \frac{u_p \sum_{i=1}^{n} q_{si} l_i + q_p A_p}{K} \tag{9.3}$$

式中 u_p——桩的周长(m);

n——桩长范围内所划分的土层数;

q_{si}——桩周第 i 层土的侧阻力特征值(kPa),与土性和施工工艺有关,可按照地区经验确定,当无地区经验时,可参考《建筑地基基础设计规范》(GB 50007—2011)的有关规定确定;

l_i——第 i 层土的厚度(m);

q_p——桩端端阻力特征值(kPa),与土性和施工工艺有关,可按照地区经验确定,当无地区经验时,可参考《建筑地基基础设计规范》(GB 50007—2011)的有关规定确定;

A_p——单桩的截面面积(m^2)；

K——安全系数，设计中取1.7。

复合地基承载力特征值应按《建筑地基处理技术规范》(JGJ 79—2012)第7.1.5条规定确定。初步设计时，可按有黏结强度增强体复合地基计算公式估算，式(9.2)中单桩承载力发挥系数λ和桩间土承载力发挥系数β应按照地区经验取值，无经验值时λ可取为0.8～0.9，β可取为0.9～1.0。处理后桩间土的承载力特征值f_{sk}，对非挤土桩成桩工艺，可取天然地基承载力特征值。褥垫层的厚径比小时取大值；对挤土成桩工艺，一般黏性土可取天然地基承载力特征值；松散砂土、粉土可取天然地基承载力特征值的1.2～1.5倍，原土强度低的取大值，单桩承载力按式(9.3)估算。

(2) 经CFG桩处理后的地基，当考虑基础宽度和深度对地基承载力特征值进行修正时，一般宽度不做修正，即基础宽度的地基承载力修正系数取零，基础埋深的地基承载力修正系数取1.0。经深度修正后CFG桩复合地基承载力特征值f_a为：

$$f_a = f_{spk} + \gamma_0(d - 0.5) \tag{9.4}$$

式中　γ_0——基础底面以上土的加权平均重度(kN/m^3)，地下水位以下取有效重度；

d——基础埋深(m)，一般从室外地面标高算起。

CFG桩复合地基承载力计算时需满足建筑物荷载要求，当承受轴心荷载时：

$$p_k \leqslant f_a \tag{9.5}$$

式中　p_k——相应于荷载效应标准组合基础底面处的平均压力值(kPa)。

承受偏心荷载时，除要满足式(9.5)的要求外，还应满足下式要求：

$$p_{kmax} \leqslant 1.2f_a \tag{9.6}$$

式中　p_{kmax}——相应于荷载效应标准组合基础底面处的最大压力值(kPa)。

当承载力考虑基础埋深的深度修正时，增强体桩身强度还须考虑如下几个因素：

① 与桩基不同，复合地基承载力可以作深度修正，基础两侧的超载越大(基础埋深越大)，深度修正的数量也越大，桩承受的竖向荷载越大，设计的桩体强度应越高。

② 刚性桩复合地基，由于设置了褥垫层，从加载开始，就存在一个负摩擦区，因此，桩的最大轴力作用点不在桩顶，而是在中性点处，即中性点处的轴力大于桩顶的受力。

综合以上因素，对《建筑地基处理技术规范》(JGJ 79—2012)中桩体试块(边长15cm立方体)按标准养护28d抗压强度平均值不小于$3R_a/A_p$(R_a为单桩承载力特征值，A_p为桩的截面面积)的规定进行调整，桩身强度适当提高，保证桩体不发生破坏。

9.3.2.9　复合地基沉降计算

当前，CFG桩复合地基沉降计算的理论正处在不断发展和完善的过程中，其中以解析法和数值解法为主。解析法大多应用以Mindlin解为基础的Geddes积分来计算复合地基中桩荷载所产生的附加应力；而数值法则是采用有限元法来进行计算的。其中，在构造几何模型时通常采用两种方法：① 将单元划分为土体单元和增强体单元，两者采用不同的计算参数，在土体单元和增强体单元之间可以考虑设置界面单元；② 将加固取土体和增强体考虑为复合土体单元，用复合材料参数作为复合土体单元的计算参数。在进行复合地基有限元分析时，计算参数的选取是关键，它直接关系到计算结果的精度。然而，目前的理论计算还无法更精确地计算其应力场，从而为沉降计算提供合理的模式，因此，复合地基的沉降计算多采用经验公式。

CFG桩处理后的地基变形计算应按《建筑地基基础设计规范》(GB 50007—2011)的有关规定执行，并且要求计算沉降时地基变形计算深度要大于复合土层的厚度。其分层与天然地基相同，各复合土层的压缩模量可按确定夯实水泥土桩复合地基复合土层压缩模量的方法确定。

(1) 经验公式

在各类实用计算方法中，往往把复合地基沉降分为两部分：加固区的沉降量s_1和下卧层的沉降量s_2。而地基应力场近似地按天然地基进行计算。

① 加固区的沉降量s_1的计算主要有两种计算方法。

a. 按复合模量计算沉降。将复合地基加固区中增强体和土体视为一个统一的整体，采用复合压缩模量来评价其压缩性，用分层总和法计算其压缩量。其中，复合模量可按下式求得：

$$E_{sp}=\frac{f_{spk}}{f_{ak}}E_s \tag{9.7}$$

式中 f_{ak}——基础底面下天然地基承载力特征值(kPa)。

b. 按桩间土应力计算沉降。该方法是考虑 CFG 桩复合地基一般置换率较低，近似地忽略桩的存在，从而根据桩间土实际分担的荷载求出附加压力，按照桩间土的压缩模量来计算复合土层沉降。

② 桩端下卧层沉降量 s_2 计算方法。

复合地基下卧土层的沉降是由通过桩传递的应力和桩间土传递的应力所产生的，沉降量 s_2 通常采用分层综合法计算。附加应力计算方法有压力扩散法、等效实体法、改进的 Geddes 法等。CFG 桩复合地基由于其置换率较低和设置褥垫层，考虑到桩间处应力集中范围有限，下卧土层内的应力分布可按褥垫层上的总荷载计算，即作用在褥垫层底面的压力仍假定为均布，并根据 Boussinesq 半无限空间解求出复合体底面以下的附加应力，由此计算下卧层沉降量 s_2。

(2) CFG 桩复合地基沉降计算

在工程中，应用较多且计算结果与实际复合较好的沉降计算方法是复合模量法。计算时复合土层分层与天然地基相同，复合土层的模量取该层天然地基模量的 ξ 倍，如图 9.3 所示。加固区和下卧层土体内的应力分布采用各向同性均质的线性变形体理论。

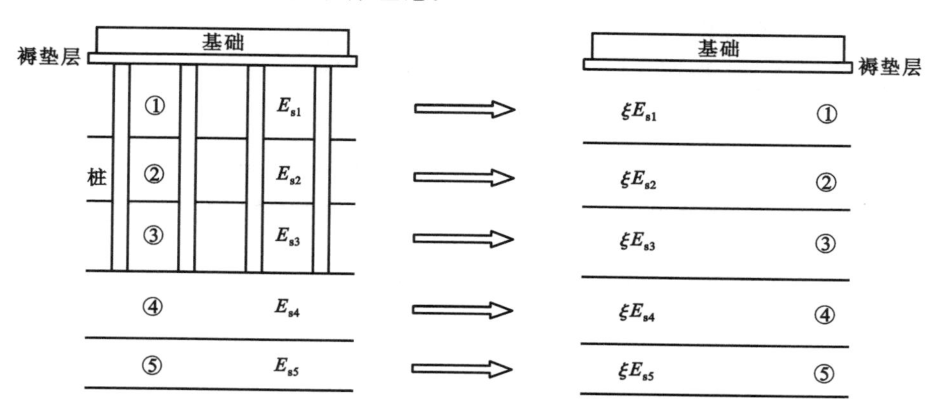

图 9.3 各土层复合模量示意图

复合地基最终沉降量可按下式计算：

$$S_c=\psi\left[\sum_{i=1}^{n_1}\frac{p_0}{\xi E_{si}}(z_i\bar{a}_i-z_{i-1}\bar{a}_{i-1})+\sum_{i=n_1+1}^{n_2}\frac{p_0}{E_{si}}(z_i\bar{a}_i-z_{i-1}\bar{a}_{i-1})\right]=\psi S' \tag{9.8}$$

式中 n_1——加固区范围内土层分层数；

n_2——沉降计算深度范围内土层总的分层数；

p_0——对应于荷载效应准永久组合时的基础底面处的附加压力(kPa)；

E_{si}——基础底面下第 i 层土的压缩模量(MPa)；

z_i、z_{i-1}——基础底面至第 i 层土、第 $i-1$ 层土底面的距离(m)；

$\bar{a}_i$、$\bar{a}_{i-1}$——基础底面计算点至第 i 层土、第 $i-1$ 层土底面范围的平均附加应力系数，可查平均附加应力系数表；

ξ——加固区土的模量提高系数，$\xi=\frac{f_{spk}}{f_{ak}}$；

S'——按分层总和法计算出的地基变形量(mm)；

ψ——沉降计算修正系数，对不同地区可根据沉降观测值统计确定，无地区经验时可按表 9.4 的数值选取。

表 9.4　沉降计算修正系数 ψ

$\overline{E}_s$(MPa)	2.5	4.0	7.0	15.0	20.0	35.0
ψ	1.1	1.0	0.7	0.4	0.25	0.20

复合地基的分层与天然地基分层相同，当荷载接近或达到复合地基承载力时，各复合土层的压缩模量可按该层天然地基压缩模量的 ζ 倍计算。工程中应由现场试验测定的 f_{spk} 和基础底面下天然地基承载力 f_{ak} 确定。若无试验数据时，初步设计可由地质报告提供的地基承载力特征值 f_{ak} 以及计算得到的满足设计承载力和变形要求的复合地基承载力特征值 f_{spk}，计算出 ζ 值。

表 9.4 中，$\overline{E}_s$ 为变形计算深度范围内压缩模量的当量值，按下式计算：

$$\overline{E}_s = \frac{\sum A_i}{\sum \frac{A_i}{E_{si}}} \tag{9.9}$$

式中　A_i——第 i 层土附加应力系数沿土层厚度积分值；

E_{si}——基础底面下第 i 层土的压缩模量(MPa)，桩长范围内的复合土层按复合土层的压缩模量取值。

复合地基变形计算深度必须大于复合土层的厚度，并应符合下式要求：

$$\Delta s_n' \leqslant 0.025 \sum_{i=1}^{n_2} \Delta s_i' \tag{9.10}$$

式中　$\Delta s_i'$——在计算深度范围内，第 i 层土的计算变形值(mm)；

$\Delta s_n'$——在计算深度向上取厚度为 Δz 的土层计算变形值(mm)，Δz 的值按表 9.5 确定。

表 9.5　Δz 值

b(m)	$b \leqslant 2$	$2 < b \leqslant 4$	$4 < b \leqslant 8$	$8 < b$
Δz(m)	0.3	0.6	0.8	1.0

注：b 为基础宽度。

如果确定的计算深度下部仍有较软土层，则应继续计算。

9.4　施工方法

CFG 桩目前在工业与民用建筑、多层建筑及高层建筑中得到了广泛的应用。基础形式有条形基础、独立基础、箱形基础和片筏基础。能够处理的土的类型既有滨海一带的软土又有承载力较高的较好土质。

大量的工程实践证明，CFG 桩复合地基设计，就承载力方面而言不会有太大问题，但在 CFG 桩的施工过程中却可能出现问题，所以，在进行 CFG 桩复合地基设计时，必须同时考虑 CFG 桩的施工，并要了解施工中可能出现的问题，以及如何防止这些问题的发生。而且还要根据场地土的性质、设计要求的承载力和变形以及拟建场地周围环境等情况，综合考虑施工时采用什么样的施工设备和施工工艺及控制施工质量的措施。

9.4.1　施工设备

CFG 桩多用振动沉管机、螺旋钻机施工，有时两种机械联合使用。具体选用哪一类成桩机、什么型号，要视工程具体情况而定。在远离城区的场地多采用振动沉管机；在城区对噪声污染有严格限制的地方，可采用螺旋钻机成孔制桩；在夹有硬土层地段条件的场地，可先用螺旋钻机预钻引孔，然后再用振动沉管机制桩，以避免振动沉管制桩对已打的桩引起较大的振动，导致桩被振裂或振断。土质较硬时，多用 60 kW的电机锤头；土质较软时，多采用 40 kW 的电机锤头。

9.4.2　成桩工艺

CFG 桩根据其施工工艺的不同可分为挤土桩和非挤土桩两种。通常采用振动沉管法施工，由于振动和挤压作用使桩间土得到挤密。对于高灵敏度土或人口密集区域宜采用螺旋钻等非挤土方法施工。按照施工工艺不同,CFG 桩可分为:①振动沉管灌注成桩,适用于粉土、黏性土及素填土地基;挤土造成地面隆起量大时,应采用较大桩距施工。②长螺旋钻中心压灌成桩,适用于黏性土、粉土、砂土和素填土地基,对噪声或泥浆污染要求严格的场地可优先选用;有卵石夹层时应通过试验确定适用性。③长螺旋钻孔灌注成桩,适用于地下水位以上的黏性土、粉土、素填土、中等密实以上的砂土地基。④泥浆护壁成孔灌注成桩,适用于地下水位以下的黏性土、粉土、砂土、填土、碎石土及风化岩层等地基;桩长范围和桩端有承压水的土层应通过试验确定其适用性。

9.4.2.1 振动沉管灌注成桩

目前,振动沉管灌注成桩用得比较多,主要是因为振动打桩机施工效率高、造价相对较低。这种施工方法主要适用于无坚硬土层及粉土、黏土、素填土、松散的饱和粉细砂地层条件,以及对振动噪声限制不严格的场地。

振动沉管灌注成桩属于挤土成桩工艺,对桩间土有挤密作用,能消除地基的液化现象并提高地基的承载力。

当遇到较厚的坚硬黏土层、砂层和卵石层时,振动沉管施工会遇到困难;在饱和黏性土中成桩,会造成地表隆起,挤断已打入桩,且噪声和振动污染严重,在城市居民区施工会受到限制。在夹有硬黏性土层时,可考虑用长螺旋钻预引孔,再用振动沉管机成孔制桩。

振动沉管施工应控制拔管速度,拔管速度太快易造成桩径偏小或缩颈断桩。经大量工程实践认为,拔管速度控制在 1.2～1.5m/min 最适宜。

9.4.2.2 长螺旋钻孔、管内泵压混合料灌注成桩

这种成桩方法适用于分布有砂层的地质条件,以及对噪声和泥浆污染要求严格的场地。施工时首先用长螺旋钻孔以达到设计的预定深度,然后提升钻杆,同时用高压泵将桩体混合料通过高压管路的长螺旋钻杆的内管压到孔内成桩。这种施工工艺具有低噪声、无泥浆污染、无振动等优点,是一种很有发展前途的施工方法。这种施工方法具有较强的穿透能力,属于非挤土成桩工艺。

长螺旋钻孔、管内泵压混合料灌注成桩施工和振动沉管灌注成桩施工除应执行国家有关规定外,尚应符合下列要求:

① 施工前应按设计要求由试验室进行配合比试验,施工时按配合比配置混合料。长螺旋钻孔、管内泵压混合料灌注成桩施工的坍落度宜为 160～200 mm,振动沉管灌注成桩施工的坍落度宜为30～50 mm,振动沉管灌注成桩后桩顶浮浆厚度不宜超过 200 mm。

② 施工垂直度偏差不应大于 1%;对满堂布桩,桩位偏差不应大于 0.4 倍桩径;对条形基础,桩位偏差不应大于 0.25 倍桩径;对单排桩基础,桩位偏差不应大于 60 mm。

③ 长螺旋钻孔、管内泵压混合料灌注成桩施工在钻至设计深度后,应准确掌握提拔钻杆时间,混合料泵送量应与拔管速度相配合,遇到饱和砂土或饱和粉土层,不得停泵待料。振动沉管灌注成桩施工拔管速度应按匀速控制,拔管速度应控制在 1.2～1.5 m/min,如果遇到淤泥或淤泥质土,拔管速度应适当放慢。

表 9.6 为振动沉管 CFG 桩与长螺旋钻孔、管内泵压 CFG 桩的施工工艺比较。

表 9.6 CFG 桩施工工艺比较

工艺 / 特点	振动沉管 CFG 桩	长螺旋钻孔、管内泵压 CFG 桩
工艺性质	挤土桩	非挤土桩
处理深度(m)	≤30	≤30
常用桩径(mm)	360～420	400～420
对土层穿透能力	不易穿透粉土、砂土层	不易穿透厚度较厚、粒径很大的卵石层
对桩间土的影响	对松散土有挤密作用,对密实土有振松作用	对桩间土扰动影响较小
对相邻桩的影响	有可能挤断相邻桩	施工过程在粉土层或砂土层中有可能产生窜孔
对环境的影响	有较大的振动和噪声	无振动、低噪声
处理建筑物的层数	多层～高层	多层～超高层

9.4.2.3　长螺旋钻孔灌注成桩

这种施工方法适用于地下水位以上的黏性土、粉土、素填土、中等密实以上的砂土等，属于非挤土成桩工艺。要求桩长范围内无地下水，这样成孔时就不会发生塌孔现象，并适用于对周围环境要求比较严格的场地。

9.4.2.4　泥浆护壁钻孔灌注成桩

这种成桩方法适用于有砂层的地质条件，以防砂层塌孔，并适用于对噪声要求严格的场地，且施工桩顶标高宜高出设计桩顶标高 0.5 m 以上。

其中，长螺旋钻中心压灌成桩施工和振动沉管灌注成桩施工应符合下列规定：

(1)施工前，应按照设计要求在试验室进行配合比试验；施工时，按配合比配制混合料；长螺旋钻中心压灌成桩施工的坍落度宜为 16～200 mm，振动沉管灌注成桩施工的坍落度宜为 30～50 mm；振动沉管灌注成桩后桩顶浮浆厚度不宜超过 200 mm。

(2)长螺旋钻中心压灌成桩施工所选用的钻机钻杆顶部必须有排气装置，当桩端土为饱和粉土、砂土、卵石且水头较高时宜选用下开式钻头。基础埋深较大时，宜在基坑开挖后的工作面上施工，工作面宜高出设计桩顶标高 300～500 mm，工作面土较软时应采取相应施工措施(铺碎石、垫钢板等)，以保证桩机正常施工。基坑较浅在地表打桩或部分开挖空孔打桩时，应加大保护桩长，并严格控制桩位偏差和垂直度；每立方混合料中粉煤灰掺量宜为 70～90 kg，坍落度应控制在 160～200 mm，以保证施工中混合料的顺利输送。如坍落度太大，易产生泌水、离析现象，泵压作用下，骨料与砂浆分离，导致堵管。坍落度太小，混合料流动性较差，也容易造成堵管。

施工时，应杜绝在泵送混合料前提拔钻杆，以免造成桩端处存在虚土或桩端混合料离析、端阻力减小。提拔钻杆时应连续进料，特别是在饱和砂土、饱和粉土层中不得停泵待料，避免造成混合料离析、桩身缩颈和断桩。

桩长范围有饱和粉土、粉细砂及淤泥、淤泥质土，当桩距较小时，新打桩钻进时长螺旋叶片会对已打桩周围土产生剪切扰动，使土体结构强度被破坏，桩周土侧向约束力降低，处于流动状态的桩体侧向溢出、桩顶下沉，亦即发生所谓窜孔现象。施工时须对已打桩顶标高进行监控，发现已打桩桩顶下沉时，正在施工的桩提钻至窜孔土部位停止提钻继续压料，待已打桩混合料上升至桩顶时，在施桩继续泵料提钻至设计标高。为防止窜孔发生，除设计采用大桩长大桩距外，还可采用隔桩跳打措施。

(3)施工中同样要求桩顶标高应高出设计桩顶标高不小于 0.5 m，留有保护桩长，当施工作业面高出桩顶设计标高较大时，宜增加混凝土灌注量。

(4)成桩过程中，必须抽样做混合料试块，每台机械一天应做一组(3 块)试块(边长为 150 mm 的立方体)，标准养护，测定其 28d 立方体抗压强度。

除此之外，在施工过程中还应该注意：

(1)冬期施工时，应采取措施避免混合料在初凝前受冻，保证混合料入孔温度大于 5℃。根据材料加热难易程度，一般优先加热拌和水，其次是加热砂和石混合料，但温度不宜过高，以避免造成混合料假凝无法正常泵送，泵送管路也应采取保温措施。施工完后，应清除保护土层和桩头，并立即对桩间土和桩头采用草帘等保温材料进行覆盖，防止桩间土冻胀而造成桩体拉断。

(2)螺旋钻中心压灌成桩施工中存在钻孔弃土。采用机械、人工联合清运弃土和保护土层时，应避免机械设备超挖，并应预留至少 200 mm 用人工清除，防止造成桩头断裂和扰动桩间土层。对软土地区，为防止发生断桩，也可根据地区经验在桩顶一定范围配置适量钢筋。

(3)褥垫层材料可为粗砂、中砂、级配砂石或碎石，碎石粒径宜为 5～16 mm，不宜采用卵石。当基础底面桩间土含水量较大时，宜采用静力夯实法，应避免采用动力夯实法，以防扰动桩间土。当基底土为较干燥的碎石时，虚铺后可适当洒水再行碾压或夯实。但当基础底面下桩间土的含水量较低时，也可采用动力夯实法，夯实度不应大于 0.9。电梯井和集水坑斜面部位的桩，桩顶须设置褥垫层，不得直接和基础的混凝土相连，防止桩顶承受较大水平荷载。工程中一般做法如图 9.4 所示。

(4)泥浆护壁成孔灌注成桩和锤击、静压预制桩施工，应符合现行行业标准《建筑桩基技术规范》(JGJ 94—2008)的规定。

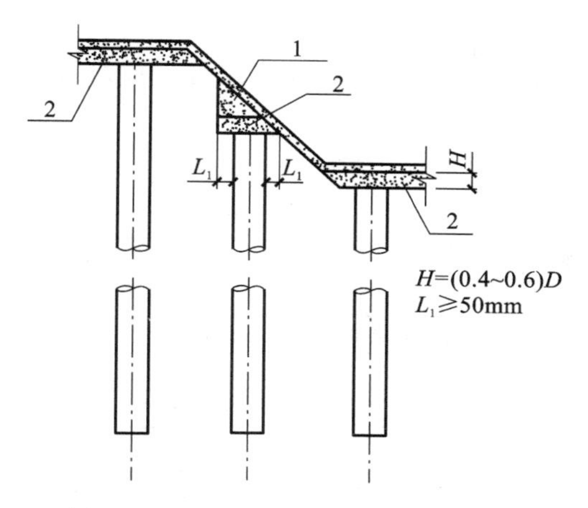

图 9.4　井坑斜面部位褥垫做法示意图

1—素混凝土垫层；2—褥垫层

H—褥垫层厚度；D—桩径；L_1—褥垫层超出桩径的宽度

9.4.3　施工程序

由于实际工程中振动沉管机成桩应用得比较多，故这里主要介绍振动沉管机施工程序。

9.4.3.1　施工准备

(1) 施工前应具备的资料和条件

① 建筑场地工程地质报告书。

② CFG 桩桩位布置图，图中应注明桩位编号以及设计说明书。

③ 建筑场地临近的高压电缆、电话线、地下管线、地下建筑物及障碍物等调查资料。

④ 建筑物场地的水准控制点和建筑物位置控制坐标等资料。

⑤ 具备“三通一平”条件。

(2) 施工技术措施

① 确定施工机具和配套设备。

② 材料供应计划，表明所用材料的规格、技术要求和数量。

③ 施工前应按设计要求由实验室进行配合比试验，便于施工时配制混合料。

④ 试成孔应不少于 2 个，要复核地质资料及设备、工艺是否适宜，核定选用的技术参数。

⑤ 按施工平面图放好桩位，若采用钢筋混凝土预制桩，须埋入地表以下 30 cm 左右。

⑥ 确定施工打桩顺序。

⑦ 复核测量基线、水准点及桩位、CFG 桩的轴线定位点，检查施工场地所设的水准点是否会受施工影响。

⑧ 振动沉管机沉管表面应有明显的进尺标记。

9.4.3.2　施工前的工艺试验

施工前的工艺试验主要指的是考查设计的施打顺序和桩距能否保证桩身质量。工艺试验也可以结合工程桩施工进行。常需做如下两种观测：

(1) 新打桩对未结硬的已打桩的影响

新打桩桩顶表面埋设标杆，在施打新桩时测量已打桩桩顶的上升量，以估算桩径缩小的数值，待已打桩结硬后开挖检查其桩身质量并量测桩径。

(2) 新打桩对结硬的已打桩的影响

在已打桩尚未结硬时，将标杆埋置在桩顶部的混合料中，待桩体结硬后，观测打入新桩时已打桩桩顶的位移情况。

对挤密效果好的土，打桩振动会引起地表下沉，桩顶一般不会上升，断桩的可能性较小。若向上的位移不超过 1 cm，断桩的可能性也很小。当发现桩顶向上的位移过大时，桩可能发生了断裂。

9.4.3.3　CFG桩的施工

当设备、材料和人员进场后，需按图9.5所示的程序进行一系列的准备工作，这些准备工作完成后便进入CFG施工阶段。

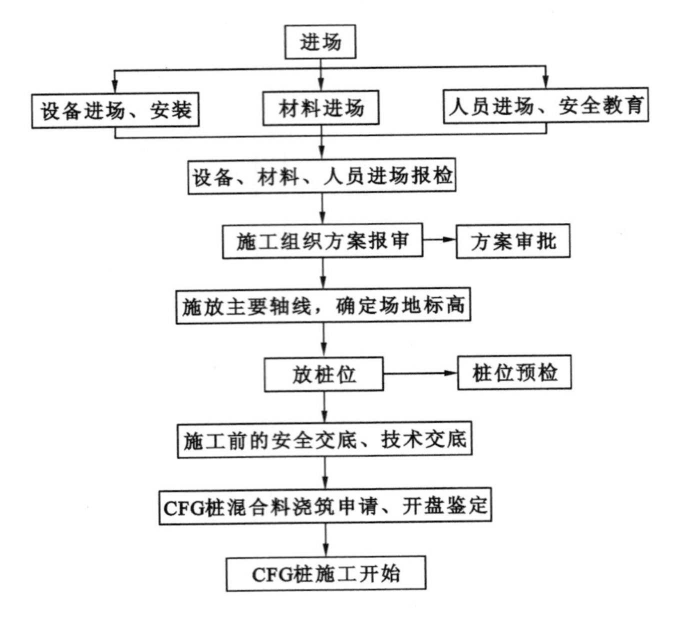

图9.5　CFG桩施工前主要程序

① 桩机进入现场，根据设计桩长、沉管入土深度确定机架高度和沉管长度，并进行设备组装。

② 桩机就位后，调整沉管使其与地面垂直，确保垂直度偏差不大于1%，对满布桩的基础，桩位偏差不应大于0.4倍桩径；对于条形基础，桩位偏差不应大于0.25倍桩径，对单排布置的，桩位偏差不应大于60 mm。

③ 启动马达沉管到预定标高后，停机。

④ 沉管过程中做好记录，每沉1 m记录电流表的电流一次，并对土层变化予以说明。

⑤ 停机后立即向管内投料，直至混合料和进料口平。混合料按设计配比经搅拌机加水拌和，拌和时间不得少于1 min，如果粉煤灰的用量较多，拌和的时间还要适当延长。加水量按坍落度30～50 mm控制，成桩后浮浆厚度以不超过20 cm为宜。

⑥ 启动马达，留振5～10 s开始拔管，拔管速度一般在1.2～1.5 m/min，如果遇到淤泥或淤泥质土，拔管速度还可放慢。拔管过程中不允许反插。如果上料不足，须在拔管过程中向管中投料，以保证成桩后桩顶标高达到设计要求。成桩后桩顶标高应考虑计入保护桩长。

⑦ 沉管拔出地面，确认成桩符合设计要求后，用粒状材料或湿黏性土封顶，然后进行下一根桩的施工。

⑧ 施工中抽样做混合料试块，每台机械1 d应做1组(3块)试块，试块为15 cm×15 cm×15 cm的标准试块，在标准养护条件下养护28 d后，测定其抗压强度。

⑨ 施工过程中应做好施工记录。

⑩ 成桩过程中应随时观察地面升降和桩顶上升情况。

9.4.3.4　施工顺序选择

在设计桩的施打顺序时，主要考虑新打桩对已打桩的影响。

施打顺序大体可分为两种：一种是连续施打，如图9.6(a)所示；另一种是间隔跳打，如图9.6(b)所示。连续施打可能造成桩的缺陷是桩径被挤扁或缩颈。如果桩距不太小的话，混合料尚未初凝，连续打桩一般较少发生桩完全断开的现象；间隔跳打桩会使先打桩的桩径较少发生缩小或缩颈现象，但是，当土质较硬时，在已打桩中间补打新桩时，已打的桩可能被振裂或振断。

施打顺序与土性和桩距有关，在软土中，桩距较大可采用隔桩跳打；在饱和的松散粉土中施工，如果桩距较小，则不宜采用隔桩跳打方案。因为松散粉土振密效果较好，先打桩施工完成后，土体密度会明显增

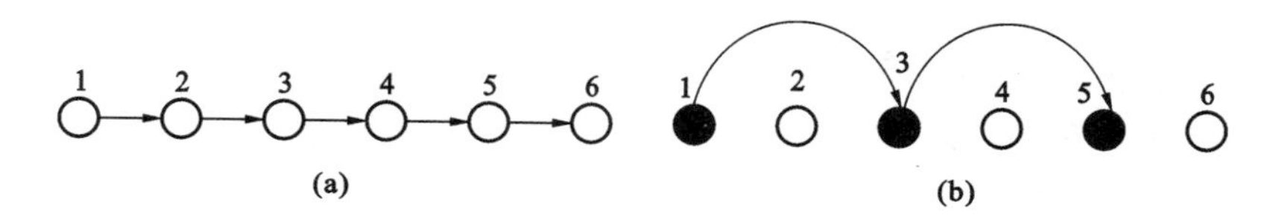

图 9.6　桩的施打顺序示意图

加，而且打的桩越多，土的密实度越大，桩越难打。在补打新桩时，既加大了沉管的难度，又容易造成已打桩断桩现象。满堂布桩，无论桩距大小，均不宜从四周向内推进施工。施打新桩时与已打桩间隔时间不应少于 7 d。

9.4.4　施工中有关注意事项

9.4.4.1　施工监测

施工过程中，特别是施工初期应做如下监测：

(1) 施工场地的标高观测

施工前要测量场地的标高，注意观测点应有足够的数量和代表性。打桩过程中随时测量地面是否发生隆起现象。

(2) 桩顶标高监测

施工过程中应注意已打桩桩顶标高的变化，特别是要注意监测桩距最小部位的桩。

(3) 对桩顶上升较大的桩(＞1 cm)或怀疑发生质量事故的桩应开挖查看，或是采用逐桩静压试验方法加以处理。

9.4.4.2　混合料的坍落度控制

混合料的坍落度过大，则桩体强度将会降低。建议长螺旋钻孔、管内泵压混合料成桩施工的坍落度控制在 160～200 mm、振动沉管灌注成桩施工的坍落度应控制在 30～50 mm，这样混合料的流动性才能保证，从而保证有良好的和易性。

9.4.4.3　拔管速度的控制

试验表明，拔管速度太快将会造成桩径偏小或是缩颈断桩现象。工程实践证明，拔管速度在 1.2～1.5 m/min是适宜的。

应该指出，这里所说的拔管速度不是指的平均速度。国产振动沉管机拔管的速度都比较快，可以通过增加卷扬系统中滑轮组的动滑轮数量来改变拔管速度。除启动后留振 5～10 s 外，拔管过程中不再留振，也不再反插。

9.4.4.4　保护桩长的设置

因为成桩时桩顶不可能正好与设计标高一致，并且桩顶一段由于混合料的自重压力较小或由于浮浆的影响，靠桩顶一段的桩的强度往往较低，更重要的是在已打桩尚未结硬时，施打新桩有可能导致已打桩受到振动挤压，混合料上涌使桩径缩小。若已打桩混合料表面低于地表很多，则桩径被挤小的可能性更大，增大混合料表面的高度即增加了自重压力，可使抵抗周围土挤压的能力提高，特别是基础埋深很大时，空孔太长，桩径很难保证。所以，为了保证桩体长度满足设计要求，则必须设置保护桩长。保护桩长指的是成桩时预先设定加长的一段桩长，而其应在基础施工时予以剔除。

综上所述，设置保护桩长的原则是：

① 设计桩顶标高离地表的距离不大时，保护桩长可取 50～70 cm，上部再用土封顶；

② 桩顶标高离地表的距离较大时，可设置 70～100 cm 的保护桩长，然后上部再用粒状材料封顶直到接近地表。

9.4.4.5　桩头处理

CFG 桩施工完毕待桩体达到一定强度(一般需等 7 d 左右)，方可进行基槽开挖。在基槽开挖中，如果设计桩顶标高距地面不深(一般不大于 1.5 m)，宜考虑采用人工开挖，不仅可防止对桩体和桩间土产生不良影响，而且经济可行。如果基槽开挖较深，开挖面积大，采用人工开挖不经济，可考虑采用机械和人工联合开挖，但人工开挖留置厚度一般不宜小于700 mm；桩头凿平，并适当高出桩间土1～2 cm；清土和截桩时，不得造成桩顶标高以下桩身断裂和扰动桩间土。

9.4.4.6 冬季施工

冬季施工时混合料入孔温度不得低于5 ℃，对桩头和桩间土应采取保温措施。

9.4.4.7 褥垫层的铺设

褥垫层铺设宜采用静力压实法，当基础底面下桩间土含水量较小时亦可采用动力夯实。夯填度(夯实后的褥垫层厚度与虚铺厚度的比值)不得大于0.9。

9.5 质量检验

CFG桩复合地基质量检验应符合下列规定：

(1)施工质量检验应检查施工记录、混合料坍落度、桩数、桩位偏差、褥垫层厚度、夯填度和桩体试块抗压强度等；

(2)竣工验收时，CFG桩复合地基承载力检验应采用复合地基静载荷试验和单桩静载荷试验；

(3)承载力检验宜在施工结束28d后进行，其桩身强度应满足试验荷载条件；复合地基静载荷试验和单桩静载荷试验的数量应不少于总桩数的1%，且每个单体工程的复合地基静载荷试验的数量不应少于3点；

(4)采用低应变动力试验应检测装设完整性，检查数量不低于总桩数的10%。

9.5.1 桩间土的检验

施工过程中，振动对桩间土产生的影响视土的性质不同而不同，对结构性土而言，强度一般要降低，但随时间的增长会有所恢复；对挤密效果好的土，强度会增加。桩间土的变化可通过以下方法检验：

① 施工后可取土做室内土工试验，考察土的物理力学指标的变化。

② 也可做现场静力触探和标准贯入试验，与地基处理前进行比较。

③ 必要时做桩间土静载试验，确定桩间土承载力。

9.5.2 CFG桩的检验

以单桩静载试验来测定桩的承载力，可判断是否发生断桩等缺陷。静载试验要求达到桩的极限承载力。对于CFG桩成桩质量也可采用可靠的动力检测方法抽取不少于总桩数10%的桩判断桩身完整性。

9.5.3 复合地基检验

《建筑地基处理技术规范》(JGJ 79—2012)规定，CFG桩复合地基竣工验收时，应采用复合地基载荷试验进行承载力检验。其检验应在桩身强度满足试验荷载条件、施工已结束后28 d进行，试验数量为总桩数的0.5%～1%，且每个单体工程按随机分布原则检验不应少于3个点。

9.5.4 施工验收

CFG桩复合地基验收时应提交的资料：

① 桩位测量放线图及桩位编号；

② 材料检验及混合料试块试验报告书；

③ 竣工平面图；

④ CFG桩施工原始记录；

⑤ 设计变更通知书及事故处理记录；

⑥ 复合地基静载试验检测报告；

⑦ 施工技术措施。

CFG 桩复合地基质量检验标准如表 9.7 所示。

表 9.7 CFG 桩复合地基质量检测标准

项目	序号	检查项目	允许偏差或允许值		检查方法
			单位	数值	
主控项目	1	原材料	设计要求		查产品合格证或抽样送检
	2	桩径	mm	−20	用钢尺量或计算填料量
	3	桩身强度	设计要求		查 28 d 试块强度
	4	地基承载力	设计要求		按规定的方法
一般项目	1	桩身完整性	按桩基检测技术规范		按桩基检测技术规范
	2	桩位偏差	满堂布桩应小于或等于 0.40D 条基布桩应小于或等于 0.25D		用钢尺量，D 为桩径
	3	桩垂直度	%	≤1.5	用经纬仪测桩管
	4	桩长	mm	+100	测桩管长度或垂球测孔深
	5	褥垫层夯填度	≤0.9		用钢尺量

9.6 工程实例

9.6.1 工程概况

某小区 4 号楼为剪力墙结构住宅。其平面为蝶形，地下 2 层，地上 25 层，局部 27 层，四坡屋顶，总高度 76.4 m，总面积为 67862 m²。中间夹有 2 栋商业楼，商业楼为地下 1 层、地上 2 层的框架结构，面积为 6264 m²。该工程所处场地地形平坦，位于大型冲积扇的中下部，地下水位浅，约为 −1.4 m，属中软场地，可不考虑场地的液化问题。据地质勘察报告可知其土层物理力学性质指标如表 9.8 所示。

表 9.8 土层的物理力学性质指标

土层及编号	层厚(m)	f_k(kPa)	E_{s400}(MPa)	q_s(kPa)	q_p(kPa)
(1) 粉质黏土	2.0	180	14.41	30	
(2) 细中砂	4.0	210	32.00	40	
(3) 粉质黏土	2.0	210	15.57	40	
(4) 细中砂	0.7	220	35.00	45	
(5) 粉质黏土	7.0	210	16.53	35	1800
(6) 细中砂	0.7	220	35.50	30	2200
(7) 粉质黏土	5.5	230	15.78		3200
(8) 细中砂	3.0	240	26.82		
(9) 细中砂	3.0	240	26.82		
(10) 中粗砂	2.1	230	44.70		

9.6.2 CFG 桩复合地基设计

经计算，地基反力为 442 kPa，若采用浅基础，最终沉降量为 150 mm。按《建筑地基基础设计规范》(GB 50007—2011)，本场地允许变形量最大不应大于 100 mm。显然采用天然地基不能满足承载力及变形要求，故采用 CFG 桩复合地基处理方案来提高地基承载力。

(1) CFG 桩设计

① 桩径 d 设计：取桩径为 400 mm，故可采用 ϕ377 mm 的振动沉管打桩机或其他成桩设备成桩。

② 桩长及复合地基置换率设计：

复合地基承载力标准值按式(9.2)计算，其中，CFG 单桩竖向承载力特征值 R_a 可以根据资料利用式(9.3)计算。

这里：$A_p=\frac{\pi}{4}\times 0.4^2=0.1256\ \text{m}^2$；

β 取 0.85；

f_{sk} 取天然地基承载力特征值，即 $f_{sk}=180$ kPa；

$u_p=\pi d=\pi\times 0.4=1.256$ m；

K 取 1.7；

若取桩长 16.4 m，则 $q_p=3200$ kPa

$$\sum q_{si}h_i=30\times 2+40\times 4+40\times 2+45\times 0.7+35\times 7+30\times 0.7=597.5\ \text{kPa}\cdot\text{m}$$

CFG 单桩竖向承载力特征值为：

$$R_a=\frac{u_p\sum_{i=1}^{n}q_{si}l_i+q_pA_p}{K}=\frac{1.257\times 597.5+3200\times 0.1256}{1.7}=678\ \text{kN}$$

设计要求复合地基承载力标准值取 450 kPa，由式(9.2)可知复合地基置换率为：

$$m=\frac{f_{spk}-\beta f_{sk}}{\frac{R_a}{A_p}-\beta f_{sk}}=\frac{450-0.85\times 180}{\frac{678}{0.1256}-0.85\times 180}=5.67\%$$

考虑到建筑物对沉降变形要求等综合因素后取桩长为 18 m(扣除保护桩长)。

③ 桩体强度：由单桩竖向承载力计算桩顶应力为：

$$\sigma_p=\frac{R_a}{A_p}=\frac{678}{0.1256}=5398\ \text{Pa}=5.398\ \text{kPa}$$

由桩顶应力确定桩体水泥标号，$R_{28}\geqslant 3\sigma_p=16.18$ MPa，所以，桩体所用水泥等级应不小于 C20。

④ 桩数理论值为：$n_p=\frac{mA}{A_p}=\frac{0.0567\times 900}{0.1256}=406$ 根，所以，实际布桩数取 412 根。

⑤ 配料设计：可根据室内试验或经验进行配料设计。这里采用单方用水 W、水泥 C、粉煤灰 F、石屑 G_1、碎石 G_2 的用量配料设计，其结果为：$W=186$ kg；$C=252.4$ kg；$F=175$ kg；$G_1=452$ kg；$G_2=1135$ kg。

(2) 褥垫层设计

该工程褥垫层取 20 cm 厚，采用 5～20 mm 粒径的碎石。

(3) 复合地基最终沉降量计算

利用式(9.8)计算

$$S_c=\psi\left[\sum_{i=1}^{n_1}\frac{p_0}{\xi E_{si}}(z_i\bar{a}_i-z_{i-1}\bar{a}_{i-1})+\sum_{i=n_1+1}^{n_2}\frac{p_0}{E_{si}}(z_i\bar{a}_i-z_{i-1}\bar{a}_{i-1})\right]=\psi S'$$

这里将 ψ 的值按《建筑地基基础设计规范》(GB 50007—2011)取值，取 $\xi=2.94$，则计算得到 $S'=195.26$ mm。

压缩模量当量 $\bar{E}_s=\frac{\sum A_i}{\sum\frac{A_i}{E_{si}}}=36.3$ MPa，由 $\bar{E}_s$ 及 p_0 可以查得 $\psi=0.2$。

所以，$S=\psi S'=0.2\times 195.26=39\ \text{mm}<60\ \text{mm}$，满足要求。

9.6.3 检测

地基处理竣工后，经权威建筑工程质量检测中心做静载荷试验，其检查结果如表 9.9 所示。

表 9.9　静载荷试验结果

序号	单桩试验			单桩复合地基试验
	1	2	3	4
静载荷试验总加压值(kN)	1540	1400	1400	2025(900 kPa)
总沉降量(mm)	60.650	5.315	3.990	13.245

从表中结果来看，其单桩静载荷试验均满足建筑工程质量要求。

9.6.4　沉降量观测结果

在结构施工过程中，施工单位在该楼的四角设有 4 个观测点，从首层开始每层结构完工后均进行了沉降量的观测，其观测记录如表 9.10 所示。

从观测沉降量资料可以看出，沉降量不大于 30 mm，估计最终沉降量能满足设计所要求的不大于 60 mm。

表 9.10　沉降量观测结果

楼层	观测时间	绝对沉降量(mm)			
		1 号	2 号	3 号	4 号
首层	1996.8.5	2	3	4	2
4 层	1996.9.6	2	3	4	2
7 层	1996.10.2	3	5	6	3
10 层	1996.10.22	5	7	8	3
13 层	1996.11.15	9.5	13	16	9
16 层	1996.12.15	12	16.5	20	13
19 层	1997.1.5	14	22	24	14.5
22 层	1997.3.5	15	23	25	16.5
24 层	1997.3.19	16	26	26	20

思考题与习题

9.1　试简述 CFG 桩的适用范围。

9.2　CFG 桩加固地基的机理是什么？

9.3　在设计思路上 CFG 桩有何特点？

9.4　CFG 桩的施工方法有哪些？其特点是什么？

9.5　在施工过程中有哪些需要注意的事项？

9.6　某大厦共 18 层，设计室外地坪标高为 8.7 m，基底标高为 2.3 m，箱基埋深为 6.4 m，设计荷载值为 497337 kN，基底压力为 455 kPa，地基主要由第四纪冲(洪)积物构成，箱基持力层为粉质黏土混钙核(厚度为 4 m，其下为中密的细～中砂及硬塑状黏土)，呈软塑～可塑状，承载力特征值为 $f_{ak}=160$ kPa，经深度、宽度修正后承载力特征值 $f_{ak}=330$ kPa，不满足设计要求，采用 CFG 桩处理软弱持力层，形成 CFG 桩复合地基，求 CFG 桩复合地基承载力。

10 灌 浆 法

本章提要

灌浆法是通过某种驱动力将胶凝剂(比如水泥浆)灌入地层中使其相互胶结形成固结体，从而达到改善地基岩土体物理力学性质的目的。根据加固原理灌浆法可分为渗透灌浆、压密灌浆、劈裂灌浆和电动化学灌浆。本章首先介绍浆材的构成和分类以及工程中常用浆材及其性质；然后阐述灌浆法的定义、特点、分类及其适用范围；再重点介绍渗透灌浆、压密灌浆、劈裂灌浆和电动化学灌浆的加固原理、设计计算方法、施工工艺以及灌浆质量控制和检验方法。

本章要求掌握灌浆法的概念、特点、分类以及各类灌浆法的加固原理；熟悉浆材的构成、分类及其基本特性；了解各类灌浆法的设计计算、施工工艺以及灌浆质量控制和检验方法。

10.1 概　　述

灌浆法是指利用液压、气压或电化学原理，通过注浆管将可固化浆液以填充、渗透和挤密等方式注入地层中，使浆液与原松散的岩土颗粒或岩石裂隙胶结形成固结体，以达到改善地基岩土体物理力学性质目的的地基处理方法。其特点是：① 注浆压力相对较低；② 浆液灌入初期为流动状态，其渗透与扩散相对较均匀；③ 注浆过程中基本上不会或较少破坏地层岩土体原有的结构。因此，工程中又称其为静压注浆法。

灌浆法按加固原理可分为渗透灌浆、压密灌浆、劈裂灌浆和电动化学灌浆。

灌浆法适用于土木工程中的各个领域，其加固的目的和作用主要有：

(1) 防渗堵漏　即改善地基岩土体的渗透性能，提高防渗能力，截断水流，防止或减少液体渗漏。例如，坝基注浆帷幕防止漏水或流沙；深基坑开挖止水帷幕防止周边地下水位下降；地下工程(地铁、隧洞、矿山巷道和竖井、海底隧道等)堵水止漏注浆防止开挖时涌水、涌砂，并为地下工程施工提供便利条件。

(2) 提高地基岩土体强度　主要是改善地层岩土体的抗剪强度和承载能力，例如，利用灌浆法整治塌方滑坡、处理路基病害、形成复合地基、处理缺陷桩基等。

(3) 改善地基岩土体的压缩性能　即提高地层岩土体的变形模量，降低地基的沉降和不均匀沉降，例如，湿陷性黄土地基灌浆加固，倾斜建(构)筑物地基灌浆纠偏与加固，消除或减小软土地基上桥台台背填土和地基沉降的灌浆加固等。

(4) 提高地基土抗液化性能　即通过灌浆法消除饱和砂土和粉细砂地基的可液化性。

自从1802年法国人查理斯·贝里格尼(Charles Beriguy)在第厄普(Dieppe)首次采用灌注黏土浆液修复一座受冲刷的水闸以来，灌浆技术的发展已有200余年的历史，已从最初的原始黏土浆液灌浆阶段、初级水泥浆液灌浆阶段、中级化学浆液灌浆阶段，发展到现代的灌浆技术快速发展阶段。如今，灌浆法已成为地基基础加固和岩土工程治理最常用的方法之一，在建筑、交通、铁道、水电、港航、煤炭、冶金等部门都得到了广泛应用，先进的自动化测试仪表和电子计算机监控系统也用来监测和控制灌浆工艺和参数，这不仅大大提高了施工效率，而且可确保工程质量。

10.2 灌浆材料

10.2.1 浆材的构成

浆材主要包括主剂(原材料)、溶剂(水或其他溶剂)和外加剂。

10.2.2 浆材的分类

浆液材料分类的方法很多,如按浆液所处状态可分为真溶液、悬浊液和乳化液;按工艺性质可分为单浆液和双浆液;按主剂性质可分为无机系浆材、有机系浆材和混合型浆材。工程中,通常按图10.1进行分类。

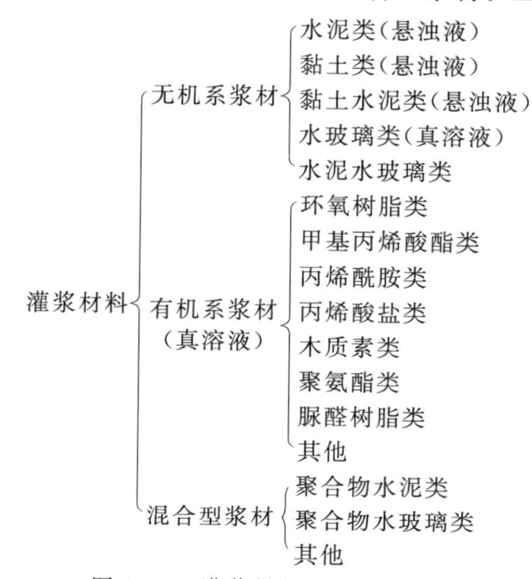

图10.1 灌浆材料按原材料分类

10.2.3 浆材的性质

浆材的性质对灌浆工程至关重要,只有选择合适的浆材才能达到灌浆目的,保证工程质量。浆材的性质主要包括两大类,一是有关浆液的性质,二是有关固结体的性质。浆液的性质主要有浆液的密度、浓度、黏度、沉淀析水性、凝结性等;固结体的性质主要有固结体的收缩性、渗透性、耐久性及强度。

10.2.3.1 浆液的性质

(1) 密度

浆液的密度 ρ 是指浆液中物质的质量与其体积之比。

(2) 浓度

不同的浆液,其浓度的表示方式有所不同,常见的有:

$$一般浆液的百分比浓度=\frac{主剂质量}{浆液质量}\times 100\%$$

$$水泥浆液的水灰比=\frac{水的质量}{水泥的质量}$$

$$水玻璃溶液的波美度°Be'=145-\frac{145}{\rho}(\rho 为浆液的密度)$$

(3) 颗粒大小

对粒状型浆材(悬浊液浆材),主剂的颗粒大小及其在溶剂中的分散度对浆液的可注性和扩散半径有很大影响。主剂的颗粒大小常用颗粒分布曲线表示。

(4) 分散度和稳定性

对于悬浊型浆液,分散度是指主剂在溶剂中的分散程度,分散度越高,可灌性就越好。稳定性是指拌制好的浆液静止时维持原有的分散度和流动性的性能，维持这种状态的时间越长，稳定性就越好。

(5) 沉淀析水性

水泥浆液的沉淀析水是指制备的水泥浆停止搅拌后水泥颗粒在重力作用下沉淀并有水离析出来的现象。水泥浆液水灰比愈大，沉淀析水愈严重(水灰比为 1.0 时，水泥浆的最终析水率可高达 20%)。水泥浆液的沉淀析水对浆液的储运和灌注不利，例如沉淀分层可引起机具管路和地层孔隙的堵塞，灌浆体中形成空穴，使充填率降低，结石率下降。但同时，又需要通过沉淀析水使浆材(通常水灰比为 1.0 左右)达到其凝结所需的水灰比(为 0.25～0.45)。此外，沉淀析水还是渗入性灌浆的一种理论依据，前期浆液灌入地层中的孔洞和裂隙，沉淀析水后，后续浆液不断补充，挤出离析水，提高了填充率和胶结程度。因此，如果析水现象发生在适当的时刻且有浆液补充由析水形成的空隙，则浆液的析水现象不但无害，而且是必需的。

(6) 黏度

黏度是度量浆液黏滞性大小的物理量，它表示浆液在流动时由于相邻浆体之间流动速度不同而发生的内摩擦力的一种指标。浆液的黏度与浓度和温度有关，且大多数随时间延长而增大。黏度对浆液的灌注和胶结性能有重要影响。

(7) 凝结时间

浆液的凝结时间是指浆液从开始拌制到完全失去可塑性所需的时间。它又可细分为初凝时间和终凝时间。初凝时间是指浆液从开始拌制到开始失去塑性的时间；终凝时间是指浆液从开始拌制到完全失去塑性的时间。灌浆过程中，若要求浆液渗透或扩散半径(距离)较大时，则浆液的凝结时间应足够长；但若有地下水运动，或要求浆液不宜扩散太远，或要求浆液灌入后迅速凝结发挥强度，则应缩短浆液的凝结时间。浆液的凝结时间可通过改变浆液组成材料的配比，或选择掺入不同外加剂来调节。

(8) 毒性和腐蚀性

有些化学浆液或其固结体的浸出液具有毒性和腐蚀性，使用时应对其毒性和腐蚀性指标进行测定，并就其对环境的影响进行评价。

10.2.3.2　固结体的性质

水泥类浆液凝结后的固结体称为结石体，化学浆液胶凝后形成的固结体称为凝胶体，结石体与凝胶体可统称为固结体。灌浆工程中关心的固结体性质主要包括固结体的强度、胀缩性、渗透性和耐久性等。

(1) 胀缩性

胀缩性是指浆液结石或胶凝后体积产生收缩或膨胀的性质，可采用结石(胶凝)率来表示。结石(胶凝)率 β 为结石体(凝胶体)体积与浆液体积之比。当 $\beta>1$ 时，结石体(凝胶体)是膨胀的；当 $\beta<1$ 时，结石体(凝胶体)是收缩的，这将在灌浆体中或者与岩土体的胶结面处形成微细裂隙，降低灌浆效果。结石(胶凝)率与浆液中材料本身性质、配合比、外加剂、环境条件等因素有关，灌浆工程中可通过浆材选型和掺入合适的外加剂类型和掺入量来控制。

(2) 析水率

对于粒状类(悬浊)浆液，浆液静止 24 h 后，析出水的体积与原浆液体积之比称为浆液的自由析水率。

(3) 固结体强度

固结体强度主要有单轴抗压强度、抗拉强度、抗折或抗剪强度。对于水泥类悬浊浆液，可用纯浆液固结(结石)体试件进行强度试验，而对化学浆液常在室内采用标准砂注浆制成凝胶体试件进行强度试验。影响水泥类结石体强度的最重要因素是浆液的浓度(水灰比)，其他影响因素有结石体孔隙率、水泥品种及掺和料等。

(4) 渗透性

固结体的渗透性常以渗透系数来表示，固结体的渗透系数越小，防渗性能越好。水泥类结石体的渗透性与浆液起始水灰比、水泥含量及养护龄期等一系列因素有关。纯水泥浆和黏土水泥浆的渗透性都很小，而化学浆材的渗透性则更小。

(5) 耐久性

固结体抵抗各种环境因素作用(如地下水的物理化学作用)，使其产生某些组分溶出、老化等现象并降低或丧失其功能的性能，称为耐久性。水泥结石体在正常条件下是耐久的，但若灌浆体长期受水压力作用，则可能使结石体破坏。

10.2.4 工程常用浆材

10.2.4.1 水泥浆材

水泥浆材是以水泥为主剂、水为溶剂的悬浊型浆液。它结石强度高，成本较低，无毒性，不污染环境，既可用于加固补强，又可用于防渗堵漏，是工程中用途最广和用量最大的浆材。灌浆工程中最常用的是普通硅酸盐水泥，遇侵蚀性环境可采用矿渣水泥、火山灰水泥、抗硫酸水泥等。水泥浆的水灰比一般为0.6～2.0，常用水灰比为1∶1，因此，它具有析水性大、稳定性差、凝结时间较长、易受地下水稀释和冲刷的缺点。而且，随着水灰比的增大，水泥浆的黏度、密度、结石率、抗压强度等都有明显降低，初凝时间和终凝时间也明显增长。工程中常掺入速凝剂、缓凝剂、流动剂、加气剂、膨胀剂和防析水剂等外加剂(图10.2)，以满足不同工程的需要。

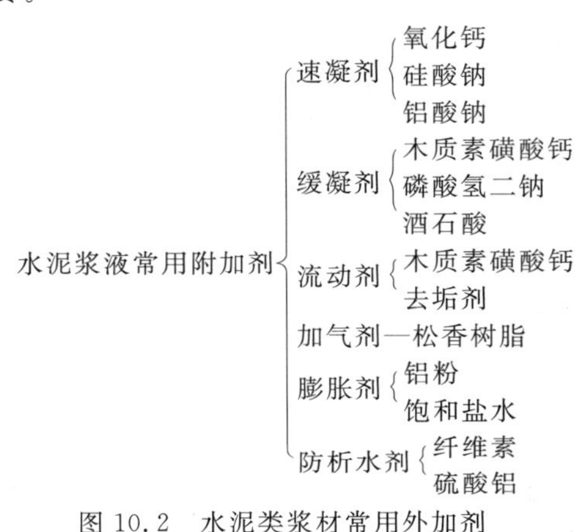

图10.2 水泥类浆材常用外加剂

10.2.4.2 粉煤灰水泥浆材

普通水泥中掺入粉煤灰作为灌浆材料，可节约水泥、降低成本和消化三废材料。粉煤灰可使浆液中酸性氧化物(Al_2O_3 和 SiO_2 等)含量增加，它们能与水泥水化析出的部分氢氧化钙发生二次反应，生成水化硅酸钙和水化铝酸钙等较稳定的低钙水化物，从而使浆液结石的抗溶蚀能力和防渗帷幕的耐久性提高。粉煤灰的用量可高达100%(即在配方中水泥与粉煤灰用量相等)，但将使结石的强度大大降低，因此，灌浆前应根据具体条件进行配方试验。

10.2.4.3 水泥黏土浆材

水泥黏土类浆材是在水泥浆中加入一定量的黏土(如膨润土)而制成。在水泥浆中掺入黏土(一般掺量占水泥质量的5%～15%)，一方面，由于黏土分散度高，亲水性好，可使浆液的稳定性、流动性和可注性大大提高；另一方面，当水泥与黏土搅拌产生水化物后，虽然一部分继续硬化形成水泥水化物骨架，但另一部分则与周围黏土颗粒发生离子交换、团粒化作用和凝结作用等反应，这改变了纯水泥浆中水泥的水化反应方式和过程，其结果是延长了浆液凝结时间，降低了结石体的强度和耐久性。试验结果表明，当水灰比为1∶1，黏土掺量从5%增加至15%时，水泥黏土浆的结石率从87%增加至95%，7 d时结石体强度从5.17 MPa下降到1.56 MPa。因此，水泥黏土浆不宜作为加固注浆材料，适用于充填注浆材料。

10.2.4.4 超细水泥浆材

普通水泥的最大粒径在44～100 μm范围内，由其配置的浆液难以注入渗透系数小于5×10^{-2} cm/s的粗砂土层或宽度小于200 μm的岩体裂隙中；而超细水泥浆材由极细的水泥颗粒组成，其平均粒径为4 μm，最大粒径约为10 μm，比表面积在8000 cm^2/g以上，具有良好的稳定性和可灌性，能灌入渗透系数为10^{-3}～10^{-4} cm/s的细砂，而且能较好地凝结硬化，具有较高的早期和后期强度(大大高于化学浆液)，且对地下水和环境无污染。

10.2.4.5 水玻璃类浆材

水玻璃($Na_2 \cdot nSiO_2$)在酸性固化剂作用下可瞬时产生凝胶，因此可作为注浆材料，它既可作为主剂使用，也可用作外加剂来改善其他类型浆液(如水泥浆液)的性能。由于水玻璃浆材具有无毒、价廉和可灌性好等优点，欧美国家将其列为首选的化学浆材，目前用量占所有化学浆液的90%以上。几种实用且性能较好的水玻璃类浆液如表10.1所示。

表10.1 水玻璃类浆液组成、性能及主要用途

浆液	原料	规格要求	用量(体积比)	凝胶时间	注入方式	抗压强度(MPa)	主要用途	备注
水玻璃氯化钙浆液	水玻璃	模数2.5～3.0 浓度43～45°Be′	45%	瞬间	单管或双管	<3.0	地基加固	注浆效果受操作技术影响较大
	氯化钙	密度1.26～1.28g/cm³ 浓度30～32°Be′	55%					
水玻璃铝酸钠浆液	水玻璃	模数2.3～3.4 浓度40°Be′	1	几十秒～几十分	双管	<3.0	堵水或地基加固	改变水玻璃模数、浓度、铝酸钠含铝量和温度可调节凝胶时间。铝酸钠含铝量影响抗压强度
	铝酸钠	含铝量0.01～0.19 kg/L	1					
水玻璃硅氟酸浆液	水玻璃	模数2.4～3.4 浓度30～45°Be′	1	几秒～几十分	双管	<1.0	堵水或地基加固	两液等体积注入，硅氟酸不足部分加水补充。两液相遇有絮状物产生
	硅氟酸	浓度28%～30%	0.1～0.4					

10.2.4.6 有机类化学浆材

聚氨酯类浆材以多异氰酸酯和聚醚树脂等作为主要原材料，掺入外加剂(如增塑剂、稀释剂、表面活性剂、催化剂等)配制而成。由于浆液中含有未反应的多异氰基团，注入地层后遇水发生化学反应，生成不溶于水的聚合体，起到加固地基和防渗堵水作用。

丙烯酰胺类浆材国外称AM-9，国内则称丙凝，由主剂丙烯酰胺、引发剂过硫酸铵(简称AP)、促进剂β-二甲氨基丙腈(简称DAP)和缓凝剂铁氰化钾(简称KFe)等组成。丙凝浆材有一定的毒性，为此，美国于1980年用10%的丙烯酸盐水溶液为主剂，研制成名为AC-400的无毒浆材。1982年中国水利水电科学研究院也研制成类似的无毒浆材AC-MS。这类浆材的毒性仅为丙凝的1%，但其特性和功能都与AM-9相似。

木质素类浆材是以纸浆废液为主剂，加入一定量的固化剂所组成的浆液。由于目前仅有重铬酸钠和过硫酸铵两种固化剂能使纸浆废液固化，因此，目前只有铬木素浆材和硫木素浆材两种。木质素类浆材属于“三废利用”，原材料丰富，价格低廉，具有很好的发展前景。

改性环氧树脂既保留环氧树脂强度高、黏结力强、收缩性小、化学稳定性好，并能在常温下固化等优点，又克服了其黏度大、可灌性差等缺点，特别适用于混凝土裂缝及软弱岩基特殊部位的灌浆处理。

10.3 灌浆理论

10.3.1 渗透灌浆

渗透灌浆是指采用不足以破坏地层岩土体结构的灌浆压力(即不产生水力劈裂)，把浆液灌入土中的孔隙和岩石中的裂隙，排出并取代其中的自由水和气体的灌浆方法。它所采用的灌浆压力相对较小，基本上不改变原状土的结构和体积，一般只适用于中砂以上的砂性土和有裂隙的岩石地基处理。

渗透灌浆理论有：球形扩散理论、柱形扩散理论和袖套管法理论。

10.3.1.1 球形扩散理论

Maag(1938)假定：① 被灌砂土是均质和各向同性的；② 浆液为牛顿体；③ 浆液从注浆管底端注入地基土内；④ 浆液在地层中呈球状扩散(图10.3)。由此推导出浆液在砂层中的扩散半径r_1与灌浆时间t的关系式为：

$$r_1 = \sqrt[3]{\frac{3kh_1 r_0 t}{\beta \cdot n}} \tag{10.1}$$

式中 k——砂土的渗透系数(cm/s)；

β——浆液黏度对水的黏度比；

r_0——灌浆管半径(cm)；

t——灌浆时间(s)；

n——砂土的孔隙率(%)；

h_1——灌浆压力水头(cm)。

Maag 公式简单实用，适用于中粗砂地层浆液扩散半径估算。除此之外，还有：

Karol 公式

$$r_1 = \sqrt{\frac{3kh_1 t}{n\beta}} \tag{10.2}$$

Raffle 公式

$$t = \frac{nr_0^2}{kh_1}\left[\frac{\beta}{3}\left(\frac{r_1^3}{r_0^3} - 1\right) - \frac{\beta - 1}{2}\left(\frac{r_1^2}{r_0^2} - 1\right)\right] \tag{10.3}$$

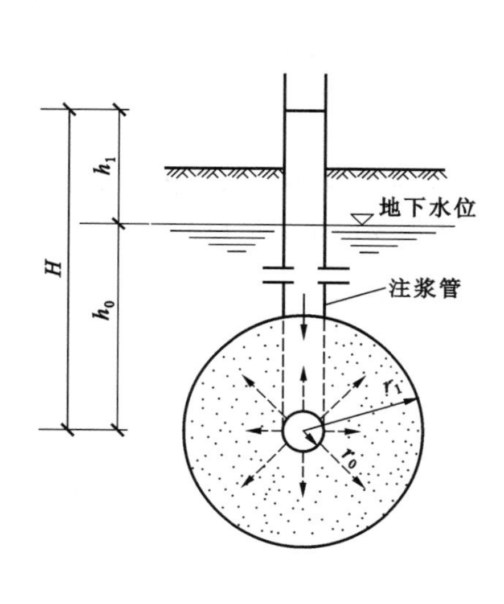

图 10.3 注浆管底端浆液呈球形扩散

h_0—注浆点以上的地下水压头(cm)；

H—地下水压头和灌浆压力水头之和(cm)

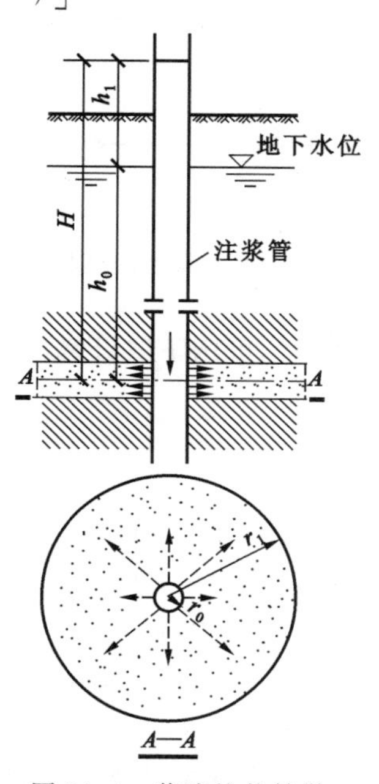

图 10.4 浆液柱状扩散

10.3.1.2 柱形扩散理论

当牛顿流体作柱形扩散时(图 10.4)，浆液扩散半径 r_1 有如下关系：

$$r_1 = \sqrt{\frac{2kh_1 t}{n\beta \ln \frac{r_1}{r_0}}} \tag{10.4}$$

10.3.1.3 袖套管法理论

假定浆液在砂砾石中作紊流运动，则其扩散半径 r_1 为：

$$r_1 = 2\sqrt{\frac{t}{n}\sqrt{\frac{kvh_1 r_0}{d_e}}} \tag{10.5}$$

式中 d_e——被灌土体的有效粒径(cm)；

v——浆液的运动黏滞系数(m^2/s)。

10.3.2 劈裂灌浆

劈裂灌浆是指在压力作用下，浆液克服地层的初始应力和抗拉强度，岩土体沿垂直于小主应力的平面发生劈裂，使地层中原有的裂隙或孔隙张开并形成新的裂隙，从而使浆液的可灌性和扩散距离增大。

10.3.2.1 *砂和砂砾石地层*

在砂和砂砾石地层中，随灌浆压力增加，有效应力减小(图 10.5)。当地层中的有效应力达到极限平衡状态(即图 10.5 中摩尔圆与强度破坏包线相切)时，则可根据有效应力的摩尔-库伦强度准则，导出致使地层某深度处岩土体劈裂的有效灌浆压力 p_e 为：

$$p_e = \frac{(\gamma h - \gamma_w h_w)(1+K)}{2} - \frac{(\gamma h - \gamma_w h_w)(1-K)}{2\sin\varphi'} + c' \cdot \cot\varphi' \tag{10.6}$$

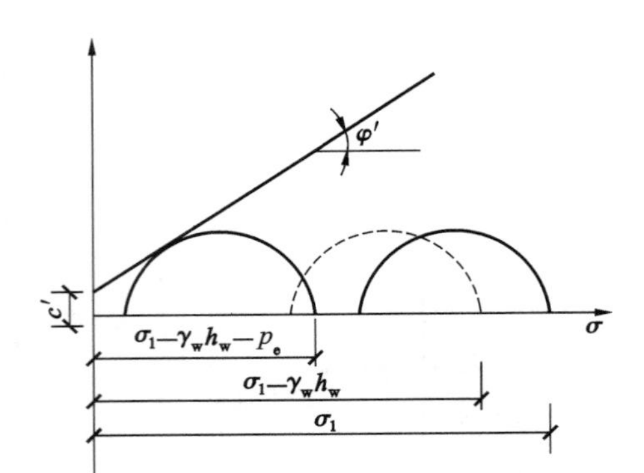

图 10.5 假想的水力劈裂破坏机理

式中 γ——砂或砂砾石的重度(kN/m^3)；
γ_w——水的重度(kN/m^3)；
h——灌浆段深度(m)；
h_w——地下水位高度(m)；
φ'——有效内摩擦角(°)；
c'——有效黏聚力(kPa)；
K——地层灌浆段的有效小主应力 σ_3'($\sigma_3' = \sigma_3 - \gamma_w h_w$，$\sigma_3$ 为总小主应力)与有效大主应力 σ_1'($\sigma_1' = \sigma_1 - \gamma_w h_w$，$\sigma_1$ 为总大主应力)之比，即 $K = \sigma_3'/\sigma_1'$。

10.3.2.2 *黏性土地层*

在黏性土地层中，水力劈裂将引起土体固结及挤出等现象。在只有固结作用时，可用下式计算灌入浆液的体积 V 及单位土体所需的浆液量 Q：

$$V = \int_0^{r_1} (p_0 - u) m_v \cdot 4\pi r_1^2 \mathrm{d}r \tag{10.7}$$

$$Q = p_e' \cdot m_v \tag{10.8}$$

式中 r_1——浆液扩散半径(m)；
p_0——灌浆压力(kPa)；
u——孔隙水压力(kPa)；
m_v——地层体积压缩系数；
p_e'——有效灌浆压力(kPa)。

在存在多种劈裂现象的条件下，则可用下式确定土层被固结的程度 C：

$$C = \frac{(1 - V_c)(n_0 - n_1)}{(1 - n_0)} \times 100\% \tag{10.8}$$

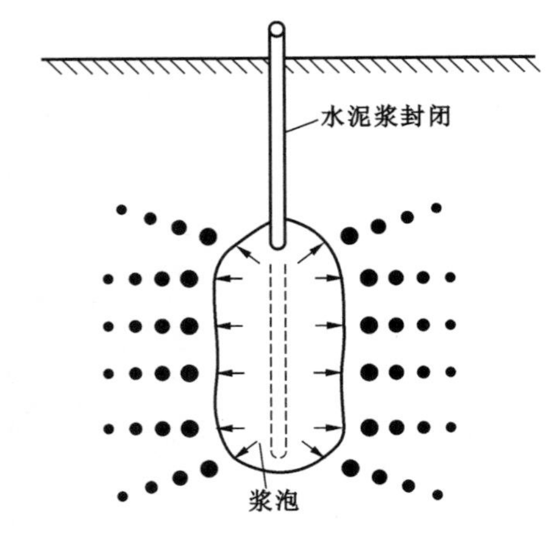

图 10.6 压密灌浆原理示意图

式中 V_c——灌入地层中的水泥结石总体积(m^3)；
n_0、n_1——灌浆前后地层的天然孔隙率。

10.3.3 压密灌浆

压密灌浆是通过钻孔向地层中灌入极浓的浆液，在注浆点形成浆泡并使邻近土体压密(图 10.6)，以实现置换和压密地基土体。

在均匀土中的浆泡形状相当规则，一般为球形或圆柱形，但在非匀质土中则很不规则。浆泡的最后尺寸取决于很多因素，如土的密度、湿度、力学性质、地表约束条件、灌浆压力和注浆速率等。有时浆泡的横截面直径可达 1 m 或更大，实践证明，离浆泡界面 0.3～2.0 m 内的土体都能受到明显的加密。

当浆泡的直径较小时，灌浆压力基本上沿钻孔的径向扩展。

随着浆泡尺寸的逐渐增大，将产生较大的上抬力而使地面抬动，可利用此特性使下沉的建筑物抬升纠偏。

压密灌浆常用于中砂地基和具有较好排水条件的黏土地基处理，如果遇到排水困难而可能在土体中引起高孔隙水压力时，就必须采用很低的注浆速率。压密灌浆也可用于非饱和土地基不均匀沉降调整和基础托换，以及在大开挖或隧道开挖时加固邻近土体。

10.3.4 电动化学灌浆

电动化学灌浆法是基于电渗排水和灌浆法而发展起来的地基处理方法。该法将注浆管作为阳极，滤水管作为阴极，并通以直流电(两电极间电压梯度一般为 0.3～1.0 V/cm)，在电渗作用下，土中孔隙水从阳极流向阴极，注浆管压出的浆液随即流入孔隙水腾出的空隙中，并在土中硬结。

电动化学灌浆可注入渗透系数 $k<10^{-4}$ cm/s 的地层，但应注意因电渗排水作用而引起邻近既有建筑基础的附加下沉。

10.4 设计计算

10.4.1 灌浆方案的选择

灌浆方案的选择就是根据灌浆的目的和地层等情况确定出合适的浆材和灌浆方法。当灌浆目的是为了提高地基强度和变形模量时，可选用水泥类浆材(比如纯水泥浆、水泥砂浆、水泥水玻璃浆等)或者高强度化学浆材(比如环氧树脂、聚氨酯以及以有机物为固化剂的硅酸盐浆材等)；而若为了防渗堵漏，则可选用黏土水泥浆、黏土水玻璃浆、水泥粉煤灰混合物、丙凝、AC-MS、铬木素以及无机试剂的硅酸盐浆液等。同样，不同地层(灌浆对象)采用的浆材和灌浆方法也有所不同。表 10.2 是根据不同灌浆对象和目的的灌浆方案。

表 10.2 不同灌浆对象和目的的灌浆方案

编号	灌浆对象	适用的灌浆原理	适用的灌浆方法	常用灌浆材料	
				防渗灌浆	加固灌浆
1	卵砾石	渗透灌浆	袖阀管法最好，也可用自上而下分段钻灌法	黏土水泥浆或粉煤灰水泥浆	水泥浆或硅粉水泥浆
2	砂	渗透灌浆、劈裂灌浆	袖阀管法最好，也可用自上而下分段钻灌法	酸性水玻璃、丙凝、单宁水泥系浆材	酸性水玻璃、单宁水泥浆或硅粉水泥浆
3	黏性土	劈裂灌浆、压密灌浆	袖阀管法最好，也可用自上而下分段钻灌法	水泥黏土浆或粉煤灰水泥浆	水泥浆、硅粉水泥浆、水玻璃水泥浆
4	岩层	渗透灌浆、劈裂灌浆	小口径孔口封闭自上而下分段钻灌法	水泥浆或粉煤灰水泥浆	水泥浆或硅粉水泥浆
5	断层破碎带	渗透灌浆、劈裂灌浆	小口径孔口封闭自上而下分段钻灌法	水泥浆或先灌水泥浆后灌化学浆	水泥浆或先灌水泥浆后灌改性环氧树脂或聚氨酯
6	混凝土内微裂缝	渗透灌浆	小口径孔口封闭自上而下分段钻灌法	改性环氧树脂或聚氨酯浆材	改性环氧树脂浆材
7	动水封堵	采用水泥水玻璃等快凝材料，必要时在浆液中掺入砂等粗料，在流速特大的情况下，尚可采取特殊措施，例如在水中预填石块或级配砂石后再灌浆			

10.4.2 灌浆标准

灌浆标准是指地基灌浆后应达到的质量指标。由于灌浆的目的和要求不同，灌浆对象千差万别，目前很难有一个比较统一的标准，只能根据具体情况作出具体的规定。通常灌浆标准越高，灌浆难度越大，造价也越高。

(1) 防渗标准

防渗标准是防渗堵漏工程灌浆后应达到的质量指标。防渗标准多采用地层的渗透系数 k(用于砂或砂砾石地层)或者压水透水率 q(用于岩石地基，即在 1 MPa 水压力作用下，每分钟压入每米孔段的水量，单位为 Lu)来表示，渗透系数 k 和压水透水率 q 越小，表明灌浆质量越好。对重要的防渗工程，多要求将地基土的渗透系数降低至 $10^{-4} \sim 10^{-5}$ cm/s 以下。我国《混凝土重力坝设计规范》(SL 319—2005)规定：坝高大于 100 m 时，防渗标准为 1～3 Lu；坝高 50～100 m 时为 3～5 Lu；坝高 50 m 以下为 5 Lu。

(2) 强度和变形标准

强度和变形标准是指经灌浆处理加固后的地基及岩土体应达到的有关承载能力、物理力学性质和变形性能等方面的指标。这些指标包括地基的承载力、变形模量、压缩系数，以及岩土体的抗压强度、抗拉强度、抗剪强度、黏结强度等。

(3) 施工控制标准

施工控制标准是指为保证灌浆工程质量而在施工过程中应达到的质量控制指标，通常采用预估的理论灌浆量和耗浆量降低率指标来进行控制。

10.4.3　浆材及配方设计原则

灌浆工程中浆材的选配应根据工程实际要求进行，并使其尽可能具备以下特性：

① 浆液的稳定性好。在常温常压下，长期存放不改变性质，不发生化学反应。

② 浆液黏度低，流动性好，可灌性强，能灌注到细小裂缝或粉细砂层中。比如，在砂砾石地层中，采用粒状浆材(悬浊液)时，一般要求砂砾土中含量为 15% 的颗粒尺寸 d_{15} 与浆材中含量为 85% 的颗粒尺寸 d_{85} 之比(称为可灌比) N 不小于 10～15。

③ 浆液凝胶时间在一定范围内可调，并能准确地控制。以水泥为主剂的注浆加固，在砂土地基中，浆液初凝时间宜为 5～20 min；在黏性土地基中，浆液初凝时间宜为 1～2h。

④ 浆液无毒无臭，不污染环境，对人体无害，属非易燃易爆物品。

⑤ 浆液应对注浆设备、管路、混凝土结构物、橡胶制品等无腐蚀性，并容易清洗。

⑥ 浆液固化时无收缩现象，固化后与岩土体、混凝土等有一定黏结性。

⑦ 结石体有一定抗压强度和抗拉强度，不龟裂，抗渗性能和防冲刷性能好。

⑧ 结石体耐久性好，能长期耐酸、碱、盐、生物细菌等腐蚀并不受温度湿度影响。

⑨ 材料的来源丰富、价格低廉，浆液的配制方便、操作容易。

10.4.4　浆液有效扩散半径

浆液有效扩散半径 r 是指符合设计要求的浆液扩散距离，是一个极为重要的设计参数。对于较简单的工程，浆液扩散半径可根据 10.3 节的理论公式估算，或按工程经验类比确定；对于复杂或重要工程，则应根据现场灌浆试验确定。但是，地基土的构造和渗透性多数是不均匀的，尤其在深度方向上，因而无论是理论计算还是现场灌浆试验，都难求得一个适用于整个地层的具有代表性的 r 值。然而由于某些原因，实际工程中又往往只能采用均匀布孔的方法，为了克服这一矛盾，设计时应注意以下几点：

① 在进行现场灌浆试验时，要选择不同特点的地基，最好用不同的方法灌浆，以求得不同条件下浆液的 r 值；

② 所谓扩散半径，并非最远距离，而是符合设计要求的扩散距离；

③ 在确定设计扩散半径时，要选取多数条件下可以达到的数值，而不取平均值；

④ 当有些地层因渗透性较小而不能达到设计 r 值时，可提高灌浆压力或浆液的流动性，必要时还可在局部地区增加钻孔以缩小孔距。

10.4.5　孔位布置

对于防渗堵漏工程，灌浆体应相互搭接以形成连续的灌浆体帷幕。

若采用单排灌浆孔(图 10.7)，则灌浆体厚度 B_1 与孔距 l_1 有如下关系：

$$B_1 = \sqrt{4r^2 - l_1^2} \tag{10.9}$$

式中　r——浆液有效扩散半径(m)。

若灌浆体厚度 B_1 不能满足设计灌浆帷幕厚度要求，则应采用多排灌浆孔。灌浆孔的最优布置应使灌浆体搭接区既不留空白又不产生过多搭接，如图10.8所示。由此，可推导出多排孔最大有效灌浆厚度 B_m 为：

$$B_m = \begin{cases} (m-1)r + (m+1)\sqrt{r^2 - \dfrac{l_m^2}{4}}, m = 3,5,7,\cdots \\ m\left[r + \sqrt{r^2 - \dfrac{l_m^2}{4}}\right], m = 2,4,6,\cdots \end{cases} \tag{10.10}$$

式中 m——灌浆孔排数；

l_m——最优搭接灌浆孔间距(m)。

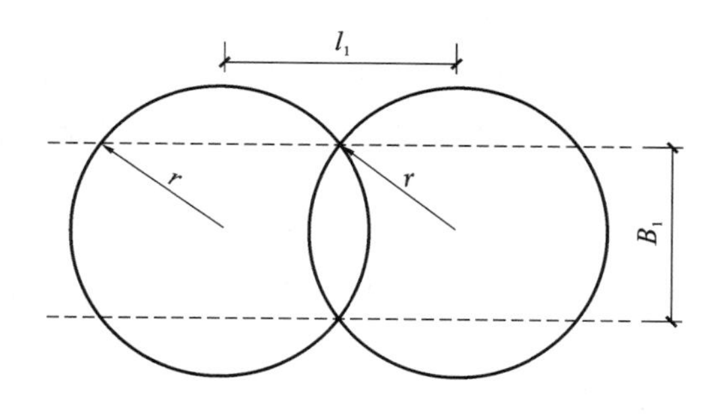

图10.7 单排灌浆孔的布置

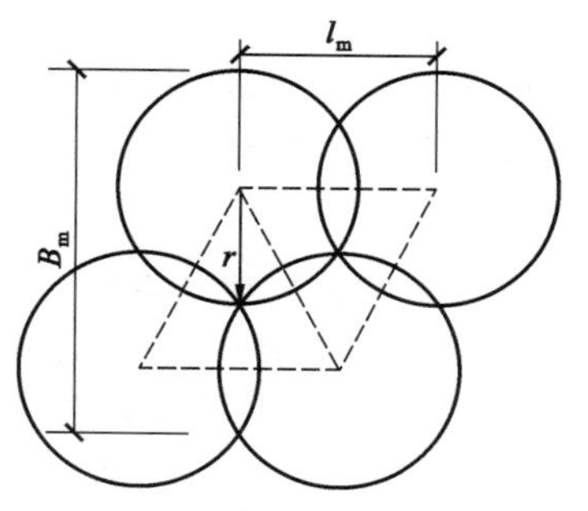

图10.8 多排灌浆孔最优布置

10.4.6 灌浆压力

灌浆压力是指不破坏地层结构，或仅发生局部的和少量的破坏但不对邻近建(构)筑物产生影响条件下可能采用的最大压力。通常，较高的灌浆压力能使一些微细孔隙张开，地层的透水性和可灌性得到提高，浆液扩散距离增大，从而可在保证灌浆质量的前提下，使钻孔数减少。此外，高灌浆压力还有助于挤出浆液中的多余水分，使浆液结石的强度提高。但当灌浆压力超过地层的压重和强度时，将可能导致地基及其上部结构的破坏。

灌浆压力值与地层土的密度、强度和初始应力、钻孔深度、位置及灌浆次序等因素有关，而这些因素又难以准确预知，因而宜通过现场灌浆试验来确定。若无试验资料，则可根据工程经验确定。一般认为，对于劈裂灌浆，砂土中灌浆压力宜取0.2～0.5 MPa；黏性土中宜取0.2～0.3 MPa；对于压密注浆，采用水泥砂浆浆液时，坍落度在25～75 mm之间，注浆压力应为1～7 MPa，坍落度较小时，注浆压力可取上限值，如采用水泥-水玻璃双液快凝浆液，则注浆压力应小于1 MPa。注浆点上覆土层厚度应大于2 m。

10.4.7 灌浆量

灌浆所需的浆液总用量 Q 可参照下式计算：

$$Q = 1000\ KVn \tag{10.11}$$

式中 Q——浆液总用量(L)；

V——注浆对象的土量(m^3)；

n——土的孔隙率(%)；

K——经验系数，软土、黏性土和细砂中 K=0.3～0.5，中粗砂中 K=0.5～0.7，砾砂中 K=0.7～1.0，湿陷性黄土中 K=0.5～0.8。

一般情况下，黏性土地基中的浆液灌入率为15%～20%。

10.5 施 工 方 法

10.5.1 灌浆施工设备

灌浆用的最主要施工设备是造孔用的钻机、配浆用的制浆机和搅拌机、灌浆用的灌浆泵，除此之外，通常还应有输浆管、阻塞器、观测仪器仪表等辅助设备。

当灌注黏土水泥浆等粒状浆液时，国内多采用活塞式注浆泵或泥浆泵，浆中掺砂时则采用专门的砂浆泵。若进行化学注浆，则按单液法和双液法分为两类设备系统：

① 单液灌浆设备系统适用于灌注凝固时间较长的浆液。灌浆时将浆液的各种成分直接置于同一搅拌槽内搅拌，然后用一台注浆泵灌入孔内。如果灌浆压力和耗浆量不大，也可用手摇泵代替机动泵。

② 双液灌浆设备系统则把主剂和外加剂分别盛于两个搅拌槽内，用两台泵分别压送至混合器内，混合均匀后再灌入注浆孔中。根据浆液的胶凝时间长短，混合器可放在孔外，或者孔内灌浆段上部。

10.5.2　岩石地层灌浆

岩石地层灌浆的步骤为：钻孔、清孔、压水试验获取岩层渗透性指标和灌浆。浆材一般为纯水泥浆。灌浆时，首先采用较稀的水泥浆，以防细裂隙被浓浆堵塞；然后，视具体情况逐步提高灌浆压力和浆液浓度；最后，用最大灌浆压力闭浆 30～60 min，以排除裂隙中浆液的多余水分。

岩层灌浆多采用下述三种方法：

① 自上而下孔口封闭分段灌浆法[图 10.9(a)]。此法的优点是，全部孔段均能自行复灌，利于加固上部比较软弱的岩层，而且免去了取下柱塞的工序，节省时间。

② 自下而上柱塞分段灌浆法[图 10.9(b)]。此法虽然工序简单，工效较高，但缺点较多，比如灌浆前的压力资料不精确，在裂隙发育和较软弱的岩层中容易造成串浆、冒浆和地层上台等事故，因而此方法仅适用于裂隙不很发育和比较坚硬的岩层。

③ 自上而下柱塞分段灌浆[图 10.9(c)]。柱塞易于堵塞严密，压水资料比较准确，并能自上而下逐段加固岩层和减少浆液串冒和岩层上台等事故。在地质条件较差的岩层中多采用此方法。

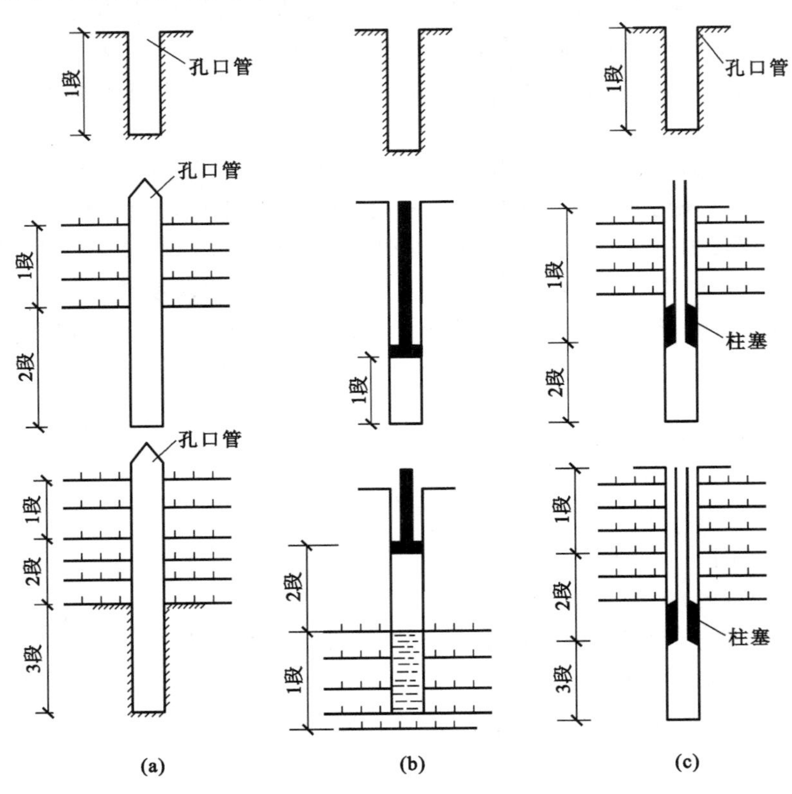

图 10.9　岩石地层灌浆方法

10.5.3　土层灌浆

10.5.3.1　打花管灌浆法

首先在地层中打入一个下部带尖头的花管[图 10.10(a)]，然后冲洗进入管中的砂土[图 10.10(b)]，最后自下而上分段拔管灌浆[图 10.10(c)]。

10.5.3.2 套管护壁灌浆法

边钻孔边打入护壁套管，直至设计的灌浆深度[图 10.11(a)]，再下灌浆管[图 10.11(b)]，然后拔套管灌注第一注浆段[图 10.11(c)]，再拔套管灌注第二段[图 10.11(d)]，如此边拔边灌直至孔顶。

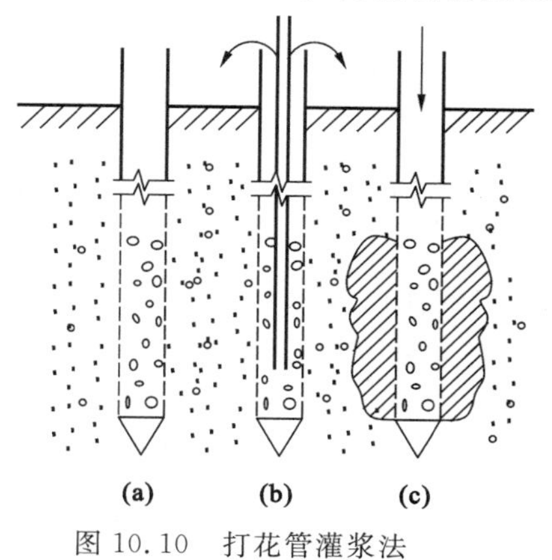

图 10.10 打花管灌浆法

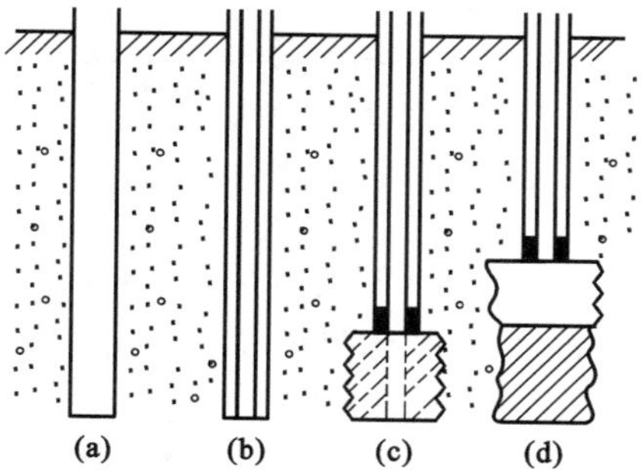

(a) (b) (c) (d)

图 10.11 套管护壁灌浆法

10.5.3.3 边钻边灌法

仅在地表埋设护壁管，无须在孔中打入套管，自上而下钻完一段灌注一段，直至设计深度为止。钻孔时需用泥浆固壁或较稀的浆液护壁。该法除了钻灌工序合一、无须埋全长护壁管的优点外，还可在自上而下分段灌浆时，全孔同时受压，对各灌浆段都起到多次复灌作用，有利于排除灌浆体内的多余水分，提高浆液结石的密实度。

10.5.3.4 袖阀管法

袖阀管法由法国 Soletanche 公司首创(又称索列丹斯法)，20 世纪 50 年代在国外被广泛用于解决砂砾石和黏性土的灌浆问题，20 世纪 80 年代末我国逐步将其用于砂砾层渗透灌浆、软土层劈裂灌浆(SRF 工法)和深层土体(超过 30 m)劈裂灌浆。该方法的主要设备和钻孔构造如图 10.12 所示，其施工工艺如下：

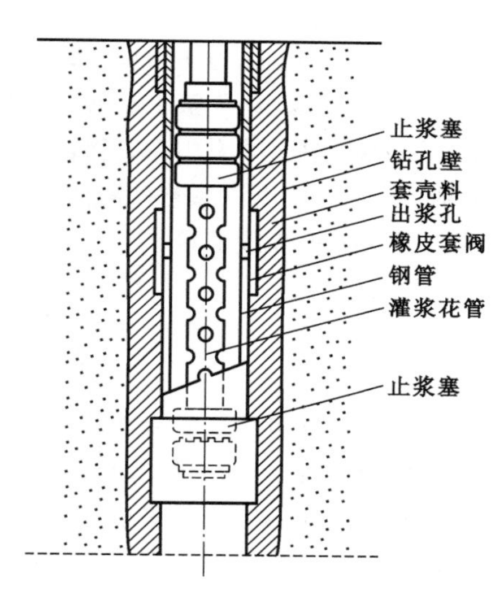

图 10.12 袖阀管法的设备和构造

① 钻孔。通常用优质泥浆（例如膨润土浆）进行固壁，很少用套管护壁。

② 插入袖阀管。为使套壳料的厚度均匀，应设法使袖阀管位于钻孔的中心。

③ 浇筑套壳料。将用黏土与水泥浆配置的套壳料置换孔内泥浆，浇筑时应避免套壳料进入袖阀管内，并严防孔内泥浆混入套壳料中。

④ 灌浆。待套壳料具有一定强度后，在袖阀管内放入带双塞的灌浆管进行灌浆。

袖阀管法的主要优点有：可根据需要灌注任何一个灌浆段，还可以进行重复灌浆；可使用较高的灌浆压力，灌浆时冒浆和串浆的可能性小；钻孔和灌浆作业可以分开，提高钻机的利用率。

同时，袖阀管法的缺点主要有：袖阀管被具有一定强度套壳料所胶结，因而难以拔出重复使用，耗费的管材较多；每个灌浆段长度固定为 30～50 cm，不能根据地层的实际情况调整灌浆段长度。

10.5.4 灌浆次序

无论是在岩层还是在土层中灌浆，都应根据分序逐渐加密的原则施工，亦即把一排灌浆孔分成若干次序，按先疏后密、中间插孔的方法进行钻孔灌浆，如图 10.13所示。图中 d_0 为起始孔距，d 为最终孔距，数字 1、2、3、4 代表第 i 序孔。若根据地质条件及施工期限等因素决定加密次数为 n，则有 $d_0=2^n d$。

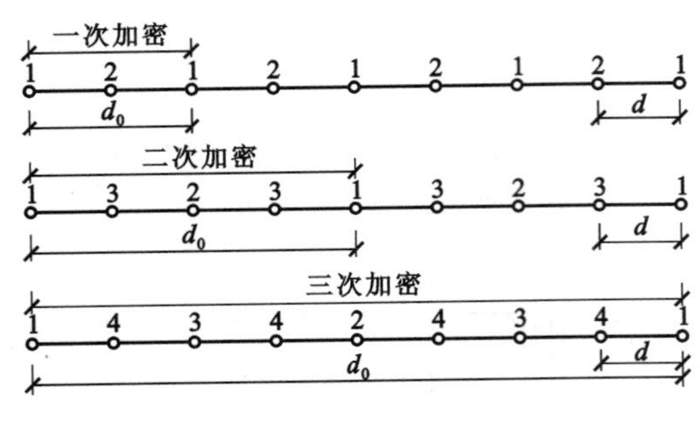

图 10.13　灌浆孔加密次序

有多排孔的情况，排与排之间也要遵循逐渐加密的原则，一般是先灌边排后灌中间排。当只有两排孔，且地层中有地下水流动或有水头压力的情况下，最好先灌下游排后灌上游排。

10.5.5　灌浆施工的注意事项

① 注浆孔的钻孔孔径一般为 70～110 mm，垂直偏差应小于 1%。注浆孔有设计角度时应预先调节钻杆角度，倾角偏差不得大于 20″。

② 当钻孔钻至设计深度后，必须通过钻杆注入封闭泥浆，直到孔口溢出泥浆方可提杆。当提杆至中间深度时，应再次注入封闭泥浆，最后完全提出钻杆。封闭泥浆的 7 d 无侧限抗压强度宜为 0.3～0.5 MPa，浆液黏度 80～90 Pa·s。

③ 注浆压力一般与加固深度的覆盖压力、建筑物的荷载、浆液黏度、灌注速度和灌浆量等因素有关。注浆过程中压力是变化的，初始压力小，最终压力高，在一般情况下每深 1 m 压力增加 20～50 kPa。

④ 若进行第二次注浆，化学浆液的黏度应较小，不宜采用自行密封式密封圈装置，宜采用两端用水加压的膨胀密封型注浆芯管。

⑤ 灌完浆后要及时拔管，若不及时拔管，浆液会把管子凝住而增加拔管难度。拔管时宜使用拔管机。用塑料阀管注浆时，注浆芯管每次上拔高度应为 330 mm；花管注浆时，花管每次上拔或下钻高度宜为 500 mm。拔出管后，及时刷洗注浆管等，以便保持通畅洁净。拔出管后在土中留下的孔洞，应用水泥砂浆或土料填塞。

⑥ 灌浆的流量一般为 7～10 L/min。对充填型灌浆，流量可适当加大，但也不宜大于 20 L/min。

⑦ 冒浆处理。土层的上部压力小，下部压力大，浆液就有向上抬高的趋势。灌注深度大，上抬不明显，而灌注深度浅，浆液上抬较多，甚至会溢到地面上来，此时可采用间歇灌注法，亦即让一定数量的浆液灌入上层孔隙大的土中后，暂停工作，让浆液凝固，反复几次，就可把上抬的通道堵死。或者加快浆液的凝固时间，使浆液出注浆管就凝固。工作实践证明，需加固的土层之上，应有不少于 2 m 厚的土层，否则应采取措施防止浆液上冒。

10.6　灌浆质量与效果检验

灌浆质量与灌浆效果的概念不完全相同。灌浆质量一般是指灌浆施工是否严格按设计和施工规范进行，例如灌浆材料的品种规格、浆液的性能、钻孔角度、灌浆压力等，是否都符合规范的要求，若不符合规范要求则应根据具体情况采取适当的补充措施；灌浆效果则指灌浆后能将地基土的物理力学性质提高的程度。灌浆质量高不等于灌浆效果就好。因此，设计和施工中，除应明确规定某些质量指标外，还应规定所要达到的灌浆效果及检查方法。

灌浆效果的检验，通常在注浆结束后 28 d 才可进行，检验方法如下：

① 统计计算灌浆量。可利用灌浆过程中的流量和压力自动曲线进行分析，从而判断灌浆效果。

② 利用静力触探测试加固前后土体力学指标的变化，用以了解加固效果。

③ 在现场进行抽水试验，测定加固土体的渗透系数。

④ 采用现场静载荷试验测定加固土体的承载力和变形模量。

⑤ 采用钻孔弹性波试验测定加固土体的动弹性模量和剪切模量。

⑥ 采用标准贯入试验或轻便触探等动力触探方法测定加固土体的力学性质，此方法可直接得到灌浆前后原位土的强度，以便进行对比。

⑦ 室内试验。通过室内加固前后土的物理力学指标的对比试验，判断加固效果。

⑧ 采用 γ 射线密度计法。它属于物理探测方法的一种，可在现场测定土的密度，用以说明灌浆效果。

⑨ 使用电阻率法。将灌浆前后对土所测定的电阻率进行比较，根据电阻率差说明土体孔隙中浆液的存在情况。

在以上方法中，动力触探试验和静力触探试验最为简便实用。检验点一般为灌浆孔数的 2%～5%，如果检验点的不合格率等于或大于 20%，或虽然小于 20%但检验点的平均值达不到设计要求，在确认设计原则正确后应对不合格的注浆区实施重复注浆。

10.7 工 程 实 例

本节介绍深孔全封闭预注浆法防治隧道断层破碎带透水工程实例。

10.7.1 工程概况

本溪八盘岭隧道有长 410 m 的断层带，其中 250 m 由 F_6、F_7 两条区域性断裂层组成。由于受东西向主压应力的作用，岩体挤压破碎严重，多呈碎石状镶嵌结构。断层破碎带内构造、节理和石灰岩溶裂隙水富集，涌水量达 10000 m^3/d，局部有股流，甚至有突水发生。地表水与地下水连通性好，两断层均在地表露头，出露地貌为低谷带，汇水面积大。地下水位高于铁路路肩设计标高 137 m，给施工造成很大困难。尤其是隧道地表附近有许多村庄和工矿企业，其生活用水和工业用水均依赖分布于含水 F_6、F_7 低谷一带的三眼泉水，建设单位不能打漏，以免因此造成巨大的赔偿损失。

10.7.2 注浆参数设计

该断层处理的关键问题是止水，不能因开挖而影响这一地域的地下水径流的平衡条件。在进行了大量试验的基础上，按照注浆扩散半径、段长、固结强度等设计要求，同时根据现场施工条件，确定基准浆液配比及基本水灰比、水玻璃浓度以及水泥浆与水玻璃的体积比，编制了现场操作的浆液配制和便于现场调整浆液浓度的调整表。

注浆有效范围为开挖轮廓线外 4 m(塌方地段为 5 m)，注浆段长 20 m，注浆方式为无涌水全孔一次压入式，有涌水为前进式，注浆压力为 4～5 MPa，浆液流量 60～120 L，止浆岩盘 3～4 m，水灰比(0.75∶1)～(1∶1)，水玻璃浓度 25～35°Be′，水泥浆与水玻璃体积比为 1∶0.5。沿开挖轮廓线单排辐射布孔，孔底成双层重叠。涌水地段，拱部双排布孔。钻机采用瑞典阿特拉斯公司的 H174、H178 型液压钻孔车，注浆泵采用锦西注浆泵厂的 2TGZ-60/210、2TGZ-120/60 双液注浆泵，配套机具包括自制搅拌桶、三通混合器、橡胶止浆塞等。

10.7.3 水泥-水玻璃双液浆现场配比试验

试验原料为：强度等级 42.5 和 52.5 级普通硅酸盐水泥，出厂浓度 45°Be′、模数 2.75 的水玻璃，磷酸氢二钠缓凝剂。

试验目的：分析双液浆的水灰比、水泥浆与水玻璃体积比、水玻璃浓度、缓凝剂掺量以及水泥品种等因素间的内在联系及其对双液浆凝胶时间、抗压强度等的影响。

八盘岭隧道断层破碎带岩石破碎严重，含水量大，设计要求一次注浆段长 20 m，每孔注浆扩散半径为 4 m，浆液凝胶时间为 3 min，在含水地段为 1～2 min。考虑双液浆在岩体中的扩散，原方案采用掺缓凝剂的方法延长凝胶时间。又根据涌水量、岩体孔隙率等，进行了试验设计。

试验结果表明：① 水泥浆浓度与凝结时间呈直线关系，水泥浆越浓，反应越快，并且水玻璃越稀，反应越快。② 双液浆的水灰比小，水玻璃浓度高，浆液比大，凝胶后很快进入初凝；反之，凝胶与凝结时差将逐渐拉大，浆体也由硬塑状态逐渐变为软塑状态。

10.7.4 注浆工艺

注浆孔沿开挖轮廓线单排辐射状布置(图 10.14)，孔底成双层重叠，掌子面中间的注浆孔可填补正面可能形成的注浆死角，以防止开挖时正面突水。对围岩特别破碎且涌水量较大的地段，拱部双排布孔。

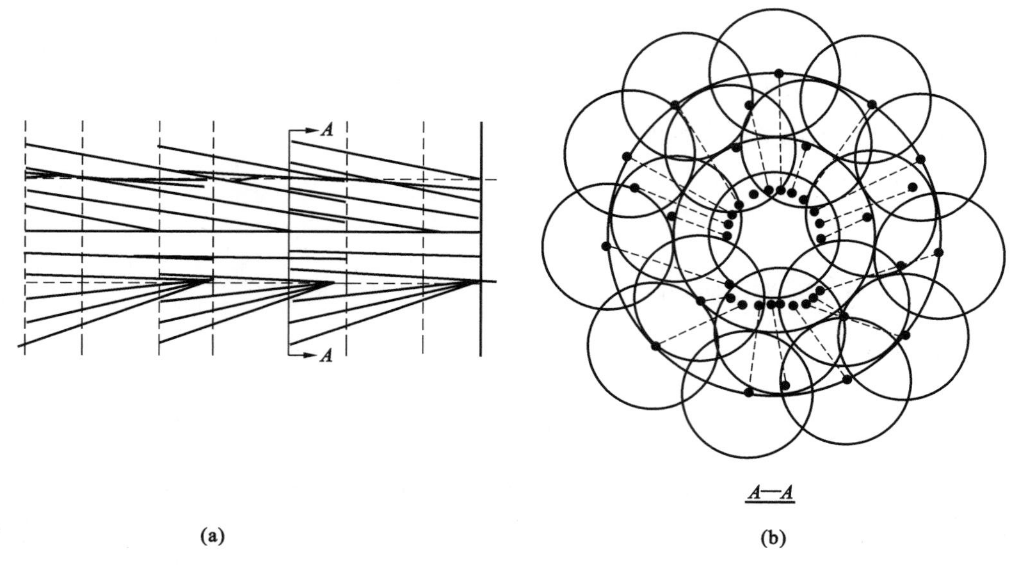

图 10.14　深孔全封闭注浆孔设计图

(a) 立面图；(b) A—A 剖面

一般注浆前先做压水试验，以冲洗岩石裂隙，扩大浆液通路，增加浆液充填的密实性，同时还可核实岩层的渗透性。但对于含水断层破碎带不宜压清水，而是直接压注水泥浆液，再注双液浆。对于塌方地段，因空隙大、水量也大，可直接压注双液浆。

每孔注浆结束标准，原则上以注浆终压达到设计规定，而进浆量达到设计的 80%时结束注浆。

10.7.5　注浆效果

在长断层、高压水、大水量且不准排放的条件下，全封闭注浆止水达到了预期的效果。隧道开挖轮廓线外的固结止水帷幕厚度达 4～5 m，7 d 的固结强度平均达 5.6 MPa，堵水率达 90%以上。由于围岩固结后整体性好，取消了原设计的超前小管棚、钢支撑及钢格栅，断层带施工速度创造了单月成洞 26.5 m 的纪录。

思考题与习题

10.1　试述灌浆法的种类及其适用范围。

10.2　简述浆材的种类、特点及其适用条件。

10.3　试述浆液和固结体的主要性质以及工程上注浆材料的选择要求。

10.4　简述渗透灌浆、劈裂灌浆、挤密灌浆和电动化学灌浆的基本原理。

10.5　试述浆液扩散半径的影响因素及确定方法。

10.6　简述确定工程灌浆标准的原则和方法。

10.7　简述灌浆施工方法的分类及其施工工艺。

10.8　某水库坝基灌浆帷幕工程，要求灌浆帷幕厚度达到 2.5 m，现通过现场试验确定出浆液有效扩散半径为 0.5 m，试合理确定出灌浆孔间距和排数。

11　高压喷射注浆法

本章提要

高压喷射注浆法是将带有特殊喷嘴的注浆管通过钻孔置入到预定深度、以浆液(如水泥浆)高压(20 MPa左右)冲切土体,再以一定速度提升注浆管,待浆液凝固成水泥土固结体,从而改良岩土性能的一种新技术,它可以增加地基强度、止水防渗、防止砂土液化、减少支挡结构物土压力等。

本章介绍高压喷射注浆法的加固机理、设计、施工和质量检验方法。

11.1　概　　述

20世纪60年代末期,日本将高压水射流技术应用到灌浆工程中,创造出高压喷射注浆法。1972年,铁道科学研究院率先开发此项技术。1975年,我国冶金、水电、煤炭、建工等部门和部分高校,也相继进行了相关试验和施工,现已将其成功应用于已有建筑和新建工程的地基处理、深基坑地下工程的支挡和护底、构造地下防水帷幕等。并已将其列入《建筑地基处理技术规范》(JGJ 79—2012)和《复合地基技术规范》(GB/T 50783—2012)中。

如图11.1所示,高压喷射注浆法(Jet Grouting)是用高压浆液(如水泥浆)通过钻杆由水平方向的喷嘴喷出,形成喷射流,切割土体并与土拌和形成水泥土加固体的地基改良技术,适用于处理淤泥、淤泥质土、黏性土(流塑、软塑或可塑)、粉土、砂土、黄土、素填土和碎石土等地层。对于硬黏性土、含较多块石或大量植物根茎的地层,因喷射流可能受到阻挡或削弱,切削范围小,影响处理效果,因此,应根据现场试验结果确定其适应性。

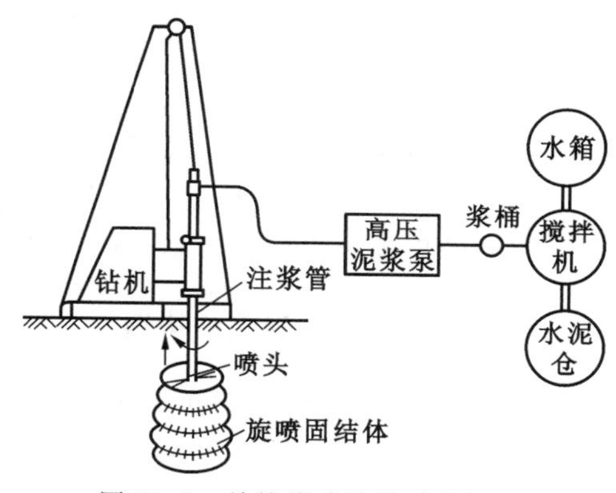

图11.1　单管旋喷注浆示意图

按注浆管类型,高压喷射注浆法分为单管法(浆液管)、双管法(浆液管和气管)、三重管法(浆液管、气管和水管)和多重管法(水管、气管、浆液管和抽泥浆管等);按加固形状可分为柱状、壁状、条状和块状;按喷射方向和形成固结体的形状可分为旋转喷射(旋喷)、定向喷射(定喷)和摆动喷射(摆喷)三种,如图11.2所示。旋转喷射时,喷嘴边喷射、边旋转和提升,固结体呈圆柱状,主要用于提高土的抗剪强度、改善地基的变形性质,从而加固地基;定向喷射时,喷嘴边喷射边提升,喷射方向固定不变,固结体呈壁状或板状;摆动喷射时,喷嘴边喷射边小角度来回摆动,固结体呈扇状墙,两种方式常用于基坑防渗和边坡稳定等工程。图11.3是1989年长沙浏阳河大堤某段采用三重管摆喷形成的防渗固结体,其喷嘴直径1.8 mm,摆动角度30°,水、气压力分别为25～30 MPa、0.6～0.7 MPa。

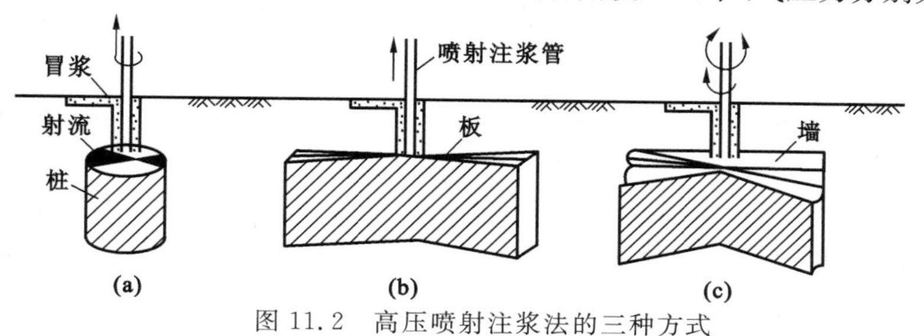

图11.2　高压喷射注浆法的三种方式

(a) 旋喷;(b) 定喷;(c) 摆喷

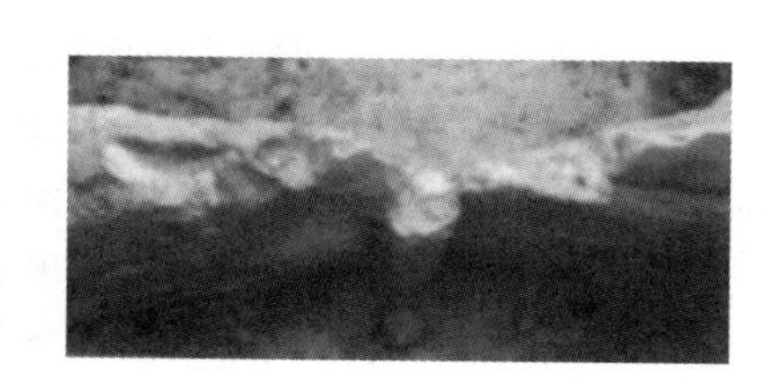
图11.3　三重管摆喷形成的固结体

11.2 加固机理

11.2.1 高压喷射流性质与分类

高压喷射流是通过高压发生设备获得巨大的能量后，从一定形状的喷嘴用特定的流体运动方式高速连续喷射出来的、能量高度集中的一股液流，其速度和功率与喷射流的压力关系如表 11.1 所示。根据不同的使用要求，喷射流有单管喷射流、双管喷射流、三管喷射流和多管喷射流四种类型。

表 11.1 高压喷射流的速度和功率

喷嘴压力 p_a(MPa)	出口直径 d_0(cm)	流速系数 φ	流量系数 μ	流速 v_0(m/s)	功率 N(kW)
10	0.30	0.963	0.946	136	8.5
20				192	24.1
30				243	44.4
40				280	68.3
50				313	95.4

注：流量系数和流速系数为收敛圆锥 13°24′角喷嘴的水力试验值。

单管喷射流为高压水泥浆液喷射流。它是利用钻机等设备，把安装在注浆管底部侧面的特殊喷嘴，置入土层预定的深度后，用高压泥浆泵等装置以 20 MPa 左右的压力，把浆液从喷嘴射出，破坏土体，并使浆液和土体搅拌混合，经过一段时间凝固后，便在土中形成一定形状的固结体。在日本将其简称为 CCP 工法(Chemical Churning Pile)。

双管喷射流为复合式高压喷射流。它是在浆液(20 MPa 左右)的外部环绕压缩空气(0.7 MPa 左右)，同时破坏土体，能量增大，固结体直径增加。

三管喷射流也是复合式高压喷射流。它是由高压水(20 MPa 左右)和外部环绕的压缩空气(0.7 MPa 左右)同轴喷射，再由浆液(2～5 MPa)填充。

多管喷射流为高压水喷射流(40 MPa 左右)，通过多重管填充空洞。

11.2.2 高压喷射流的构造

根据构造，高压喷射流可分为单液高压喷射流和水(浆)、气同轴喷射流两种类型。

(1) 单液高压喷射流构造

高压喷射流的几何形状如图 11.4 所示。沿着喷射流中心轴，高压喷射流的结构分为初期区域(保持喷嘴出口压力 p_0)、主要区域(发生紊流)和终期区域(形成不连续喷射流)。

初期区域包括喷流核和迁移段。在整个喷射流中，速度均匀部分称为喷射核，在喷射核末端有一个过渡段，喷射流的扩散宽度稍有增加，轴向动压有所减小，这个过渡段称为迁移段。在喷嘴出口处，流速分布均匀，轴向动压是常数，高速均匀向下游延伸，速度逐渐减小，射流宽度逐渐增加，当达到某一位置后，断面上的速度不再均匀。由于喷射流的射流作用，不断和周围介质发生动量交换，周围空气进入喷射流中，使接近边界部分的喷射流速度逐渐降低。初期区域在喷射流中心轴的长度 x_c 是喷射流的一个重要参数，可以据此判断破碎土体和搅拌的效果。

主要区域轴向动压陡然减弱，流速降低。它的扩散率为常数，扩散宽度和距离的平方根成正比。土中喷射时，喷射流与土在主要区域内搅拌混合。

终期区域内能量衰竭，射流宽度很大，雾化度高，水滴成雾化状与空气混合在一起消散到大气中。

简言之，随着离开喷嘴距离 x 的增加，喷射流可划分为水流、水滴和雾状流体三个部分，在一定的射程内保持很高的速度和动压力，而随着离开喷嘴距离的增加，速度和压力均逐渐减小。

在空气中和水中喷射得到的压力 p 与距离 x 的关系曲线如图 11.5 所示(图中 p_m 为喷射流中心轴上

距离喷嘴 x 处的压力）。在一定的范围内（b 点以内）压力没有衰减，即所谓存在的射流核。但是实际上，如图 11.5 中虚线所示，自 c 点开始压力就有所降低，并在 d 点与曲线相合。

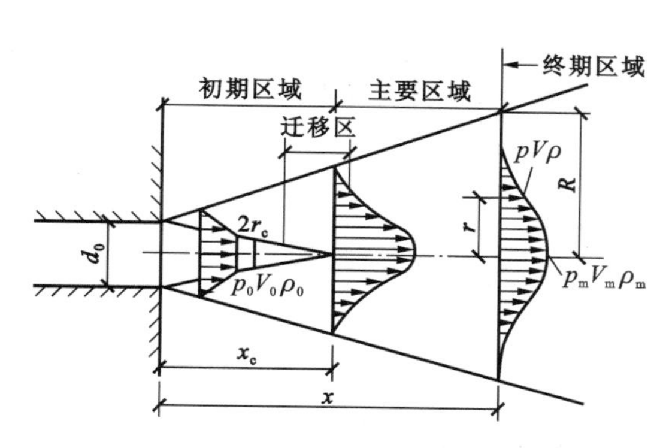

图 11.4　单液高压喷射流构造

ρ_0—喷射流在喷嘴处的喷射流密度；

ρ_m—喷射流中心轴上距离喷嘴处的喷射流密度

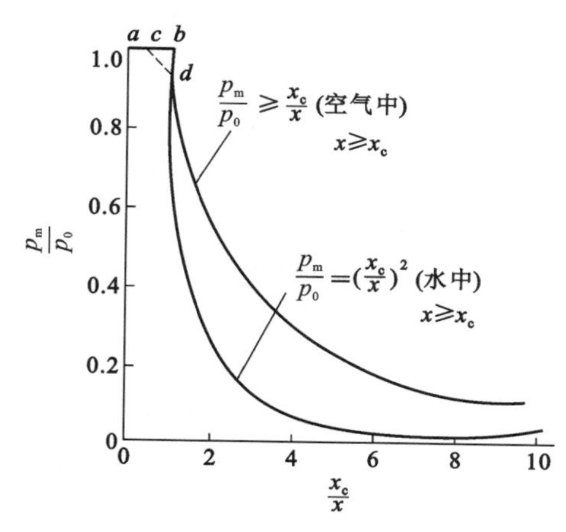

图 11.5　喷射流在中心轴上的压力分布曲线

(2) 水（浆）、气同轴喷射流构造

二重管旋喷注浆的浆、气同轴喷射流与三重管旋喷注浆的水、气同轴喷射流都是在喷射流的外围同轴喷射圆筒状气流，两者的构造基本相同。如图 11.6 所示，水、气同轴喷射流分为初期区域、迁移区域和主要区域三部分。

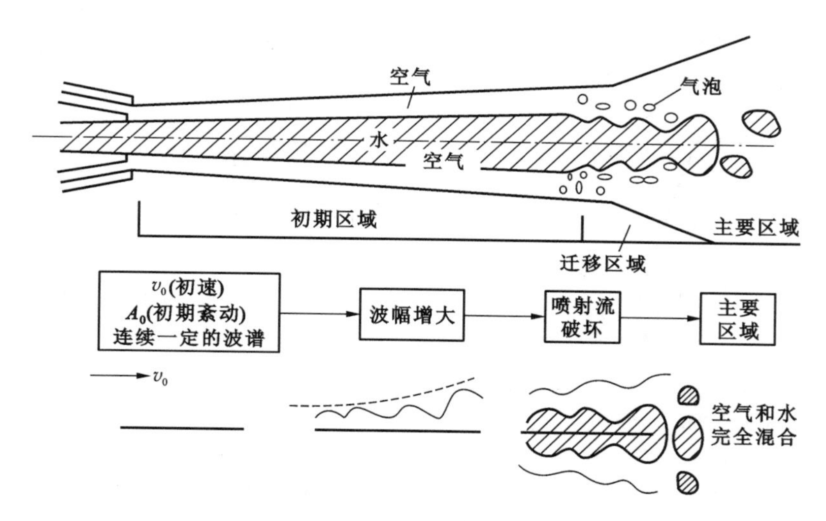

图 11.6　水、气同轴喷射流构造

在初期区域，射流速度为喷嘴出口速度。喷射水和空气相撞以及喷嘴内部表面不够光滑，致使从喷嘴喷射出的水流比较紊乱，再加上空气和水流的相互作用，在高压喷射水流中形成气泡，喷射流受到干扰。在初期区域的末端，气泡与水喷射流的宽度一样。初期区域长度可按下式计算：

$$x_c = 0.048v_0 \tag{11.1}$$

式中　x_c——初期区域长度(m)；

v_0——喷嘴出口处流速(m/s)。

旋喷时，若水（浆）、气同轴喷射流的喷嘴出口处流速为 20 m/s，则初期区域长度为 0.1 m，而单独喷射时的初期区域长度为 0.015 m，可见，水（浆）、气同轴喷射的初期区域长度增加了近 6 倍。

在迁移区域内，射流开始与空气混合，出现较多的气泡。

在主要区域内，射流开始衰减，内部含有大量气泡，气泡逐渐分裂破坏后成为不连续的细水滴，同轴喷射流的宽度也迅速扩大。

11.2.3　加固地基的机理

（1）高压喷射流对土体的破坏作用

射流冲击土体时，能量集中在很小区域，土体会受到很大的压应力。当外力超过土粒间的临界破坏值时，土体就发生破坏。破坏土体结构强度的最主要因素是喷射动压，按下式计算：

$$P = \rho Q v_{\mathrm{m}} = \rho A v_{\mathrm{m}}^2 \tag{11.2}$$

式中　P——破坏力（$\mathrm{kg \cdot m/s^2}$）；

ρ——喷射流密度（$\mathrm{kg/m^3}$）；

Q——喷射流流量（$\mathrm{m^3/s}$），$Q = v_{\mathrm{m}} \cdot A$；

v_{m}——喷射流的平均速度（m/s）；

A——喷嘴截面面积（$\mathrm{m^2}$）。

为了获得更大的破坏力，需要增加射流的平均速度，也就是需要增加喷射压力。一般要求喷射压力在20 MPa以上，使喷射流有较大的破坏力，使土与浆液搅拌均匀，形成密度均匀和强度较高的固结体。

（2）水（浆）、气同轴喷射流对土的破坏作用

图11.7为射流轴上动水压力与距离的关系图。水、气同时喷射时，空气流使水（浆）的高压喷射流从破坏的土体上将土粒迅速吹散，阻力减小，能量消耗降低，增加了破坏力，形成的旋喷固结体的直径较大。

水射流破土效果随着介质的物理力学性质不同而变化。当初始喷射时，被破坏土体处于三向受压状态，在水射流冲击点表面，土体被水射流冲压产生凹陷变形，如图11.8所示。

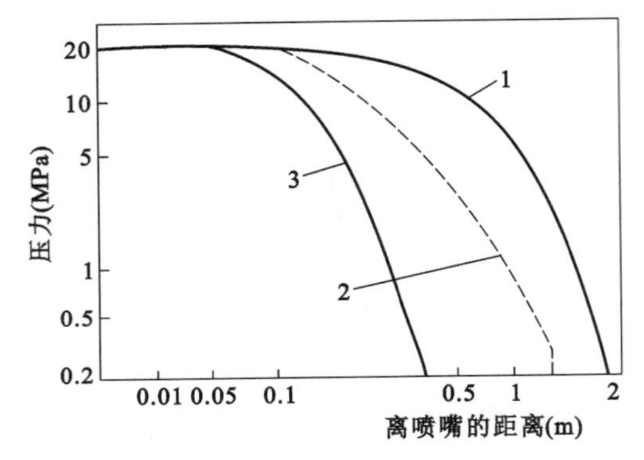

图11.7　射流轴上动水压力与距离的关系比较

1—高压喷射流在空中单独喷射；2—水、气同轴喷射流在水中喷射；3—高压喷射流在水中单独喷射

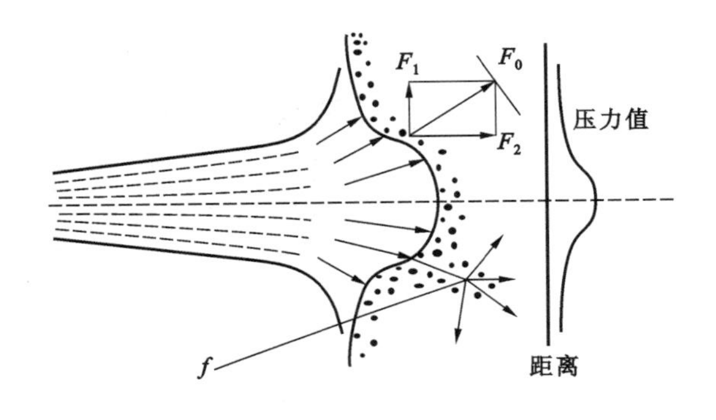

图11.8　水射流破土示意图

F_1—压力 F_0 垂直于喷射流中心轴方向的分力；
F_2—压力 F_0 平行于喷射流中心轴方向的分力

射流作用在土体表面时，将产生两种作用力：一是在距喷嘴较近处，射流作用面积很小，压力远远大于土体的自重应力，在土体中产生一个剪切力；二是在距喷嘴较远处，射流压力不能使土体发生破坏，但可压密土体并将部分射流液体挤入土体中，在土体中产生一个挤压力。对于无黏性土，渗透作用占主导地位；对于黏性土，压密起主要作用。

水射流移动进入土粒之间时，土体因被切割而破坏。由于土质的不均匀性，水射流首先进入大孔隙中产生侧向挤压力，以裂隙为边界，大块土体被冲刷下来，翻滚到射流压力较小处而停止。因此，该处射流压力较小，土块不会再发生破坏，这就是喷射桩体内存在块状土的原因。

旋喷时，高压喷射流将土体切削破坏，加固范围为以喷射距离加上渗透部分或挤压部分的长度为半径的圆柱体。剥落下来的一部分细小颗粒被喷射的浆液所替换，随着液流被带到地面上，其余的则与浆液搅拌混合。在喷射动压、离心力和重力的作用下，在横断面上，土粒按质量大小有规律地排列起来，小颗粒躲在中部，大颗粒多在外侧和边缘，如图11.9所示。以砂土为例，中部形成浆液主体部分，外层为土粒密集部分（搅拌混合部分、浆液渗透部分）。形成的固结体中心强度低、边缘强度高。

定喷时，喷嘴不旋转，只作水平的固定方向喷射，并逐渐向上提升，便在土中冲成一条沟槽，把浆液灌进槽中，最后形成一个板状固结体。固结体在砂性土中有部分渗透层，而黏性土却无渗透层。

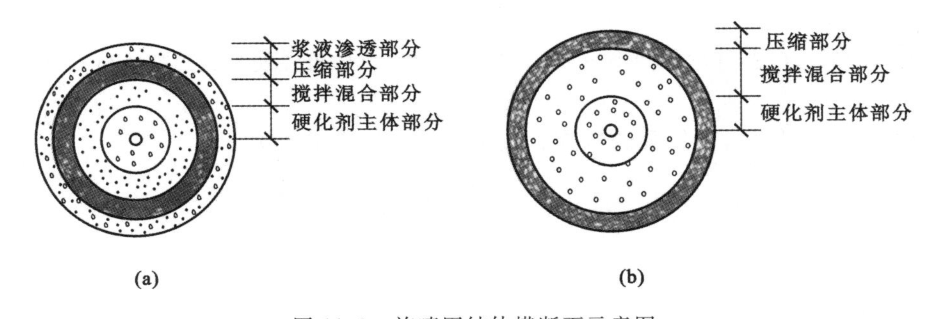

图 11.9　旋喷固结体横断面示意图

(a) 砂性土旋喷固结体横断面；(b) 黏性土旋喷固结体横断面

(3) 水泥与土的固结

水泥和水拌和后，首先产生铝酸三钙水化物和氢氧化钙，它们溶于水，但溶解度不大，故很快饱和。随着这种化学反应的进行，析出一种胶质物体。这种胶质物体一部分悬浮在水中，后包围在水泥微粒的表面，形成一层胶凝薄膜。所生成的硅酸二钙水化物几乎不溶于水，故一部分以无定形体的胶质包围在水泥微粒的表层，一部分渗入水中。

由水泥各种成分生成的胶凝薄膜逐渐发展联结起来形成凝胶体，此时表现为水泥的初凝状态，开始有胶黏的性质。此后，水泥各部分在水量充足的情况下，连续不断发展、增强，就产生了下列现象：胶凝体增大并吸收水分，凝固加速、结合更密；结晶核(微晶)形成结晶体，结晶体与胶凝体相互包围渗透并达到一稳定状态，开始硬化；水化作用继续渗透到水泥微粒内部，直到完全没有水分以及胶质凝固和结晶充盈为止，不过这个过程很难将微粒内核全部水化，故水化过程较长。

11.2.4　加固土的基本性状

(1) 直径较大

旋喷固结体直径与土的种类和密实度关系密切。对于黏性土，单管加固体直径为 0.3～0.8 m，双管加固体直径为 0.6～1.2 m，三管加固体直径可达 0.7～1.8 m；对于砂性土，单管加固体直径为 0.4～1.0 m，双管加固体直径为 0.8～1.4 m，三管加固体直径可达 0.9～2.0 m。定喷和摆喷的有效长度为旋喷桩直径的 1.0～1.5 倍。

(2) 固结体的形状多样

因喷射参数、土质和施工工艺不同，固结体有圆柱状、圆盘状、板墙状和扇形状等形状。在均匀土中，固结体较均匀；在不均匀土或有裂隙土中，固结体不均匀，甚至在周围长出翼片。由于喷射压力或提升速度不均匀，固结体的外表很粗糙，三重管旋喷中，固结体受气流影响，外表更加粗糙。

(3) 质量轻

由于土粒少且含有一定数量的气泡，固结体质量较轻，密度小于或者接近原状土的密度。黏性土固结体比原状土轻约 10%。

(4) 渗透性差

固结体内虽有一定的空隙，但空隙之间并不贯通，而且固结体有一层致密的硬壳，使其渗透系数很小，具有一定的防渗性能。

(5) 固结强度高

喷射后，土粒重新排列，水泥含量大。一般外侧土颗粒直径大，数量多，浆液成分也多，所以，在横断面上中心强度低，外侧强度高，与土交接的边缘处有一圈坚硬的外壳。

强度的影响因素有：原地基土质、水质；浆液材料及水灰比；注浆管的类型和提升速度；单位时间的灌浆量等。但其主要因素是土质和浆材，即便是同一配方的浆材，软黏土的固结强度也将成倍地小于砂土固结强度。一般黏土中形成的固结体抗压强度为 5～10 MPa，砂类土或砂砾层中的固结体抗压强度可达 5～20 MPa，固结体的抗拉强度一般为抗压强度的(1/10)～(1/5)。

(6) 单桩承载力

旋喷固结体有较高的强度，外形凹凸不平，施工桩径一般比设计桩径偏大。固结体直径越大，承载力越高。

(7) 耐久性

固结体的化学稳定性较好，有较强的抗冻和抗干湿循环作用的能力。

11.3 设计计算

11.3.1 设计前的准备工作

(1) 岩土工程勘察

根据2009年版《岩土工程勘察规范》(GB 50021—2001)要求，掌握所在区域的工程地质、水文地质条件及环境条件等。

(2) 室内试验和现场试验

为了解固结体可能具有的强度，决定浆液合理的配合比，应现场取样，按不同含水量和配合比进行室内配方试验，优选配方。对规模较大、较重要的工程，要在现场进行成桩试验，确定喷射固结体的强度和直径，验证设计的可靠性和安全度。

11.3.2 固结体尺寸的确定

固结体尺寸主要与土类、密实度、注浆管类型、喷射技术参数(喷射压力与流量、喷嘴直径与个数、空气压力、流量及喷嘴间距，注浆管的提升、旋转和摆动的速度)等因素有关，一般可按表11.2估算。必要时，可通过现场喷射试验后开挖确定。

表 11.2 旋喷桩的设计直径(m)

土　类	标准贯入击数 N	单管法	双管法	三重管法
黏性土	$0<N<5$	0.5～0.8	0.8～1.2	1.2～1.8
	$6<N<10$	0.4～0.7	0.7～1.1	1.0～1.6
	$11<N<20$	0.3～0.6	0.6～0.9	0.7～1.2
砂性土	$0<N<10$	0.6～1.0	1.0～1.4	1.5～2.0
	$11<N<20$	0.5～0.9	0.9～1.3	1.2～1.8
	$21<N<30$	0.4～0.8	0.8～1.2	0.9～1.5

11.3.3 固结体强度的设计

影响高压喷射注浆体强度的因素有地基土质、水质、浆液材料及水灰比、注浆管的类型和提升速度、单位时间的灌浆量等。

固结体强度应根据固结体的尺寸和总桩数来确定。当注浆材料为水泥浆时，可参考表11.3初步设定；若为大型工程，需通过现场喷射试验确定。

表 11.3 固结体抗压强度(MPa)

土　质	单管法	双管法	三重管法
砂性土	3～7	4～10	5～15
黏性土	1.5～5	1.5～5	1～5

11.3.4 浆量计算

浆量计算方法有体积法和喷量法，取两者中大者作为设计值。根据设计的水灰比和算出的喷浆量，确定水泥用量。

(1) 体积法

$$Q=\frac{\pi}{4}D_e^2K_1h_1(1+\beta)+\frac{\pi}{4}D_0^2K_2h_2 \tag{11.3}$$

(2) 喷量法

以单位时间喷射的浆量及喷射持续时间计算出浆量,计算公式为:

$$Q=\frac{H}{v}q(1+\beta) \tag{11.4}$$

上两式中 Q——需要的浆量(m^3);

D_e——旋喷体直径(m);

D_0——注浆管直径(m);

K_1——填充率(0.75~0.9);

h_1——旋喷长度(m);

K_2——未旋喷范围土的填充率(0.5~0.75);

h_2——未旋喷长度(m);

β——损失系数(0.1~0.2);

v——提升速度(m/min);

H——喷射长度(m);

q——单位时间喷射浆量(m^3/min)。

11.3.5 浆液材料的选择

浆液材料应具备以下特征:

(1) 良好的可喷性

目前我国通常采用水泥浆为主剂,并掺入少量外加剂。水灰比一般采用(1∶1)~(1.5∶1)。浆液的可喷性可用流动度或黏度来评定。

(2) 足够的稳定性

浆液的稳定性直接影响固结体质量。以水泥浆为例,如果初凝前析水率小、水泥的沉降速度慢、分散性好、浆液混合后经高压喷射而不改变其物理化学性质,掺入少量外加剂能明显提高浆液的稳定性,则稳定性良好。浆液的稳定性可用析水率评定。

(3) 气泡少

气泡少则固结体硬化后气孔少,固结体的密度、强度和抗渗性得到提高。

(4) 胶凝时间要合适

胶凝时间是指从浆液配置开始,到土体混合后逐渐失去其流动性为止的这段时间,由浆液的配方、外加剂的掺量、水灰比和外界温度而定,一般从几分钟到几小时。可根据注浆工艺和设备来选择合适的胶凝时间。

(5) 较高的结石率

固结体具有一定黏性,能牢固与土颗粒相黏结。要求固结体耐久性好,能长期耐酸、碱、盐以及生物细菌等腐蚀,并不受温度、湿度影响。

(6) 对环境的影响小

浆液对环境无污染、对人体无害,对注浆设备无腐蚀且易清洗,凝胶体不溶且非易燃易爆物品。

浆液的主要材料是水泥。根据不同的工程目的,旋喷浆液可分为以下几类:① 普通型:无任何外加剂,浆液材料为纯水泥浆,用于强度和抗渗要求一般的工程。② 速凝早强型:加入速凝早强剂,浆液的早期强度可比普通型浆液提高 2 倍以上,用于地下水丰富的地层。③ 高强型:使用高标号水泥或高效能的扩散剂,如 Na_2SiO_3 等,凝固体的平均抗压强度可达 20 MPa 以上。④ 充填型:在浆液中加入粉煤灰,有效降低工程造价,用于对旋喷固结体的强度要求很低,仅要求充填地层或岩层空隙的工程。⑤ 抗冻型:在浆液中加入抗冻添加剂。土中自由水在达到其冰点时就会冻结固化,并引起体积膨胀,土体结构发生变化，地温回升时发生融降，使地基下沉，承载力降低。⑥ 抗渗型。⑦ 改良型。

11.3.6 作为复合地基的计算

(1) 加固范围确定

应根据上部建筑结构特征、基础形式及尺寸大小、荷载条件及工程地质条件而定。地基的加固宽度一般不小于基础宽度的 1.2 倍，而且基础外缘每边放宽不应少于 1～3 排桩。对于有抗液化要求的地基，外缘每边放宽不宜小于处理深度的 1/2，并不小于 5 m，当可液化层上覆盖有厚度大于 3 m 的非液化层时，基础外缘每边放宽不宜小于液化层厚度的 1/2，并不小于 3 m，一般在基础外缘放宽 2～4 排桩。

(2) 布桩形式、间距与深度确定

依据基础形式确定布桩形式，各旋喷桩不必交圈。对大面积满堂处理，桩位宜采用等边三角形布置；对独立基础或条形基础，桩位宜采用正方形、矩形或等腰三角形布置；对于圆形基础或环形基础，宜采用放射形布置。桩间距可取桩径的 2～3 倍，然后进行承载力验算。加固深度由地质条件确定，并验算沉降。

(3) 承载力特征值确定

旋喷桩单桩竖向承载力和复合地基承载力特征值应通过现场载荷试验确定。初步设计时可根据《复合地基技术规范》(GB/T 50783—2012)按下式估算复合地基承载力特征值：

$$f_{spk} = \beta_p m \frac{R_a}{A_p} + \beta_s (1 - m) f_{sk} \tag{11.5}$$

式中 f_{spk}——复合地基承载力特征值(kPa)；

m——面积置换率；

R_a——单桩竖向抗压承载力特征值(kN)；

A_p——桩的截面面积(m^2)；

β_s——桩间土承载力修正系数，可根据工程经验确定，当无试验资料或当地经验时，可取 0.1～0.5，承载力较低时取低值；

β_p——桩体竖向抗压承载力修正系数，可取 1.0；

f_{sk}——桩间土承载力特征值(kPa)。

单桩竖向承载力特征值可按下列两式估算，取其较小值：

$$R_a = \eta f_{cu} A_p \tag{11.6}$$

$$R_a = u_p \sum_{i=1}^{n} q_{si} l_i + \alpha q_p A_p \tag{11.7}$$

式中 f_{cu}——与旋喷桩桩身配比相同的室内加固土试块在标准养护条件下 28 d 龄期的立方体(边长为 70.7 mm)抗压强度平均值(kPa)；

η——桩身强度折减系数，可取 0.33；

u_p——桩周长(m)；

n——桩长范围内所划分的土层数；

l_i——桩长范围内第 i 层土的厚度(m)；

q_{si}——桩周第 i 层土的侧阻力特征值(kPa)，可按《建筑地基基础设计规范》(GB 50007—2011)的有关规定确定；

q_p——桩端地基土未经修正的承载力特征值(kPa)，可按《建筑地基基础设计规范》(GB 50007—2011)的有关规定确定；

α——桩端土地基承载力折减系数。

(4) 地基变形确定

旋喷桩复合地基变形计算理论有待发展和完善，目前还无法精确计算其应力场，故难以为变形计算提供合理的模式。工程中，往往把复合地基变形分为加固区变形量 s_1 和下卧层变形量 s_2 两部分。s_1 常采用复合模量法确定，s_2 常采用分层总和法确定。

11.3.7 作为防渗体的计算

(1) 旋喷桩防渗堵水

此时宜按正三角形布置旋喷桩，以形成连续的防渗帷幕，间距应为 $0.866D$（D 为旋喷桩的设计直径），排距为 $0.75D$ 时最为经济，如图 11.10(a)所示。若增加每排旋喷桩的交圈厚度 e，可按式(11.8)缩小孔距，如图 11.10(b)所示。

$$L = \sqrt{D^2 - e^2} \tag{11.8}$$

(2) 定喷与摆喷防渗堵水

定(摆)喷固结体薄而长，防渗堵水成本比旋喷桩低，整体连续性较高。相邻定(摆)喷孔的连接形式如图 11.11、图 11.12 所示。

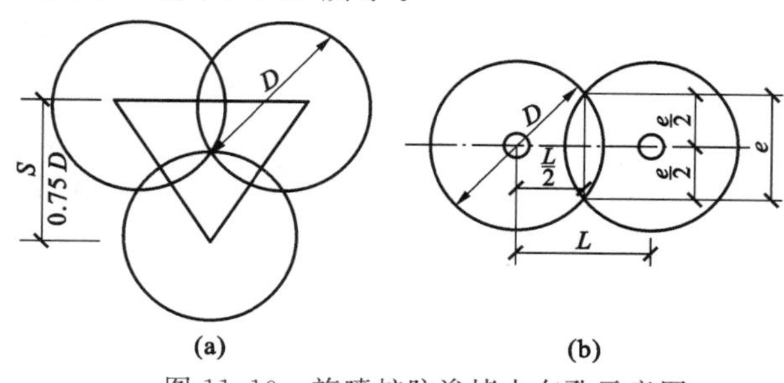

图 11.10 旋喷桩防渗堵水布孔示意图

(a) 旋喷桩帷幕的孔距与排距；(b) 旋喷桩的交圈厚度

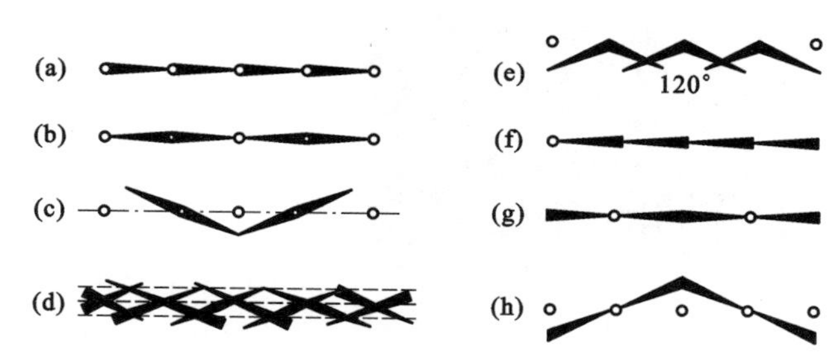

图 11.11 定喷帷幕形式示意图

(a) 单喷嘴单墙首尾连接；(b) 双喷嘴单墙前后对接；
(c) 双喷嘴单墙折线连接；(d) 双喷嘴双墙折线连接；
(e) 双喷嘴夹角单墙连接；(f) 单喷嘴扇形单墙首尾连接；
(g) 双喷嘴扇形单墙前后连接；(h) 双喷嘴扇形单墙折线连接

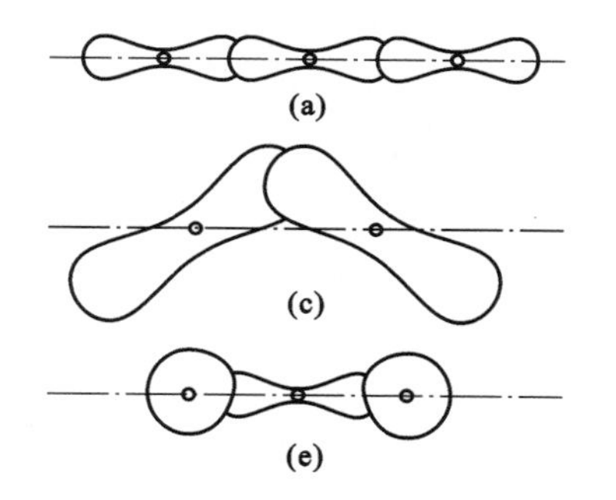

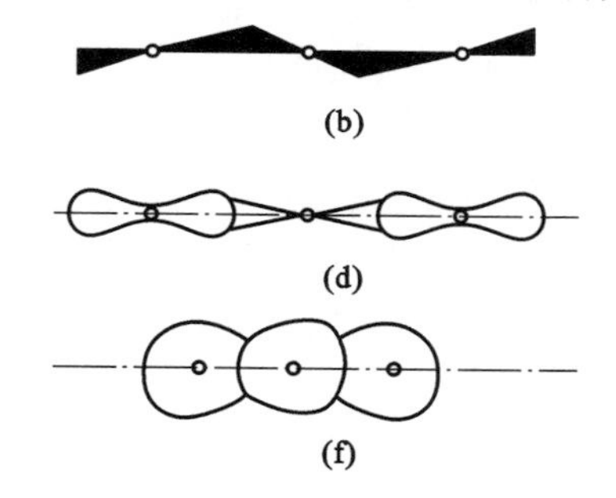

图 11.12 摆喷帷幕形式示意图

(a) 直摆型(摆喷)；(b) 微摆型；(c) 折摆型；(d) 摆定型；(e) 柱墙型；(f) 柱列型

11.4 施工方法

单重管、二重管、三重管和多重管喷射注浆法所注入的介质种类和数量各不相同，然而施工程序基本一致(图 11.13)。

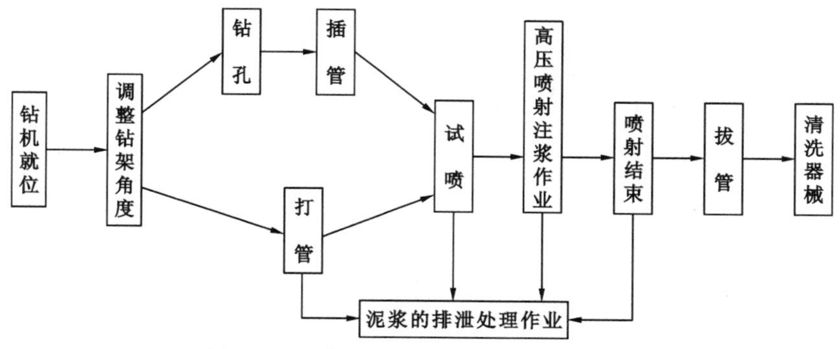

图 11.13 高压喷射注浆施工流程示意图

(1) 钻机就位

将钻机安装在设计孔位，并校正，保证钻杆轴线垂直对准孔位的中心，旋喷管的允许倾斜度不得大于1.5%。钻孔位置偏差不得大于50 mm。

图 11.14 旋喷法冲洗现场

(2) 钻孔

单管旋喷常采用76型旋转振动钻机，双(三)管旋喷常采用地质钻机。

(3) 插管

将喷管插入地层预定的深度。钻到预定深度以后拔出钻杆，换上旋喷管插入预定深度。使用76型振动钻机时，插管与钻孔同时完成。

(4) 喷射作业

由下而上喷射，时刻检查浆液的初凝时间、注浆流量、风量、压力、旋转提升速度等参数是否符合设计要求，并随时做好施工记录。

(5) 冲洗

喷射完成以后，冲洗注浆管，一般把浆液换成水，在地面上喷射，以便把泥浆泵、注浆管和软管内的浆液全部排净，如图11.14所示。

(6) 移动机具

把钻机等机具设备移到新孔位上。

11.5 质 量 检 验

旋喷固结体属于隐蔽工程，难以直接观察到旋喷桩体的质量。质量检测的内容应包括固结体的整体性、均匀性、有效直径、垂直度、强度特性(桩的轴向压力、水平推力、抗酸碱性、抗冻性和抗渗性等)、溶蚀和耐久性。质量检查宜在注浆结束28 d后进行，检查方法主要有开挖检查、钻芯、标准贯入试验、载荷试验或围井试验等，并结合工程测试、观测资料及实际效果综合评价加固效果。成桩质量检验点的数量不少于施工孔数的2%，并不应少于6点。竣工验收时，复合地基承载力检验点应布置在有代表性部位、施工异常部位和可能影响质量的部位，数量为孔数的1%并不少于3点。

(1) 开挖检查

旋喷完毕，待凝固具有一定强度后，即可开挖。这种检查方法，因开挖工作量较大，限于浅层开挖。固结体完全暴露出来，能比较全面地检查喷射固结体的质量，也是检查固结体垂直度和固结形状的良好方法。

(2) 钻孔检查

① 钻取岩芯，观察判断其固结整体性，并将所取岩芯做成标准试件进行试验，以求得其强度特性，鉴定其是否符合设计要求。

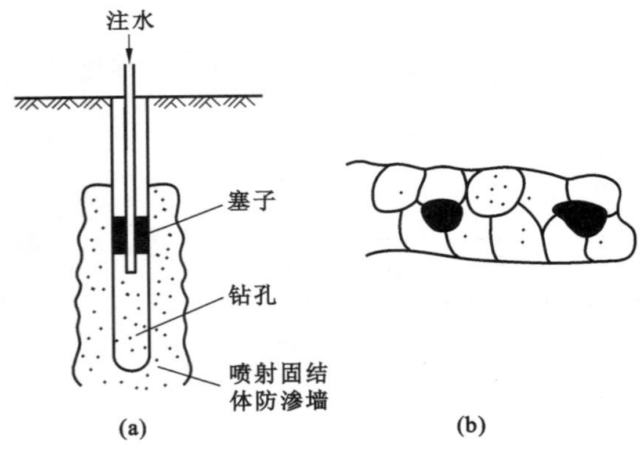

图 11.15 钻孔压力注水渗透试验
(a) 断面图；(b) 平面图

② 渗透试验是在现场测定其抗渗能力，如图11.15、图11.16所示。

③ 标准贯入试验在距固结体中心0.15～0.20 m处进行。

(3) 载荷试验

《建筑地基处理技术规范》(JGJ 79—2012)强制规定，竖向承载旋喷桩地基竣工验收时，承载力检测应采用复合地基载荷试验和单桩载荷试验。载荷试验宜在28 d龄期后进行，检验数量为桩总数的1%，且每个场地不得少于3点。若试验值不符合设计要求，则应增加检验孔的数量。

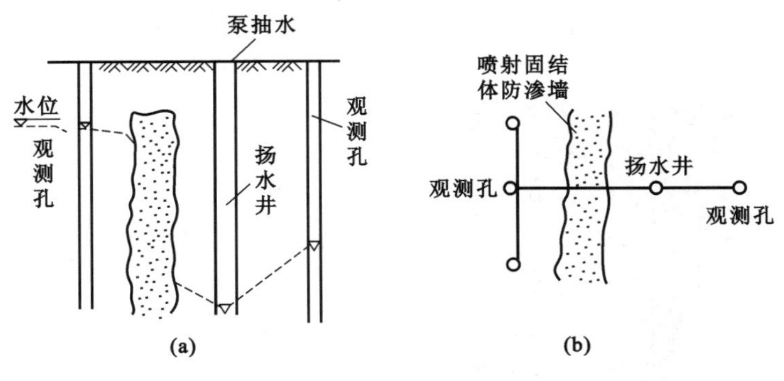

图 11.16　钻孔抽水渗透试验

(a) 断面图；(b) 平面图

11.6　工 程 实 例

11.6.1　工程概况

湖南省高科技食品工业基地内部道路同心大道同心桥老桥采用天然地基上的扩大基础。为了加宽道路，在老桥侧拟建新桥。考虑新、老桥梁之间的相互影响与美观，新桥也采用扩大基础，基础外边缘与渠水边缘相距约 0.5 m。考虑到基坑排水困难、地基承载力不满足要求，新桥采用旋喷桩复合地基加固、基坑周围采用单排旋喷桩止水。

11.6.2　地质条件

场地紧邻水渠。老桥基底标高处地层自上而下为松散～稍密砂砾石层（厚度为 1.3 m，标准贯入试验击数 $N=7$）、硬塑黏土层（厚度约为 7 m，标准贯入试验击数 $N=5$）和泥质粉砂岩。地下水位与渠水位齐平，在砂砾石层顶面以上，属于潜水类型。地面与坑底高差约 6 m。

11.6.3　设计方案

新桥采用与老桥相同基底标高。基坑尺寸 9.6 m×30 m。

(1) 为了满足基坑排水要求，拟在基坑四周采用单排旋喷桩作防渗体，设计直径为 1200 mm、间距为 1000 mm，相互搭接交圈，按式(11.8)计算得到交圈厚度为 0.66 m。平均桩长 6 m，桩底深入到黏土层中。桩体强度 2.0 MPa。

(2) 采用旋喷桩复合地基。中部旋喷桩的设计直径为 1200 mm、间距为 1500 mm；横桥向两端旋喷桩的设计直径为 600 mm、间距分别为 800 mm。桩体强度 2.0 MPa，桩位按梅花形布置，平均桩长 6 m，桩底深入到黏土层中，要求复合地基的承载力特征值为 350 kPa。

11.6.4　施工方法与旋喷参数

旋喷桩施工前，场地已开挖到砂砾石层顶面以上 0.5 m。ϕ600 mm 旋喷桩施工采用单管法，喷射参数为：喷射压力为 20 MPa，喷射流量为 100 L/min，旋转速度为 20 r/min，提升速度为 0.2～0.8 m/min，使用 42.5 级普通硅酸盐水泥，水泥浆相对密度为 1.5。ϕ1200 mm 旋喷桩施工采用双管法。钻孔采用普通地质勘察回转钻机。基本施工程序为：钻机就位、钻孔、插管、喷射作业、冲洗、移动机具。

11.6.5　检测结果

竣工后，进行了开挖观测、桩体钻芯（图 11.17）、抗压强度试验（图 11.18）、单桩和复合地基载荷试验。结果表明：桩身强度不均匀，随深度和龄期递增，在 39～50 d 内为 5.12～22.5 MPa，远大于 2.0 MPa 的设计要求;复合地基的承载力特征值分别达到 590 kPa,远超过 350 kPa 的设计要求,这与砂卵石层中旋喷桩的端承作用有关。经验算,该复合地基能满足桥台的强度和变形要求。

图 11.17 旋喷桩钻芯样

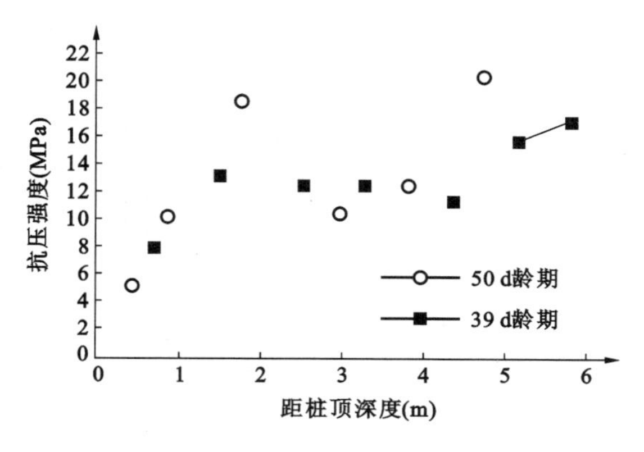

图 11.18 芯样抗压强度规律

思考题与习题

11.1 试简述高压喷射注浆法加固地基的机理。

11.2 高压喷射注浆法抗渗和加固地基时,有哪些设计要点?

11.3 旋喷桩的质量检查一般有哪些方法?

11.4 砂性土和黏性土的旋喷固结体横断面构成有何差异?

12 水泥土搅拌法

本章提要

水泥土搅拌法利用水泥作为固化剂，通过特制的深层搅拌机械，边钻进边往软土中喷射浆液或雾状粉体，在深处就地将软土固化为具有足够强度、变形模量和稳定性的水泥土，从而加固土体，适用于处理淤泥与淤泥质土、粉土、饱和黄土、素填土、黏性土以及无流动地下水的饱和松散砂土等。水泥土桩与土构成复合地基，或者紧密排列成连续壁状墙体，形成支挡结构和防水帷幕。

本章介绍水泥土搅拌法的概念、粉喷法和浆喷法的差异、加固机理、水泥土的基本性质、设计、施工方法和质量检验。

12.1 概　　述

水泥土搅拌法是美国在第二次世界大战后研制成功的，称之为就地搅拌法（Mixed-in-Place Pile，简称MIP法）。这种方法是从不断回旋的中空轴端部向周围已被搅松的土中喷出水泥浆，经叶片搅拌而形成水泥土桩。国内1977年由冶金部建筑研究总院和交通部水运规划设计院进行了室内试验和机械研制工作，于1978年底制造出国内第一台SJB-1型双搅拌轴中心管输浆的搅拌机械，并由江阴市江阴振冲器厂成批生产（目前SJB-2型加固深度可达18 m）。

该方法适用于处理正常固结的淤泥与淤泥质土、粉土、饱和黄土、素填土、黏性土以及无流动地下水的饱和松散砂土等。当土的天然含水量小于30%（黄土含水量小于25%）、大于70%或地下水的pH值小于4时不宜采用此方法。冬期施工时，应注意负温对处理效果的影响。室内试验表明，有些软土的加固效果较好，而有的不够理想。一般情况下，含有高岭石、蒙脱石等黏土矿物的软土加固效果较好，而含有伊利石、氯化物等矿物的黏性土以及有机质含量高、酸碱度较低的黏性土加固效果较差。《建筑地基处理技术规范》（JGJ 79—2012）强制规定，水泥土搅拌法用于处理泥炭土、有机质土、pH值小于4的酸性土、塑性指数I_p大于25的黏土，或在腐蚀性环境中以及无工程经验的地区使用时，必须通过现场和室内试验确定其适用性。在国内，搅拌的最大深度达30 m，形成的桩体直径为500～850 mm。水泥土搅拌法独特的优点如下：

① 固化剂和原软土就地搅拌混合，最大限度地利用了原土；

② 搅拌时不会使地基侧向挤出，所以对周围原有建筑物的影响很小；

③ 按照地基土的性质及工程要求，可以合理选择固化剂及其配方；

④ 施工时无振动、无噪声、无污染，可在市区和密集建筑群中施工；

⑤ 土体加固后重度基本不变，对软弱下卧层不致产生附加沉降；

⑥ 与钢筋混凝土桩基相比，节省了大量的钢材，并降低了造价；

⑦ 可灵活地采用柱状、壁状、格栅状和块状等加固形式。

水泥土搅拌法有湿法（水泥浆液）和干法（干水泥粉）两种，其施工方法也即分为粉喷法和浆喷法。两者的固化剂形态不同，施工机械和控制不完全一致，使得二者出现差异，具体表现为：

① 粉喷法在软土中能吸收较多的水分，对含水量较高的黏土特别适用；浆喷法则要从浆液中带进较多的水分，对地基加固不利。

② 粉喷法初期强度高，对快速填筑路堤较有利；浆喷法初期强度较低。

③ 粉喷法以粉体直接在土中进行搅拌，不易搅拌均匀；浆喷法以浆液注入土中，容易搅拌均匀。

④ 水泥中加入一定量的石膏等物质对粉喷桩的强度大有好处，但是在施工中加入另一种粉体比较困

难;浆喷法很容易把添加剂(粉体或液体)定量倒入搅拌池合成浆液掺入土中。

⑤ 浆喷法的浆液搅拌比较均匀,打到深部时挤压泵能自动调整压力,在一般情况下都能将浆液注入软土中,所以,浆喷桩下部质量一般比粉喷桩好。

⑥ 粉喷桩的工程造价一般较浆喷桩低。因为粉喷桩较浆喷桩而言,输入到土中的加固剂数量要少一些。

⑦ 因为粉喷桩施工机械简单,所以其施工操作、移位等较容易。

12.2　加固机理

水泥土和混凝土的硬化机理不同。在混凝土中,水泥在粗填充料(比表面小、活性弱)中进行水解和水化反应,凝结速度较快。在水泥土中,水泥在土(比表面大、有一定活性)中进行水解和水化反应,且水泥掺量很小,凝结速度缓慢且作用复杂。机械的切削搅拌作用不可避免地会留下一些未被粉碎的大小土团,出现水泥浆包裹土团的现象,土团之间的大孔隙基本上已被水泥颗粒填满。所以,水泥土中有一些水泥较多的微区,在大小土团内部则没有水泥。经过较长的时间,土团内的土颗粒在水泥水解产物渗透作用下,逐渐改变其性质。因此,在水泥土中不可避免地会产生强度较大且水稳定性较好的水泥石区和强度较低的土块区。两者在空间相互交替,形成一种独特的水泥土结构。强制搅拌越充分,土块被粉碎得越小,水泥分布到土中越均匀,水泥土强度的离散性就越小,其总体强度也就越高。

12.2.1　水泥的水解和水化反应

普通硅酸盐水泥的主要成分有氧化钙、二氧化硅、三氧化二铝和三氧化二铁,它们通常占95%以上,其余5%以下的成分有氧化镁、氧化硫等,由这些不同的氧化物分别组成了不同的水泥矿物:铝酸三钙、硅酸三钙、硅酸二钙、硫酸三钙、铁铝酸四钙、硫酸钙等。

水泥土发生物理化学反应使水泥土固化。加固软土时,水泥颗粒表面的矿物很快与土中的水发生水解和水化作用,生成氢氧化钙、含水硅酸钙、含水铝酸钙及含水铁酸钙等化合物。

各自的反应过程如下:

(1) 硅酸三钙($3CaO \cdot SiO_2$)在水泥中含量约占全重的50%,是决定强度的主要因素。

$$2(3CaO \cdot SiO_2)+6H_2O \longrightarrow 3CaO \cdot 2SiO_2 \cdot 3H_2O+3Ca(OH)_2$$

(2) 硅酸二钙($2CaO \cdot SiO_2$)在水泥中的含量较高(占25%左右),它主要产生后期强度。

$$2(2CaO \cdot SiO_2)+4H_2O \longrightarrow 3CaO \cdot 2SiO_2 \cdot 3H_2O+Ca(OH)_2$$

(3) 铝酸三钙($3CaO \cdot Al_2O_3$)占水泥重量的10%,水化速度最快,促进早凝。

$$3CaO \cdot Al_2O_3+6H_2O \longrightarrow 3CaO \cdot Al_2O_3 \cdot 6H_2O$$

(4) 铁铝酸三钙($4CaO \cdot Al_2O_3 \cdot Fe_2O_3$)占水泥重量的10%左右,能促进早期强度。

$$4CaO \cdot Al_2O_3 \cdot Fe_2O_3+2Ca(OH)_2+10H_2O \longrightarrow 3CaO \cdot Al_2O_3 \cdot 6H_2O+3CaO \cdot Fe_2O_3 \cdot 6H_2O$$

上述一系列反应过程生成的氢氧化钙、含水硅酸钙能迅速溶于水中,使水泥颗粒表面重新暴露出来,再与水发生反应,周围的水溶液逐渐达到饱和。当溶液达到饱和后,水分子虽然继续深入颗粒内部,但新生成物已不能再溶解,只能以细分散状态的胶体析出,悬浮于溶液中,形成胶体。

(5) 硫酸钙($CaSO_4$)虽然在水泥中的含量仅占3%左右,但它与铝酸三钙一起与水发生反应,生成一种被称为“水泥杆菌”的化合物:

$$3CaSO_4+3CaO \cdot Al_2O_3+32H_2O \longrightarrow 3CaO \cdot Al_2O_3 \cdot 3CaSO_4 \cdot 32H_2O$$

根据电子显微镜的观察,水泥杆菌最初以针状结晶的形式在较短时间内析出,其生成量随着水泥掺入量的多寡和龄期的长短而异。由X射线衍射分析可知,这种反应迅速,把大量的自由水以结晶水的形式固定下来,这对于高含水量的软黏土的强度增长有特殊意义,使土中自由水的减少量约为水泥杆菌生成重量的46%。硫酸钙的掺量不能过多,否则这种由32个水分子固化成的水泥杆菌针状结晶会使水泥土发生膨胀而遭至破坏。也可利用这种膨胀来增加地基加固效果。

当水泥的各种水化物生成后，有的自身继续硬化，形成水泥石骨架；有的则与其周围具有一定活性的黏土颗粒发生反应。

12.2.2 黏土颗粒与水泥水化物的作用

(1) 离子交换和团粒化作用

软土和水结合时表现出一般的胶体特征，例如土中含量最多的二氧化硅遇水后，形成硅酸胶体微粒，其表面带有钠离子(Na^+)或钾离子(K^+)，它们能和水泥水化生成的氢氧化钙中的钙离子 Ca^{2+} 进行当量吸附交换，使较小的土粒形成较大的土团粒，从而提高土体强度。

水泥水化生成的凝胶粒子的比表面积约比原水泥颗粒大 1000 倍，产生很大的表面能，有强烈的吸附性，能使较大的土团粒进一步结合起来，形成水泥土的团粒结构，并封闭各土团之间的空隙，形成坚固的联结，使水泥土的强度大大提高。

(2) 凝硬反应

随着水泥水化反应的深入，溶液中析出大量的钙离子，当其数量超过上述离子交换的需要量后，则在碱性的环境下，能使组成黏土矿物的二氧化硅及三氧化铝的一部分或大部分与钙离子进行化学反应。随着反应的深入，逐渐生成不溶于水的、稳定的结晶化合物：

$$SiO_2 + Ca(OH)_2 + nH_2O \longrightarrow CaO \cdot SiO_2 \cdot (n+1)H_2O$$

$$Al_2O_3 + Ca(OH)_2 + nH_2O \longrightarrow CaO \cdot Al_2O_3 \cdot (n+1)H_2O$$

这些新生成的化合物在水和空气中逐渐硬化，增大了水泥土的强度。其结构比较紧密，水分不易侵入，使水泥土具有足够的水稳定性。

从扫描电子显微镜的观察可见，天然软土的各种原生矿物颗粒间无任何有机的联系，孔隙很多。拌入水泥 7 d 时，土颗粒周围充满了水泥凝胶体，并有少量水泥水化物结晶的萌芽。一个月后，水泥土中生成大量纤维状结晶，并不断延伸充填到颗粒间的孔隙中，形成网状构造。到 5 个月时，纤维状结晶辐射向外伸展，产生分叉，并相互连接成空间网状结构，水泥的形状和土颗粒的形状不能分辨出来。

12.2.3 碳酸化作用

水泥水化物中游离的氢氧化钙能吸收软土中的水和土孔隙中的二氧化碳，发生碳酸化反应，生成不溶于水的碳酸钙。

$$Ca(OH)_2 + CO_2 \longrightarrow CaCO_3 \downarrow + H_2O$$

这种反应能使水泥土强度增加，但增长的速度较慢，幅度也很小。

土中 CO_2 含量很少，且反应缓慢，碳酸化作用在实际工程中可以不予考虑。

12.3 水泥土的基本性质

水泥土的基本性质包括物理性质、力学性质和抗冻性能等。

12.3.1 水泥土的物理性质

(1) 含水量

水泥土在凝硬过程中，由于水泥水化等反应，部分自由水以结晶水的形式固定下来。水泥土含水量比原土样含水量减少 0.5%～0.7%，且随着水泥掺入比的增加而减少。

(2) 重度

水泥浆的重度与软土相近，水泥土的重度与天然软土的重度相差不大，仅比天然软土增加 0.5%～3.0%。

(3) 相对密度

水泥的相对密度为 3.1，一般软土的相对密度 2.65～2.75，故水泥土的相对密度比天然软土稍大。

(4) 渗透系数

随水泥掺入比的增加和养护龄期的增长，水泥土的渗透系数减小，一般可达 $10^{-8}\sim10^{-5}$ cm/s 数量级。

12.3.2 水泥土的力学性质

(1) 无侧限抗压强度

水泥土无侧限抗压强度一般为 300～4000 kPa，即比天然软土大几十倍至数百倍，其变形特征随强度不同而介于脆性体与弹塑性体之间。水泥土受力开始阶段，应力与应变关系基本上符合胡克定律。当外力达到极限强度的 70%～80%时，试块的应力和应变关系不再继续保持直线关系。当外力达到极限强度时，对于强度大于 2000 kPa 的水泥土则表现为脆性破坏，破坏后残余强度很小，此时的轴向应变为 0.8%～1.2%(如图 12.1 中的 A_{20}、A_{25} 试件)；对强度小于 2000 kPa 的水泥土则表现为塑性破坏(如图 12.1 中的 A_5、A_{10} 和 A_{15} 试件)。

① 水泥掺入比 a_w 对强度的影响

水泥土的强度 f_{cu} 随着水泥掺入比 a_w 的增加而增大(图 12.2)。当 $a_w<5\%$ 时，由于水泥与土的反应过弱，水泥土固化程度低，强度离散性也较大，故在水泥土搅拌法的实际施工中，选用的水泥掺入比必须大于 10%。

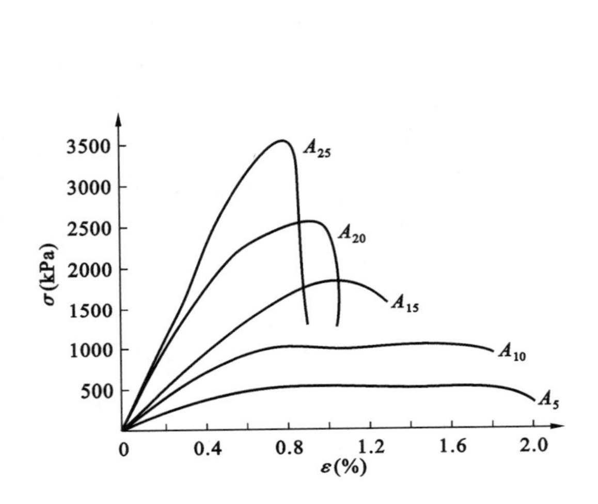

图 12.1 水泥土的应力-应变曲线

A_5 表示水泥掺入比 $a_w=5\%$，依此类推

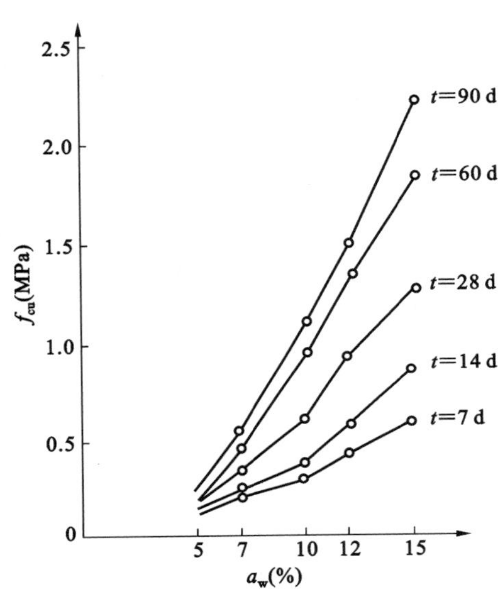

图 12.2 水泥土 f_{cu} 与 a_w 和 t 的关系曲线

试验发现，当其他条件相同时，某水泥掺入比 a_w 的强度 f_{cuc} 与水泥掺入比 $a_w=12\%$ 的强度 f_{cu12} 的比值与水泥掺入比 a_w 呈幂函数关系，其关系式如下：

$$\frac{f_{cuc}}{f_{cu12}}=41.582a_w^{1.7695} \tag{12.1}$$

在其他条件相同的前提下，两个不同掺入比的水泥土的无侧限抗压强度之比值随水泥掺入比之比的增大而增大。经回归分析得到两者呈幂函数关系，其经验方程式如下：

$$\frac{f_{cu1}}{f_{cu2}}=\left(\frac{a_{w1}}{a_{w2}}\right)^{1.7736} \tag{12.2}$$

式中 f_{cu1}——水泥掺入比为 a_{w1} 时的无侧限抗压强度(MPa)；

f_{cu2}——水泥掺入比为 a_{w2} 时的无侧限抗压强度(MPa)。

② 龄期对强度的影响

水泥土的强度随着龄期的增长而提高。一般在龄期超过 28 d 后仍有明显增长(图 12.3)。试验发现，在其他条件相同时，不同龄期的水泥土无侧限抗压强度间大致呈线性关系(图 12.4)，这些关系式如下：

$$f_{cu7} = (0.47 \sim 0.63)f_{cu28} \tag{12.3}$$

$$f_{cu14} = (0.62 \sim 0.80)f_{cu28} \tag{12.4}$$

$$f_{cu60} = (1.15 \sim 1.46)f_{cu28} \tag{12.5}$$

$$f_{cu90} = (1.43 \sim 1.80)f_{cu28} \tag{12.6}$$

$$f_{cu90} = (2.37 \sim 3.73)f_{cu7} \tag{12.7}$$

$$f_{cu90} = (1.73 \sim 2.82)f_{cu14} \tag{12.8}$$

式中 f_{cu7}、f_{cu14}、f_{cu28}、f_{cu60}、f_{cu90}——7 d、14 d、28 d、60 d 和 90 d 龄期的水泥土无侧限抗压强度(MPa)。

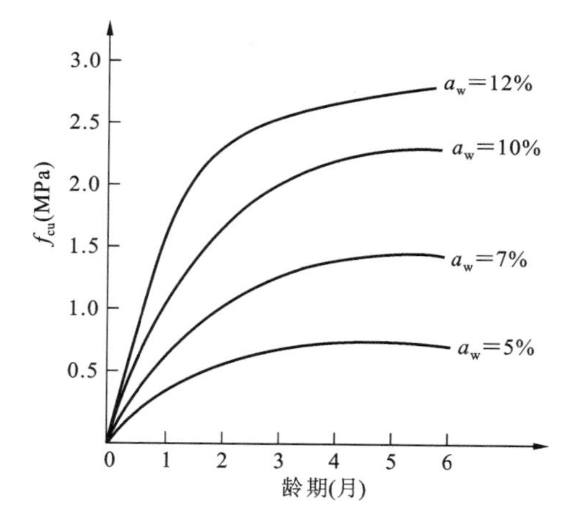

图 12.3 水泥土掺入比、龄期与强度的关系曲线

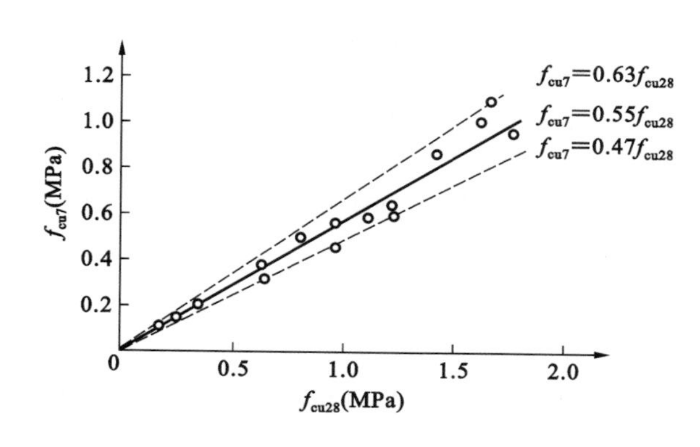

图 12.4 水泥土的 f_{cu7} 和 f_{cu28} 的关系曲线

当龄期超过 3 个月后，水泥土的强度增长减缓。同样，据电子显微镜观察，水泥和土的硬凝反应约需 3 个月才能充分完成。选用 3 个月龄期强度作为水泥土的标准强度较为适宜。回归分析还发现，在其他条件相同时，某个龄期(T)的无侧限抗压强度 f_{cuT} 与 28 d 龄期的无侧限抗压强度 f_{cu28} 的比值与龄期 T 的关系具有较好的归一化性质，且大致呈幂函数关系。其关系式如下：

$$\frac{f_{cuT}}{f_{cu28}} = 0.2414T^{0.4197} \tag{12.9}$$

在其他条件相同时，两个不同龄期的水泥土的无侧限抗压强度之比随龄期之比的增大而增大。经回归分析得到两者呈幂函数关系，其经验方程式为：

$$\frac{f_{cuT_1}}{f_{cuT_2}} = \left(\frac{T_1}{T_2}\right)^{0.4182} \tag{12.10}$$

式中 f_{cuT_1}——龄期为 T_1 的无侧限抗压强度(MPa)；

f_{cuT_2}——龄期为 T_2 的无侧限抗压强度(MPa)。

综合考虑水泥掺入比与龄期的影响，经回归分析得到如下经验关系式：

$$\frac{f_{cu1}}{f_{cu2}} = \left(\frac{a_{w1}}{a_{w2}}\right)^{1.8095}\left(\frac{T_1}{T_2}\right)^{0.4119} \tag{12.11}$$

式中 f_{cu1}——水泥掺入比 a_{w1}、龄期为 T_1 的无侧限抗压强度(MPa)；

f_{cu2}——水泥掺入比 a_{w2}、龄期为 T_2 的无侧限抗压强度(MPa)。

③ 水泥强度等级对强度的影响

水泥土的强度随水泥强度等级的提高而增加。

④ 土样含水量对强度的影响

水泥土的无侧限抗压强度 f_{cu} 随着土样含水量的降低而增大。一般情况下，土样含水量每降低 10%，则强度可增加 10%～50%。

⑤ 土样中有机质含量对强度的影响

有机质含量少的水泥土强度比有机质含量高的水泥土强度大。由于有机质使得土体具有较大的水溶性和塑性、较大的膨胀性和低渗透性，并使土具有酸性，这些因素都阻碍水泥水化反应的进行。因此，有机质含量高的软土，单纯用水泥加固的效果较差。

⑥ 外掺剂对强度的影响

不同的外掺剂对水泥土强度有着不同的影响，选择合适的外掺剂可提高水泥土强度和节约水泥用量。如木质素磺酸钙对水泥土强度的增长影响不大，主要起减水作用。石膏、三乙醇胺对水泥土强度有增强作用，而其增强效果对不同土样和不同水泥土掺入比又有所不同。

一般早强剂可选用三乙醇胺、氯化钙、碳酸钠或水玻璃等材料，其掺入量宜分别取水泥重量的0.05%、2%、0.5%和2%；减水剂可选用木质素磺酸钙，其掺入量可取水泥重量的0.2%；石膏兼有缓凝和早强的双重作用，其掺入量可取水泥重量的2%。

掺粉煤灰后，强度有所增长。不同水泥掺入比的水泥土，当掺入与水泥等量的粉煤灰后，强度均比不掺粉煤灰的提高10%。

⑦ 养护方法对强度的影响

养护方法对水泥土强度的影响主要表现在养护环境的湿度和温度对其的影响。养护方法对短龄期水泥土强度的影响很大，随着时间的增长，不同养护方法下的无侧限抗压强度趋于一致，说明养护方法对水泥土后期强度的影响较小。

(2) 抗拉强度

水泥土抗拉强度 σ_t 随无侧限抗压强度 f_{cu} 增长而提高。抗拉强度与抗压强度之比随抗压强度的增加而减小。水泥土抗拉强度 σ_t 与其无侧限抗压强度 f_{cu} 有幂函数关系：

$$\sigma_t = 0.0787 f_{cu}^{0.8111} \tag{12.12}$$

(3) 抗剪强度

水泥土的抗剪强度随抗压强度的增加而提高。水泥土在三轴剪切试验中受剪切破坏时，试件有平整的剪切面，剪切面与最大主应力面夹角约为60°。当垂直应力 σ 在0.3～1.0 MPa范围内，采用直接快剪、三轴不排水剪和三轴固结不排水剪三种剪切试验方法求得的抗剪强度 τ 相差不大，最大差值不超过20%。在 σ 较小的情况下，直接快剪试验求得的抗剪强度低于其他试验求得的抗剪强度，采用直接快剪所得的抗剪强度指标进行设计计算的安全度相对较高。由于直接快剪试验操作简单，因此，对于荷重不大的工程，采用直接快剪抗剪试验所得的强度指标进行设计计算是适宜的。水泥土的内聚力 c 与其无侧限抗压强度 f_{cu} 大致呈幂函数关系，其关系式如下：

$$c = 0.2813 f_{cu}^{0.7078} \tag{12.13}$$

(4) 变形模量

当垂直应力达到无侧限抗压强度的50%时，水泥土的应力与应变的比值，称为水泥土的变形模量 E_{50}。E_{50} 与 f_{cu} 大致成正比关系，它们的关系式为：

$$E_{50} = 126 f_{cu} \tag{12.14}$$

(5) 压缩系数和压缩模量

水泥土的压缩系数为(2.0～3.5)×10^{-5} kPa^{-1}，其相应的压缩模量 E_s=60～100 MPa。

12.3.3　水泥土的抗冻性能

自然冰冻不会造成水泥土深部的结构破坏。水泥土试件在自然负温下进行抗冻试验表明，其外观无显著变化，仅少数试块表面出现裂隙，并有局部微膨胀或出现片状剥落及边角脱落，但深度及面积不大。

水泥土试块经长期冰冻后的强度与冰冻前的强度相比几乎没有增长。但恢复正温后其强度能继续提高，冻后正常养护90 d的强度与标准强度很接近，抗冻系数达0.9以上。

在自然温度不低于－15 ℃的条件下，冰冻对水泥土结构损害甚微。在负温下，由于水泥与黏土间的反应减弱，水泥土强度增长缓慢，正温后随着水泥水化等反应的继续深入，水泥土的强度可接近标准强度。因此，只要地温不低于－10 ℃，就可以进行水泥土搅拌法的冬期施工。

12.4　设计计算

12.4.1　方案拟订

设计前，应进行岩土工程勘察、了解施工机具设备的性能。在地质方面，应了解土层厚度、分布以及相关土层的物理、力学性质指标，特别是地下水的埋藏深度、酸碱度、硫酸盐含量、可溶盐含量和有机质含量、总烧失量等。在设备方面，应了解搅拌机架平面尺寸和高度、运行方式和最大钻搅深度，搅拌轴数量、转速、搅拌翼直径、搅拌头的叶片个数和提升速度，水泥粉（浆液）输送设备（送粉压力、每分钟输浆量等）等。

(1) 加固形式的选择

① 柱状。以一定间距打设搅拌桩，成为柱状加固形式。适用于单层工业厂房的独立基础、设备基础、构筑物基础、多层房屋条形基础下的地基加固。

② 壁状和格栅状。搅拌桩部分重叠搭接，成为壁状或格栅状布桩形式。一般用作开挖深基坑时的围护结构，可防止边坡坍塌和岸壁滑动。软土深厚或土层分布不均匀场地，上部结构的长宽比或长高比大、刚度小及对不均匀沉降敏感的基础，采用格栅状加固形式可提高整体刚度和抵抗不均匀沉降的能力。

③ 块状。搅拌桩全部重叠搭接，成为块状布桩形式。它适用于上部结构单位面积荷载大、对不均匀沉降要求较为严格的建（构）筑物地基处理。

(2) 加固范围的确定

搅拌桩是介于刚性桩和柔性桩间的一种桩型，但其承载性能又与刚性桩相近。设计搅拌桩时，可仅在上部结构基础范围内布桩，不必设置保护桩。

12.4.2　水泥土搅拌桩的计算

12.4.2.1　柱状布置

(1) 单桩竖向承载力特征值的确定

单桩竖向承载力特征值应通过现场单桩载荷试验确定。初步设计时也可根据《建筑地基处理技术规范》(JGJ 79—2012)按式(12.15)估算，并应同时满足式(12.16)的要求，应使由桩身材料强度确定的单桩承载力大于或等于由桩周（端）土抵抗力所提供的单桩承载力：

$$R_a = u_p \times \sum_{i=1}^{n} q_{si} \times l_{pi} + \alpha_p \times q_p \times A_p \tag{12.15}$$

$$R_a = \eta \times f_{cu} \times A_p \tag{12.16}$$

式中　f_{cu}——与搅拌桩桩身水泥土配比相同的室内加固土试块（边长 70.7 mm 的立方体）在标准养护条件下 90 d 龄期的立方体抗压强度平均值(kPa)；

A_p——桩的截面面积(m^2)；

η——桩身强度折减系数，干法可取 0.20～0.25，湿法可取 0.25；

u_p——桩的周长(m)；

n——桩长范围内所划分的土层数；

q_{si}——桩周第 i 层土的侧阻力特征值，对淤泥可取 4～7 kPa，对淤泥质土可取 6～12 kPa，对软塑状态的黏性土可取 10～15 kPa，对可塑状态的黏性土可取 12～18 kPa；

l_{pi}——桩长范围内第 i 层土的厚度(m)；

q_p——桩端地基土未经修正的承载力特征值(kPa)，可按《建筑地基基础设计规范》(GB 50007—2011)的有关规定确定；

α_p——桩端天然地基土的承载力折减系数，可取 0.4～0.6，承载力高时取低值。

(2) 搅拌桩复合地基承载力特征值的确定

搅拌桩复合地基承载力特征值应通过现场载荷试验确定，也可根据《建筑地基处理技术规范》(JGJ

79—2012)按下式估算：

$$f_{spk} = \lambda m \frac{R_a}{A_p} + \beta(1-m) f_{sk} \tag{12.17}$$

式中 λ——单桩承载力发挥系数，可取 1；

f_{spk}——复合地基承载力特征值(kPa)；

m——面积置换率；

R_a——单桩竖向承载力特征值(kN)；

A_p——桩的截面面积(m^2)；

β——桩间土承载力发挥系数，对淤泥、淤泥质土和流塑状软土等处理土层可取 0.1～0.4，对其他土层可取 0.4～0.8；

f_{sk}——地基处理后桩间土承载力特征值(kPa)，可取天然地基承载力特征值。

根据设计要求的单桩竖向承载力特征值 R_a 和复合地基承载力特征值 f_{spk} 计算搅拌桩的置换率 m 和总桩数 n'：

$$m = \frac{f_{spk} - \beta \cdot f_{sk}}{\frac{R_a}{A_p} - \beta \cdot f_{sk}} \tag{12.18}$$

$$n' = \frac{m \cdot A}{A_p} \tag{12.19}$$

式中 A——地基加固的面积(m^2)。

根据求得的总桩数进行搅拌桩的平面布置，柱状加固可采用正方形、等边三角形等布桩形式。布桩时要考虑充分发挥桩的摩阻力和便于施工。

(3) 水泥土搅拌桩复合地基沉降计算

水泥土搅拌桩复合地基沉降包括搅拌桩加固区的压缩变形 s_1 和桩端下未加固土层的压缩变形 s_2 两部分。s_1 的计算方法一般有复合模量法、应力修正法和桩身压缩量法三种，s_2 的计算方法一般有应力扩散法、等效实体法和 Mindlin-Geddes 方法三种。

(4) 水泥土搅拌桩复合地基设计思路

满足强度要求的条件下以沉降进行控制设计，设计思路参考如下：

① 由地质条件和建筑物对变形的要求确定加固深度，即选择施工桩长；

② 根据土质条件、固化剂掺量、室内配比试验资料和现场工程经验选择桩身强度和水泥掺入量及有关施工参数。根据上海地区的工程经验，当水泥掺入比为 12% 左右时，桩身强度一般可达 1.0～1.2 MPa；

③ 根据桩身强度及桩的断面尺寸，由式(12.16)计算单桩承载力；

④ 根据单桩承载力及土质条件，由式(12.15)计算有效桩长；

⑤ 根据单桩承载力、有效桩长和上部结构要求达到的复合地基承载力，由式(12.18)计算桩土面积置换率；

⑥ 根据桩土面积置换率和基础形式进行布桩。

12.4.2.2 壁状布置

壁状布置多用于支护工程。施工时，将相邻桩连续搭接，在平面上组成格栅形。设计时，基于重力式挡土墙理论，进行抗滑、抗倾覆、抗渗、抗隆起和整体滑动验算。格栅形布桩限制了格栅中软土的变形，大大减少了竖向沉降，并且增加了支护的整体刚度，保证桩和土在横向力作用下共同工作。

12.5　施 工 方 法

12.5.1　水泥浆搅拌法

12.5.1.1　搅拌设备与喷浆方式

搅拌机由电动机、中心管、输浆管、搅拌轴和搅拌头组成，并有灰浆搅拌机、灰浆泵等配套设备。搅拌机可配有单搅头、双搅头或多搅头（图 12.5），加固深度达 30 m，形成的桩柱体直径达 60～80 cm（双搅头形成“8 字”形桩柱体）。

国内搅拌机喷浆有中心管喷浆和叶片喷浆两种方式。中心管输浆方式中的水泥浆液是从两根搅拌轴间的另一中心管输出，这对于叶片直径在 1 m 以下时，并不影响搅拌均匀度，而且它可适用于多种固化剂，除了纯水泥浆外，还可用水泥砂浆，甚至掺入工业废料等粗粒固化剂。叶片喷浆方式是使水泥浆从叶片上若干个小孔喷出，使水泥浆与土体混合较均匀，对大直径叶片和连续搅拌是合适的，但因喷浆孔小易被浆液堵塞，它只能使用纯水泥浆而不能采用其他固化剂，且加工制造较为复杂。

图 12.5　三轴水泥搅拌机

12.5.1.2　施工工序

水泥浆搅拌法的施工工艺流程，如图 12.6 所示。

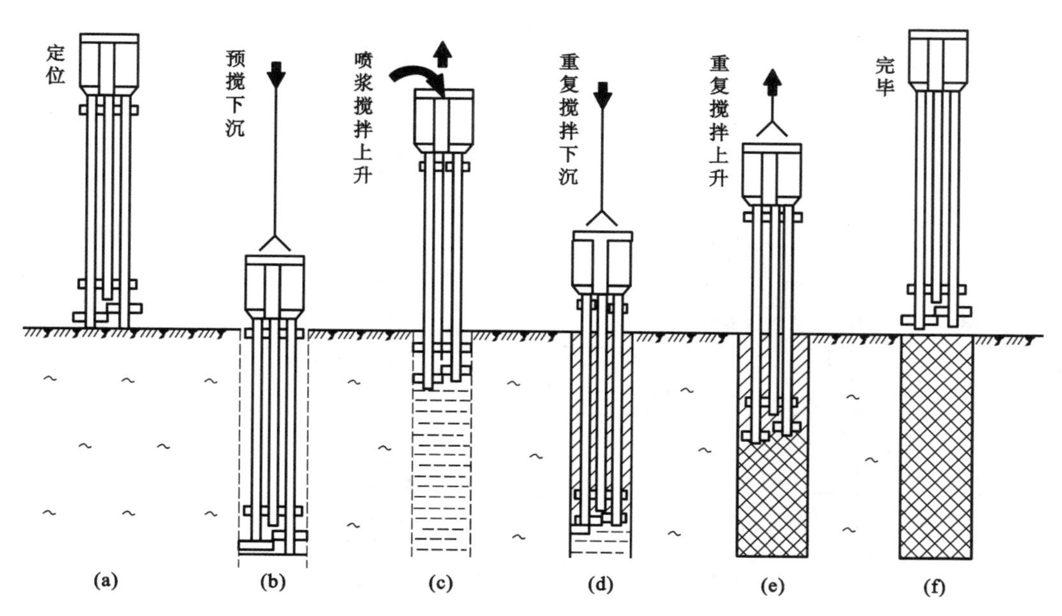

图 12.6　水泥土搅拌法施工工艺流程

（1）定位

起重机或塔架悬吊搅拌机到达指定桩位，对中。当地面起伏不平时，应使起吊设备保持水平。

（2）预搅下沉

待搅拌机的冷却水循环正常后，启动电机，放松起重机钢丝绳，使搅拌机沿导向架搅拌切土下沉，下沉的速度可由电机的电流监测表控制。工作电流不应大于 70 A。如果下沉速度太慢，可从输浆系统补给清水以利于钻进。

（3）喷浆搅拌上升

待搅拌机下沉到一定深度时，即开始按设计确定的配合比拌制水泥浆，压浆前将水泥浆倒入集料中。当水泥浆液到达出浆口后，应喷浆搅拌 30 s，在水泥浆与桩端土充分搅拌后，再开始提升搅拌头。要求注浆泵的额定压力不宜小于 5.0 MPa，注浆泵出口压力应保持在 0.4～0.6 MPa。水泥浆水灰比可取 0.5～0.6。

(4) 重复搅拌下沉、上升

搅拌机提升至设计加固深度的顶面标高时，集料斗中的水泥浆应正好排空。为使软土和水泥浆搅拌均匀，可再次将搅拌机边旋转边沉入土中，至设计加固深度后再将搅拌机提出地面。搅拌桩顶部与基础或承台接触部分受力较大，通常还可对桩顶 1.0～1.5 m 范围内增加一次输浆，以提高其强度。

(5) 清洗

向集料斗中注入适量清水，开启灰浆泵，清洗全部管路中残存的水泥浆，并将黏附在搅拌头上的软土清洗干净。

(6) 移位

重复以上步骤，再进行下一根桩的施工。

控制施工质量的主要指标为：水泥用量、提升速度、喷浆的均匀性和连续性以及施工机械性能。

12.5.2 粉体喷射搅拌法

12.5.2.1 搅拌设备与喷粉方式

如图 12.7 所示，粉体喷射搅拌机械一般由搅拌主机、粉体固化材料供给机、空气压缩机、搅拌头(图 12.8)和动力部分等组成。搅拌主机有单搅拌轴和双搅拌轴两种，它们都是利用压缩空气通过水泥供给机，经过高压软管和搅拌轴(中空的)将水泥粉输送到搅拌叶片背后喷嘴口喷出，旋转到半周的另一搅拌叶片把土与水泥搅拌混合在一起。这样周而复始地搅拌、喷射、提升，在土体内形成一个圆柱形水泥土，而与水泥材料分离出的空气通过搅拌轴周围的空隙上升到地面释放。

《建筑地基处理技术规范》(JGJ 79—2012)规定，水泥土搅拌桩干法施工机械必须配置经国家计量部门确认的、能瞬时检测并记录粉体计量装置及搅拌深度自动记录仪。

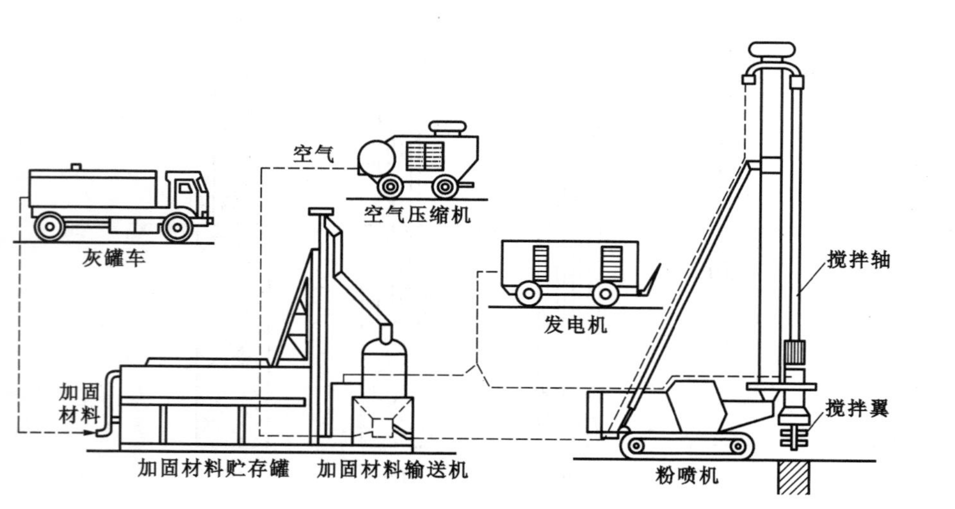

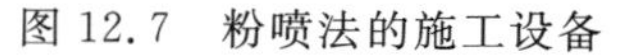
图 12.7 粉喷法的施工设备

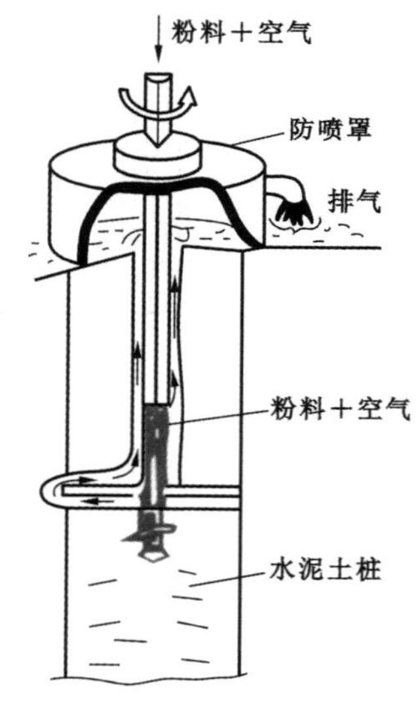

图 12.8 粉体喷射搅拌头

12.5.2.2 施工工序

粉体喷射搅拌法的施工工序如图 12.9 所示，图 12.10 为开挖的水泥粉喷桩。

(1) 搅拌机对准桩位

先放样定位，后移动钻进，准确对孔。对孔误差不得大于 50 mm。利用支腿油缸调平钻机，钻机主轴垂直度误差应不大于 1%。

(2) 下钻

启动主电动机，根据施工要求，以Ⅰ、Ⅱ、Ⅲ挡逐级加速，正转预搅下沉。

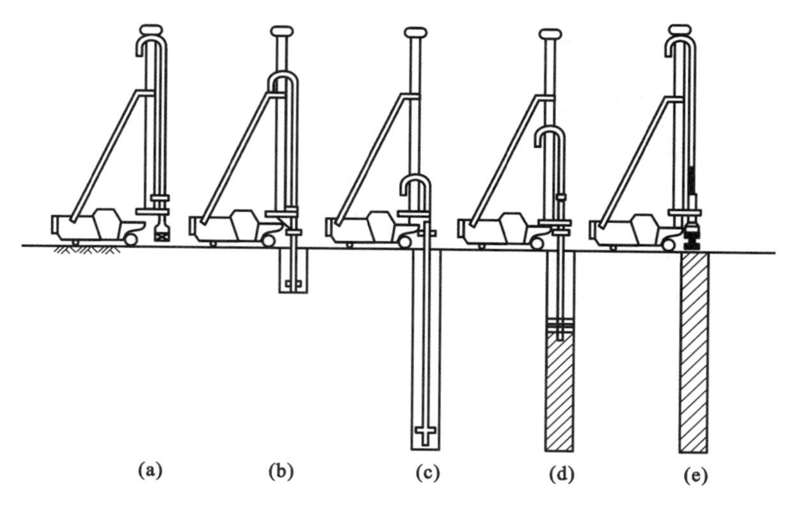

图 12.9 粉体喷射搅拌法工序

(a) 搅拌机对准桩位；(b) 下钻；(c) 钻进结束；(d) 提升喷射搅拌；(e) 提升结束

图 12.10 开挖的水泥粉喷桩

(3) 钻进结束

钻至接近设计深度时，应用低速慢钻，钻机应原位钻进 1～2 min。为保持钻杆中间送风通道的干燥，从预搅下沉开始直至喷粉为止，应在轴杆内连续输送压缩空气。当搅拌头下沉至设计桩底以上 1.5 m 时，应立即开启喷粉机，提前进行喷粉作业直到设计桩底。最大送粉压力不应小于 0.5 MPa。

(4) 提升喷射搅拌

搅拌头旋转一周，提升高度宜为 10～15 mm。提升喷灰过程中，须有自动计量装置。该装置为控制和检验喷粉桩的关键。

(5) 提升结束

当提升到设计停灰标高后，应慢速原地搅拌 1～2 min。为保证粉体搅拌均匀，有时须再次将搅拌头下沉至设计深度。钻具提升至地面后，钻机移位对孔，按上述步骤进行下一根桩的施工。

12.6 质 量 检 验

质量控制贯穿于施工全过程。施工中必须随时检查施工和计量记录，逐桩评定。检查重点是：水泥用量、桩长、搅拌头转数和提升速度、复搅次数和复搅深度、停浆处理方法等。施工质量可采用以下方法检验。

(1) 轻便触探或标准贯入试验

成桩后 3 d 内，可用轻型动力触探(N_{10})检查桩身的均匀性。检验数量为施工总桩数的 1%，且不少于

3 根。用轻便触探器中附带的勺钻，在水泥土桩桩身钻孔，取出水泥土桩芯，观察其颜色是否一致、是否存在水泥浆液富集的结核或未被搅拌均匀的土团。也可用轻便触探击数判断桩身强度。

标准贯入试验可通过贯入阻抗估算水泥土的物理力学指标，检验不同龄期的桩体强度变化和均匀性。用锤击数估算桩体强度需积累足够的工程资料，可借鉴同类工程，或采用 Terzaghi 和 Peck 的经验公式：

$$f_{cu}=\frac{N}{80} \tag{12.20}$$

式中　f_{cu}——桩体无侧限抗压强度(MPa)；

N——标准贯入试验的贯入击数(击)。

(2) 静力触探试验

静力触探试验可连续检查桩体的强度变化。用比贯入阻力 p_s(MPa)估算桩体强度 f_{cu}(MPa)须有足够的工程试验资料，可借鉴同类工程经验或用下式估算桩体无侧限抗压强度。

$$f_{cu}=\frac{1}{10}p_s \tag{12.21}$$

用静力触探试验测试桩身强度沿深度的分布图，并与原始地基的静力触探曲线比较，可得到桩身强度的增长幅度，并能测得断浆(粉)、少浆(粉)的位置和桩长。粉喷桩中心普遍存在 5～10 cm 的软芯，而直径只有 50 cm，检测时，触探杆不易保持垂直，容易偏移至强度较低部位。

(3) 开挖试验

成桩 7 d 后，采用浅部开挖桩头(深度宜超过停浆面下 0.5 m)，检查搅拌均匀性，量测成桩直径。检查量为总桩数的 5%。

(4) 截取桩段做抗压强度试验

在桩体上部不同深度现场挖取 50 cm 桩段，上、下截面用水泥砂浆整平，装入压力架后用千斤顶加压，即可测得桩身抗压强度及桩身变形模量。

(5) 小应变动测方法

在 28 d 龄期后，宜采用小应变动测方法检测桩身完整性，检验数量不少于桩总数的 10%。

(6) 静载荷试验

《建筑地基处理技术规范》(JGJ 79—2012)强制规定，竖向承载水泥土搅拌桩地基竣工验收时，承载力检测应采用复合地基载荷试验和单桩载荷试验。对于单桩复合地基载荷试验，静载板面积应为一根桩所承担的处理面积，否则，应予修正。试验标高应与基础底面设计标高相同。对单桩静载荷试验，在板顶上要做一个桩帽，以便受力均匀。

载荷试验宜在 28 d 龄期后进行，检验数量不少于总桩数的 1%，且每个场地复合地基载荷试验不得少于 3 点。若试验值不符合设计要求时，应增加检验孔的数量。

应当注意的是，设计时的参数均以 90 d 标准选取，其承载力对于龄期的换算关系完全不同于室内水泥土强度的换算关系。根据经验及资料分析，一般认为由 28 d 龄期的单桩承载力推算 90 d 龄期的单桩承载力可以乘以 1.2～1.3的系数(主要与单桩试验的破坏模式有关)，由 28 d 龄期的单桩复合地基承载力推算 90 d 龄期的单桩复合地基承载力可以乘以 1.1 左右的系数(主要与桩土模量比例等因素有关)。

(7) 取芯检验

钻芯法可直观地检验桩体强度和搅拌的均匀性。取芯通常用 ϕ108 双管单动取样器，并做无侧限抗压强度试验。钻芯法应有良好的取芯设备和技术，确保桩芯的完整性和原状强度。进行无侧限强度试验时，可视取样时对桩芯的损害程度，将设计强度指标乘以 0.7～0.9 的折减系数。钻芯法应在 28 d 龄期后进行，检验数量为桩总数的 0.5%，且每个场地不少于 6 根。

(8) 沉降观测

建筑物竣工后，尚应观测沉降、侧向位移等，这是最为直观的理想方法。沉降观察资料的积累，对设计计算方法的进一步完善有着重要的指导价值。

(9) 围护水泥土搅拌桩检验内容

检验内容包括墙面渗漏水情况，桩墙的垂直和整齐度情况，桩体的裂缝、缺损和漏桩情况，桩体强度和均匀性，桩顶水平位移量，坑底渗漏和隆起情况等。

12.7 工程实例

12.7.1 地质资料

益(阳)—常(德)高速公路K81+80～180路段处于洞庭湖边缘淤积区内，NE角原有深井，并有深沟从深井延伸至SW角，现已为鱼塘。采用少量钻探与大量静力触探相结合的方法，投入一套YQI型静力触探、十字板试验两用仪和一套GY-50型油压钻机，在现场原位测试了软土的十字板强度，配合动力触探及室内土工试验，查清了场地的地质条件。勘察结果表明，场地有厚约3 m的软土，在试验工程路基范围内呈“L”形分布，即在东侧由北向南延伸，并于K81+110处折向西，横穿路基，而覆盖层从上至下依次为：0.6～2.5 m厚紫红色路基填土层、0.3～3.3 m厚灰黑色粉质黏土层(底部常含粉砂)、0.7～4.6 m厚黄色黏土层(底部呈软塑态)、0.6 m厚灰绿色细砂层、灰色砾石层。

12.7.2 设计方案

该路段原采用明挖清淤，但由于路基及其两侧大面积为鱼塘，水量大，水位高，清淤艰难，施工单位不得不采用边挖边填工艺。勘察结果表明，清淤后软土厚度仍很大，不得不进行人工处理。经比较，决定采用粉喷桩复合地基，基本设计思路如下：

① 勘察施工时场地砾石层埋深5～7 m，拟以砾石层作为持力层，定出桩长L，按式(12.15)确定单桩竖向承载力特征值，按式(12.16)确定加固土试块(边长70.7 mm的立方体)的90 d龄期的无侧限抗压强度值。

② 通过试验确定水泥掺入比a_w与无侧限抗压强度之间的关系，再确定水泥掺入比a_w。也可按下式确定水泥掺入比a_w(用省去“%”的值代入)。

$$\ln(a_w) = \frac{f_{cu} + 687.6}{517.5} \tag{12.22}$$

③ 以控制沉降均匀为目的，采用场地硬黏土的承载力特征值为复合地基的承载力特征值。按式(12.18)计算粉喷桩置换率m，再按式(12.19)确定总桩数n。

④ 根据求得的总桩数n，并考虑施工方便，确定粉喷桩按梅花形排列。

经计算，粉喷桩采用42.5级普通硅酸盐水泥，掺入比为15%，桩径为550 mm，中心距为2 m，按梅花形排列，且在路基边坡坡脚线附近加密，桩端坐落在砾石层上。形成的桩身混凝土90 d龄期时强度应达1.2 MPa，加固后的复合地基承载力标准值应达260 kPa。设计方案如图12.11所示，即在东侧软基区域，先施工水泥粉喷桩，并在压实填土中距离桩顶0.6 m和1.2 m处平铺两层CE131土工格网，而在zk1所在的试验路段SW角处，软土分布范围小，采用“不处理”方案。

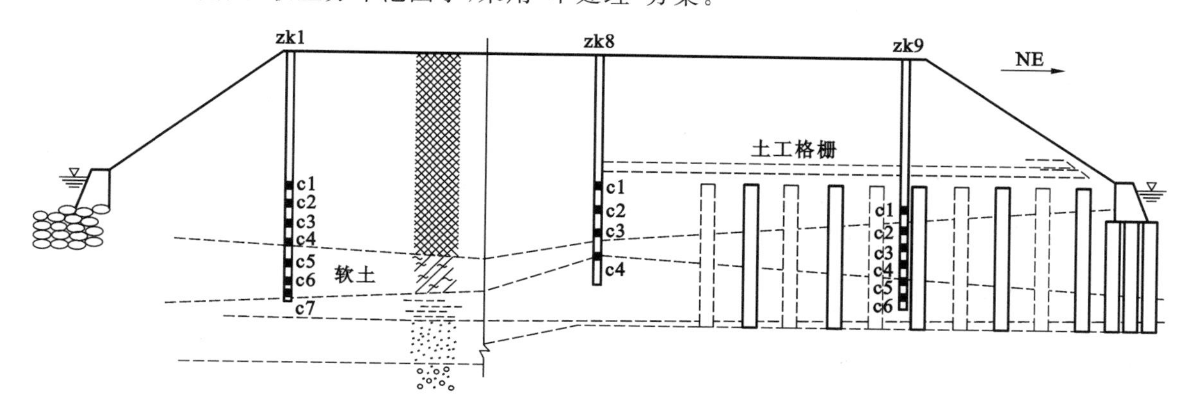

图12.11 粉喷桩复合地基设计示意图

12.7.3　质量检测与效果验证

达到相应龄期后，进行相关检测。为了深入研究处治效果，分别在试验路段的 K81＋110.5、K81＋127.5 和 K81＋156.5 三个断面共钻孔 9 个，并安装波纹管，以观测分层沉降(图 12.11)。观测结果如图 12.12 所示。结果表明，相同荷载作用下，桩间土的分层沉降类似于天然地基沉降，其值随深度递减，但沉降值降低了；平铺土工格网处和桩-网复合地基处沉降接近，最大沉降约 30 mm。

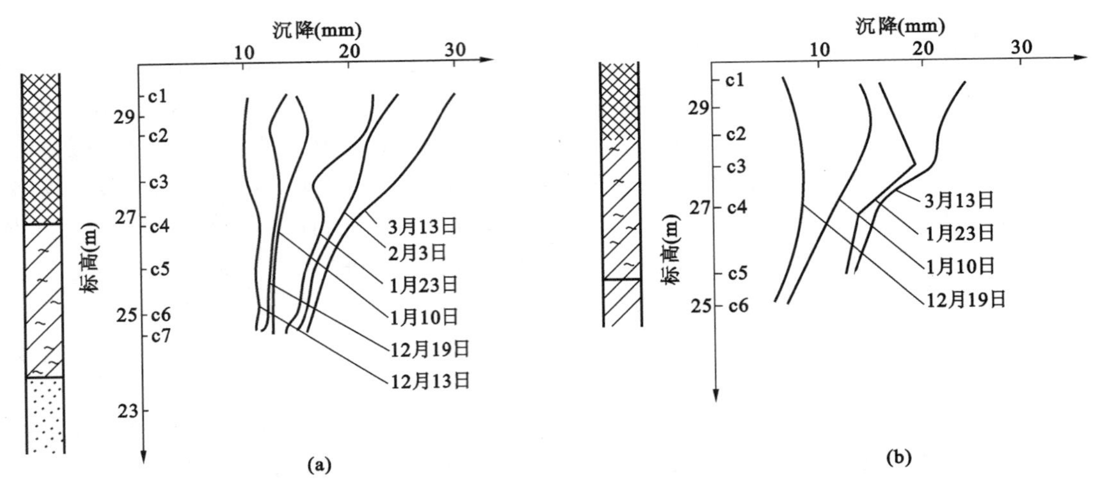

图 12.12　“平铺土工格网”和“桩-网复合地基”沉降对比

(a) 平铺土工格网；(b) 桩-网复合地基

思考题与习题

12.1　粉喷法和浆喷法形成水泥土有何差异？

12.2　水泥土的固化机理是什么？

12.3　水泥土无侧限抗压强度的影响因素有哪些？如何影响？

12.4　如何确定水泥土桩复合地基的置换率？

12.5　水泥土桩的质量检验方法有哪些？现行规范有哪些具体规定？

13 加 筋 法

本章提要

通过在土中埋设抗拉性能较好的土工合成材料，可以使整个土工构筑物的强度和稳定性能得到很好的改善，这种加固技术即为土工加筋技术。本章简要介绍了常见土工合成材料的特性，探讨了加筋土垫层加固机理、设计要点和施工质量要求；对加筋土挡墙的破坏机理进行了分析，介绍了加筋土挡墙的设计和施工要求；初步讨论了锚杆加固的设计与施工；此外，对土钉的特点、适用性及加固机理进行了分析，并分别与加筋土挡墙、土层锚杆进行了比较。

本章要求掌握加筋土垫层加固机理、加筋土挡墙破坏机理以及锚杆与土钉支护的加固机理，了解各种土工加筋技术的设计要点和施工质量要求。

13.1 概　　述

土体是各种矿物颗粒的松散集合体，具有很好的物理、化学稳定性和一定的抗压强度与抗剪强度，但抗拉强度却很低，因此，在工程应用上受到很大的限制。如果在土中埋设抗拉性能较好的土工合成材料，则整个土工构筑物的强度和稳定性能得到很好的改善，这种加固技术就称为土工加筋技术。

如图13.1所示为几种土的加筋技术在工程中的应用。如在人工填土的路堤或挡墙内铺设土工合成材料[或钢带、钢条、钢筋混凝土(串)带、尼龙绳等]，或在边坡内打入土锚(或土钉、树根桩等)。这种人工复合的土体，可用以抗拉、抗压、抗剪和抗弯，从而提高地基承载力、减小沉降和增加地基稳定性。

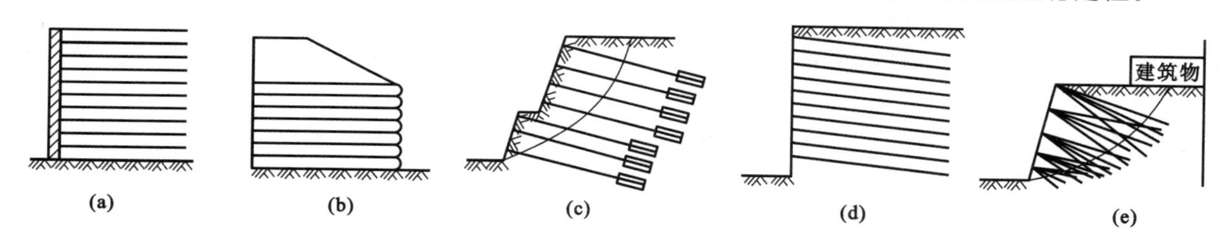

图13.1　加筋技术在工程中的应用

(a) 加筋土挡墙；(b) 土工合成材料的加筋土堤；(c) 土锚加固边坡；(d) 锚定板挡土结构；(e) 树根桩稳定结构

很早以前人类就已经懂得利用这种技术，Agar-Quf古城的亚术古庙塔及中国的万里长城，是现有最早的土体力学加固实例。前者是用芦苇编织的席垫水平放置在一层砂和砾石上进行加固，后者使用了一种由柳枝加固的泥和砾石拌和物。由于材料科学的落后，千百年来人们广泛采用的材料主要是木、竹、草等天然材料，以及后来使用的一些金属材料，但它们都有一些固有的缺陷，如性能单一、使用寿命短、价格昂贵等，故不能全面满足工程特定的需要。随着近代化学工业的迅速发展，品种繁多的人工合成材料陆续问世，它们具有能满足工程需要的良好性能，且施工方便、价格低廉，为岩土工程提供了较为理想的材料。

加筋土的概念首先由著名的土力学家卡萨格兰德(Cassagrande)提出，他曾建议在软弱土体中水平向层层铺设高强度片材使其强化。加筋土作为近代建筑技术加以研究和推广应用，则是近40年来的事。现代加筋土技术的发展始于20世纪60年代初期，法国工程师Henri Vidal首先在试验中发现，当土掺有纤维材料时，其强度可明显提高到原有天然土强度的好几倍，并由此提出了土的加筋概念和设计理论，成为加筋土发展历史上的一个重要里程碑，标志着现代加筋土技术的兴起。加筋土最早用于支挡工程，随着大量的试验研究和理论分析，加筋土应用领域也由公路挡墙发展应用到桥台、护岸、堤坎、建筑基础、铁路路堤、码头、防波堤、水库、尾矿坝等多个领域。

加筋地基是在土体中植入与原地基土质不同的增强体材料而形成的地基。根据增强体的位置可以分为竖向增强体、水平向增强体和斜向增强体三种基本形式，通常意义上的加筋土地基为内置水平或近似水平向增强体的地基。随着我国城市建设的发展，城市用地日益紧张，土地资源环境状况进一步恶化，城市总体规划也相应调整，如工业园区等被调整至郊区。建筑场地地形大多为山、坡、沟谷和洼地，兴建各类住宅、厂房、办公楼等建筑前必须进行场地平整，大规模的地基处理不可避免。据相关资料表明，目前重庆城市建设中95%的用地需要地基处理，其中需要大规模填方处理的约占73%；交通建设中约有52%的地段需要填方加固处理，仅重庆地区2005年采用加筋土增强处理的地基就达500多万 m^2。

现代加筋土技术以其显著的技术经济效益（加筋土用于地基增强成本低，可以节省工程造价25%～60%），简单的施工技术越来越广泛地被运用于土木工程中。

加筋法加固地基的机理比较复杂，采用的加筋方法不同或加筋方法相同而所用筋材不同，其加固机理也可能不同。不少加筋法的加固设计计算方法还处在探讨之中。一般认为，加筋土法的基本机理是通过土体与筋体间的摩擦作用，使土体中的拉应力传递到筋体上，筋体承受拉力，而筋间土承受压应力及剪应力，使加筋土中的筋体和土体都能较好地发挥各自的作用。对加筋土挡墙的研究表明，迄今为止的研究结果将筋土间相互作用的基本机理大致可归结为两大类：一是摩擦加筋原理，二是准黏聚力原理（似黏聚力原理）。

13.2 土工合成材料及其特性

土工合成材料是岩土工程中应用的合成材料的总称，其原料主要是人工合成的高分子聚合物，如塑料、化纤、合成橡胶等。土工合成材料可置于岩土或其他工程结构内部、表面或各结构层之间，具有加强、保护岩土或其他结构的功能，是一种新型工程材料。

20世纪50年代，土工合成材料开始应用于岩土工程中。随着新产品的不断开发和新技术的发展，土工合成材料日益显示出其优越性，并且逐步成为主要加筋材料。早在1958年，美国首先使用聚氯乙烯单丝编织物代替传统的级配砂砾料用于护岸工程；1970年法国开创了土石坝工程中使用土工合成材料的先例。最近二三十年土工合成材料发展迅速，尤以北美、西欧和日本发展最快。土工合成材料被誉为继砖石、木材、钢铁、水泥之后的第五大工程建筑材料，广泛应用于铁路、公路、水利、港口、城市建设、国防等领域。随着应用范围的不断扩大，土工合成材料的生产和应用技术也在迅速提高，使其逐渐成为一门新的边缘性科学，有关学术活动也在不断地扩大和深入。自1977年以来，先后召开了八届国际土工合成材料学术会议；国际土力学与基础工程学会也于1983年成立了土工织物协会，后更名为国际土工合成材料协会，成为土工学术界重视土工聚合物的重要标志。

13.2.1 土工合成材料的分类

可用于形成加筋土垫层的土工合成材料的种类繁多，主要有土工织物、土工条带、土工格栅、土工格室、土工网等。

(1) 土工织物是透水性土工合成材料，按其制造方法不同，分为织造（有纺）土工织物和非织造（无纺）土工织物。

织造（有纺）土工织物是由纤维纱或长丝按一定方向排列机织的土工织物。

非织造（无纺）土工织物是由短纤维或长丝按随机或定向排列制成的薄絮垫，经机械结合、热黏或化黏而成的织物。

(2) 土工膜是由聚合物或沥青制成的一种相对不透水薄膜。

(3) 土工格栅是由有规则的网状抗拉条带形成的用于加筋的土工合成材料。其开孔可容周围土、石或其他土工材料穿入。

(4) 土工带是经挤压拉伸或加筋制成的条带抗拉材料。

(5) 土工格室是由土工格栅、土工织物或土工膜、条带构成的蜂窝状或网格状三维结构材料。

(6) 土工网是由平行肋条经以不同角度与其上相同肋条黏结为一体的用于平面排液、排气的土工合成材料。

(7) 土工膜袋是由双层化纤织物制成的连续或单独的袋状材料。用高压泵在其中充填混凝土或水泥砂浆,凝结后形成板状防护块体。

(8) 土工网垫是以热塑性树脂为原料制成的三维结构。其底部为基础层,上覆起泡膨松网包,包内填沃土和草籽,供植物生长。

(9) 土工复合材料是由两种或两种以上材料复合成的土工合成材料。

(10) 塑料排水带是由不同凹凸截面形状,具有连续排水槽的合成材料芯材,外包无纺土工织物构成的复合排水材料。

(11) 土工织物膨润土垫是由土工织物或土工膜间包有膨润土或其他低透水性材料,以针刺、缝接或化学剂黏结而成的一种防水材料。

(12) 聚苯乙烯板块亦称泡沫苯乙烯,简称 EPS,是由聚苯乙烯加入发泡剂膨胀,经模塑或挤压制成的轻型板块。

(13) 玻纤网是以玻璃纤维为原料,通过纺织加工,并经表面后处理而成的网状制品。

13.2.2 土工合成材料的主要功能

土工合成材料在岩土工程中的应用主要有反滤、排水、隔离、防渗、防护和加筋等多种功能。但必须指出,在工程实际应用中是几种作用的组合,其中有的是主要的,有的则是次要的。例如:对松砂或软土地基上的铁路路基,其隔离作用是主要的,而反滤和加筋作用是次要的;对软土地基上的公路路基,则加筋作用是主要的,隔离和反滤作用是次要的。

13.2.2.1 *加筋作用*

当土工织物或土工格栅埋设在土体内适当位置,依靠它们与土界面的相互作用(摩阻与咬合),可限制土体的侧向位移、提高土体的强度与稳定性。其应用范围有:加固土坡和堤坝、地基及挡土墙。

(1) 加固土坡和堤坝

土工合成材料在路堤工程中的作用有:① 可使边坡变陡,节省占地面积;② 防止滑动圆弧通过路堤和地基土;③ 防止路堤下因发生承载力不足而破坏;④ 跨越可能的沉陷区等。

(2) 加固地基

由于土工合成材料有较高的强度,又具有较好的柔性,且能紧贴于地基表面,使其上部施加的荷载能均匀分布在地层中,因此,铺设的土工合成材料将阻止破坏面的出现,从而提高地基承载力。

软土地基加荷后可能会产生蠕变,引起铺设土周围地基土的侧面隆起。如将土工合成材料铺设在软土地基的表面,由于土工合成材料承受拉力和土的摩擦作用,阻止地基土的侧向挤出,从而减小地基变形、增大地基稳定性。

(3) 用于加筋土挡墙作拉筋

在挡土结构的土体中,每隔一定垂直距离铺设加筋作用的土工合成材料时,对临时性的挡墙,可只用土工合成材料包裹着砂来填筑。另外,由于这种形式的墙面往往是不平整的,所以,通常用表土覆盖的墙面,同时也可防止日光紫外线的照射对土工合成材料的强度损伤。对于长期使用的挡墙,往往采用混凝土面板。

13.2.2.2 *反滤作用*

将土工织物铺在细粒土与粗粒料间,可起反滤层的作用。

多数土工合成材料在单向渗流的情况下,在紧贴土工合成材料的土体中,发生细颗粒逐渐向滤层移动。同时,还有部分细颗粒通过土工合成材料被带走,留下较粗的颗粒,从而与滤层相邻的一定厚度土层逐渐形成一个反滤带,阻止土粒的继续流失,最后趋于稳定平衡。亦即土工合成材料与其相邻接触部分土层共同形成了一个完整的反滤系统。

将土工合成材料铺放在上游面的块石护坡下面,可起反滤、隔离和防冲刷的作用。同样,也可铺放在下游排水体(褥垫排水或棱体排水)周围起反滤作用,以防止管涌;也可铺放在均匀土坝的坝体内,起竖向的排水作用。这样可有效地降低均质坝的坝体浸润线,提高下游坝体的稳定性。渗流水沿土工合成材料进入水平排水体,最后排至坝体外。

13.2.2.3 排水作用

具有一定厚度的土工合成材料具有良好的三维透水性,利用这种特性,除了可作透水反滤外,还可使水经过土工合成材料的平面时迅速沿水平方向排走,构成水平排水层。

13.2.2.4 隔离作用

在修筑道路时,一般路基和路床顺次施工。运营时由于荷载压力和雨水的作用,使路基材料、路床材料和一般材料都混合在一起,使原设计的强度、排水和过滤的功能减弱。为了防止这种现象的发生,可将土工合成材料设置在两种不同特性的材料间,不使其混杂,但又能发挥统一的作用。

在铁路工程中,铺设土工合成材料后可以保持轨道的稳定,并减少养护费用。

在道路工程中,铺设土工合成材料可起渗透膜的作用,防止软弱土层侵入路基的碎石,不然会引起翻浆冒泥,最后使路基和路床的厚度减小,导致道路的破坏。

土工合成材料也可用于材料的储存和堆放,避免材料的损失和劣化,还可防止废料的污染。

用作隔离的土工合成材料,其渗透性应大于所隔离土的渗透性;在承受动荷载作用时,土工合成材料还应有足够的耐磨性;当被隔离材料或土层间无水流作用时,也可用不透水的土工膜。

13.2.2.5 防渗作用

土工膜和复合土工合成材料可以防止液体的渗漏、气体的挥发、保护环境或建筑物的安全。它们可用于防止各类大型液体容器或水池的渗漏和蒸发、土石坝和库区的防渗、渠道防渗、隧道和涵管周围防渗、屋顶防漏以及修建施工围堰等。

13.2.2.6 防护作用

土工合成材料对土体或水面可以起防护作用,如防止河岸或海岸被冲刷、防止土体的冻害、防止路面反射裂缝、防止水面蒸发或空气中的灰尘污染水面等。

13.2.3 土工合成材料的特性

土工合成材料的优点是:质地柔软而质量轻、整体连接性好、施工方便、抗拉强度高、耐腐蚀性和抗微生物侵蚀性好、无纺型的当量直径小且反滤性好。其缺点是:同其原材料一样,未经特殊处理则抗紫外线能力低,另外,合成材料中聚酯纤维和聚丙烯腈纤维的耐紫外线辐射能力和耐自然老化性能最好,所以,目前世界各国的土工合成材料使用这两种原材料居多。

表征土工合成材料产品性能的指标包括:

① 产品形态,即材质及制造方法、宽度、每卷的直径及质量。

② 物理性质,即单位面积质量、厚度、开孔尺寸及均匀性等。

③ 力学性质,即抗拉强度、断裂时的延伸率、撕裂强度、顶破强度、蠕变性与土体间摩擦系数等。

④ 水理性质,即垂直向和水平向透水性。

⑤ 抗老化和耐腐蚀性,对紫外线和温度的敏感性,抗化学和生物腐蚀性等。

13.2.4 土工合成材料的常用术语

① 抗拉强度:单位宽度的土工合成材料试样在外力作用下拉伸时所能承受的最大拉力。

② 延伸率:对应于某一拉力时的应变量。

③ 握持强度:土工合成材料试样在握持拉伸过程中所能承受的最大拉力。

④ 握持延伸率:对应于握持强度时的应变量。

⑤ 撕裂强度:土工合成材料试样在撕裂过程中抵抗扩大破损裂口的最大拉力。

⑥ 圆球顶破强度:以规定直径圆球顶杆匀速垂直顶压于土工合成材料平面时,土工合成材料所能承受的最大顶压力。

⑦ CBR 顶破强度：以 CBR 仪的圆柱形顶杆匀速垂直顶压于土工合成材料平面时，土工合成材料所能承受的最大顶压力。

⑧ 刺破强度：一刚性顶杆以规定速率垂直顶向土工合成材料平面将试样刺破时的最大力。

⑨ 穿透孔径：规定尺寸的落锥在土工合成材料上方 500 mm 高度处自由落下时，穿透土工合成材料的孔洞直径。

⑩ 平均线收缩系数：规定尺寸的土工合成材料试样在规定温度区内，以规定速率降温时，每降低 1 ℃的收缩变形与试样原长度的比值。

⑪ 似摩擦系数：在土工合成材料与土的接触界面上有法向力作用时，界面上的摩擦剪切强度与法向力的比值。

⑫ 等效孔径 O_{95}：用来表示土工合成材料孔隙大小的指标。采用不同的筛余率标准，可得到不同的等效孔径值。等效孔径 O_{95} 表示土工合成材料中有 95%的孔径低于该值。

⑬ 当量孔径 D_e：将某种形状的土工网材孔径换算为等面积圆的直径，用来表示土工网材孔径的大小。

⑭ 垂直渗透系数：与土工织物平面垂直方向的渗流的水力梯度等于 1 时的渗透流速。

⑮ 水平渗透系数：在土工织物内部沿平面方向的渗流的水力梯度等于 1 时的渗透流速。

⑯ 透水率：水位差等于 1 时垂直于土工织物平面方向的渗透流速。

⑰ 导水率：水力梯度等于 1 时沿土工织物平面单位宽度内输导的水流量。

⑱ 梯度比：土工织物试样及其上方 25 mm 土样的水力梯度 i_1 与织物上方 25 ～75 mm 之间土样的水力梯度 i_2 的比值。

13.3 加筋土垫层

由分层铺设的土工合成材料与地基土构成加筋土垫层。加筋土垫层法多应用于路堤软土地基加固，主要用于提高地基稳定性，减小地基沉降。采用加筋土垫层加固的示意图如图 13.2 所示。对可能局部地基土破坏的情况，也可采用土工合成材料局部加筋垫层的方法加固(图 13.3)。

图 13.2 加筋土垫层加固地基

图 13.3 土工合成材料局部加筋垫层

通常认为：采用加筋土垫层加固路堤地基的破坏形式有四种类型：滑弧破坏、加筋体绷断破坏、地基塑性滑动破坏和薄层挤出破坏。对某一具体工程的主控破坏类型与工程地质条件、加筋材料性质、受力情况以及边界条件等影响因素有关。而且在一定条件下，破坏类型可能发生变化，可能从一种形式向另一种形式转化，这主要由土的强度发挥和加筋体的强度发挥的相互关系决定。

在荷载作用下加筋土垫层加固地基的工作性状是很复杂的，加筋体的作用及工作机理也很复杂。加筋土地基的破坏具有多种形式，形成破坏的影响因素也很多，而且很复杂。到目前为止，许多问题尚未完全搞清楚，其计算理论正处在发展阶段，尚不成熟。

在加筋土地基设计中要考虑防止上述四种破坏形式的发生。对滑弧破坏时，应采用土坡稳定分析法验算其安全度。对加筋体绷断破坏，要验算加筋体所能提供的抗拉力。如果加筋体所能提供的抗拉力不够，可增加加筋体断面尺寸，或加密加筋体。加筋土地基塑性滑动破坏实质上是加筋土层下卧层不能满足承载力要求。因此，在加筋土地基设计中要验算加筋土层下卧层承载力。

采用加筋土垫层法可使路堤荷载产生扩散，减小地基中附加应力。当路堤下软弱土层不是很厚时，采用加筋土垫层可有效减小沉降。当路堤下软弱土层很厚时，采用加筋土垫层的应力扩散作用可使浅层土体中的附加应力减小，但会使地基土层压缩的影响深度加大。在这种情况下，采用加筋土垫层对减小总沉降的作用不大，有限元分析和工程实践都证明了这一点。

应用加筋土垫层加固地基主要是提高了地基的稳定性。当路堤地基采用桩体复合地基加固时，在路堤和复合地基之间铺设加筋土垫层，既可有效提高地基承载力，又可有效减小路堤的沉降。

13.3.1 加固机理

根据理论分析、室内试验以及工程实测的结果证明，采用土工合成材料加筋土垫层的加固机理为：

(1) 扩散应力。加筋垫层刚度较大，增大了压力扩散角，有利于上部荷载扩散，降低了垫层底面压力。

(2) 调整不均匀沉降。由于加筋垫层加大了压缩层范围内地基的整体刚度，均化了传递到下卧土层上的压力，有利于调控基础的不均匀沉降。

(3) 增大地基稳定性。由于加筋土垫层的约束，整体上限制了地基土的剪切、侧向挤出及隆起，这样便增大了地基的稳定性。

13.3.2 加筋土垫层设计

加筋土目前的应用状况是应用量大，使用效果也良好，实践远远超前于理论，特别是在浅基础加筋上应用广泛。到目前为止，计算加筋地基因筋材提高的承载力以及沉降计算尚缺乏适用的公式，且规程中也没有成熟的加筋地基的设计方法。

目前关于加筋地基的计算方法主要有：宾奎特法、改进太沙基极限承载力确定法、有限单元法、滑动现场分析法。在这些分析法中都采用了一些简化假设，例如，宾奎特法中，假设筋材的拉力铅直向上，筋材长度达到地基附加应力等于 0.1 倍基底压力的点，如此确定筋材长度过于浪费。改进太沙基极限承载力公式中，假定在基础两侧的筋材变形后沿着一个圆弧，但圆弧的半径和拉力的方向却很难确定。有限单元法、滑动现场分析法则不易准确确定其计算参数和计算模型，计算过程较为复杂，不易在工程设计中广泛应用。

加筋地基补强技术主要用于填方地基和软基地基等，其基础形式主要为独立基础、条形基础和筏板基础。地基和基础的设计内容包括承载力、变形和稳定性计算。因此，加筋地基补强设计的范畴和目的主要包括：增加地基承载力、减小沉降和不均匀沉降；提高抗滑稳定性；加筋地基筋材的选择、间距的确定、筋带承载力的设计等问题。因此，如何正确确定出加筋地基的承载力以及它所包括的内容；如何正确看待加筋地基对软土地基沉降量的减少所发挥的作用；如何正确分析加筋地基的稳定性；如何正确确定土工合成材料的设计拉力；如何合理而经济地确定筋材的长度等是非常重要的。其中，地基承载力验算是加筋地基补强设计的核心内容。

加筋土垫层的设计应包括：稳定性验算、确定加筋构造、验算加筋土垫层地基的承载力和沉降。稳定性验算应包括垫层筋材被切断及不被切断的地基稳定、沿筋材顶面滑动、沿薄软土层底面滑动以及筋材下薄层软土被挤出。验算方法及稳定安全系数应符合国家现行地基设计规范的有关规定，此处不再赘述。

13.3.3 加筋土垫层施工

加筋土地基补强新技术能否成功应用，关键就在于施工。加筋土垫层施工主要包括基槽开挖，土工格栅加筋材料铺设，填料采集、摊铺及压实，检测等，而填料的采集和压实又是施工成败的关键，它会影响到垫层的密实度以及筋带与土之间的摩擦系数，进而影响垫层的承载力和变形模量能否达到设计要求。

加筋土垫层施工时应注意以下事项：

① 铺设土工合成材料时，下铺的地基土层顶面应平整，不得有尖锐物体，以防止土工合成材料被刺穿或顶破；

② 土工合成材料铺设时，应先纵向后横向，且应把材料张拉平直和绷紧，严禁有折皱；

③ 筋材需要接长时，连接宜采用搭接法、缝接法或胶接法，接缝强度不应低于原材料抗拉强度，端部应采用有效方法固定，防止金属材料被拉出。上下层搭接缝应交替错开，搭接强度应满足设计要求；

④ 应将筋材定位，水下铺设土工织物筋材时应采用工作船或工作平台，并应及时定位或压重；

⑤ 筋材端头应固定或回折锚固；

⑥ 筋材切忌曝晒或裸露而使材料劣化，阳光暴晒时间不应大于 8 h；

⑦ 应按先两侧后中央的顺序分层回填；

⑧ 第一层铺设时不要使推土机的刮土板损坏所铺设的土工合成材料，当受损时应立即修补。

13.4 加筋土挡墙

13.4.1 概述

加筋土挡墙是由填土、填土中布置的一定量的拉筋以及直立的墙面板三部分组成的一个整体的复合结构。这种结构内部存在着墙面土压力、拉筋的拉力及填料与拉筋间的摩擦力等相互作用的内力，这些内力相互平衡，保证了这一复合结构的内部稳定。

同时，加筋土这一复合结构类似于重力式挡墙，还要能抵抗加筋体后面填土所产生的侧压力，即保证加筋土挡墙的外部稳定，从而使整个复合结构稳定。与其他结构一样，在加筋土结构外部稳定性验算中，还包括地基承载力的稳定验算。

法国工程师 Henri Vidal 于 1963 年首次提出了土的加筋方法与设计理论，并于 1965 年在法国普拉聶尔斯成功地建成了世界上第一座加筋土挡墙。由于加筋土边坡应用比较广泛，造价低廉，施工简便，安全可靠，一经问世就受到工程界的欢迎。法国、英国、美国、日本和德国等已制定了加筋土工程的规范、条例和技术指南，当前国际上已成立了“加筋土工程协会”。

我国于 20 世纪 70 年代初开始引进和推广使用这种技术，并获得了巨大的技术和经济效益。

加筋土挡墙具有以下特点：

(1) 可以实行垂直填土，从而减少占地面积，这对不利于放坡的地区、城市道路以及土地珍贵的地区而言，具有较大的经济价值。

(2) 面板、筋带可工厂化生产，不但保证了质量，而且降低了原材料消耗，加快了施工进度。

(3) 充分利用土与拉筋的共同作用，使挡墙结构轻型化。加筋土挡墙具有柔性结构性能，可承受较大的地基变形。因而，加筋土挡墙可应用于软土地基上砌筑挡土墙，并具有良好的抗震性能。

(4) 加筋土挡墙外侧可铺面板，面板的形式可根据需要拼装，造型美观，适用于城市道路的支挡工程。加筋土挡墙也可与三维植被网结合，在加筋土挡墙外侧进行绿化，景观效果也好。

13.4.2 加筋土挡墙破坏机理

加筋土挡墙的整体稳定性取决于加筋土挡墙的内部和外部的稳定性。

(1) 加筋土挡墙内部稳定性的丧失

从对加筋土挡墙内部结构分析可知(图 13.4)，由于土压力的作用，土体中产生一个破裂面，破裂面的滑动棱体达到极限状态。在土中埋设拉筋后，趋于滑动的棱体，通过土与拉筋间的摩擦作用有将拉筋拔出的倾向。因此，这部分的水平分力 τ 的方向指向墙外(图 13.5 中水平箭头方向)。滑动棱体后面的土体则由

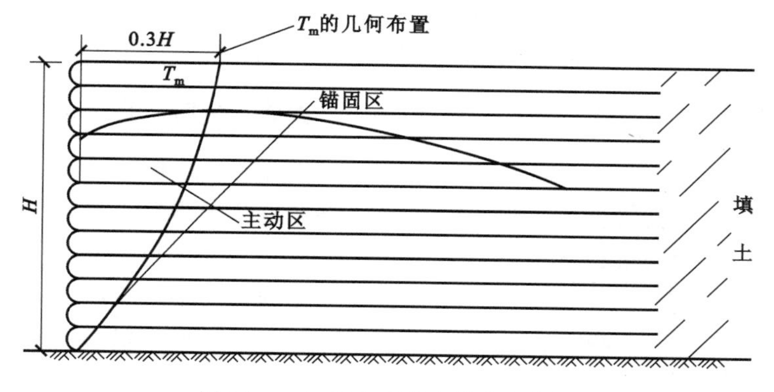

图 13.4 加筋土挡墙内部受力分析

于拉筋和土体间的摩擦作用把拉筋锚固在土中，从而阻止拉筋被拔出，这一部分的水平分力指向土体(与图 13.5 中 τ 的方向相反)。两个水平方向分力的交点就是拉筋的最大应力点。将每根拉筋的最大应力点连接成一曲线，该曲线就把加筋土挡墙分成两个区域。将各拉筋最大应力点连线以左的土体称为主动区(或活动区)，以右的土体称为被动区(或锚固区、稳定区)。通过大量的室内模型试验和野外实测资料分析，两个区域的分界线离开墙面的最大距离为 $0.3H$(墙面高度)。然而，Mitchell 和 Villet 认为：对于具有延伸性较大的土工合成材料，其破裂面接近朗金理论的破裂面。当然加筋土两个区域的分界线的形式，还要受下列几个因素的影响：① 结构的几何形状；② 作用在结构上的外力；③ 地基的变形；④ 土与拉筋间的摩擦力。

加筋土挡墙的内部稳定性丧失包括拉筋拔出破坏、拉筋断裂、面板与拉筋间接头破坏、面板断裂、贯穿回填土破坏、沿拉筋表面破坏(图 13.5)。

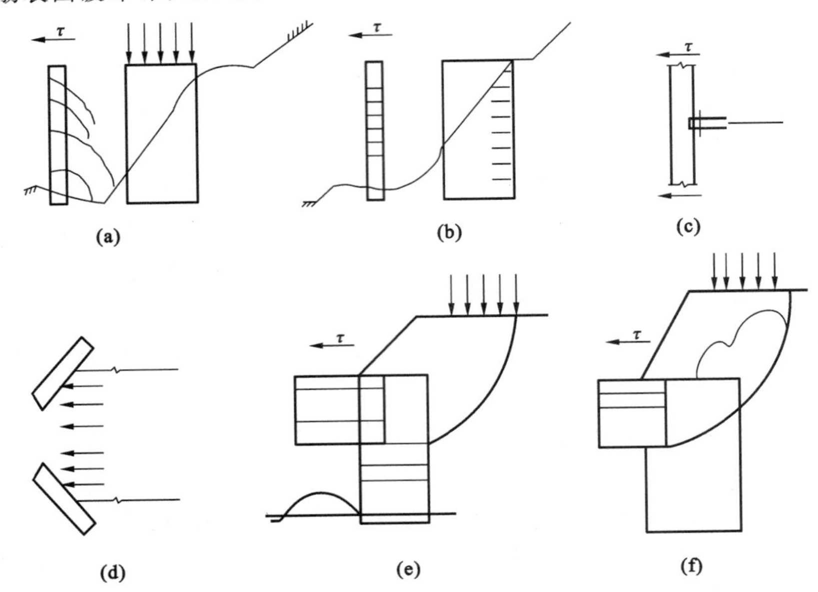

图 13.5　加筋土挡墙内部可能产生的破坏形式

(a) 拉筋拔出破坏；(b) 拉筋断裂；(c) 面板与拉筋间接头破坏；
(d) 面板断裂；(e) 贯穿回填土破坏；(f) 沿拉筋表面破坏

(2) 加筋土挡墙外部稳定性的丧失

加筋土挡墙的外部稳定性丧失包括土坡整体失稳、滑动破坏、倾覆破坏和承载力破坏(图 13.6)。

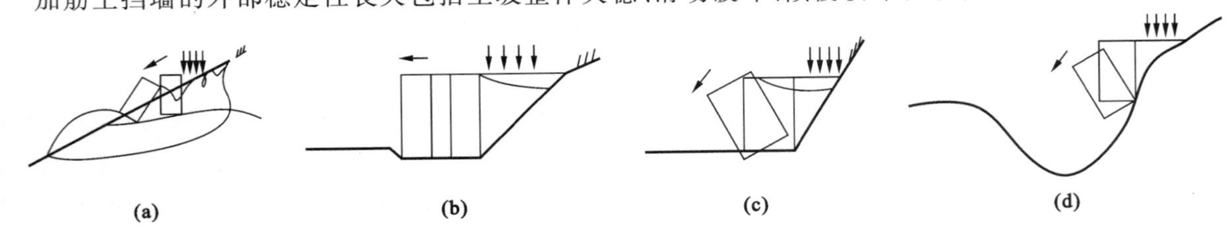

图 13.6　加筋土挡墙外部可能产生的破坏形式

(a) 土坡整体失稳；(b) 滑动破坏；(c) 倾覆破坏；(d) 承载力破坏

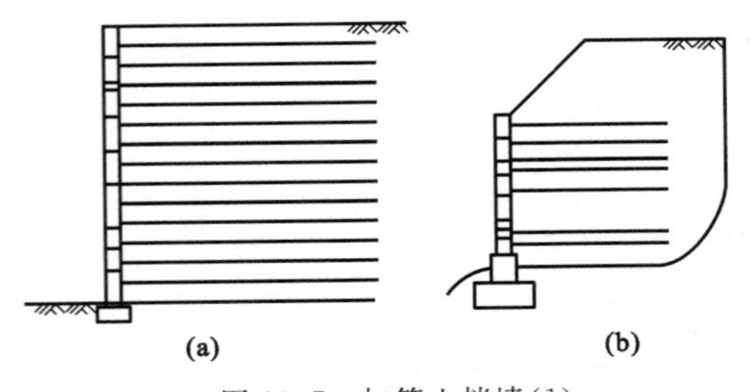

图 13.7　加筋土挡墙(1)

(a) 路肩式挡墙；(b) 路堤式挡墙

13.4.3　加筋土挡墙设计计算

13.4.3.1　加筋土挡墙的形式

加筋土挡墙可分为路肩式挡墙和路堤式挡墙，如图 13.7 所示。

根据拉筋不同的配置方法，加筋土挡墙又可分为单面加筋土挡墙(图 13.7)、双面分离式加筋土挡墙[图 13.8(a)]、双面交错式加筋土挡墙[图 13.8(b)]以及台阶式加筋土挡墙[图 13.8(c)]。

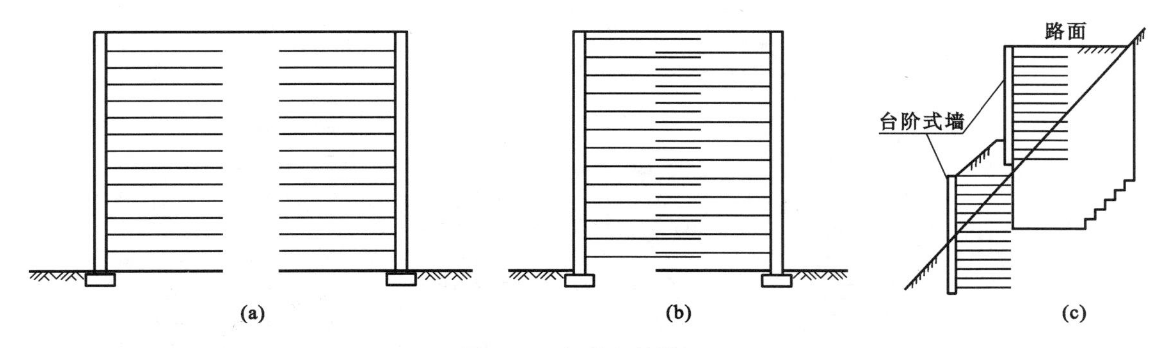

图 13.8　加筋土挡墙(2)

(a) 双面分离式加筋土挡墙；(b) 双面交错式加筋土挡墙；(c) 台阶式加筋土挡墙

13.4.3.2　*加筋土挡墙的荷载*

应根据可能同时出现的作用荷载类型来选择荷载组合。加筋土边坡上的土压力，采用静止土压力已是工程界的共识。根据我国铁道部和国外的实测资料，加筋土边坡的上半部的土压力，与静止土压力比较一致；而下半部的土压力，则接近于主动土压力；但在其底部，土压力又有所增大，如图 13.9 所示。

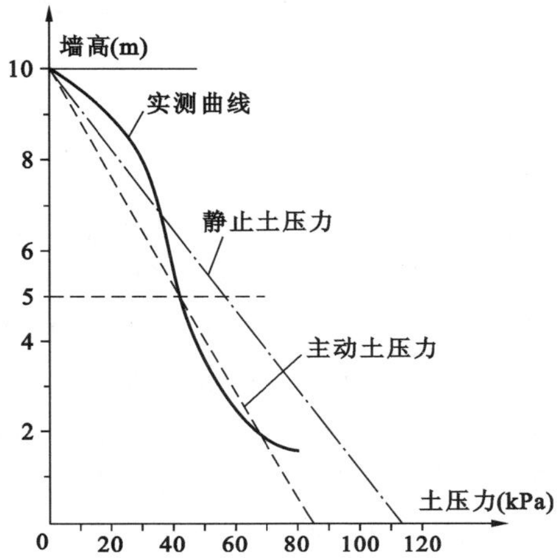

法国《加筋土设计规范》规定，加筋土边坡的土压力计算，按主动土压力乘以 1.25～1.35 的增大系数。我国《铁路路基支挡结构设计规范》中规定，在边坡高度 1/2 以上部分，按静止土压力计算，呈三角形分布；其以下部分为均匀分布，即分布图形为矩形。最大土压力为边坡高度 1/2 处的静止土压力值，静止土压力系数为 $k_0=1-\sin\varphi$（其中 φ 为土的内摩擦角）。

图 13.9　加筋土的土压力

13.4.3.3　*加筋条*

拉筋应采用抗拉强度高、伸长率小、耐腐蚀和柔韧性好的材料，同时要求加工、接长以及与面板的连接简单，如镀锌扁钢带、钢筋混凝土带、聚丙烯土工聚合物等。高速公路和一级公路上的加筋土工程应采用钢带或钢筋混凝土带。

钢带和钢筋混凝土带的接长以及与面板的连接，可通过焊接或螺栓结合，节点应做防锈处理。

加筋土挡墙内拉筋一般应水平布设并垂直于面板，当 1 个节点有 2 条以上拉筋时，应呈扇状分开。当相邻墙面的内夹角小于 90°时，宜将不能垂直布设的拉筋逐渐斜放，必要时在转角处增设加强拉筋。

作为加筋土边坡，其加筋材料的选择，应满足如下要求：

① 有较高的抗拉强度，蠕变量较小。

② 具有较好的柔性和韧性，便于填土夯实。

③ 应具有良好的耐腐蚀性能。

④ 加筋条与面板有良好的连接性。

⑤ 加筋条断面简单，便于制作。

⑥ 加筋条与填土间具有较大的摩擦系数。

⑦ 取材容易，经济合理。

例如，重庆地区现在建成的加筋土边坡，高度已达 30 m 以上，主要采用聚丙烯塑料带，基本上能满足上述 7 项要求，目前的使用情况尚属良好。但有人提出聚丙烯塑料带的老化问题，始终没有得到解决，对于房屋地基、城市道路、城市边坡、河流岸坡，以及高等级公路等地区的永久性边坡，应慎用。

13.4.3.4　*面板*

面板是一种围护构件，从实测的资料得到了充分的证明，面板与加筋条的连接处，不是加筋条受力最大的地方，此处受力大约只有加筋条最大拉应力的 75%。

在国外，加筋土边坡的面板多采用镀锌薄钢板制作成圆筒形，再与加筋条（钢带）焊接的做法。在我国多采用混凝土面板，多设计成十字形、矩形、六角形的等厚单板(图 13.10)，其厚度为 100～200 mm。单板较大时，也可采用槽形板。

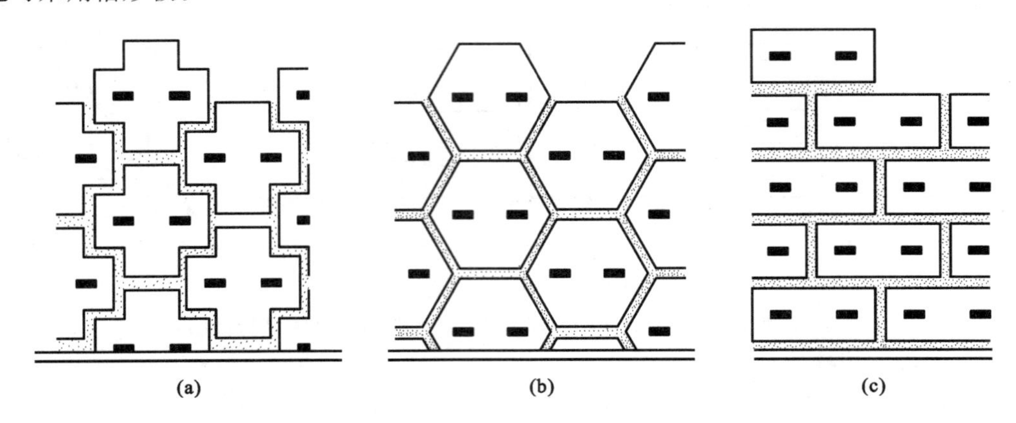

图 13.10 混凝土面板的形式

(a) 十字形面板；(b) 六角形面板；(c) 矩形面板

实践证明，对于高度不同的边坡，面板所受的力相差无几，可根据经验选用，不需进行验算。混凝土面板是否配筋问题，各国有不同的看法。日本相关规范规定：面板钢筋配置量不少于 0.2%。法国相关规范则规定采用素混凝土面板。我国的加筋土面板，因考虑到搬运和安装的需要，常采用配筋混凝土制作。面板设计应满足坚固、美观、方便运输和易于安装等要求。由于混凝土面板的厚度较薄，设计时应重视面板自身的稳定性，有必要时，可在适当的高度设置一道现浇钢筋混凝土连系梁。面板一般情况下应排列成错接式。由于各面板间的空隙都能排水，故排水性能良好。但内侧必须设置反滤层，以防填土的流失。反滤层可使用砂夹砾石或土工聚合物。

面板与筋条间的连接，一般采用焊接、螺栓连接、楔形锚头连接等多种。焊接可用于金属或塑料筋条。螺栓连接是在面板上预留孔洞，将螺栓与筋条连接好后，把螺栓穿越预留孔紧固而成。对于塑料筋带或竹片筋条，多采用混凝土楔形锚头锚固。

13.4.3.5 填料要求

加筋土挡墙内填土一般应满足易压实、能与拉筋产生足够的摩擦力以及水稳定性好的要求。在加筋土边坡的使用初期，对填料的要求比较严格，随着加筋土边坡的推广使用，经验不断积累，对填料的要求有所放松。在控制填料的粒径方面，各国有不同的规定。近年来，随着加筋土技术的发展，在大量试验研究的基础上，已普遍采用当地土体作为填料，但也不能忽视对填料的选择。如重庆市是一座典型的山城，除局部地区沉积有近代河流冲积层外，很少有无黏性土沉积。其余的土层，则为侏罗系岩层风化后的残积物和坡积物，属粉土或粉质黏土，分布不连续，且厚度有限，虽然可以作为加筋土边坡的填料，但取土量有限。在重庆地区，作为加筋土边坡的填料，主要来自从砂岩、泥岩岩层中爆破开采出来的岩屑。重庆市基于填料的具体情况，对填料提出了以下要求：液限不大于 30；塑性指数不高于 17；填料的最大粒径不大于两层加筋间竖向距离的 1/2。通常情况下应优先采用有一定级配的砾类土或砂类土，也可采用碎石土、黄土、中低液限黏性土及满足要求的工业废渣，高液限黏性土及其他特殊土应在采取可靠技术措施后采用，而腐殖质土、冻结土、白垩土及硅藻土等应禁止使用。

13.4.3.6 构造设计

(1) 加筋土挡墙的平面线型可采用直线、折线和曲线。相邻墙面的内夹角不宜小于 70°。

(2) 加筋土挡墙的剖面形式一般应采用矩形[图 13.11(a)]，受地形、地质条件限制时，也可采用图 13.11(b)和图 13.11(c)的形式。断面尺寸由计算确定。

(3) 加筋土挡墙面板下部应设宽度不小于 0.3 m、厚度不小于 0.2 m 的混凝土基础，但下列情况之一者可不设：① 面板筑于石砌圬工或混凝土之上；② 地基为基岩。挡墙面板基础底面的埋置深度，对于一般土质地基应不小于 0.6 m。

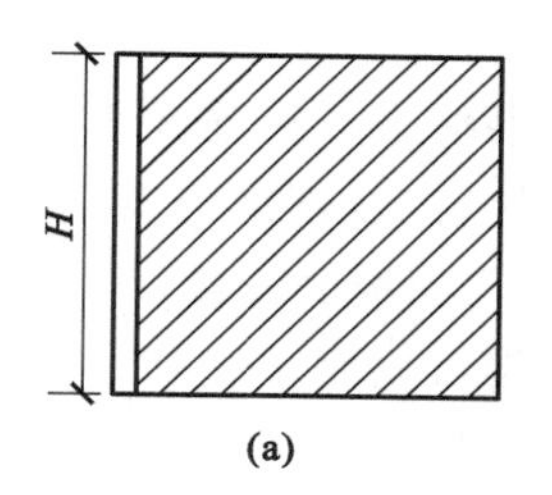

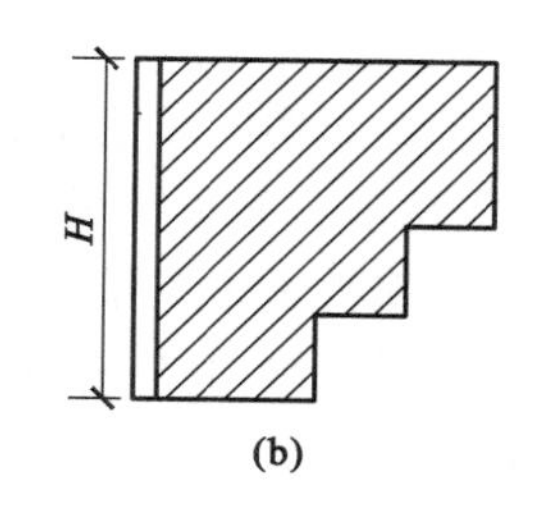

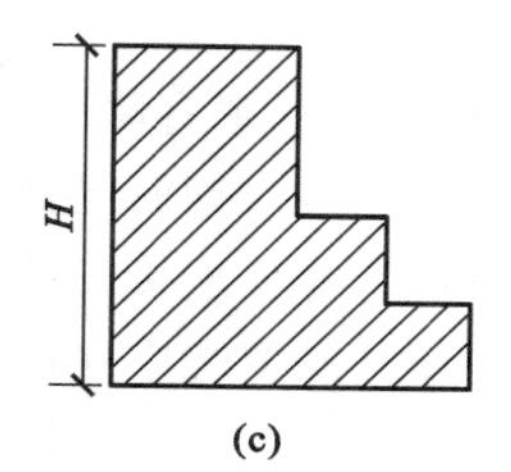

图 13.11 加筋土挡墙的剖面形式

(4) 对设置在斜坡上的加筋土结构，应在墙脚设置宽度不小于 1 m 的护脚，以防止前沿土体在加筋土体水平推力作用下发生剪切破坏，导致加筋土结构丧失稳定性。

(5) 加筋土挡墙应根据地形、地质、墙高等条件设置沉降缝，其间距是：土质地基为 10～30 m，岩石地基可适当增大。沉降缝宽度一般为 0～20 mm，可采用沥青板、软木板或沥青麻絮等填塞。

(6) 墙顶一般均需设置帽石，可以预制，也可以就地浇筑。帽石的分段应与墙体的沉降缝在同一位置处。

13.4.3.7 *加筋土结构计算*

加筋土挡墙设计包括两个方面：一方面是加筋土挡墙的整体稳定验算；另一方面是加筋土挡墙的内部稳定性，即加筋土中拉筋的验算。一般先按经验初定一个断面，然后验算拉筋的受力，确定拉筋的设置和长度，最后验算挡土结构的整体稳定性。若挡土结构的整体稳定性不能满足要求，则需要调整拉筋的设置；若稳定性验算安全系数偏大，可进一步进行优化，调整拉筋的设置以获得合理断面。

(1) 加筋土挡墙的内部稳定性计算

加筋土挡墙的内部稳定性是指由于拉筋被拉断或由于筋土间摩擦力不足(即在锚固区内拉筋的锚固长度不足导致土体发生滑动)，以致加筋土挡墙整体结构破坏。因此，在设计时必须考虑拉筋的强度和锚固长度(也称拉筋的有效长度)。但拉筋的拉力计算理论，国内外尚未取得统一，现有的计算理论多达十几种。目前比较有代表性的理论可归纳成两类：整体结构理论(复合材料)和锚固结构理论。与此相应的计算理论，前者有正应力分布法（包括均匀分布、梯形分布和梅氏分布)、弹性分布法、能量法和有限元法，后者有朗肯法、斯氏法、库仑合力法、库仑力矩法和滑裂楔体法等，不同的计算理论其计算结果有所差异。

(2) 加筋土挡墙的外部稳定性验算

加筋土挡墙的外部稳定性验算是指包括考虑挡墙地基承载力、基底抗滑稳定性、抗倾覆稳定性和整体抗滑稳定性等的验算。验算时可将拉筋末端的连线与墙面板间视为整体结构，其他与一般重力式挡土墙的计算方法相同。

13.4.4 加筋土挡墙施工

(1) 基础施工

进行基础开挖时，基槽(坑)底面尺寸一般大于基础外缘 0.3 m。对未风化的岩石应将岩面凿成水平台阶，台阶宽度不宜小于 0.5 m，台阶长度除满足面板安装需要外，高宽比不宜大于 1：2。基槽(坑)底土质为碎石土、砂性土或黏性土时，均应整平夯实。对风化岩石和特殊土地基，应按有关规定处理。在地基上浇筑或放置预制基础时，基础一定要平整，使得面板能够直立。

(2) 面板安装

混凝土面板可在预制厂或工地附近场地预制后，再运到施工场地安装。堆放安装时，应防止插销孔破裂、扣环变形以及边角碰坏。面板安装可用人工或机械吊装就位，安装时单块面板倾斜度一般可内倾(1/200)～(1/100)作为填料压实时面板外倾的预留度。为防止在填土时面板向内外倾斜，在面板外侧可用斜撑撑住，保持面板的垂直度，直到面板稳定后方可将斜撑拆除；为防止相邻面板错位，宜用夹木螺栓或斜撑固定。水平误差用软木条或低强度砂浆调整，水平及倾斜的误差应逐层调整，不得将误差累积后再进行总调整。

设有错台的高加筋土挡土墙，上墙面板的底部应按设计要求进行处理，并应及时将错台表面封闭，如浆砌块(片)石、铺砌混凝土预制块等。

(3) 拉筋铺设

安装拉筋时,应把拉筋垂直墙面平放在已经压实的填土上,如果填土与拉筋间不密贴而产生空隙,应用砂垫平以防止拉筋断裂。钢筋混凝土带或钢带与面板拉环的连接,以及钢筋混凝土带间的钢筋连接或钢带接长,可采用焊接、扣环连接或螺栓连接;聚丙烯土工聚合物带与面板的连接,一般可将聚合物带的一端从面板预埋拉环或从预留孔中穿过、折回与另一端对齐;聚合物带可采用单孔穿过、上下穿过或左右环合并穿过,并绑扎以防抽动。无论采用哪种方法,均应避免土工聚合物带在环(孔)上绕成死结,影响筋带使用寿命。土工带应呈扇形辐射状铺设在压实整平的填料上,不宜重叠,不得卷曲或折曲,不得与硬质棱角填料直接接触。

(4) 填料的采集、铺筑和压实

填料采集后应按要求做标准击实试验。加筋土填料可用人工采集或机械采集,采集时应清除表面种植土、草皮及杂土等。对浸水加筋土工程的填料,应选用水稳性好的适水性材料填筑。

加筋土填料应根据拉筋竖向间距进行分层铺垫和压实,每层的填土厚度应根据上下两层拉筋的间距和碾压机具统筹考虑后决定。钢筋混凝土拉筋顶面以上填土,一次铺筑厚度不小于 200 mm。当用机械铺筑时,铺筑机械距面板不应小于 1.5 m,在距面板 1.5 m 范围内应采用人工铺筑。铺筑填土时,为了防止面板承受土压力后向外倾斜,铺筑应从远离面板的拉筋端部开始逐步向面板方向进行,机械运行方向应与拉筋垂直,并不得在未覆盖填土的拉筋上行驶或停车。

碾压前应进行压实试验,根据碾压机械和填土性质确定填土分层铺筑厚度、碾压遍数以指导施工。每层填土铺填完毕应及时碾压,碾压时一般应先轻后重,并不得使用羊足碾。压实作业应先从拉筋中部开始,并平行墙面板方向逐步驶向尾部,而后再向面板方向进行碾压(严禁平行拉筋方向碾压)。用黏土作填土时,雨季施工应采取排水和遮盖措施。

13.5 锚杆与土钉支护

锚杆通常由锚固段、非锚固段和锚头三部分组成,锚固段处于稳定土层,一般对锚杆施加预应力。通过锚杆提供较大的锚固力,维持和提高边坡稳定。土钉通常采用钻孔、插筋、注浆法在土层中设置,或直接将杆件插入土层中形成土钉。土钉一般布置较密,类似加筋,通过提高复合土体抗剪强度,以维持和提高土坡的稳定性。典型的锚杆和土钉支护示意图分别如图 13.12(a)、(b)所示。土钉和锚杆有较大的差别,但要将土钉和锚杆截然分开也较困难。有时可将土钉视为一种特殊形式的锚杆。土钉通常没有非锚固段,且不要求设锚头,其面板不是受力构件,土钉的主要作用是防止边坡表面土体脱落,防止表面水流侵蚀边坡土体。

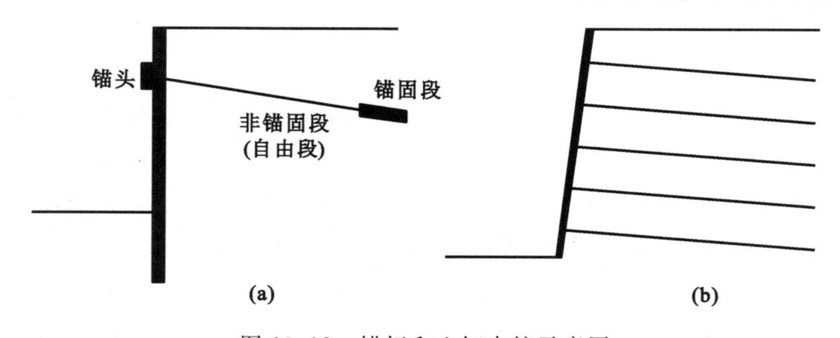

图 13.12 锚杆和土钉支护示意图

(a) 锚杆示意图;(b) 土钉支护示意图

13.5.1 锚杆加固

岩土工程研究的对象是经过漫长地质年代而形成的复杂地质体。由于自然或人为的因素,地层原来的平衡状态会遭到破坏,地质体的过量变形将导致各种各样地质灾害的发生,如滑坡、崩塌、地表沉陷等。为了预防和治理此类地质灾害,工程上常将一种受拉杆件埋入岩土体,用于调动和提高岩土体自身强度和自稳能力,这种受拉杆件工程上称之为锚杆,它所起到的作用即为锚固。

工程上所指的锚杆，通常是对受拉杆件所处的锚固系统的总称。锚杆一般由外锚头、拉杆(索)和内锚段三大部分组成，沿轴线方向可分为自由段和锚固段，其中自由段一般处于需要加固的岩(土)层中，而锚固段则处于稳定岩(土)层中以提供抗力。对于一般的锚杆来说，锚杆的承载能力与其锚固段的性质相关程度更大，而锚杆的变形量则主要受其自由段的影响。普通锚杆的构造图如图 13.13 所示。

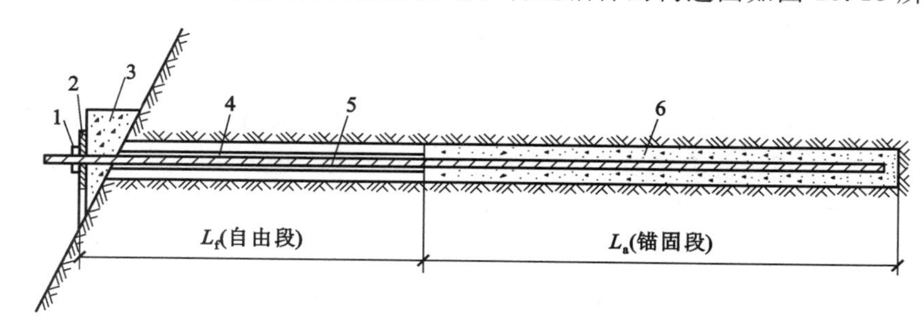

图 13.13 普通锚杆的构造

1—紧固装置；2—承压板；3—台座；4—套管；5—拉杆；6—锚固砂浆体

锚杆各部分的作用如下：

(1) 外锚头。外锚头是构筑物与拉杆的连接部分。它的作用是将来自构筑物的作用力有效地传递给拉杆。通常拉杆是沿水平线向下倾斜方向设置的，其与作用在构筑物上的侧向岩土压力不在同一方向上，因此，为了能够牢固地将来自构筑物的外荷载传递给拉杆，一方面须保证外锚头构件本身的材料具有足够的强度，相互的构件能紧密地固定连接；另一方面又必须能将集中的外力分散开，为此，外锚头一般由台座、承压板和紧固装置等部件组成。在设计上，根据不同的锚固目的，外锚头应具有能够补偿张拉、松弛的功能。

(2) 拉杆(索)。锚杆中的拉杆(索)一般要求位于锚杆装置的中心线上，其主要作用是将来自外锚头的拉力传递给内锚段的锚固砂浆体。由于拉杆通常要承受一定的荷载，所以，它一般采用抗拉强度较高的钢材或预应力钢绞线等制成。

(3) 内锚段。内锚段的锚固体处在锚杆尾部的稳定岩土层中，它的主要作用是将来自拉杆的作用力通过砂浆体与周围岩土层之间的摩阻抗力传递给稳固的地层。在锚固工程中，锚固体的可靠性直接决定着整个锚固工程的可靠程度，因此，内锚段锚固体的设计是否合理是决定锚杆支护成败的关键。需要指出的是，评价内锚段的锚固效果时不能单纯从材料结合的破坏原理来判断，而是应该从锚固段的设计是否适应所在地层来进行评价。

与完全依靠自身的强度或重力而使结构物保持稳定的传统支护方法相比，岩土锚固技术(尤其是施加预应力的岩土锚固技术)具有许多鲜明的特点：

(1) 岩土锚固技术能在地层开挖后，迅速提供支护抗力，有利于保护地层的固有强度，阻止地层的进一步扰动，从而有效地控制地层变形的发展，提高施工过程的安全性。

(2) 岩土锚固技术能够提高地层中软弱结构面和潜在滑移面的抗剪强度，改善地层岩土体的应力状态以及其他的力学性能，使其向有利于稳定的方向转化。

(3) 岩土锚固能将结构物和地层紧密地连在一起，充分调动岩土体自身的强度和自稳能力，使之与结构物形成共同的工作体系，从而能够显著地节约工程材料，提高经济效益。

(4) 锚杆的作用部位、方向、结构参数、布设密度及施作时间等都可以根据需要方便地设定和调整，从而能以最小的支护抗力，达到最佳的稳定效果。

(5) 岩土锚固技术应用的灵活性与施工的快速性使得其对于预防和整治边坡、加固和抢修出现病害的结构物具有独特的功效，有利于确保工程的安全。

13.5.1.1 锚杆的设计与计算

(1) 锚杆设计的基本原则

在计划使用锚杆的边坡工程中，应充分研究锚固工程的安全性、经济性和施工的可行性。

设计前认真调查边坡工程的地质条件，并进行工程地质勘察及有关的岩土物理力学性能实验，以提供锚固工程范围的岩土性状、抗剪强度、地下水、地震等资料。对于土质边坡还应提供土体的物理性质和物理状态指标。

设计锚杆的使用寿命应不小于被服务建筑物的正常使用年限，一般使用期限在 2 年以内的工程锚杆应按临时锚杆设计，使用期限在 2 年以上的锚杆应按永久性锚杆进行设计。对于永久性锚杆的锚固段不应设在有机质土、液限大于 50%或相对密度小于 0.3 的土层中。因为有机质土会引起锚杆的腐蚀破坏；液限大于 50%的土层由于其高塑性会引起明显的徐变而导致锚固力不能长期保持恒定；相对密度小于 0.3的土层松散不能提供足够的锚固力。

当对支护结构变形量容许值要求较高，或岩层边坡施工期稳定性较差，或土层锚固性能较差，或采用了钢绞线和精轧钢时，宜采用预应力锚杆。但预应力作用对支撑结构的加载影响、对锚固地层的牵引作用以及相邻构筑物的不利影响应控制在安全范围之内。

设计的锚杆必须达到所设计的锚固力要求，防止边坡滑动剪断锚杆，锚杆选用的钢筋或钢绞线必须满足有关国家标准；同时必须保障钢筋或钢绞线有效防腐，以避免锈蚀导致材料强度降低。

进行锚杆设计时，选择的材料必须进行材料性能试验，锚杆施工完毕后必须对锚杆进行抗拔试验，验证锚杆是否达到设计承载力的要求，并进行施工期间和竣工后 2 年内的位移监测。

(2) 锚杆的设计程序

对锚杆加固设计首先必须进行工程地质调查，在掌握地质情况的基础上，对边坡的破坏方式进行判断，并分析采用锚杆方案的可行性和经济性。如果采用锚杆方案可行，便可开始计算基坑作用在支挡结构物上的侧压力，根据侧压力的大小和基坑实际情况选择合理的锚杆形式，并确定锚杆数量、布置形式、承载力设计值，计算锚筋截面、选择锚筋材料和数量。在确定锚筋后，按照锚筋承载力设计值进行锚固体设计(包括锚固段长度、锚固体直径、注浆材料和工艺等)。如果采用预应力锚杆还要确定预应力张拉值和锁定值，并给出张拉程序。最后进行外锚头和防腐构造设计，并需给出施工建议、试验、验收和监测要求。设计流程图如图 13.14 所示。

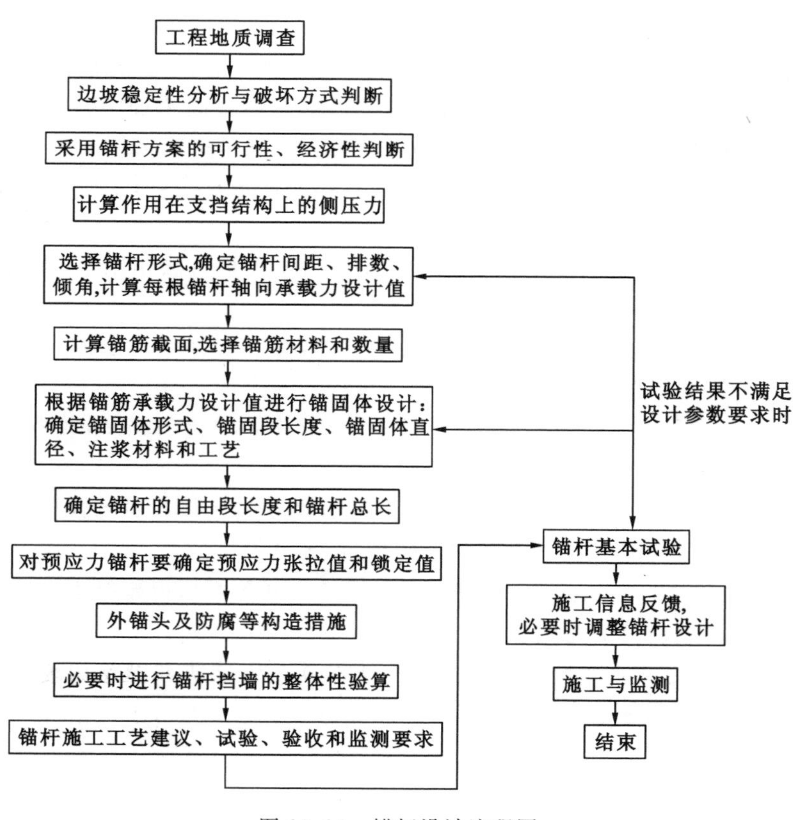

图 13.14　锚杆设计流程图

(3) 锚杆锚固设计荷载的确定

锚杆锚固设计荷载的确定应根据基坑的推力大小和支护结构的类型综合考虑后确定。首先应当计算基坑的推力或侧压力，然后根据支挡结构的形式计算该基坑要达到稳定需要锚固提供的支撑力。根据这个支撑力和锚杆数量、布置便可确定出锚杆锚固荷载的大小，该荷载的大小作为锚筋截面计算和锚固体设计的重要依据。

(4) 锚杆锚筋的设计

按照设计程序，在确定出锚杆轴向设计荷载后，需要对锚杆进行结构设计，结构设计的第一步就是根据锚杆轴向设计荷载计算锚杆的锚筋截面，并选择合理的钢筋或钢绞线配置锚筋；在配置锚筋后可由锚筋的实际面积和锚筋的抗拉强度标准值计算出锚杆承载力设计值，然后方能进行锚杆体和锚固体的设计计算。

(5) 锚杆弹性变形计算

锚杆的变形是由锚杆本身在外荷载作用下变形和由于地层徐变引起的变形组成，由地层徐变引起的锚杆变形计算可以通过徐变系数计算锚杆在不同时期的徐变位移。锚杆本身在外荷载作用下变形以弹性变形为主，锚杆的弹性变形和水平刚度系数应由锚杆试验确定。

13.5.1.2 锚杆的施工

锚杆施工质量的好坏将直接影响锚杆的承载能力和基坑稳定安全，一般在施工前应根据工程施工条件和地质条件选择适宜的施工方法，认真组织施工。在施工过程中如果遇到与设计不符的地层，应及时报告设计人员，以作变更处理。锚杆施工包括施工准备、造孔、锚杆制作与安装、注浆、锚杆锁定与张拉五个环节。

13.5.1.3 锚杆的试验与观测

锚固系统可调动更大范围岩(土)体发挥承载能力，其实质是使预应力锁固于稳定岩(土)体中，从而增加抗滑力，达到稳定岩(土)体的目的。然而，预应力是随岩(土)体的变形而变化，在张拉初期，预应力即发生一定的损失，在使用过程中，预应力将伴随岩(土)体中的温度、岩(土)体蠕变、钢材松弛及地下水等因素的变化而变化。由于材料、施工、地质条件等因素的影响，锚固结构系统在施工和使用过程中亦存在许多先天缺陷，如锚固长度、灌浆饱满度、锈蚀程度等参数与设计文件不符。此外，锚及锚固体在复杂的服役环境中还将受到载荷作用及各种突发性外在因素的影响而面临损伤积累的问题，继而导致各种形式的锚失效、黏结破坏、锚固件拉断、锚固件在滑动面处或者节理面处的剪切破坏等。单锚和群锚的失效自然会使岩土体回到不加固或少加固的状态，从而影响岩土结构的稳定，使工程安全受到威胁。

锚固工程现场监测是指对岩土体、建筑物及构筑物变形(位移、沉降及倾斜)，以及锚固工程中的应变、应力和地下水的变化过程进行测试。它是锚固与注浆工程的一个重要环节，与锚杆、注浆一起构成锚固工作不可分割的完整系统。

锚固工程试验主要有基本试验、验收试验、蠕变试验等，其目的是为了确定锚杆的极限承载力，验证锚杆设计参数、施工方法和工艺的合理性，检验锚固工程施工质量或者了解锚杆在软弱地层中工作的变形特性，同时亦为确定锚杆受力的变化量和锚杆的蠕变量，有利于提高设计水平或开发更经济可靠的锚杆及施工工艺和方法。现场拉拔试验通过测定锚杆静荷载-位移曲线来确定锚杆极限承载力，耗资较大，而且为了获得准确的极限承载力，必须进行破坏性试验，所以检测面小。

由于监测工作与锚固工程长期共存，时间、温度和湿度对仪器性能的影响不可忽略，其稳定性、可靠性及精度有时难以保证。此外，这类监测仪器需要预先埋设，而且监控仪器的数量足够才能较全面地反映锚固工程的安全性，监测人员的劳动强度也较大，因此，发展新型的检测方法具有现实的意义。

13.5.2 土钉支护

13.5.2.1 概述

土钉是将拉筋插入土体内部，并在坡面上喷射混凝土，从而形成土体加固区带。其结构类似于重力式挡墙，用以提高边坡的稳定性，适用于开挖支护和天然边坡加固，是一项实用有效的原位岩土加筋技术。常用钢筋做拉筋，尺寸小，全长度与土黏结。

现代土钉技术已有近40年的历史。1972年，法国的Bouygues在凡尔赛附近铁道拓宽线路的切坡中首次应用了土钉技术。其后，土钉法作为稳定边坡与深基坑开挖的支护方法在法国得到了广泛应用。德国、美国在20世纪70年代中期开始应用此项技术。我国从20世纪80年代开始进行了土钉的试验研究和工程实践，于1980年在山西柳湾煤矿边坡稳定中首次应用了土钉技术。目前，土钉这一加筋新技术在我国正逐步得到推广和应用。

13.5.2.2 土钉的类型、特点及适用性

按施工方法，土钉可分为钻孔注浆塑土钉、打入型土钉和射入型土钉三类。

土钉作为一种施工技术，具有如下特点：

(1) 形成的土钉墙复合体，显著提高了边坡整体稳定性和承受坡顶超载的能力。

(2) 施工简单，施工效率高。设置土钉采用的钻孔机具及喷射混凝土设备都属可移动的小型机械，移动灵活，所需场地也小。此类机械的振动小、噪声低，在城区施工具有明显的优越性。土钉施工速度快，施工开挖容易成形，在开挖过程中较易适应不同的土层条件和施工程序。

(3) 对场地邻近建筑物影响小。由于土钉施工采用小台阶逐段开挖，且在开挖成型后及时设置土钉与面层结构，使面层与挖方坡面紧密结合，土钉与周围土体牢固黏合，对土坡的土体扰动较少。土钉一般都是快速施工，可适应开挖过程中土质条件的局部变化，易于使土坡得到稳定。

(4) 经济效益好。据西欧各国统计资料，开挖深度在10 m以内的基坑，土钉墙比锚杆方案可节约投资10%～30%。在我国，据9项土钉工程的经济分析统计，认为可节约投资30%～50%。

土钉适用于地下水位低于土坡开挖段或经过降水使地下水位低于开挖层的情况。为了保证土钉的施工，土层在分阶段开挖时应能保持自立稳定。为此，土钉适用于有一定黏结性的杂填土、黏性土、粉土、黄土类土及弱胶结的砂土边坡。此外，当采用喷射混凝土面层或坡面浅层注浆等稳定坡面措施能够保证每一切坡台阶的自立稳定时，也可采用土钉支挡体系作为稳定边坡的方法。

13.5.2.3 土钉与加筋土挡墙的比较

(1) 主要相同之处

① 加筋体(拉筋或土钉)均处于无预应力状态，只有在土体产生位移后，才能发挥其作用。

② 加筋体抗力都是由加筋体与土之间产生的界面摩阻力提供的，加筋土体内部本身处于稳定状态，它们承受着其后面外部土体的推力，类似于重力式挡墙的作用。

③ 面层(加筋土挡墙面板为预制构件，土钉面层是现场喷射混凝土)都较薄，在支撑结构的整体稳定中不起主要作用。

(2) 主要不同之处

① 虽然竣工后两种结构外观相似，但其施工程序却截然不同。土钉施工是“自上而下”(图13.15)，分步施工，而加筋土挡墙则是“自下而上”(图13.16)施工。这对筋体应力分布有很大影响，施工期间尤甚。

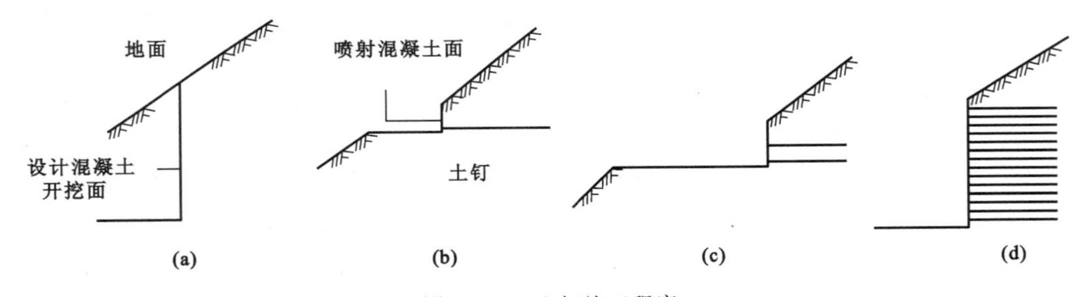

图13.15 土钉施工程序

② 土钉是一种原位加筋技术，是用来改良天然土层的，不像加筋土挡墙那样，能够预定和控制加筋土填土的性质。

③ 土钉技术通常会使用灌浆技术，使筋体和其周围土层黏结起来，荷载通过浆体传递给土层。在加筋土挡墙中，摩擦力直接产生于筋条和土层间。

④ 土钉既可水平布置，也可倾斜布置，当其垂直于潜在滑裂面设置时，将会充分地发挥其抗力，而加筋土挡墙内的拉筋一般为水平设置(或以很小角度倾斜布置)。

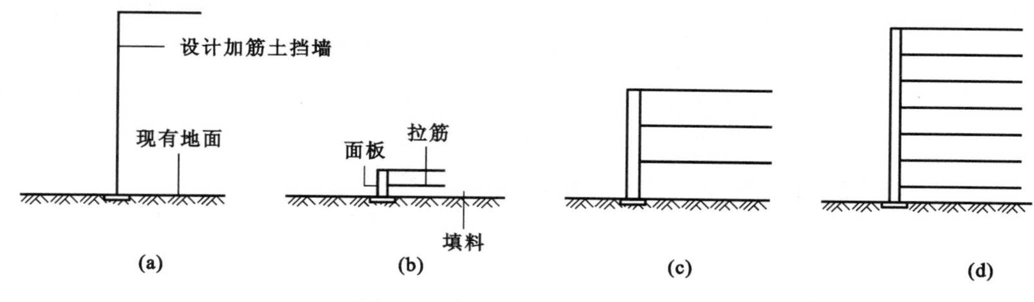

图 13.16 加筋土挡墙施工程序

13.5.2.4 土钉与土层锚杆的比较

表面上,当用于边坡加固和开挖支护时,土钉和预应力土层锚杆间有一些相似之处,土钉类似于小尺寸的土层锚杆,但两者间仍有较多的功能差别。

(1) 土层锚杆在安装后一般进行张拉,因此,在运行时能较好地防止结构发生各种位移。相比之下,土钉则不予张拉,发生少量(虽然非常小)位移后才可发挥作用。

(2) 土钉长度(一般为 3~10 m)的绝大部分和土层相接触,而土层锚杆多通过在锚杆末端固定的部分传递荷载,这直接导致两者在支挡土体中产生的应力分布不同。

(3) 土钉的安装密度很高,一般每 0.5~5.0 m^2 一根,因此,单筋破坏的后果不严重。另外,土钉的施工精度要求不高,它们是以相互作用的方式形成一个整体。土层锚杆的设置密度比土钉要小些。

(4) 因为锚杆承受荷载很大,所以,在锚杆的顶部需安装适当的承载装置,以减小出现穿过挡土结构面而发生"刺入"破坏的可能性。土钉则不需要安装坚固的承载装置,其面板承担的荷载小,可由安装喷射混凝土表面的钢垫来承担。

(5) 锚杆往往较长(一般为 15~45 m),因此,需要用大型设备来安装。锚杆体系常用于大型挡土结构,如地下连续墙和钻孔灌注桩挡墙,这些结构本身也需要大型施工设备。

13.5.2.5 加固机理

土钉由较小间距的加筋来加强土体,形成一个原位复合的重力式结构,用以提高整个原位土体的强度并限制其位移,这种技术实质上是"新奥法"的延伸。它结合了钢丝网喷射混凝土和岩石锚杆的特点,对边坡提供柔性支挡。

由于土体的抗剪强度较低,抗拉强度更小,因而,自然边坡只能以较小的临界高度保持直立。而当土坡直立高度超过临界高度,或坡面有较大超载及环境因素等的改变,都会引起土坡的失稳。为此,过去常采用支挡结构承受侧压力并限制其变形发展,这属于常规的被动制约机制的支挡结构。土钉则是在土体内增设一定长度和分布密度的锚固体,与土体牢固结合而共同工作,以弥补土体自身强度的不足,增强土坡坡体自身的稳定性,属于主动制约机制的支挡体系。

土钉的这些性状是通过土钉与土体的相互作用实现的,它一方面体现了土钉与土界面摩阻力的发挥程度;另一方面,由于土钉与土体的刚度相差很大,所以,在土钉墙进入塑性变形阶段后,土钉自身作用逐渐增强,从而改善了复合土体塑性变形和破坏性状。

原位试验和工程实践表明,土钉在复合土体中的作用表现在以下几个方面:

(1) 土钉在其加固的复合土体中起着箍束骨架作用,其作用大小取决于土钉本身的刚度和强度以及它在土体内分布的空间组合方式。

(2) 土钉与土体共同承担外荷载和土体自重应力,在土体进入塑性状态后,应力逐渐向土钉转移。当土体开裂时,土钉分担作用更为突出,此时土钉出现了弯剪、拉剪等复合应力,从而导致土钉体中浆体碎裂和钢筋屈服。所以,复合土体塑性变形的延迟、渐进性开裂变形的出现,与土钉分担作用密切相关。

(3) 土钉起着应力传递与扩散作用,使得土体部分的应变水平与荷载相同条件下的天然土边坡的应变水平相比降低了很多,从而推迟了开裂域的形成和发展。

(4) 与土钉相连的钢筋网喷射混凝土面板也是发挥土钉有效作用的重要组成部分,坡面膨胀变形是开挖卸荷、土体侧向位移、塑性变形和开裂发展的必然结果。限制坡面膨胀能起到削弱内部塑性变形、加强边界约束的作用，这在开裂变形阶段尤为重要。面板提供的约束取决于土钉表面与土的摩阻力，当复合土体开裂扩大并连成片时，摩阻力仅由开裂域后的稳定复合土体提供。

(5) 在地层中常有裂隙发育，当向土钉孔中进行压力注浆时，会使浆液顺着裂隙扩渗，形成网状胶结。当采用一次压力注浆工艺时，对宽度为 142 mm 的裂隙，注浆可扩成 5 mm 的浆脉，这必然会增强土钉与周围土体的黏结和整体作用。

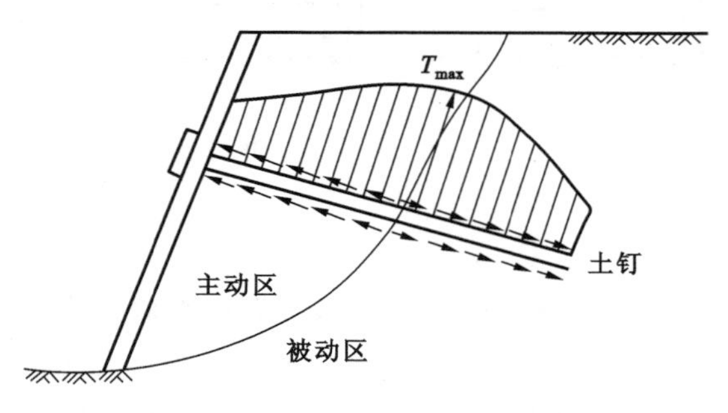

图 13.17 土与土钉间的相互作用

类似加筋土挡墙内拉筋与土的相互作用，土钉与土间摩阻力的发挥主要是由于土钉与土间的相对位移而产生的。在土钉支护的边坡内，同样存在着主动区和被动区(图 13.17)。主动区和被动区内土体与土钉间摩阻力发展方向正好相反，而被动区内土钉可起到锚固作用。

土钉支护不能止水，因此，要求不能有渗流通过边坡土体。下述情况可考虑采用土钉支护：地下水位低于基坑底部；通过降水措施(如井点降水、管井降水等)将地下水位降至基坑底部以下；地下水位虽然较高，但土体渗透系数很小，开挖过程中土坡表面基本上没有渗水现象时，也可采用土钉支护，但要控制开挖深度和开挖历时；在地下水位较高时，设置止水帷幕，也可采用土钉支护。当土层渗透系数较大，地下水较丰富时，通过止水帷幕设置土钉常常会遇到困难，应予以重视。若不能有效解决地下水渗流问题，往往会造成土钉支护失效，应引起高度重视。

土钉支护的极限高度是由基坑底部土层的承载力决定的。按照这一思路可以得到各类土层土钉支护的极限高度。

在分析土钉支护的适用范围时，不能忽略采用土钉支护的基坑位移对周围环境的影响。至今尚没有较好的计算理论能够较好地预估土钉支护的位移，特别是在软土地基中的土钉支护。因此，在周围环境对基坑位移要求较严时，应重视对土钉支护位移的分析和对周围环境影响的评价。

13.5.3 复合土钉支护

复合土钉支护是以土钉支护为主，辅以其他补强措施以保持和提高土坡稳定性的复合支护形式。复合土钉支护是一个比较笼统的概念。常用的复合土钉支护形式如图 13.18 所示。

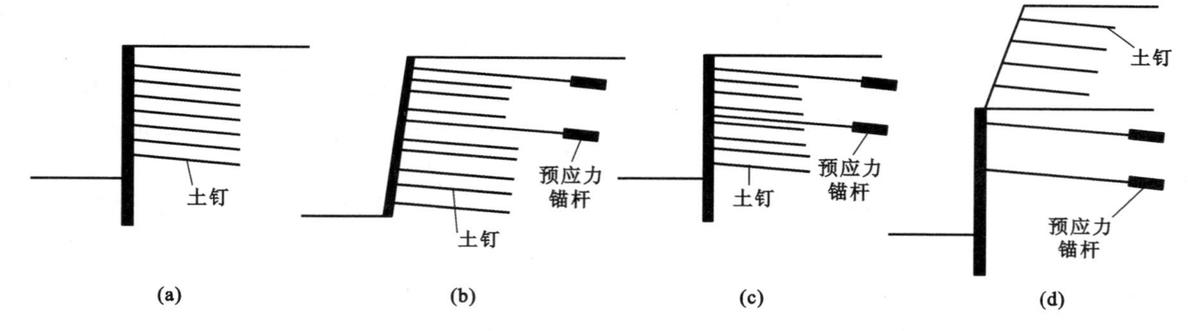

图 13.18 常用复合土钉支护形式

(a) 挡墙与土钉支护相结合；(b) 土钉墙支护和预应力锚杆支护相结合；
(c) 水泥土挡墙、土钉支护与预应力锚杆支护相结合；(d) 上部土钉支护和下部水泥土挡墙、预应力锚杆支护相结合

图 13.18(a)表示水泥土挡墙与土钉支护相结合。水泥土挡墙可采用深层搅拌法施工，也可采用高压喷射注浆法施工。图 13.18(a)中水泥土挡墙也可换成木桩组成的排桩墙，或槽钢组成的排桩墙，或微型桩组成的排桩墙。水泥土桩具有较好的止水性能，而上述排桩墙一般不能止水。为了增加水泥土墙的抗弯强度，还可在水泥土中插筋。图 13.18(b)表示土钉墙支护和预应力锚杆支护相结合。图 13.18(c)表示水泥土挡墙、土钉支护与预应力锚杆支护相结合(预应力锚杆就是对锚杆进行一定预应力值的锁定，使其进入工作状态)。图 13.18(d)表示上部土钉支护和下部水泥土挡墙、预应力锚杆支护相结合。复合土钉支护形式很多，很难一一加以归纳总结。复合土钉支护尚缺乏相应的设计计算方法，多数凭经验进行选用。

13.6 工 程 实 例

13.6.1 工程概况

重庆市某小区位于渝北区龙溪镇龙塔村，拟建建筑物均为5～6F砖混结构，场地为一填方区，原地面高程为254.01～289.08 m，设计场地标高为266.50～278.00 m，填方厚度一般为15 m左右，拟采用十字交叉条形基础。场地首先采用强夯进行了处理，承载力达到了设计要求，但由于填土中含建筑和生活垃圾，填土质量较差，表层压实系数偏低，未达到设计要求，且不同区域变化差异较大，地基容易出现不均匀沉降。因此，该填土地基表层需进行进一步处理。

该场地地层从上而下可分为：

(1) 人工填土①：黄褐色，稍湿，稍密～密实，主要以粉质黏土为主，含建筑垃圾、生活垃圾及碎石等。此人工回填填筑时间小于2年，且经过强夯处理，但由于回填土的质量较差，虽然强度达到设计要求，但密实度却未达到要求。该土层厚度2～18 m，分布于整个场地。

(2) 粉质黏土②：灰色、灰黄色、灰褐色，含少量碎石、粉砂、中砂、生活垃圾等，一般呈可塑～硬塑状。无摇振反应、稍有光泽、干强度中等、韧性中等，厚0.00～7.30 m。

(3) 侏罗系中统新田沟组③：

a. 泥岩：紫红色、暗紫红色，泥质结构，厚层状构造，主要由黏土矿物组成，局部砂质含量较高，或夹薄层砂岩，为场内主要岩性，本次勘察揭露最大铅直厚度9.60 m。

b. 砂岩：灰黄色、灰绿色、青灰色，细～中粒结构，中～厚层状构造，钙、泥质胶结，主要矿物成分为长石、石英、云母等，含泥质较高或夹薄层泥岩，分布于泥岩中呈夹层状或透镜状。

拟建场地在地质构造上位于龙王洞背斜西翼，岩层呈单斜产出，地层产状305°∠5°，场内及邻近未发现断层构造。地基处理前典型工程地质剖面图如图13.19所示。

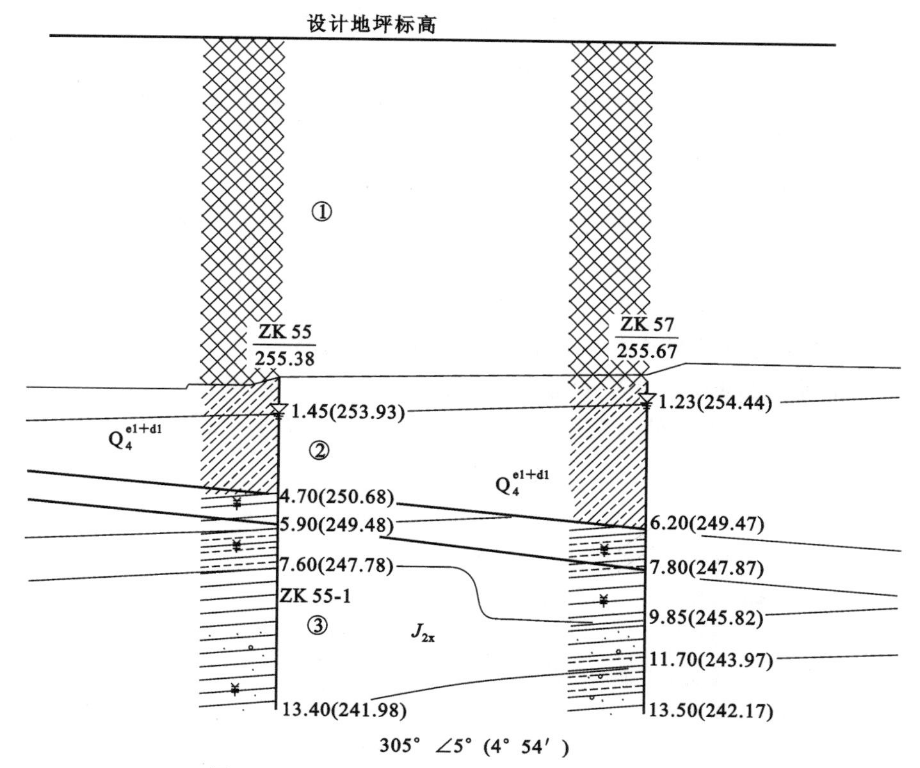

图13.19 地基处理前工程地质剖面图(单位：m)

设计一开始拟采用桩基础，以中等风化基岩作为持力层。但是，由于人工填土和粉质黏土厚度较大，中风化基岩埋藏深，桩基造价高，填土层易发生塌孔事故，施工难度大，因此，改为采用土工格栅加筋土垫层进行地基补强处理。

13.6.2　加筋地基补强处理方案

处理方法为：基础底面以下 2.0 m 范围内，将原有土体挖掉，然后分层铺设土工合成材料与换填土层构成加筋垫层，并分层碾压，压实系数达 0.97 以上。在垫层施工前，已采用强夯的办法将垫层以下填土夯实。

加筋土垫层厚 2.00 m，共用 4 层加筋带，间隔 500 mm 铺设一层加筋带，水平间距为 100 mm。取每栋建筑下通长布置筋带，筋带延伸至基础外长度为 4 m，端头处筋带折回反压 2 m。加筋带为抗拉强度高、受力后伸长率为 4%～5%、耐久性好、能与填料产生足够的摩擦力、抗腐蚀性能好的钢塑复合材料拉筋带。钢塑复合材料变形小，抗拉强度大，拉力由纵横向筋带内的高强钢丝承担，纵横向强度可达 20～150 kN/m，单根筋带的抗拉强度可达 100～225 MPa。填料采用级配良好的砂岩碎石土（中风化以上），最大粒径不超过 15 cm。

该工程加筋地基补强处理的典型断面如图 13.20 所示。

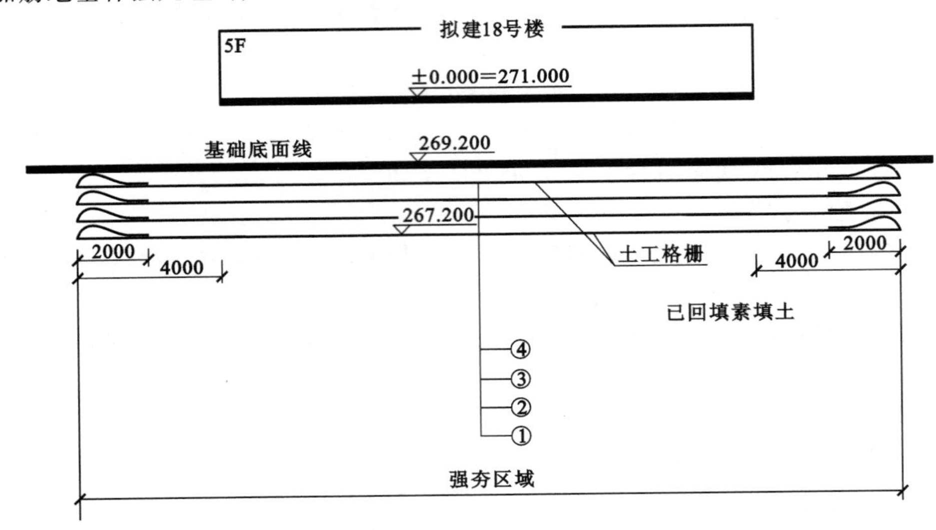

图 13.20　加筋地基处理典型断面

①、②、③、④为分层铺设的土工合成材料与换填土层经强夯构成的各加筋垫层

13.6.3　加筋补强效果检验及分析

该地基补强处理工程完工后，采用载荷试验进行了检测，从现场静载荷试验结果来看，地基承载力和变形模量均能满足设计要求。沉降计算结果满足《建筑地基基础设计规范》（GB 50007—2011）中砌体承重结构基础的局部倾斜（变形允许值低于 0.002）的要求。

与桩基础相比，加筋土地基补强技术具有施工难度小、施工速度快、工期短，且工程投资小的特点。以该工程 18 号楼为例，若采用桩基，至少需 60 根桩，按每根桩长为 25 m、桩径 1.0 m 计算，桩基工程总投资 100 多万元。而采用加筋垫层，地基处理费用约 35 万元，经济效益显著。

思考题与习题

13.1　简述加筋法的优缺点。

13.2　土工合成材料有哪些种类？土工合成材料有哪些主要功能？

13.3　简述加筋土垫层加固地基的机理。

13.4　试根据加筋法的加固机理分析筋材的哪些特性会对土体的强度产生影响，会产生怎样的影响。

13.5　采用加筋土垫层加固路堤地基可能产生的破坏形式有哪些？

13.6　试分析加筋土挡墙的破坏机理。

13.7　简述土钉支护的加固机理，并分析其与锚杆支护机理的异同。

13.8　简述锚杆支护与土钉支护的异同之处。

13.9　试分析土钉与加筋土挡墙有何异同之处。

13.10　简述对加筋土挡墙面板的要求。

14 既有建(构)筑物纠偏及地基基础托换与加固

本章提要

当已经建成建(构)筑物的倾斜达到一定值时,需要对其进行纠偏。当建筑物沉降或沉降差超过有关规定,或由于加层等原因使得建筑物地基不能满足要求时,需要采取地基基础托换与加固技术。本章分析了既有建(构)筑物倾斜的原因,分别介绍了既有建(构)筑物纠偏、既有地基基础托换和加固技术。要求了解各种既有建(构)筑物纠偏、既有地基基础托换和加固技术的特点及适用范围,能根据不同的情况,选择合适的既有建(构)筑物纠偏、既有地基基础托换和加固技术。

14.1 概　　述

在已经建成的大量建(构)筑物中,由于种种原因,倾斜的情况时有发生。建(构)筑物产生过大的倾斜,会直接影响其安全和正常使用,甚至引发不良社会影响。因此,对其进行纠偏加固,消除安全隐患、恢复建筑的正常使用功能,是十分必要的。

建筑物倾斜是软土地基上一种常见的工程问题,它是由地基不均匀变形产生的基础倾斜所引起,而在上部结构中反映出来,包括墙或柱的倾斜、结构裂缝的开展、建筑物功能的损坏,从而引起人们的关注。倾斜可以在单向(纵向或横向)或者双向(纵横两个方向)发生,当建筑物各部位的倾斜不等量时常使建筑物产生挠曲或扭转。所谓既有建筑物纠偏,即利用合适的纠偏技术或同时辅以地基加固技术将已倾斜的建筑物扶正到要求的限度内,以保证建筑结构的安全和建筑物功能的正常发挥。荷载大、体量大的多(高)层建筑物产生倾斜后,地基承载力急剧下降,并伴随上部结构的变形和开裂,相应的加固纠偏技术要求高、难度大、风险高,因此,首先要认真分析导致建筑物倾斜的原因,然后才能采取安全可靠、经济可行的加固纠偏方案。

14.1.1 建筑物倾斜的原因

导致建筑物倾斜的原因很多,包括场地稳定性的原因、上部结构的原因、地基基础的原因、环境和外部干扰的影响等,而且经常是这些因素共同引起的。倾斜的发展过程也各不相同,有的在施工中就已显现,也有经过使用多年后才暴露出严重影响,还有在外界影响下突发产生的;有逐渐趋于稳定的,也有等速进行甚至突然趋大的;当倾斜速率发展很快,或者呈恒速持续发展时,必须引起高度重视。

建筑物倾斜的原因有时很复杂,仔细勘察、认真分析、正确判断发生倾斜的原因,是纠偏工程首先要进行的,同时也是最重要的工作。只有明确了倾斜原因,并对房屋纠偏扶正和加固处理的必要性以及合理方案进行充分研究,才能有效地进行建筑物的纠偏工作。

14.1.2 既有建(构)筑物的纠偏加固条件

当建筑物发生以下情况时,一般应考虑纠偏:

① 倾斜已造成建筑物结构损坏或明显影响建筑物的功能。

② 倾斜已经超过国家或地方颁布的危房标准值。

③ 倾斜已明显影响人们的心理和情绪。

我国《建筑地基基础设计规范》(GB 50007—2011)规定了建筑物的地基变形允许值,其允许值是对设计控制变形允许值提出的要求。建筑物实际发生的倾斜值超过规范规定的允许值后,应加强对建筑物变形的监测，是否需要对建筑物进行纠偏和加固应视是否影响安全、正常使用而定。

如果建筑物的地基变形在持续发展，则需要同时考虑地基加固，阻止建筑物的继续沉降。应该根据建筑物的结构形式和功能要求、地基与基础的情况、环境和施工条件选择合适的纠偏方法。

当已建成的建筑物（包括构筑物）产生下述情况时需要对已建成的建筑物的地基基础进行加固：

① 建筑物沉降或沉降差超过有关规定，建筑物出现倾斜、裂缝，影响正常使用，甚至危及建筑物安全。

② 既有建筑物需要加层，或使用荷载增加，原建筑物地基不经加固不能满足荷载增加对地基的要求。

③ 地下工程、基坑工程等施工对既有建筑物地基产生不良影响，可能危及已有建筑物安全。

④ 古建筑物地基基础需要补强加固。

在进行既有建筑物地基加固时应对既有建筑物设计、施工竣工资料，工程地质条件，沉降发展情况，上部结构有无倾斜，有无产生裂缝，周围环境条件等情况作全面了解，并对产生上述不正常现象的原因以及发展趋势做出合理的分析和判断，在此基础上进行既有建筑物地基加固设计。

建筑物产生沉降和沉降差源自地基土体的变形。但是上部结构、基础和地基是个统一的整体，在考虑加固措施时，应将上部结构、基础和地基作为一个整体统一考虑。有时不仅需要对地基基础进行加固，还需要对上部结构进行补强。

当地基变形已经稳定，有时只需要考虑对上部结构进行补强加固。既有建筑物地基加固需要应用岩土工程与结构工程的知识，有时需要岩土工程师与结构工程师协同努力，共同完成。

14.1.3　建筑物的纠偏工作程序

在制定纠偏加固和移位的设计和施工方案前，首先应根据场地地质条件、建筑结构情况进行倾斜的原因分析和纠偏及移位的可行性论证。对于纠偏加固，尚应根据倾斜原因及沉降观测资料推测再度倾斜的可能性，确定地基加固的必要性，提出纠偏加固方案。纠偏工作的程序如下：

① 监测倾斜发展情况。监测建筑物的沉降倾斜情况，观测倾斜是否仍在发展。

② 分析倾斜原因。根据地质条件、相邻建筑、地下管线、洞穴分布、上部结构现状与荷载分布等资料，分析倾斜原因。

③ 提出纠偏方案并论证其可行性。在选择方案时宜优先选择迫降纠偏，当不可行时再选用顶升纠偏，因为迫降纠偏比较容易实施。

④ 考虑是否需要加固。对上部结构的已有损坏进行调查与评价，提出加固方案，当纠偏对结构有不利影响时，应在纠偏之前先对结构进行加固。

⑤ 纠偏工程设计包括选择该方法的依据，纠偏施工的结构内力分析，纠偏方法与步骤，监测手段与安全措施等。

⑥ 组织纠偏施工。在纠偏前应对被纠建筑物及周围环境作一次认真的观测并做好记录（必要时进行公证），一方面用作纠偏施工控制的参考，另一方面，一旦发生纠纷，可作为法律依据。当被纠建筑物整体刚度不足时，应在施工前先行加固，防止建筑物在施工中破坏。在施工中应根据监测结果进行动态管理，即根据反馈的信息调整方案或程序，控制纠偏速率，指导施工。

⑦ 做好纠偏结束以后的善后工作。继续进行定期的监测，观测纠偏的效果和稳定性，如有变化，应采取补救措施。

纠偏是一项技术性很强的工作，必须选用有资质、有经验的专业设计、施工队伍，才能保证纠偏质量和安全。对倾斜建筑物进行纠偏是一项技术难度较大的工程，需要对倾斜建筑物的结构、基础和地基，以及相邻建筑物的情况作详细了解。在建筑物纠偏过程中，建筑物结构的应力和位移有一个不断调整的过程。因此，对倾斜建筑物进行纠偏不能急于求成，只能有组织、有计划地进行。在对倾斜建筑物进行纠偏的过程中需要对建筑物及地基沉降进行监测，实现信息化施工。在对倾斜建筑物实施纠偏前，多数情况下需要对倾斜建筑物的地基进行加固。

14.1.4　既有建（构）筑物纠偏技术

对倾斜建筑物进行纠偏的方法主要有两类：一类是通过对沉降少的一侧进行促沉以达到纠偏的目的，

称为迫降纠偏或促沉纠偏，迫降纠偏是从地基入手，通过改变地基的原始应力状态，强迫建筑物下沉；另一类是通过对沉降大的一侧进行顶升来达到纠偏的目的，称为顶升纠偏，顶升纠偏是从上部结构入手，通过调整建筑结构来满足纠偏的目的。迫降纠偏又可分为掏土促沉、加载促沉、降低地下水位促沉、湿陷性黄土地基浸水促沉等方法；顶升纠偏又可分为机械顶升、压浆顶升等方法。纠偏加固应通过方案比较优先选择迫降纠偏，当迫降纠偏不适用时可选用顶升纠偏。常用的纠偏方法如表14.1所示。

表14.1 既有建筑常用纠偏方法

类别	名称	基本原理	适用范围
迫降纠偏	人工降水纠偏法	利用地下水位降低出现水力坡降产生的附加应力差异对地基变形进行调整	不均匀沉降量较小，地基土具有较好渗透性，而降水不影响邻近建筑
	堆载纠偏法	增加沉降小的一侧的地基附加应力，加剧其变形	适用于基底附加应力较小即小型建筑物的迫降纠偏
	地基部分加固纠偏法	通过对沉降大的一侧地基的加固，减少该侧沉降，使另一侧继续沉降	适用于沉降尚未稳定，且倾斜率不大的建筑纠偏
	浸水纠偏法	通过土体内成孔或成槽，在孔或槽内浸水，使地基土湿陷，迫使建筑物下沉	适用于湿陷性黄土地基
	钻孔取土纠偏法	采用钻机钻取基础底下或侧面的地基土，使地基土产生侧向挤压变形	适用于软黏土地基
	水冲掏土纠偏法	利用压力水冲，使地基土局部掏空，增加地基土的附加应力，加剧变形	适用于砂性土地基或具有砂垫层的地基
	人工掏土纠偏法	进行局部取土，或挖井(孔)取土，迫使土中附加应力局部增加，加剧土体侧向变形	适用于软黏土地基
顶升纠偏	砌体结构顶升纠偏法	通过结构墙体的托换梁进行抬升	适用于各种地基土、标高过低而需整体抬升的砌体建筑物
	框架结构顶升纠偏法	在框架结构中设托换牛腿进行抬升	适用于各种地基土、标高过低而需整体抬升的框架结构建筑
	其他结构顶升纠偏法	利用结构的基础反力对上部结构进行托换抬升	适用于各种地基土、标高过低而需整体抬升时
	压桩反力顶升纠偏法	先在基础中压足够的桩，利用桩竖向力作为反力，将建筑物抬升	适用于较小型的建筑物
	高压注浆顶升纠偏法	利用压力注浆在地基中产生的顶托力将建筑物顶托升高	适用于较小型的建筑和筏形基础

14.1.5 既有建(构)筑物地基加固技术

既有建筑物地基加固技术又称为托换技术。凡解决对既有建筑物的地基土因不满足地基承载力和变形要求，而需进行地基处理和基础加固者，称为补救性托换。凡解决对既有建筑物基础下需要修建地下工程，其中包括地下铁道要穿越既有建筑物，或解决因邻近需要建造新建工程而影响到既有建筑物的安全时而需进行托换者，称为预防性托换。如果托换方式采用平行于既有建筑物而修建比较深的墙体者，称为侧向托换。凡在新建的建筑物基础上预先设计好可设置顶升的措施，以适应事后不容许出现的地基差异沉降值而需进行托换者，称为维持性托换。托换技术是以上3种托换的总称。凡进行托换技术的工程称为托换工程。

托换技术可分为5类：基础加宽技术；墩式托换技术；桩式托换技术；地基加固技术；综合加固技术。

① 基础加宽技术是通过增加建筑物原有基础的底面面积，减小作用在地基上的接触压力，降低地基土中的附加应力水平，达到减小建筑物的沉降量或满足承载力要求的目的。

② 墩式托换技术是通过在原基础下设置墩式基础，并使墩式基础坐落在较好的土层上，这样就将荷载直接传递给较好土层，达到满足提高承载力和减小建筑物沉降量要求的目的。

③ 桩式托换技术是通过在原基础下设置桩，使新设置的桩承担上部结构的荷载，或桩与地基共同承担上部结构的荷载，达到满足提高承载力和减小建筑物沉降量要求的目的。桩式托换技术又可分为静压桩托换、树根桩托换以及其他桩式托换。静压桩托换又可分锚杆静压桩技术和坑式静压桩技术2种。

④ 地基加固技术是通过地基处理改良原地基土体或地基中部分土体，达到满足提高承载力、减小沉

降要求的目的。在既有建筑物地基加固中应用得较多的地基处理方法是灌浆法和高压喷射注浆法。

⑤ 综合加固技术是指综合应用上述 4 种方法中的 2 种或 3 种方法,对既有建筑物地基进行加固。如基础加宽和桩式托换相结合,或桩式托换和地基加固技术相结合等。

14.2 既有建(构)筑物纠偏

14.2.1 人工降水纠偏法

人工降水纠偏法是通过在建筑物沉降较小的一侧,人为地降低地下水位,使土体有效应力自重增加,地基土产生固结沉降,从而达到纠偏的目的。此方法适用于土的渗透系数大于 10^{-4} cm/s 的浅埋基础。

该方法的工艺如图 14.1 所示,图中沉降大的一侧设计了深层水泥搅拌桩加固,目的是保持这一侧的稳定,这种做法可视工程需要而定。降水的效果及降水深度应先行计算。

由降水增加的土中有效应力增量 Δp 可以按式(14.1)估算:

$$\Delta p = \Delta\gamma \cdot z \tag{14.1}$$

式中 $\Delta\gamma$——降水后土的重度增量(kN/m³),$\Delta\gamma=\gamma_w$;若降水后土的饱和度减少,$\Delta\gamma=(0.9\sim1.0)\gamma_w$。

z——降水深度(m)。

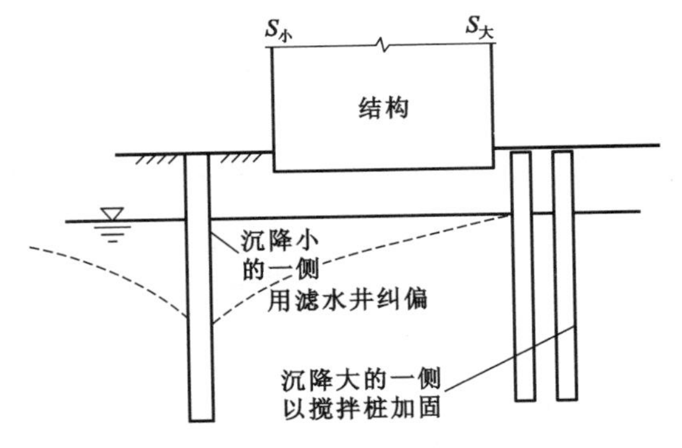

图 14.1 人工降水纠偏法示意图

降水可以采用井点、管井、大口径井等常用的施工降水方法,也可以采用沉井降水。降水井一般设在沉降较小的一侧的基础外缘。每日抽水量及下降情况应进行监测。

对于一般情况,由于降水的深度和范围有限,单一的降水方法取得的纠偏效果也有限,因此,往往与其他的方法一起使用。

例如沉井抽水常和掏土同时进行,而抽水有利于软土流入井内被掏出。当降水较深、抽水时间较长时,必须注意降水对邻近环境的影响。

14.2.2 堆载纠偏法

(1) 方法简介

堆载纠偏法(图 14.2)是在建筑物沉降较小的一侧采用堆上土、石、钢锭等重物,或利用锚桩(杆)装置和传力构件对地基加压,加大地基附加应力,加剧其变形,迫使其沉降,有时同时在沉降大的一侧卸载(卸除大面积堆载或填土、减层等)以减少该侧沉降,从而达到纠偏的目的。

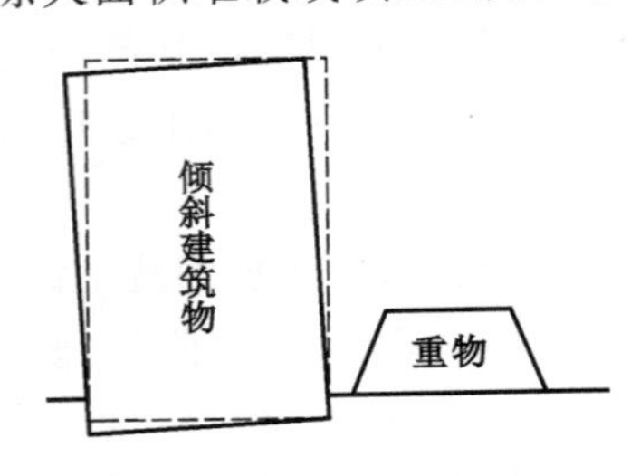

图 14.2 堆载纠偏法示意图

(2) 适用范围

堆载纠偏法适用于淤泥、淤泥质土和松散填土等软弱地基上的沉降量不大的小型建筑物和高耸建筑物基础,一般需要较长的纠偏时间,当建筑物上部结构原来的偏心较大时,应考虑堆载量或锚固传力系统的可能性。

(3) 纠偏机理

上部结构的荷载偏心产生倾斜力矩,使建筑物倾斜,为此通过反向加压施加一个纠偏力矩。要求纠偏力矩大于倾斜力矩。建筑物倾斜力矩 M 可以用下式估算:

$$M = \overline{S}_{\max} \times k \times A \times \frac{B}{3} \tag{14.2}$$

式中 A——基础底面面积(m²);

k——地基基床系数(kN/m³);

B——基础倾斜方向的宽度(m);

$\overline{S}_{max}$——基础沉降最大一侧边缘的平均沉降量(m)。

(4) 实施步骤

① 根据建筑物倾斜情况确定纠偏沉降量,并按照建筑物倾斜力矩值和土层压缩性质估计所需要的地基附加应力增量,从而确定堆载量或加压荷载值。

② 将预计的堆载量分配在基础合适的部位,使其合力对基础形成的力矩等于纠偏力矩,布置堆载时还应该考虑有关结构或基础底板的刚度和承载能力,必要时做适当补强。当使用加载法时,应设置可靠的锚固系统和传力构件。

③ 根据地基土的强度指标确定分级堆载加压数量和时间,地基土强度指标可以考虑建筑物预压产生的增量。严禁加载过快危及地基的稳定。在堆载加压过程中应及时绘制荷载-沉降-时间曲线,从曲线上判断荷载值与加荷速率是否恰当,如果出现沉降不随时间减小的现象,应立即卸载,观察下一步沉降的发展,再采取相应措施调整堆载或加压过程。

④ 根据预估的卸载时间和监测结果分析卸除堆载或压力。应充分估计卸载后建筑物回倾的可能性,必要时辅以地基加固措施。

14.2.3 地基部分加固纠偏法

地基部分加固纠偏法是指对倾斜建筑物,在沉降大的一侧加固地基,减少该侧沉降,同时使另一侧继续沉降,通过这种改变建筑物的沉降方式来调节后续沉降量,从而达到纠偏的目的。部分加固使沉降较大一侧的变形受阻,较小一侧继续下沉,从而使沉降趋势逆转。在逆转过程中建筑物重心的回复有助于加大这种趋势。地基部分加固纠偏法适用于地基变形尚未完全稳定的倾斜建筑物。

其一般可以采用以下方法:

① 加固力度的变化。在沉降大的一侧用强加固(如多布桩),在沉降小的一侧用弱加固(如少布桩)甚至不加固。

② 加固次序上的变化。在沉降大的一侧用即时加固,在沉降小的一侧用延时加固(如暂不封桩,待沉降达一定量以后再行封桩),延时期间的沉降量即为纠偏沉降量。

采用地基部分加固纠偏法应该明确了解建筑物荷载的偏心情况、基础各部位的土层性质及其变化、建筑物原来的沉降趋势,并据此准确估计加固后的沉降变化,这样才能做出合适的纠偏方案。

14.2.4 浸水纠偏法

(1) 方法简介

在沉降小的一侧地基开槽、开坑或钻孔,在孔或槽内有控制地将水注入地基内,使土产生湿陷变形,迫使建筑物下沉,从而达到纠偏的目的(图 14.3)。有时还要辅以加压方法。

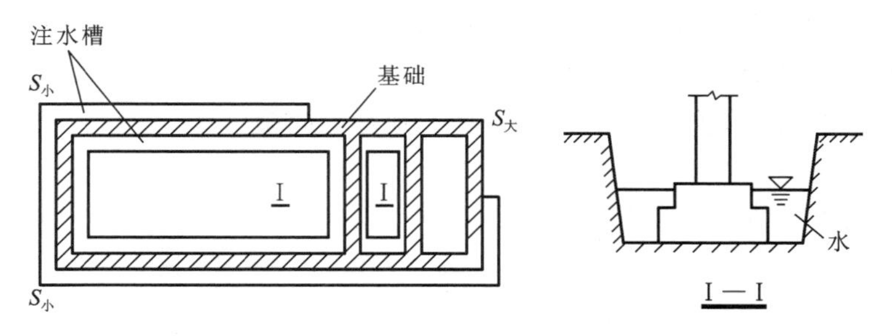

图 14.3 浸水纠偏法示意图

(2) 适用范围

浸水纠偏法适用于地基土有一定厚度的湿陷性黄土。当黄土含水量小于 16%、湿陷系数大于 0.05 时可以采用浸水纠偏法;当含水量在 17%~23%之间、湿陷系数为 0.03~0.05 时,可以采用浸水和加压相结合的方法纠偏。

(3) 纠偏机理

它的原理是利用湿陷性黄土的湿陷性来调整下沉。含水量小、湿陷系数大的黄土湿陷性能良好，起着调整倾斜的作用，同时湿陷土的密度增加，有加固地基的作用。含水量较大、湿陷系数较小的黄土，单靠浸水湿陷效果有限，则辅之以加压。要求注水一侧的土中应力超过湿陷土层的湿陷起始压力。

(4) 实施步骤

① 根据主要受力土层的含水量、饱和度以及建筑物的纠偏目标预估所需要的浸水量。必要时进行浸水试验，确定浸水影响半径、注水量与渗透速度的关系。

② 在沉降较小的一侧布置浸水点，条形基础可以布置在基础两侧。按预定的次序开挖浸水坑(槽)或钻孔。

③ 根据浸水坑(槽)或钻孔所在位置所需要的纠偏量分配注水量，然后有控制地分批注水。注水过程中严格进行监测，并根据监测结果调整注水次序和注水量。

④ 纠偏达到目的时，停止注水，继续监测一段时间。在建筑物沉降趋于稳定后，回填各坑(槽)或钻孔，做好地坪，防止地基再度浸水。

⑤ 注意事项

a. 浸水坑槽、孔的深度应达到基础底面以下 0.5～1.0 m，可以设置在同一深度上，也可以设置在 2～3 个不同的深度上。

b. 试坑槽与被纠建筑物的距离不小于 5 m，一般建筑物的试坑槽数不宜少于 2 个。

c. 注意滞后沉降量。条形基础和筏板基础在注水停止后需要 15～30 d 沉陷才会稳定，其滞后变形占总变形量的 10%～20%，在确定停止注水时间时应考虑这一点。

14.2.5　钻孔取土纠偏法

(1) 适用范围

如图 14.4 所示，钻孔取土纠偏法适用于淤泥、淤泥质土等软土地基，在经粉喷、注浆等方法处理的软土中也有成功的实例。对较硬的地基土，由于难以侧向挤出，则不宜采用此法。

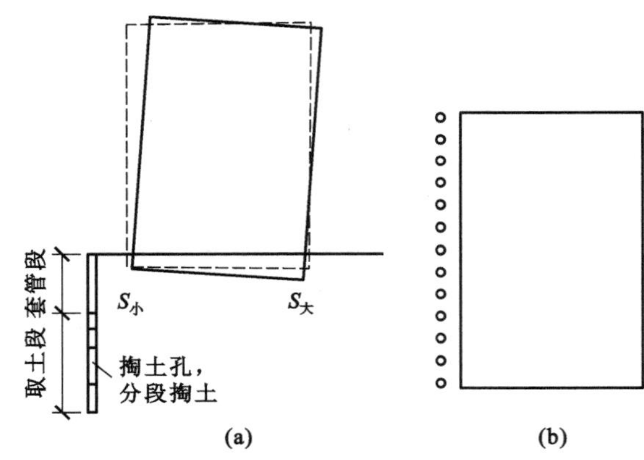

图 14.4　钻孔取土纠偏法示意图

(a) 剖面；(b) 平面

(2) 纠偏机理

钻孔取土纠偏的机理是采用钻机钻取基础底下或侧面的地基土，当钻孔中的土被取出后，孔壁应力被解除，基础以下的深层土朝孔内挤出，使地基土产生侧向挤压变形，带动基础下沉。由于取土是在沉降较小的一侧进行，在纠偏过程中地基内的附加应力不断调整，基础中心部位压力增大，更有利于软土的侧向挤出。而随着纠偏的进行和荷载偏心的减小，地基的变形模量趋于均化，附加应力则更接近中心荷载下的值。此外，钻孔取土过程中，还可从钻孔抽水，使软土流动涌入孔或井内，并促使地基土固结。

(3) 纠偏步骤

① 根据纠偏目标按下式估计总掏土量：

$$V = S_{max} \cdot \frac{A}{2} \tag{14.3}$$

式中　S_{max}——基础边缘纠偏需要的沉降量(m)；

A——基础底面面积，对于条形基础取外缘线包围的面积(m^2)。

② 布置钻孔或沉井平面位置，原则是既满足纠偏目标要求，又考虑纠偏过程中变形恢复的均衡性。

③ 钻孔、下套管。

④ 将总掏土量分配至各个钻孔，在监测工作的指导下，分期分批取土。钻孔取土可采用机械螺纹钻，

并辅以潜水泵从钻孔中降水。

⑤ 当接近纠偏目标时,减少取土量。根据监测结果调整取土部位、次序和数量,实行微调。

⑥ 达到纠偏目标后,间隔式拔出套管,并回填适宜的土料封孔。

(4) 注意事项

① 钻孔直径和孔深应根据建筑物的底面尺寸和附加应力的影响范围确定,一般孔径为 300~500 mm,取土深度不小于 3 m。

② 钻孔距建筑物基础的距离宜在被纠基础的应力扩散角范围内。

③ 钻孔顶部 3 m 加套管,确保挤出的是深层软土,使接近基底的土免受扰动,并保护基础下的人工垫层或硬壳持力层,防止变形不均影响上部结构。

④ 尽量不扰动沉降较大一侧的地基土。如无必要该侧土可不采用地基加固处理。

⑤ 注意对周围环境的影响。如果钻孔或沉井距相邻建筑物过近,应采取防护措施。

14.2.6 水冲掏土纠偏法

(1) 方法简介

水冲掏土纠偏法是将水枪深入到下沉较小一侧地基土中,采用高压水流冲射土体,土体在水流作用下流出,冲稀后变成稀泥浆流入坑内,再用泥浆泵将坑内的泥浆向外排出,使建筑物在自重作用下慢慢下沉,达到纠偏的目的。

(2) 适用范围

水冲掏土纠偏法适用于砂性土地基或具有砂垫层的浅埋基础。

(3) 纠偏机理

压力水冲时,使地基土局部掏空或强度降低,增加地基土的附加应力,加剧变形。

14.2.7 人工掏土纠偏法

14.2.7.1 浅层掏土纠偏法

(1) 适用范围

如图 14.5 所示,基底下浅层掏土可以有抽砂、水平向人工掏土(根据不同情况可以采用分层、开沟、截角、穿孔等掏土方式)、水平钻孔抽水掏土等不同方法。适用于匀质黏性土和砂土上浅埋的体形较简单、结构完好、具有较大整体刚度的建筑物,一般用于钢筋混凝土条形基础、片筏基础和箱形基础。抽砂法适用于有砂垫层的情况。

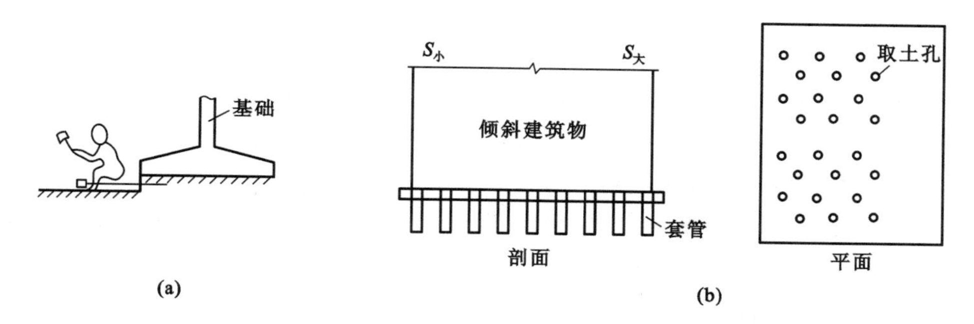

图 14.5 人工浅层掏土纠偏法示意图

(a) 水平穿孔掏土纠偏;(b) 基础底板下钻孔取土

(2) 纠偏机理

掏去基础以下一定数量的土,削弱原有的支撑面积,加大浅层土中附加应力,从而促使沉降较小一侧的地基土下沉。

本方法应该以沉降变形为主控制施工,有时又可以预先估计掏土量作为施工参考。掏土量可按式(14.3)计算。

此外，为了顺利促沉同时避免沉降过快，减少的基础面积宜满足式(14.4)的要求：

$$2f_a > p > f_a \tag{14.4}$$

式中 f_a——地基承载力特征值(kPa)；

p——基础面积减少以后的基底附加应力(kPa)。

掏土区则应控制在建筑物重心线需要促沉的一侧。

(3) 实施步骤

① 在需要掏土的基础两边或一边开挖工作坑，坑宽应满足施工操作要求，坑底至少比基础底面低10～15 cm，以方便基底掏土。如果地下水位较高，则应采取措施保证坑内干燥。

② 按设计要求分区(分层)分批进行掏土，掏土一般用小铲、铁钩、通条、钢管等手工进行，也有用平孔钻机的，有时还辅以水冲等方法。根据监测资料调整掏土的数量和次序。当掏出块石、混凝土等较大物体时，应及时向孔中回填粗砂或碎石，避免沉降不均。

(4) 注意事项

① 本方法直接从基础下掏土，纠偏较为激烈，需要加强监测工作。

② 对于较硬的地基土，建筑物的回倾可能是不均匀的，具有突变性，应充分注意。

14.2.7.2 *深层掏土纠偏法*

(1) 适用范围

如图14.6所示，深层掏土适用于淤泥、淤泥质土等软土地基。对较硬的地基土，不宜采用此方法。

(2) 纠偏机理

在地基中开挖沉井，通过沉井侧壁开孔，抽取地基土，其机理与钻孔取土法类似，当沉井下和沉井侧壁后的土被取出后，土中附加应力局部增加，迫使基础下沉。

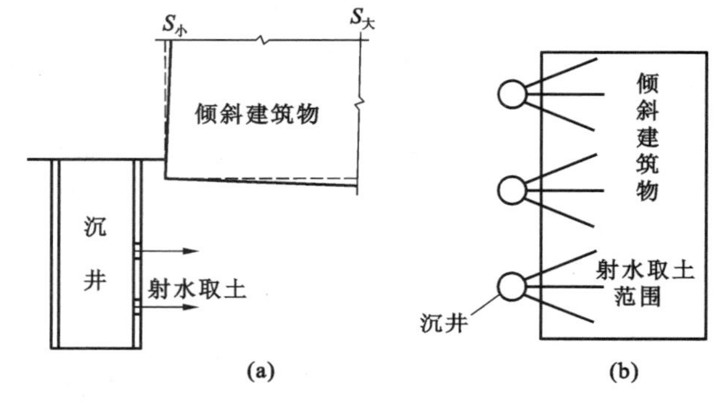

图14.6 人工深层掏土纠偏法示意图

(a) 剖面；(b) 平面

(3) 纠偏步骤

① 按式(14.3)估算总掏土量。

② 一般采用混凝土沉井，沉井应布置在沉降较小的一侧，沉井距建筑物基础的距离宜在被纠基础的应力扩散角范围内。

③ 沉井制作、挖土下沉。沉井的直径应便于操作，一般不小于0.8 m，沉井与建筑物的净距不小于1.0 m，沉井可以封底也可以不封底。

④ 沉井侧壁开孔，射水孔直径宜为150～200 mm，位置应根据纠偏需要确定，但一般应高于井底面1.0～1.2 m，以利于操作。井壁上还应设置回水孔，位置宜在射水孔下交错布置，直径宜为60 mm。

⑤ 在监测工作的指导下，分期分批射水掏土。纠偏中最大沉降速度宜控制在5～10 mm/d以内，对于软土地基和房屋整体刚度较弱的，应按下限控制。当监测到沉降速度过大时，应停止冲水施工，必要时采取抢险措施，例如在软土地区可用沉井内灌水的稳定方法。

⑥ 当接近纠偏目标时，减少射水掏土量。根据监测结果调整掏土部位、次序和数量，实行微调。

⑦ 达到纠偏目标后，用素土或灰土回填沉井。

14.2.8 既有建筑顶升纠偏技术

以往倾斜建筑物的纠偏，基本上采用迫降法，即通过人为降低沉降较小处基础标高来达到纠偏的目的。由于倾斜建筑物往往伴随有较大的沉降(大者超过1000 mm)，使底层标高过低，产生污水外排困难和洪水、地表水倒灌等病害。迫降法不仅无法彻底消除这种病害，反而会再次降低底层标高，对建筑物的使用功能造成伤害。此外，有些建筑基础，如长摩擦桩基础、端承桩基础，并不适合采用迫降法纠偏。

为克服迫降纠偏法的不足，近年来，建筑物顶升纠偏技术逐步得到应用。顶升纠偏技术以其成功率高的优点，受到理论界和工程界的关注，其发展速度也越来越快。

14.2.8.1 顶升纠偏的基本原理

顶升技术是通过钢筋混凝土或砌体的结构托换加固技术(或利用原结构),将建筑物的基础和上部结构沿某一特定的位置进行分离,采用钢筋混凝土进行加固、分段托换、形成全封闭的顶升托换梁(柱)体系,设置能支承整个建筑物的若干个支承点,通过这些支承点顶升设备的启动,使建筑物沿某已知线(点)作平面转动,对沉降较大处顶升,而沉降较小处则仅作分离及同步转动,即可使倾斜建筑物得到纠正。若大幅度调整各支承点的顶升量,即可提高建筑物的整体标高。

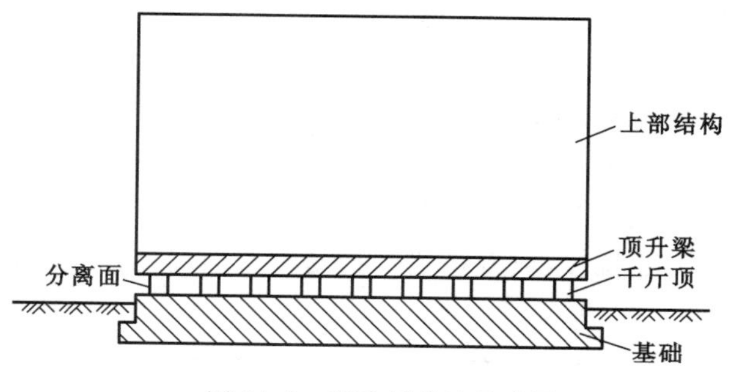

图 14.7 顶升纠偏法示意图

顶升纠偏过程是一种地基沉降差异快速补偿的过程,也是地基附加应力瞬时重新调整分布的过程,使原沉降较小处附加应力增加。实践证明,当地基土的固结度达到 80%以上时,地基沉降基本稳定,可通过顶升纠偏来调整剩余不均匀沉降达到纠偏目的。

图 14.7 是表示被顶升建筑在基础以上部位被截断,在上部结构下面设置顶升梁系统(通常不是普通梁,而是按上部结构特点而设置的一个平面框架结构),在基础被断开处设基础梁,顶升梁与基础梁构成一对受力梁系,中间安设千斤顶。受力梁系需承受顶升过程中的千斤顶作用力与结构荷载,应经过严格的设计与验算。

14.2.8.2 顶升纠偏的适用范围

(1) 顶升纠偏适用的结构类型有:砖混结构、钢筋混凝土框架结构、工业厂房以及整体性完好的混合建筑和各种独立基础结构。

(2) 适用于整体沉降及不均匀沉降较大、造成标高过低的建筑。

(3) 对于新建工程设计时有预先设置可调措施的建筑,这类建筑预先设置好顶升梁及顶升洞,可根据建筑物使用过程中出现的不均匀沉降或整体沉降,采用预先准备好的顶升系统,将建筑物恢复到原来的位置,即可进行正常的使用。

(4) 适用于建筑物本身功能改变需要顶升,或者由于外界周边环境改变影响正常使用而需要顶升的建筑。

14.2.8.3 顶升纠偏设计

(1) 设计前必须准备的资料及设计步骤

① 既有建筑的勘察设计、施工检测资料;

② 建筑物现状的测试、观察分析评价资料;

③ 确定顶升纠偏的可行性、适宜性;

④ 拟定顶升纠偏及地基加固方案;

⑤ 技术方案专家论证;

⑥ 进行顶升纠偏设计,并提出安全措施。

(2) 托换结构设计

倾斜建筑物的纠偏是在顶托结构物的基础上进行的。要使整栋建筑物靠若干个简支点的支承完成平稳上升移动,除需要结构体的整体性比较好之外,尚需要有一个与上部结构连成一体具有较大刚度及足够承载力的支承体系。

① 砌体结构建筑托换结构

砌体结构的荷载是通过砌体传递的,根据顶升的基本原理,顶升时砌体结构的受力特点相当于墙梁作用体系,由墙体与托换梁组成墙梁,其上部荷载主要通过墙梁下的支座传递。也可将托换梁上的墙体作为无限弹性地基,托换梁作为在支座反力作用下的反弹性地基梁。

a. 设计原则。因托换梁是为顶升专门设置的,因此,在施工阶段应对托换梁按钢筋混凝土受弯构件进行正截面受弯和斜截面抗剪及托换梁支座上原砌体的局部承压验算。

b. 设计跨度。一般根据墙体的总延米及千斤顶工作荷载进行分配得出平均支承点设计跨度，计算是以相邻 3 个支承点的距离之和作为设计跨度，来进行托换设计。

c. 当原墙体强度(承载力)验算不能满足要求时，设计跨度应该调整或对原砌体进行加固补强，直到达到强度要求为止。

② 框架结构建筑托换结构

框架结构荷载是通过框架传递的，顶升时上升力应作用于框架柱下，但是要使框架能够得到托换，必须增设一个能支承框架柱的结构体系，因此，托换梁(柱)体系必须按后增牛腿来设计。为减少框架柱间的变位，应增加连系梁，利用增设的牛腿作为托换过程、顶升过程及顶升后柱连接的承托支承。

框架结构顶升纠偏的结构受力分析和设计，应考虑以下几个方面的问题：

a. 原框架结构其上部结构本身属于一个整体的超静定结构，其柱脚位为固端(图 14.8)，而柱托换施工以后顶升时的框架柱脚却为简支端(图 14.9)。因此，计算的结果与原结构内力结果有一定的改变。为了减小内力改变对结构变形的影响，托换前应增设连系梁相互拉接，或者在建筑物基础四周加侧向支撑，以解除柱脚的变位问题。

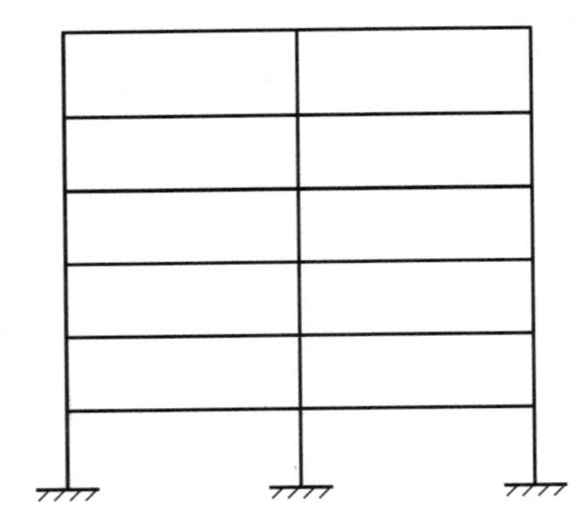

图 14.8 框架结构原计算简图

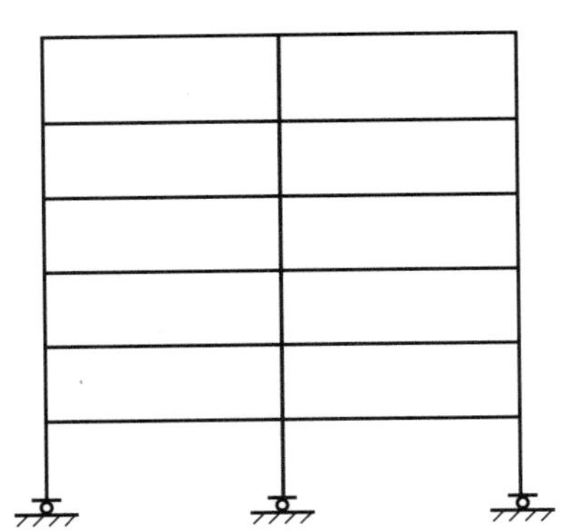

图 14.9 框架结构顶升计算简图

b. 应充分考虑施工中各种不利荷载工况组合对上部结构的影响，顶升纠偏施工全过程上部结构的内力和变形不应超过原结构的承载力，如果原结构的承载力不足，应采取必要的加固措施，以保证其安全。

c. 托换结构的抗剪、抗弯、局部受压承载力应有足够的安全度。

d. 牛腿是后浇牛腿，存在新旧混凝土的连接问题，钢筋的布置处理上也应考虑这一点。

(3) 顶升千斤顶的设置

一般来讲，砌体结构顶升千斤顶应沿承重墙布置(图 14.10)，而对框架结构，顶升千斤顶则应布置在柱子处(图 14.11)。

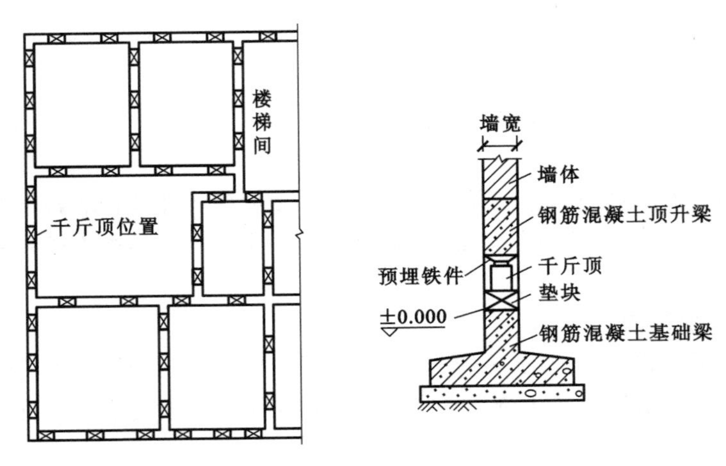

图 14.10 砌体结构顶升千斤顶布置

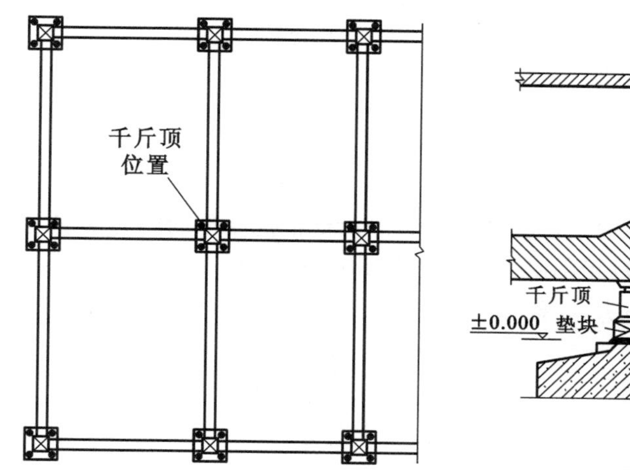

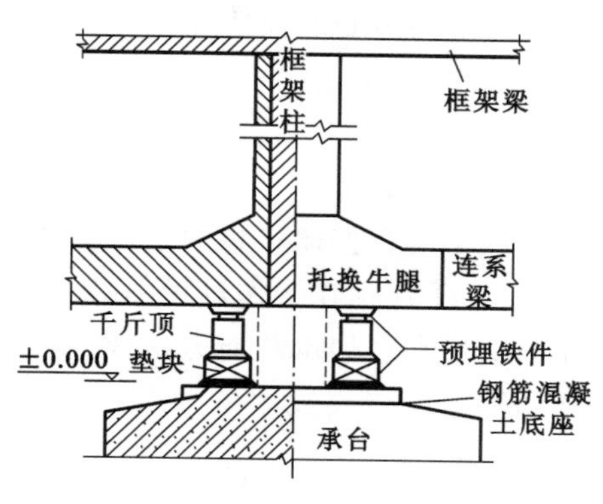

图 14.11　框架结构顶升千斤顶布置

① 砌体结构建筑顶升点千斤顶的设置一般根据建筑物的结构形式、荷载、起重器具和工作荷载来确定。砌体结构的顶升点间距不宜大于 1.5 m，同时考虑结构顶升的受力点进行调整，避开窗洞、门洞等受力薄弱位置，不让薄弱环节受到损害。顶升点数量按下式估算：

$$n \geqslant K \cdot \frac{Q}{N} \tag{14.5}$$

式中　n——顶升点数；

K——安全系数，取 $K=2.0$；

Q——建筑物总荷载(标准组合值)(kN)；

N——支承点的荷载设计值(kN)，可取千斤顶额定荷载的 80%，千斤顶额定荷载可在 300～500 kN间选取。

② 框架结构建筑顶升点千斤顶的设置一般根据柱荷载及千斤顶的工作荷载来确定，同时考虑牛腿受力的对称性。千斤顶可对称布置于柱的周边，也可正对柱中设置。每柱下顶升千斤顶的数量用下式计算：

$$n_1 \geqslant K \cdot \frac{Q_1}{N} \tag{14.6}$$

式中　n_1——单柱下顶升千斤顶的数量；

K——安全系数，取 $K=1.5$；

Q_1——柱荷载(标准组合值)(kN)；

N——单个千斤顶的荷载设计值(kN)，可取千斤顶额定荷载的 80%。

(4) 千斤顶的选用

千斤顶有手动(螺旋式及油压式)及机械油泵带动两种，采用人工操作的千斤顶顶升时需要大量的操作工，操作过程中会出现不均匀性，但其成本低，只要指挥得当，人工操作是会比较成功的；采用高压泵站控制的液压千斤顶机械化程度高，但成本费用较高，不利于推广应用。可利用的千斤顶有：手动螺旋千斤顶(工作荷载 300～500 kN)和手动油压千斤顶(工作荷载 1000～3000 kN)。

高压油泵-液压千斤顶系统要经过专门设计、特殊制造，一个高压油泵站同时带动多台千斤顶。高压泵站的最大压力为 70 MPa，千斤顶的工作荷载为 500～5000 kN，但其成本较高，主要用在顶升纠偏难度大，而建筑物又不允许出现因操作过程带来不均匀变形产生较大次生应力的情况。

(5) 顶升量的确定

一般顶升量应包括 3 个内容：

① h_{1i}，建筑物已有不均匀沉降的调整值，按下式计算：

$$h_{1i} = \beta_E L_{Ei} + \beta_N L_{Ni} \tag{14.7}$$

式中　β_E、β_N——建筑物东西向、南北向倾斜率；

L_{Ei}、L_{Ni}——计算点到建筑物基点东西向、南北向的距离。

② h_2，根据使用功能需要的整体顶升值。

③ h_{3i}，地基土剩余不均匀变形预估调整值。

顶升量 h_i 按下式计算：

$$h_i = h_{1i} + h_2 + h_{3i} \tag{14.8}$$

(6) 顶升顺序和顶升频率

顶升顺序和顶升频率应根据建筑物的结构类型以及它能承受抵抗变形的能力来确定。可以整体同步顶升，也可以分区顶升。千斤顶在操作过程中必然产生不均匀的上升，即出现差异上升量，这个量必须控制在结构允许的相对变形和结构承载能力内，纠偏设计时，应通过结构计算分析确定。一般来讲，结构的允许变形可按下式估算：

$$\Delta H \leqslant \left(\frac{1}{200} \sim \frac{1}{500}\right)(L_i - L_{i-1}) \tag{14.9}$$

式中 L_i、L_{i-1}——顶升点 i 和 $i-1$ 到转动轴的距离(m)。

一般情况下，$L_i - L_{i-1} = 1.0 \sim 1.5$ m，则 ΔH 为 5～10 mm。

以所需顶升量最大点作为控制点，则顶升次数按下式计算：

$$n = \frac{\Delta H_{\max}}{\Delta H} \tag{14.10}$$

式中 $\Delta H_{\max}$——最大顶升量(mm)。

14.2.8.4 顶升纠偏施工

(1) 砌体结构建筑托换梁的分段施工墙砌体施工。砌体结构建筑托换梁的分段施工墙砌体按平面应力问题考虑，具有拱轴传力的作用。一般在墙体内打一定距离的洞，并不影响结构的安全。为了保证托换时的绝对安全，在托换梁施工段内设置若干个支承芯垫(图 14.12，图中阴影部分为芯垫位置)。分段施工应保证每墙段至少分 3 次施工，每次间隔时间要等托换梁混凝土强度达到 50%以上方可进行临近段的施工，临近段的施工应满足新旧混凝土的连接及钢筋的搭焊(图 14.13)。对门位、窗位同样按连续梁组成封闭的梁系，同样应考虑节点及转角的构造处理。

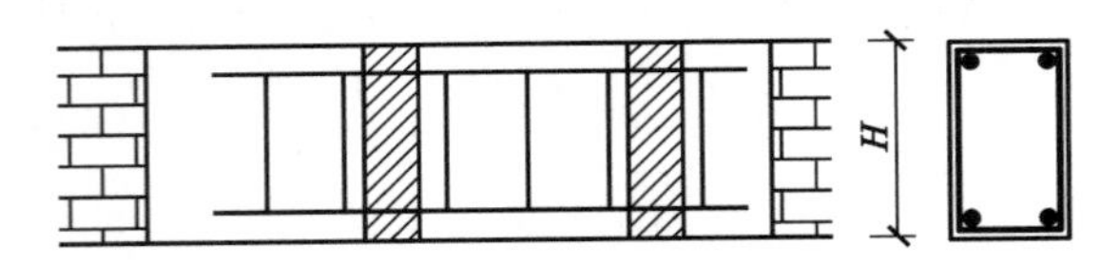

图 14.12 托换梁和支承芯垫

(图中阴影部分为芯垫位置)

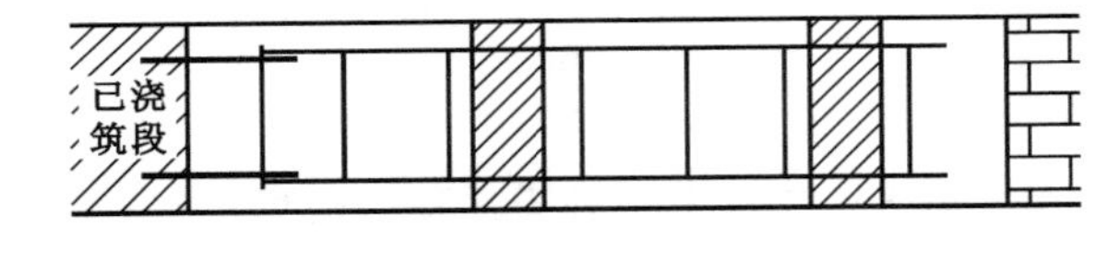

图 14.13 托换梁连接

(2) 框架结构建筑托换梁、托换牛腿的分段施工要考虑钢筋混凝土柱在各种荷载组合情况下具有足够的安全度，当削除某钢筋保护层后尚能保证其安全。但为了确保安全施工，应控制各柱相间进行，邻柱不同时施工，视实际情况采取临时加固措施(如加支撑等)，同时，一旦施工开始就要连续浇筑混凝土。

(3) 托换施工常用的方法有三种：一是人工开凿；二是冲击钻钻孔后人工开凿；三是用混凝土切割锯开槽段。三种施工方法各有优点。混凝土切割锯施工机械化程度高，施工较文明，对原墙体的损伤较小，但机械费较高，人工开凿噪声较大。

(4) 顶升设备的安放调试。千斤顶按设计位置设置，个别的可按现场实际情况作调整。为了确保每个千斤顶位置、顶升梁及底垫的安全可靠，顶升前应对所有千斤顶试压，试压加荷值应为设计荷载的两倍。

(5) 顶升量的测控设备。建筑纠偏顶升量一般都比较大，使用小量程计量时，调整次数过多，反而影响精度，因此，顶升过程量的控制，通常选择指针标尺控制及电阻应变滑线位移计控制两种，后者累计误差±1 mm，前者误差较大，但完全可以满足顶升频率的要求，同时，也可以使用百分表与标尺控制相结合的方案。

(6) 千斤顶顶升到一定位置后，要更换行程，这时就需要有足够的承受压力的稳定铁块、铁墩作为增加高度的支承体。一般在钢管两端焊铁块制成垫墩，将一定型号的钢板制成垫块，根据顶升量计算所需的垫块、垫墩，并考虑施工组织，尽量减少垫块、垫墩的数量，合理分配与循环利用。

(7) 顶升实施。在托换梁、千斤顶、底垫等都达到要求后,即可进入顶升实施。顶升的实施要有统一指挥,同时配有一定数量的监督人员,操作人员应经过专门的训练,有组织、有纪律、服从指挥。千斤顶行程的更换必须间隔进行,更换时两侧应用三角垫进行临时支顶。顶升完毕后,应立即进行砌体充填,要求填充密实,特别是与托换梁的连接处要求堵塞紧密,而后间隔拆除千斤顶。千斤顶的拆除必须待连接砌体达到一定强度后方可进行。拆除后的千斤顶的洞位,根据原砌体的强度等级,采用砌体堵筑或采用钢筋混凝土堵筑,钢筋混凝土柱在重新连接钢筋后用高一级强度的混凝土浇筑。全部千斤顶拆除完后即可进行全面的修复工作,包括墙体、地面等,顶升即告完成。

14.3　既有地基基础托换技术

14.3.1　基础加宽技术

采用加宽基础,扩大既有建筑物基础底面面积,通过减小基底压力,减小地基中附加应力,达到地基加固目的,称为基础加宽技术。例如:原筏板基础面积为 16 m×30 m=480 m^2,若四周各加宽 1.0 m,则基础底面积扩大为 576 m^2。如果原基底平均接触压力为 200 kPa,基础加宽后则基底平均接触压力减小为 167 kPa。由该例可以看出,基础加宽对减小基底接触压力效果明显。基础加宽技术费用低,施工也方便,有条件采用时应优先考虑。

但在不少情况下基础加宽会遇到困难。如周围场地可能不允许基础加宽;若基础埋置较深,加宽基础需要进行较大土方量的开挖,而且土方开挖将对周围环境产生不良影响。另外,需要重视的是基础加宽将增加荷载作用的影响深度。对深厚软土地基上的建筑物采用基础加宽技术,由于增加了压缩层厚度,加宽基础往往达不到减小沉降的目的。因此,对深厚软土地基上的建筑物慎用基础加宽技术减小沉降。

基础加宽加固应重视加宽部分与原有基础部分的连接。通常通过钢筋锚杆将加宽部分与原有基础部分连接,并将原有基础凿毛、浇水湿透,使两部分混凝土较好地连成一体。对刚性基础和柔性基础采用基础加宽技术时都要进行计算。刚性基础应满足刚性角要求,柔性基础应满足抗弯要求。钢筋锚杆应有足够的锚固长度,有条件可将加固筋与原基础钢筋焊牢。采用基础加宽技术有时也可将柔性基础改为刚性基础,将条形基础扩大成片筏基础。图 14.14 为几种基础加宽示意图。图 14.14(e)中基础加宽部分底面高度与原基础顶面高度一致,其优点是可以减小挖土深度,减小基础加宽施工过程中对原地基的影响。

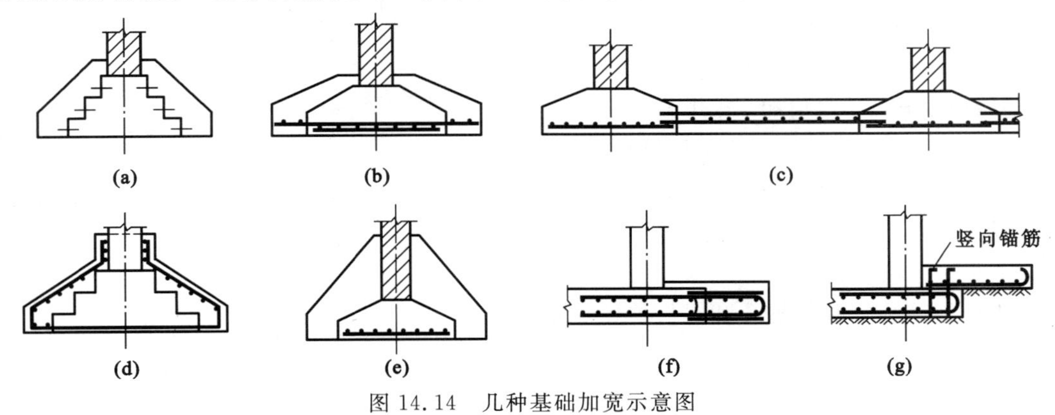

图 14.14　几种基础加宽示意图

(a) 刚性条形基础加宽;(b) 柔性条形基础加宽;(c) 条形基础扩大成为片筏基础;
(d) 柱基加宽;(e) 柔性基础加宽改为刚性基础;(f) 片筏基础加宽 1;(g) 片筏基础加宽 2

14.3.2　墩式托换技术

在既有建筑物基础下设置墩式基础,通过墩式基础将上部结构荷载传递给较好的土层,以达到提高地基承载力、减小沉降的目的,称为墩式托换。墩式托换示意图如图 14.15 所示。当既有建筑物基础下局部地段存在厚度不大的软弱土层时,采用墩式托换可取得较好的加固效果。墩式托换施工一般先在基础近侧挖导坑，再横向扩展至基础下，在基础下成孔，然后灌注混凝土形成混凝土墩式基础。墩式托换一般适用于软弱土层不厚、地基水位较低，而且软弱土层下有较好持力层的情况。墩式托换施工要重视施工顺序，分段分批挖孔置墩。施工过程中往往需要对原基础进行临时支撑。混凝土墩可以是连续的，也可以是间断的。在实际工程中墩式托换应用不多。

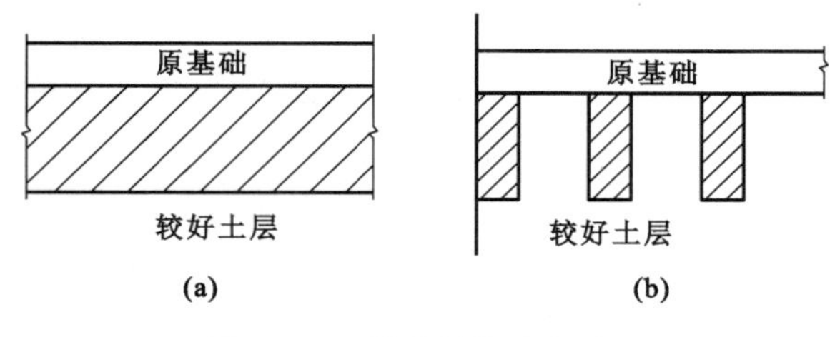

图 14.15 墩式托换示意图

(a) 连续混凝土墩；(b) 间断混凝土墩

14.3.3 桩式托换技术

在既有建筑物基础下设置桩基础以达到地基加固的目的称为桩式托换。桩式托换技术是既有建筑物地基加固最常用的加固技术。其基本原理是：通过桩式托换形成桩基础或桩体复合地基达到提高地基承载力、减小沉降的目的或使原复合地基加强。

桩式托换形式很多，但在工程中常用的主要有锚杆静压桩托换技术、树根桩托换技术和坑式静压桩托换技术，下面对这三种桩式托换技术分别加以介绍。

14.3.3.1 锚杆静压桩托换

将压桩架通过锚杆与建筑物基础连接，利用建筑物自重荷载作为压桩反力，用千斤顶将桩逐段压入地基中，完成在地基中设置桩，称为锚杆静压桩托换。

锚杆静压桩施工机具简单、施工作业面小、施工方便灵活、技术可靠、效果明显，对原有建筑物里人们的生活或生产秩序影响较小。锚杆静压桩托换适用范围广，可适用于黏性土、淤泥质土、杂填土、黄土等地基。由于具有上述优点，锚杆静压桩技术在我国各地得到了广泛的应用。

锚杆静压桩技术除应用于既有建筑物地基加固外，还应用于新建建筑物的基础工程。在闹市区旧城改造中，限于周围交通条件难以运进打桩设备时，或施工场所很窄，难以进行常规打桩施工时，可采用锚杆静压桩技术进行桩基施工；在施工设备短缺地区，无打桩设备时，也可采用锚杆静压桩技术进行桩基施工。原建筑物采用桩基础，但因施工质量等原因未能满足设计要求时，也可采用锚杆静压桩进行补桩加固。对上述将锚杆静压桩技术应用于新建建筑物的，在基础施工时可按设计预留压桩孔和预埋锚杆，待上部结构施工至 3～4 层时，再开始锚杆静压桩压桩施工。此时，建筑物自重可承担压桩反力，而且天然地基承载力发挥度也已较高，需要通过在地基中设置桩以提高地基承载力。

(1) 锚杆静压桩施工装置

锚杆静压桩施工装置及压桩孔和锚杆位置示意图如图 14.16 所示。

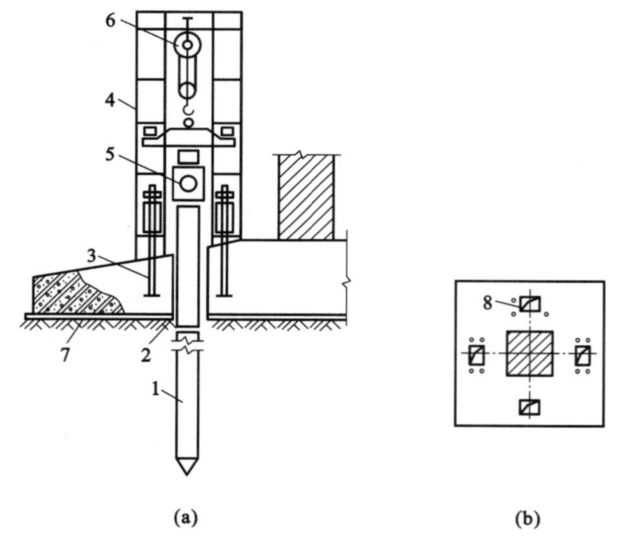

图 14.16 锚杆静压桩施工装置及压桩孔和锚杆位置示意图

(a) 锚杆静压装置示意图；(b) 压桩孔和锚杆位置示意图

1—桩；2—压桩孔；3—锚杆；4—反力架；5—千斤顶；6—电动葫芦；7—基础；8—压桩孔

(2) 锚杆静压桩主要施工步骤

锚杆静压桩施工步骤及各阶段注意事项：

① 清除既有建筑物基础面上的覆土，并将地下水位降低至基础面以下，以保证提供干的作业面。若原建筑物基础面积小，难以布置压桩架位和桩位，则应先将原基础加宽。基础加宽设计施工要求同14.3.1节中所述。

② 按加固设计图放线定桩孔位和固定锚杆孔位。压桩孔可凿成上小下大的棱锥形(图14.17)。当压桩结束，桩与基础连接后，棱锥形压桩孔有利于基础承受冲剪。根据压桩力大小确定锚杆直径、锚固深度。压桩孔和固定锚杆孔凿孔可采用风动凿岩机，也可采用人工凿孔。

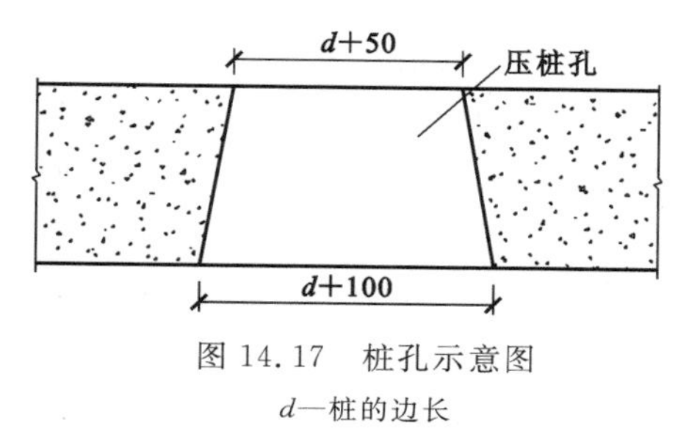

图 14.17　桩孔示意图
d—桩的边长

③ 凿孔完成后，对锚杆孔应认真清渣，再采用树脂砂浆固定锚杆，养护好后再安装压桩反力架。

④ 采用电动或手动千斤顶压预制桩段。预制桩段长度根据反力架及施工环境确定，常取 2.0 m 左右。压桩过程中不能中途停顿过久。间歇时间过长，往往使所需压桩力提高，有时甚至可能发生超过压桩能力而被迫中止的现象。压桩过程中应保持桩段垂直，压桩力不能超过设计最大压桩力，避免基础上抬造成结构破坏。

⑤ 接桩一般采用焊接，也可采用硫黄胶泥接桩，应视设计要求确定。硫黄胶泥接桩成本低，接桩速度快，但采用硫黄胶泥接桩时，桩体抗水平力性能差。采用焊接接桩效果好，并可使桩具有较好的抗水平力性能，但成本较高。有时在桩上部采用焊接接桩，下部采用硫黄胶泥接桩。这样，既可满足抵抗水平力的要求，又可节省投资。

⑥ 压桩一般采用双控制，即压桩至设计深度和达到设计压桩力，并以压桩力控制为主。压桩深度达到要求后，可进行封桩。在进行封桩前应将压桩孔内杂物清理干净，并排除积水。

⑦ 封桩前先将基础中原有主筋尽量补焊上，并在桩顶用钢筋与锚杆对角交叉焊牢，然后再浇筑早强高强度混凝土进行封桩。

⑧ 压桩施工过程中应加强沉降监测，注意施工过程中产生的附加沉降。通过合理安排压桩顺序可减小施工期间附加沉降及其影响。

(3) 锚杆静压桩加固设计

锚杆静压桩加固设计包括下述内容：

① 桩及桩位布置设计

单桩与桩段长度的设计主要根据加固要求、场地工程地质条件以及施工作业空间条件而定。锚杆静压桩截面边长一般为 180～250 mm。对于边长为 200 mm 的方桩，主筋采用不小于 4Φ10 的钢筋，在桩段两端箍筋需加密布置。混凝土强度一般不低于 C30。桩段长度根据施工净空条件确定，一般取 1.5～2.0 m。桩段的尺寸还应考虑接桩搬运方便，不能太重。单桩承载力取决于地基土层情况。根据地层条件，锚杆静压桩可能是端承桩，也可能是摩擦桩。对摩擦桩一般可考虑桩土共同作用。单桩承载力可由压桩试验确定：

$$P=\frac{P_{压}}{K} \tag{14.11}$$

式中　P——设计单桩承载力值(kN)；

$P_{压}$——最终入土深度时压桩力(kN)；

K——压桩力系数，与地基土性质、压桩速度、桩材以及桩截面形状有关，在黏性土地基中，当桩长小于 20 m 时，K 值可取 1.5；在黄土和填土中 K 值可取 2.0。

锚杆静压桩桩位宜靠近墙体或柱子，以利于荷载的传递。凿压桩孔往往要截断底板钢筋，桩孔尽量布置在弯矩较小处，并使凿孔时截断的钢筋最少。

② 锚杆及锚固深度设计

根据所需最大压桩力进行固定桩架的锚杆设计。如：当所需最大压桩力小于 400 kN 时，可采用 M24 锚杆。锚杆可用螺纹钢和光面钢筋制作，也可在端部镦粗或加焊钢筋。锚杆锚固深度一般取 10～12 倍锚杆直径。

③ 应对原有基础进行抗冲切、抗弯和抗剪能力验算

如不能满足要求，应将原基础结构进行补强以满足压桩加固要求。

14.3.3.2　树根桩托换

树根桩实质上是一种小直径钻孔灌注桩，在 20 世纪 30 年代由意大利 Flizzi 所发明，其直径通常为 100～300 mm，有时也采用 300 mm 以上的桩径。这种小直径钻孔灌注桩可以竖向、斜向设置，网状布置如树根状，故称为树根桩。在既有建筑物基础下设置树根桩以达到地基加固的目的，称为树根桩托换。树

根桩施工过程和施工工艺随施工单位不同而稍有差异，大致过程如下：先利用钻机钻孔成孔，当桩孔深度满足设计要求后，放入钢筋或钢筋笼，同时放入压浆管，用压力注入水泥浆或水泥砂浆而成桩。也有成孔后，放入钢筋或钢筋笼，同时放入压浆管，然后再灌入碎石，先注入清水清洗，再注入水泥浆或水泥砂浆而成桩。

树根桩技术主要用于既有建筑物地基加固、桥梁工程的地基加固，有时也用于岩土边坡稳定加固等。几类工程采用树根桩加固示意图如图 14.18 所示。

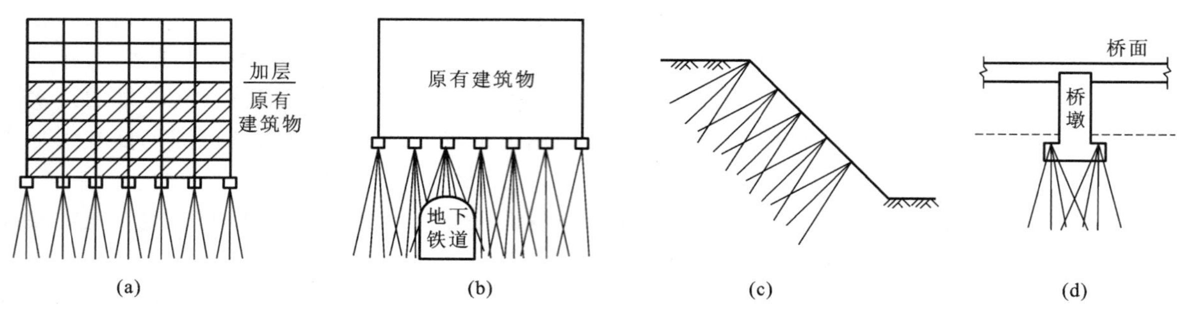

图 14.18　树根桩加固示意图

(a) 建筑物加层工程树根桩托换；(b) 建筑物地基中修建地下铁道树根桩托换；(c) 边坡稳定加固；(d) 桥墩基础树根桩托换

(1) 树根桩托换的优点

① 所需施工场地较小，一般平面尺寸为 0.6 m×1.8 m，净空高度为 2.1～2.7 m，即可施工；

② 施工时噪声和振动小，施工也较方便；

③ 压力灌浆使树根桩与地基土紧密结合，桩和墙身联结成一体；

④ 施工时桩孔很小，因而对墙身和地基土几乎都不产生任何应力；

⑤ 可在各种类型的土中制作。

(2) 树根桩的施工流程

常用树根桩施工流程如下：

① 成孔

根据设计要求和场地工程地质条件选择钻机。视土质条件和基础底板情况合理选用钻头。在穿过软弱土层或流砂层时，可设置套管，以保护孔壁。在地基中钻孔时，一般需在孔口处设置 1.0～2.0 m 长的套管，以防止孔口处土方坍落影响成孔质量。

钻孔时可采用泥浆或清水护壁。钻孔到设计要求后，应进行清孔。合理控制清孔注水压力的大小，观察钻孔泥浆溢出情况，直到孔口溢出清水为止。

② 放置钢筋或钢筋笼

清孔结束后，按设计要求放置钢筋或钢筋笼。钢筋笼外径应小于设计桩径 40～50 mm。钢筋笼制作时每节长度取决于作业空间，节间钢筋搭接应错开，搭接长度应满足有关规定。

③ 放置压浆管

压浆管放在钢筋笼或钻孔中心位置，常采用直径 20 mm 的无缝铁管。放置就位后即可压入清水继续清孔。

④ 投入细石子

将冲洗干净的细石子(粒径 5～15 mm)缓缓投入钻孔内，套管拔除再补灌细石子，直到满灌。此时，压浆管继续压入清水冲洗，直到溢出清水为止。

⑤ 注浆

注浆时水泥浆从钻孔底部逐渐向上升。采用分段注浆、分段提注浆管的方式。当水泥浆从孔口溢出时，可停止注浆。根据设计要求进行浆液配制，浆液可采用水泥和水泥砂浆两种。常用强度等级 32.5R 及以上水泥，砂料需过筛。为提高水泥浆的流动性和早期强度，可适量加入减水剂及早强剂。纯水泥浆的水灰比一般采用 0.4～0.5，水泥砂浆一般采用水泥：砂：水＝1.0：0.3：0.4 的配比。注浆采用一次性注浆。

(3) 树根桩的加固设计

树根桩适用于黏性土、砂土、粉土、碎石土等各种不同的地基。树根桩不仅可以承受竖向荷载,还可以承受水平荷载。压力注浆使桩的外侧与土体紧密结合,使桩具有较大的承载力。树根桩一般为摩擦桩,与地基土体共同承担荷载,可视为刚性桩复合地基。对于网状树根桩,可将其与土体视为加筋复合土体。树根桩加固地基设计计算内容与树根桩在地基加固中的效用有关,应视工程情况区别对待。下面分别加以介绍:

① 单桩承载力

单桩承载力可根据单桩载荷试验确定。树根桩一般是摩擦桩,其桩端阻力一般不计。由于树根桩是采用压力注浆而形成桩的,其桩侧摩阻力大于一般钻孔灌注桩和预制桩的桩侧摩阻力。

树根桩长径比较大,在计算树根桩单桩承载力时,应考虑其有效桩长的影响。

树根桩与桩间土共同承担荷载,树根桩承载力的发挥还取决于建筑物所能承受的容许最大沉降值。容许最大沉降值愈大,树根桩承载力发挥度高;容许最大沉降值愈小,树根桩承载力发挥度低。承担同样的荷载,当树根桩承载力发挥度较低时,则要求设置较多的树根桩。

② 树根桩复合地基

树根桩一般为摩擦桩。采用树根桩加固地基,桩与地基土可共同承担上部荷载,桩与土形成复合地基。树根桩复合地基一般属于刚性桩复合地基。

树根桩托换基础极限承载力可按下式计算:

$$P_f = \alpha n P_{pf} + \beta F_s \tag{14.12}$$

式中 P_f——承台基础极限承载力(kN);

P_{pf}——树根桩单桩极限承载力(kN);

n——承台下树根桩桩数;

α——树根桩承载力发挥系数;

F_s——承台下地基土极限承载力(kN);

β——承台下地基土承载力发挥系数。

14.3.3.3 坑式静压桩托换

坑式静压桩托换是指直接在既有建筑物基础下挖坑,依靠建筑物自重作为压桩反力,利用千斤顶逐段将预制桩压入地基中置桩。坑式静压桩施工示意图如图 14.19 所示。在既有建筑物基础下直接挖坑,一般需要对原基础或对建筑物进行临时支撑。坑式静压桩技术一般适用于黄土地区,以及地下水位较深的地基。

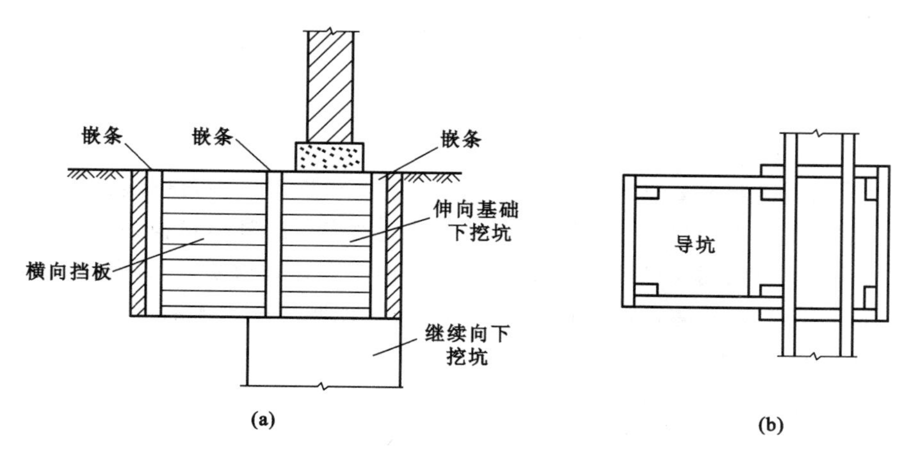

图 14.19 坑式静压桩施工示意图

(a) 剖面图;(b) 平面图

坑式静压桩托换施工过程如下：

① 先在基础外侧挖导坑，一般比原基础深 1.5 m 左右，挖坑前需验算是否需要预先进行临时支撑加固。

② 再将导坑横向扩展至原基础下面，形成压桩空间。

③ 利用千斤顶压预制桩段，逐段把桩压至地基中。桩端连接同锚杆静压桩。压桩采用双控压桩直至设计压桩深度并达到设计压桩力，以压桩力控制为主。

④ 封桩，回填压桩坑。

坑式静压桩的设计思路基本上同锚杆静压桩的设计思路。

14.4 既有地基基础加固技术

地基加固技术是通过地基处理改良原地基土体或地基中部分土体，达到满足提高承载力、减小沉降要求的目的。也可采用下述地基加固方法对既有建筑物地基进行加固：注浆法、高压喷射注浆法、灰土桩法、石灰桩法等。在上述地基加固方法中以注浆法和高压喷射注浆法应用较多。

在采用注浆法加固既有建筑物地基时，应根据工程地质条件和建筑物情况合理选用注浆形式和注浆压力。对砂性土地基、杂填土地基可以采用渗入性注浆加固。采用的注浆压力和注浆速度以不对建筑物产生不良影响为控制标准。

对饱和软黏土地基，采用注浆法加固效果不好。在注浆过程中地基土体中产生超孔隙水压力，注浆产生的注浆力很容易抬升建筑物，造成不良后果。而且注浆完成后，饱和软黏土地基中超孔隙水压力消散，将造成较大的施工后沉降。

注浆加固还可应用于补偿性加固。在既有建筑物周围开挖基坑或进行地下工程施工，基坑开挖或地下工程施工形成的土体侧向位移可能使建筑物产生不均匀沉降。通过在建筑物外侧地基中进行补偿性注浆加固可减小周围土体侧移造成对该建筑物的不良影响。补偿性加固也适用于保护地基中市政管线免受周围施工扰动的影响。另外，地下水位下降，特别是井点降水造成地下水位差异可能造成对建筑物的影响，也可以通过补偿性注浆来减小影响。

采用高压喷射注浆法加固是在既有建筑物地基下设置旋喷桩，通过形成水泥土桩复合地基以提高地基承载力、减小地基沉降。在采用高压旋喷桩加固既有建筑物地基时，在高压旋喷形成的水泥土桩未达到一定强度前，地基强度是降低的，因此，应重视施工期间可能产生的附加沉降。

注浆法、高压喷射注浆法地基加固方法具体内容详见前面各章节。

14.5 工 程 实 例

14.5.1 工程概况

该住宅楼位于云南省昆明市滇池北岸，该建筑为 7 层混凝土框架结构，建筑面积 6053 m^2，于 2001 年建成。之后由于在室外大量不均匀填土绿化造园，致使建筑物产生沉降和倾斜，成为危楼。2003 年，业主曾组织实施过一次钻孔取土纠偏和锚杆静压桩地基加固，但没有达到预期目的，收效甚微，房屋仍然向南面倾斜 9.71‰。2007 年，针对该建筑物地基沉降虽基本稳定但倾斜率太大的现状，确定采用断柱顶升纠偏法进行纠偏，通过 6 个月的施工，该建筑物的倾斜得到了纠正。

14.5.2 倾斜原因分析

(1) 室外填土的影响

2001 年房屋建成后，建筑南面场地绿化使用了大量填土，最高处达 2.5 m 左右，地面附加荷载太大，进而引起建筑物产生了较大的附加沉降。从填土 1 年后观测的地面沉降等值线图中可知，南面的地面沉降达 160～200 mm,北面仅 35～60 mm。此地面沉降仅是半年的观测数据。从现场情况来看,靠近南侧填土较多,北侧填土较少,故而南侧沉降较大。

(2) 桩基负摩擦的影响

该建筑的基础是摩擦桩,桩长 19 m 。地质勘察报告显示,场地存在多层未完成固结的泥炭化土,总厚度为 3.7～7.0 m,在自重作用下都会产生沉降,因此,场地土层具备出现负摩擦的条件。房屋建成后室外大面积填土,造成地面沉降,促使泥炭化土固结沉降,形成桩基负摩擦力。

(3) 桩基承载力不足

该建筑的沉管灌注桩桩基础,单桩竖向承载力设计值为 450 kN,总桩数为 293 根。如果考虑负摩擦的影响,单桩竖向承载力下降到 240～330 kN,造成桩基承载力不足,发生不均匀沉降。

14.5.3　迫降纠偏和地基加固

该住宅楼的主要问题,一是地基承载力不足,沉降不稳定,至 2003 年,地基的沉降速度仍达 0.11 mm/d,而且有继续发展的趋势;二是建筑物整体向南面倾斜,倾斜率达 8.5‰,远超过地基基础设计规范 4‰的正常使用限值,也超过了危房鉴定规范 7‰的限值。因此,该工程需要处理的,一方面是建筑纠偏,使房屋的倾斜恢复到正常水平;另一方面是地基加固,提高地基承载力,防止地基基础产生新的沉降和倾斜。

2003 年 9 月至 2004 年 1 月,针对该建筑的倾斜和地基沉降,业主曾组织实施过一次纠偏和地基加固。其方案的主要思路是“北面迫降,南面阻沉”(图 14.20)。即在建筑物沉降较小的北面钻孔取土,迫使建筑物加大该侧的沉降,以图达到纠偏的目的,并挖除南面部分填土,减小该侧地基附加应力,同时在建筑物沉降较大的南面采用锚杆静压桩加固地基。

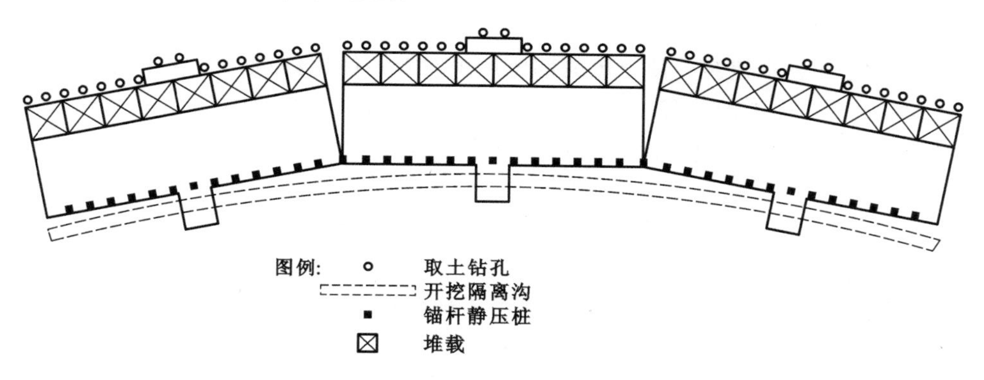

图 14.20　迫降纠偏示意图

(1) 北面钻孔取土

2003 年 9 月,在建筑物沉降较小的北面布置了 48 个钻孔取土点,孔径 150 mm,钻孔深度 22 m,反复钻取地基软土,同时在北面底层室内堆载反压,此阶段施工历时两个多月,但建筑物未产生明显的纠偏效果。

(2) 南面静压桩加固阻沉

为了阻止沉降较大的南面地基继续下沉,在南面底层室内布置了 40 根锚杆静压桩,桩长 22.5 m,桩断面 300 mm×300 mm,压桩力 600 kN,这些锚杆静压桩于 2004 年初施工完毕。同时,在南面室外沿房屋纵向开挖深 2.0 m、宽 1.5 m 的一条沟槽,以减小填土对地基沉降的影响。

锚杆静压桩施工期间,由于对地基土的扰动,南侧沉降有所加大,建筑物倾斜率有所增大。

(3) 迫降纠偏和加固的效果

经过此次处理以后,至 2007 年 5 月近 4 年的使用和观测,该建筑的沉降速度已经减小为 0.018 mm/d,地基沉降基本趋于稳定,但房屋仍然保持倾斜状态,倾斜率达 9.71‰,超过危险房屋标准限值,严重影响房屋安全和使用。

钻孔取土迫降纠偏这一技术在该项目中未取得成功,主要有以下几方面的原因:

① 地质条件复杂，该场地地基土是湖相沉积土层，其特点是黏土、粉土、泥炭质土、有机黏土、粉质黏土、粉砂等土层交叉沉积，并非均匀的软土地基。采用钻孔深层取土方法，软土难以向钻孔中流动挤出。

② 原建筑采用的是摩擦桩基础，桩长 19 m，总桩数为 293 根。这么多的桩布置在地基中，不但使得软土难以向钻孔中流动挤出，同时也阻碍了房屋整体向北的回倾。

③ 取土的钻孔布置得太少，该钻孔取土迫降纠偏方案仅在北侧室外布置取土钻孔，如若在底层室内也布置钻孔，效果可能会好得多。不过因为要在室内空间操作，施工难度可想而知。

14.5.4 断柱顶升纠偏方案

(1) 设计构思

经过认真的计算分析和技术比较，并通过专家论证，确定了以下纠偏方案：针对目前地基沉降已基本稳定、房屋仍然倾斜的状况，决定采用断柱顶升技术实施纠偏。即应用托换加固技术，采用钢筋混凝土结构加固底层，形成全封闭的顶升托换梁体系，在每根柱下设置支承点，将建筑物的基础和底层柱进行切断分离，在柱中位置设置顶升千斤顶，启动这些顶升千斤顶，使建筑物沿设计轴线作同步平面转动，令下沉大的一侧上升，即可使建筑物倾斜得到纠正。

(2) 主要技术方案

① 柱荷载的托换

顶升时上升力作用于框架柱下，但是要使框架荷载能够得到托换，必须增设一个能支承上部结构荷重的结构托换系统。利用植筋技术新设钢筋混凝土结构托换系统，就可以将框架柱荷载安全有效地传递到基础承台上，同时为减少框架柱之间的变形，需增强托换系统的联系，在纵横向设置连系梁。

利用增设钢筋混凝土结构托换系统作为断柱托换过程、顶升过程及顶升后柱连接的支承结构。

② 建筑物整体绕轴旋转

顶升纠偏的实质是在整个建筑中使下沉的部位产生向上的位移，使整个建筑恢复到垂直状态，在顶升过程中，有些点不需要产生向上的位移。因此，设计时就要将这些点设计成铰支点，可以转动，但无水平及竖向的位移。在该项目中，设计了 10 个铰支点，实际是形成了一条转动轴。

③ 断柱分离

柱子切断后，柱荷载通过托换系统传至基础承台，支承小柱分两次施工，上下分离，以便顶升时支垫。

④ 顶升千斤顶对柱中设置

同一柱下只使用一台大吨位千斤顶，千斤顶放置于柱的正中位置，这样可减少千斤顶的总数量，便于操作。

⑤ 顶升作业

多次分级、多个区域同步微调顶升作业，使上部结构的内力最小，不产生过大内力，避免上部结构开裂。

⑥ 实时监测与信息化施工

纠偏工程风险极大，除了合理的设计、周密的施工组织外，实时监测也是必不可少的。该项目中，监测项目主要有：对顶升点顶升力监测、托换系统应力应变监测、顶升位移监测、铰支座转动角度监测、房屋整体倾斜率监测，监测信息及时到位，指导顶升施工。

⑦ 框架柱连接恢复

柱钢筋采用等截面、等强钢筋焊接连接，焊接长度适当加大，柱箍筋加密，断柱区域用更高一级微膨胀混凝土浇筑。

(3) 纠偏施工过程

该建筑物顶升纠偏施工，施工现场局限于建筑底层，二层以上的住户均不搬出，正常生活不受影响。

施工前编制详细的施工组织设计，严格按下列顺序进行：地坪、土方开挖→支承短柱、托换梁植筋→浇托换系统混凝土→切断柱子、上下部结构分离→千斤顶就位→安装铰支座→检验千斤顶→设置顶升标尺→安装监测仪器→试顶升→顶升实施→支承短柱焊接连接→拆卸千斤顶→恢复柱子连接→拆除托换系统

→其他修复及装修。

(4) 顶升纠偏效果分析

① 通过6个月的施工,该建筑物的倾斜得到了纠正。纠偏前,房屋倾斜率为9.71‰,纠偏后房屋倾斜率恢复到0.73‰,使该房屋转危为安,保证了房屋安全和正常使用,效果很理想。

② 托换系统设计施工、顶升顺序、顶升设备的选用是成功的,在整个顶升纠偏过程中,上部结构柱、梁、板没发现任何变形和开裂等异常情况。

③ 该房屋总建筑面积6053 m^2,目前市场价值至少在3000万元以上,此次纠偏施工仅仅投入了100多万元,经济效益相当显著。

思考题与习题

14.1 如何确定一倾斜建筑物是否需要进行纠偏?

14.2 为什么要对既有建筑物地基进行加固? 如何合理选用地基加固技术?

14.3 纠偏技术有哪几类? 试分析其纠偏原理。

14.4 简要介绍锚杆静压桩托换的施工过程及注意事项。

14.5 简要介绍树根桩托换的施工过程及注意事项。

14.6 比较分析锚杆静压桩托换和树根桩托换的优缺点。

15　特殊性岩土地基处理

本章提要

本章将按照不同的土性论述几种特殊岩土的地基处理，主要介绍湿陷性黄土、膨胀土、盐渍土、岩溶地区地基的分布特征、特殊的工程性质、稳定性评价方法以及处理措施。

本章要求掌握各类特殊性岩土地基的稳定性评价方法和处理措施，了解各类特殊性岩土的分布特征和工程性质。

15.1　概　　述

由于地质历史、地理环境、气候条件及物质成分等不同，使一些地区的地基土具有不同于一般地基的特殊性质，常称之为特殊性土地基；其分布表现出明显的区域性，所以，也称之为区域性地基土。特殊性土种类很多，如湿陷性黄土、膨胀土、盐渍土、冻土等，由于它们特殊的不良地质特性，所以，这类地基的工程事故较多，常需要采取特殊措施或方法进行设计和施工。

15.2　湿陷性黄土地基处理

湿陷性黄土是一种非饱和的欠压密土。在天然湿度下，其压缩性较低，强度较高，但遇水浸湿时，在附加压力或在附加压力与土的自重压力作用下，它的湿陷变形较大、土的强度显著降低。我国的湿陷性黄土一般是黄色或褐黄色，含有大量的碳酸盐、硫酸盐、氯化物等可溶盐类，天然孔隙比在 1.0 左右，具有肉眼可见的大孔隙，竖直节理发育，能保持直立的天然边坡。

我国黄土分布非常广泛，面积约 64 万 km^2，其中湿陷性黄土约占 3/4，多分布于甘肃、陕西、山西等地，青海、宁夏、河南等地也有部分分布。

15.2.1　我国湿陷性黄土的工程地质分布、物理力学性质

《湿陷性黄土地区建筑规范》(GB 50025—2004)将我国湿陷性黄土分为 7 大工程地质分区，分别为：① 陇西地区；② 陇东-陕北-晋西地区；③ 关中地区；④ 山西-冀北地区；⑤ 河南地区；⑥ 冀鲁地区；⑦ 边缘地区。

湿陷性黄土的物理力学性质随其地域分布不同而不同，其总体规律可概括为：由西北向东南，黄土的密度、含水量和强度由小变大，而压缩性、渗透性和湿陷性均由大变小，颗粒组成由粗变细，黏粒含量由少变多，易溶盐由多变少。

15.2.2　湿陷性黄土的工程特性指标

(1) 湿陷系数 δ_s 和湿陷量

黄土的湿陷量与所受的压力大小有关，黄土的湿陷性应利用现场采集的不扰动土试样，按室内压缩试验在一定压力下测定的湿陷系数 δ_s 来判定，其计算式为：

$$\delta_s = \frac{h_p - h'_p}{h_0} \tag{15.1}$$

式中　h_p——保持天然的湿度和结构的土样，加压至一定压力时，下沉稳定后的高度(cm)；

h_p'——上述加压稳定后的土样，在浸水作用下，下沉稳定后的高度(cm)；

h_0——土样的原始高度(cm)。

工程中主要利用 δ_s 来判别黄土的湿陷性，当 $\delta_s < 0.015$ 时，应定为非湿陷性黄土；当 $\delta_s \geqslant 0.015$ 时，应定为湿陷性黄土。湿陷系数 δ_s 的大小反映了黄土对水的湿陷敏感程度。湿陷系数越大，表示土受水浸湿后的湿陷性越强烈；否则反之。一般认为：$\delta_s \leqslant 0.03$，为弱湿陷性的；$0.03 < \delta_s \leqslant 0.07$，为中等湿陷性的；$\delta_s > 0.07$，为强湿陷性的。

湿陷量的计算值 Δs 应按下式计算：

$$\Delta s = \sum_{i=1}^{n} \beta \delta_{si} h_i \tag{15.2}$$

式中　δ_{si}——第 i 层土的湿陷系数；

h_i——第 i 层土的厚度(mm)；

β——考虑基底下地基土受水浸湿可能性和侧向挤出等因素的修正系数，在缺乏实测资料时，可按下列规定取值：基底下 0～5 m 深度内，取 $\beta=1.5$；基底下 5～10 m 深度内，取 $\beta=1.0$；基底下 10 m 以下至非湿陷性黄土层顶面，在自重湿陷性黄土场地，可取工程所在地区的 β_0 值。

(2) 自重湿陷系数 δ_{zs} 和自重湿陷量

自重湿陷系数是指单位厚度土样在该试样深度处上覆土层饱和自重压力作用下所产生的湿陷变形。它是计算自重湿陷量，判定场地湿陷类型为自重湿陷与非自重湿陷的指标。

$$\delta_{zs} = \frac{h_z - h_z'}{h_0} \tag{15.3}$$

式中　h_z——保持天然湿度和结构的试样，加压至该试样上覆土的饱和自重压力时，下沉稳定后的高度(mm)；

h_z'——上述加压稳定后的试样，在浸水饱和作用下，附加下沉稳定后的高度(mm)；

h_0——试样的原始高度(mm)。

自重湿陷量 Δz_s(mm)，应按下式计算：

$$\Delta z_s = \beta_0 \sum_{i=1}^{n} \delta_{zsi} \cdot h_i \tag{15.4}$$

式中　δ_{zsi}——第 i 层土的自重湿陷系数；

h_i——第 i 层土的厚度(mm)；

β_0——因地区土质而异的修正系数，在缺乏实测资料时，可按下列规定取值：陇西地区取 1.50；陇东-陕北-晋西地区取 1.20；关中地区取 0.90；其他地区取 0.50。

(3) 地基湿陷等级的确定

湿陷性黄土地基的湿陷等级，应根据湿陷量的计算值和自重湿陷量的计算值等因素按表 15.1 判定。

表 15.1　湿陷性黄土地基的湿陷等级

<table>
<tr><td rowspan="2">湿陷类型 / Δz_s(mm) / Δs(mm)</td><td>非自重湿陷性场地</td><td colspan="2">自重湿陷性场地</td></tr>
<tr><td>$\Delta z_s \leqslant 70$</td><td>$70 < \Delta z_s \leqslant 350$</td><td>$\Delta z_s > 350$</td></tr>
<tr><td>$\Delta s \leqslant 300$</td><td>Ⅰ(轻微)</td><td>Ⅱ(中等)</td><td></td></tr>
<tr><td>$300 < \Delta s \leqslant 700$</td><td rowspan="2">Ⅱ(中等)</td><td>Ⅱ(中等)或Ⅲ(严重)</td><td>Ⅲ(严重)</td></tr>
<tr><td>$\Delta s > 700$</td><td>Ⅲ(严重)</td><td>Ⅳ(很严重)</td></tr>
</table>

注：当湿陷量的计算值 $\Delta z > 600$ mm，自重湿陷量的计算值 $\Delta z_s > 300$ mm 时，可判定为Ⅲ级，其他情况可判为Ⅱ级。

(4) 湿陷起始压力 p_{sh}

当湿陷性黄土的湿陷系数达到 0.015 时，湿陷起始压力随着土的初始含水量的增大而增大。在非自重湿陷性黄土场地上，当地基内各土层的湿陷起始压力大于其附加压力与上覆土的饱和自重压力之和时，土体的变形仅考虑压缩变形，而不会有湿陷变形产生。

15.2.3 湿陷性黄土地基的地基处理技术

当湿陷性黄土地基的湿陷变形、压缩变形或承载力不能满足设计要求时，应针对不同土质条件和建筑物类别，在地基压缩层内或湿陷性黄土层内采取相应的地基处理技术。选择地基处理方法，应根据建筑物的类别和湿陷性黄土的特性，并考虑施工设备、施工进度、材料来源和当地环境等因素，经技术经济综合分析比较后确定。湿陷性黄土地基常用的处理方法，可按表 15.2 选择其中一种或多种相结合的最佳处理方法。

表 15.2 湿陷性黄土地基常用的处理方法

名称		适用范围	可处理基底下湿陷性土层厚度(m)
垫层法		地下水位以上	1～3
夯实法	强夯	S_r＜60％的湿陷性黄土	3～12
	重夯		1～2
挤密法		地下水位以上，S_r≤65％的湿陷性黄土	5～15
桩基础		基础荷载大，有可靠的持力层	≤30
预浸水法		Ⅲ级、Ⅳ级湿陷性黄土	可消除地面下 6 m 以下全部土层的湿陷性

15.2.3.1 垫层法

垫层法包括土垫层和灰土垫层。当仅要求消除基底下 1～3 m 湿陷性黄土的湿陷量时，宜采用局部(或整片)土垫层进行处理，当同时要求提高垫层土的承载力及增强水稳性时，宜采用整片灰土垫层进行处理。具体的设计施工方法详见第 2 章。

15.2.3.2 强夯法

采用强夯法处理湿陷性黄土地基，应先在场地内选择有代表性的地段进行试夯或试验性施工。土的天然含水量宜低于塑限含水量 1％～3％。在拟夯实的土层内，当土的天然含水量低于 10％时，宜对其增湿至接近最优含水量；当土的天然含水量大于塑限含水量 3％以上时，宜采用晾干或其他措施适当降低其含水量。

消除湿陷性黄土层的有效深度，应根据试夯测试结果确定。在有效深度内，土的湿陷系数 δ_s 均应小于 0.015。选择强夯方案处理地基或当缺乏试验资料时，消除湿陷性黄土层的有效深度，可按表 15.3 中所列的相应单击夯击能进行预估。

表 15.3 采用强夯法消除湿陷性黄土的有效深度预估值(m)

土的名称 / 单击夯击能(kN·m)	全新世(Q_4)黄土、晚更新世(Q_3)黄土	中更新世(Q_2)黄土
1000～2000	3～5	—
2000～3000	5～6	—
3000～4000	6～7	—
4000～5000	7～8	—
5000～6000	8～9	7～8
7000～8500	9～12	8～10

强夯法处理湿陷性黄土的设计及施工等方法的详细介绍见第 3 章。

15.3　膨胀土地基处理

15.3.1　膨胀土地基分布

膨胀土是土中黏粒成分主要由亲水性矿物组成，同时具有显著的吸水膨胀软化和失水收缩开裂两种变形特性，且自由膨胀率大于或等于 40%的黏性土。膨胀土在我国分布广泛，以黄河流域及其以南地区较多，总面积在 10 万平方千米以上。

15.3.2　膨胀土的物理力学特性

膨胀土的区域性特点，决定了其自身特有的物理力学性质。我国膨胀土具有黏粒含量多，土体一般呈低压缩性，天然状态下是硬塑、坚硬状态，I_L 比较小等特点。

15.3.3　膨胀土的工程特性指标

15.3.3.1　自由膨胀率 δ_{ef}

人工制备的烘干土，经充分吸水膨胀稳定后，其在水中增加的体积与原体积之比用百分数表示，称为自由膨胀率 δ_{ef}。按下式计算：

$$\delta_{ef} = \frac{V_w - V_0}{V_0} \times 100\% \tag{15.5}$$

式中　V_w——土样在水中膨胀稳定后的体积(cm^3)；

V_0——土样的原有体积(cm^3)。

自由膨胀率表示膨胀土在无结构力影响下和无压力作用下的膨胀特性，可反映土的矿物成分及含量，可用来初步判定是否是膨胀土。

15.3.3.2　膨胀率 δ_{ep}

原状土在侧限压缩仪中，在一定的压力下，浸水膨胀稳定后，土样增加的高度与原高度之比即为膨胀率 δ_{ep}。其可表示为：

$$\delta_{ep} = \frac{h_w - h_0}{h_0} \tag{15.6}$$

式中　h_w——土样在一定压力下浸水膨胀稳定后的高度(mm)；

h_0——土样原始高度(mm)。

膨胀率 δ_{ep} 可用来评价地基的胀缩等级、计算膨胀土地基的变形量以及测定膨胀力。

15.3.3.3　线缩率 δ_s 和收缩系数 λ_s

膨胀土失水收缩，其收缩性可用线缩率和收缩系数表示。收缩系数可用来评价地基的胀缩等级，计算膨胀土地基的变形量。

线缩率指土的竖向收缩变形与原始高度之比值，可表示为：

$$\delta_s = \frac{h_0 - h_i}{h_0} \tag{15.7}$$

式中　h_i——某含水量为 w_i 的土样高度(mm)；

h_0——土样的原始高度(mm)。

绘制线缩率与含水量关系曲线如图 15.1 所示。可见随含水量减小，δ_s 增大。利用直线收缩段可求得收缩系数 λ_s，它表示原状土样在直线收缩阶段，含水量减少 1%时的竖向线缩率，按下式计算：

$$\lambda_s = \frac{\Delta\delta_s}{\Delta w} \tag{15.8}$$

式中　Δw——收缩过程中，直线变化阶段内，两点含水量之差(%)；

$\Delta\delta_s$——两点含水量之差对应的竖向线缩率之差(%)。

15.3.3.4　膨胀力 p_e

膨胀力 p_e 是指原状土样在体积不变时由于浸入膨胀而产生的最大内应力，可由原压力 p 与膨胀率 δ_{ep} 的关系曲线来确定，它等于曲线上当 δ_{ep} 为零时所对应的压力(图 15.2)。

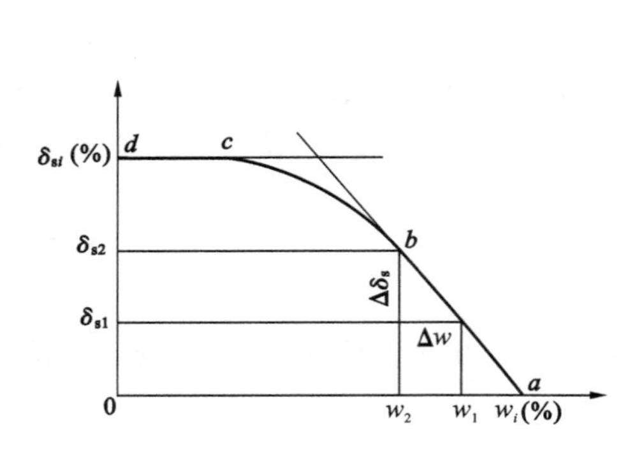

图 15.1　线缩率与含水量关系曲线

注：ab 直线段为收缩阶段，bc 曲线段为收缩过渡阶段，cd 直线段为土的微缩阶段。

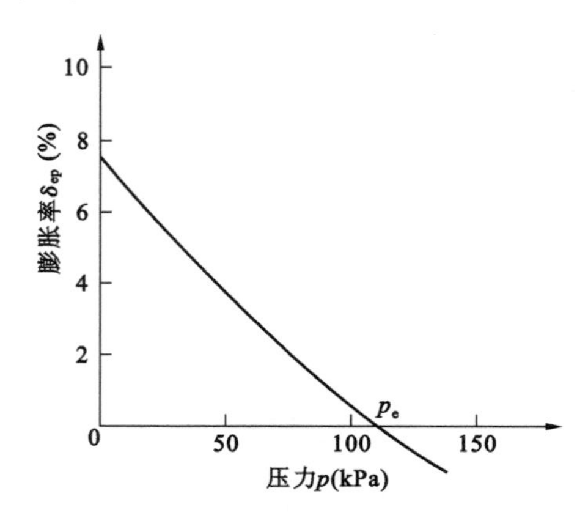

图 15.2　膨胀率与压力关系曲线

膨胀力 p_e 在选择基础形式及基底压力时，是个很有用的指标，在设计上如果希望减小膨胀变形，应使基底压力接近 p_e。

15.3.4　膨胀土的地基处理技术

膨胀土的膨胀—收缩—再膨胀的往复变形特性非常显著。建造在膨胀土地基上的建筑物，随季节气候变化会反复不断地产生不均匀的抬升和下沉而破坏。

膨胀土地基可采用地基处理方法减小或消除地基胀缩对建筑物的危害，常用的方法有换土法、桩基础、土性改良、地基帷幕保湿法、预浸水法等。确定处理方法时应根据土的胀缩等级、地方材料及施工工艺等，进行综合技术经济比较。

15.3.4.1　换土法

在较强或强膨胀性土层出露较浅的建筑场地，或建筑物在使用上对不均匀变形有严格要求时，可采用非膨胀性的黏性土、砂、碎石、灰土以及砂渣石灰等置换膨胀土，以减少地基胀缩变形量。其具体设计施工方法详见第 2 章。

15.3.4.2　桩基础

桩基础是当大气影响层深度较大，或基础埋深较大，选用墩基础施工有困难或不经济时在膨胀土地区所采用的地基基础处理方法。我国目前以灌注桩较为常用。

采用桩基础处理膨胀土地基时的设计与施工要点：

(1) 单桩的容许承载力应通过现场浸水静载试验，或根据当地建筑经验确定。在设计地面标高以下 3 m内的膨胀土中，桩周容许摩擦力应乘以折减系数 0.5。

(2) 桩径宜为 25～35 cm。桩长应通过计算确定，并应大于大气影响急剧层深度的 1.6 倍，且不得小于 4 m，使桩支承在胀缩变形较稳定的土层或非膨胀性土层上。

① 按膨胀变形计算时：

$$l_a \geqslant \frac{v_e - Q_1}{u_p[f_s]} \tag{15.9}$$

式中　l_a——桩锚固在非膨胀土层内长度(m)；

v_e——在大气影响急剧层内桩侧土的胀切力，由现场浸水试桩试验确定，试桩数大于或等于 3 根取其最大值(kN)；

$[f_s]$——桩侧土的容许摩擦力(kPa)；

u_p——桩身周长(m);

Q_1——作用于单桩桩顶的竖向荷载(kN)。

② 按收缩变形计算时:

$$l_a \geqslant \frac{Q_1 - A_p[f_p]}{u_p[f_s]} \tag{15.10}$$

式中 A_p——桩端面积(m^2);

$[f_p]$——桩端单位面积的容许承载力(kPa)。

其余符号同上。

③ 按胀缩变形计算时,计算长度应取式(15.9)、式(15.10)中的大值。

④ 作用在桩顶上的垂直荷载 Q_1 按下式计算:

$$Q_1 = Q_2 + G_0 \tag{15.11}$$

式中 Q_2——作用于桩基承台顶面上的竖向荷载(kN);

G_0——承台和土的自重(kN)。

15.3.4.3 土性改良法

土性改良法就是在膨胀土中掺入其他材料,使其物理、力学特性得到改善,克服其不良的湿热敏感性,进而满足工程需求的处理方法。

掺入膨胀土地基中的材料性能不同,其处理原理也有所不同。如掺入非膨胀性固体材料(如砂砾石、粉煤灰、矿渣、风积土等)则可通过改变膨胀土原有的土颗粒组成或级配来减弱膨胀土的胀缩能力。如掺入像石灰、水泥、有机或无机化学浆液等能与膨胀土中的黏土颗粒发生化学反应的添加材料,则可从根本上改善土的性质。

① 砂:当选用砂作为添加材料时,随着砂子含量的增加,土中黏粒含量相对减少,对于给定的初始含水量和干密度砂粒改良土样,土不再易膨胀。同时存在临界掺砂量约为60%,大于此数值后,土样不再对膨胀敏感。

② 石灰:石灰这种气硬性无机胶凝材料与膨胀土的反应主要有石灰消化放热反应、碳酸硬化、离子交换、胶凝反应四种作用。这些作用使膨胀土的液限、膨胀性、黏粒含量降低,也就提高了土的塑限与强度,增大了最佳含水量,降低了最大干密度。

采用石灰处理膨胀土应避免在雨季施工。也要注意严格控制石灰剂量、石灰均匀性、填料粒径、松铺厚度、拌和均匀程度与碾压遍数等。

③ 水泥:水泥是一种水硬性胶凝材料,采用水泥作为添加材料时,它通过与膨胀土黏粒相互反应,从而降低了液限和体积变化,增大了缩限和抗剪强度。水泥用于加固膨胀土的掺入量应控制在4%~6%。

15.3.4.4 地基帷幕保湿法

所谓帷幕保湿法是用不透水材料做成帷幕形成地基防水保湿屏障,以截断外界因素对地基水分的影响,从而保证地基中水分的稳定,消除引起地基土胀缩变形的根源。

帷幕形式有砂帷幕、填砂的塑料薄膜帷幕、填土的塑料薄膜帷幕、沥青油毡帷幕以及塑料薄膜灰土帷幕等。帷幕常由不透水材料(油毡、聚乙烯薄膜等)和隔水壁(2∶8或3∶7灰土)组成。

一般帷幕的埋深,应根据建筑场地条件和当地大气影响急剧层深度来确定。根据地基土层水分变化情况,在房屋四周分别采取不同帷幕深度以截断侧向土层水分的转移。帷幕配合1.5 m宽散水进行地基处理,效果明显,尤其当膨胀土地基上部覆盖层为卵石、砂质土等透水层时,采用地基帷幕防水保湿法,防止侧向渗水浸入地基,效果良好。

15.4 盐渍土地基处理

15.4.1 盐渍土地基分布

盐渍土是指岩土中易溶盐含量大于0.3%,并具有溶陷、盐胀、腐蚀等工程特性的岩土。与其他类型的特殊土相比,其更具特殊性与复杂性。

我国的盐渍土主要分布在西北干旱地区(如新疆、青海、甘肃、宁夏、内蒙古等)地势低平的盆地和平原中。盐渍土按分布区域分为滨海盐渍土、内陆盐渍土和冲积平原盐渍土;按含盐类的性质可分为氯盐类、硫酸盐类和碳酸盐类;按含盐量可分为弱盐渍土、中盐渍土、强盐渍土和超盐渍土。

15.4.2 盐渍土的物理力学性质

15.4.2.1 盐渍土的三相组成

盐渍土的三相组成虽然可用气相、液相、固相来表示,但与常规土不同,其固体部分除土的颗粒外,还有较稳定的难溶结晶盐和不稳定的易溶结晶盐。当含水量较小且易溶盐含量较大时,液体部分常为饱和盐溶液;当含水量较大且易溶盐含量较小时,液体为非饱和的盐溶液。所以,因土中含水量与含盐量不同,其液体的相对密度不为恒值。其三相组成如图 15.3 所示。

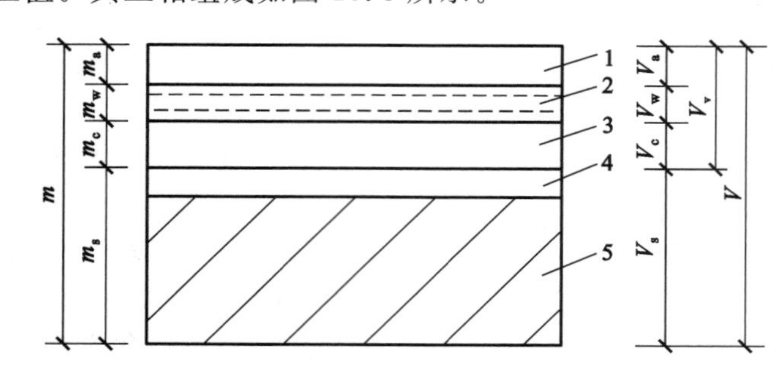

图 15.3 盐渍土三相组成示意图

1—气;2—水盐溶液;3—易溶盐结晶;4—难溶盐结晶;5—土颗粒

V—土的总体积,包括土颗粒、结晶难溶盐、结晶易溶盐、水和空气体积(cm^3);

V_s—土骨架体积,即土颗粒和结晶难溶盐体积(cm^3);

V_c—结晶易溶盐体积(cm^3);V_w—水盐溶液的体积(cm^3);V_a—空气体积(cm^3);

m—土的总质量,包括土颗粒、结晶难溶盐和易溶盐及水的质量(g);

m_s—土骨架质量,即固体土颗粒和结晶难溶盐(在 105 ℃下烘干后)的质量(g);

m_c—结晶易溶盐质量(g);m_w—水盐溶液质量(g);m_a—空气质量,忽略不计

在温度变化和有足够多的水浸入盐渍土的条件下,结晶易溶盐将会被溶解成液体,气体孔隙也被填充。此时,盐渍土的三相体转变成二相体。在盐渍土三相体转变成二相体的过程中,通常伴随土的结构破坏和土体的变形(通常是溶陷)。相反,当自然条件变化时,盐渍土的二相体也会转化为三相体,此时土体也会产生体积变化(通常是膨胀)。因此,盐渍土相态的变化会对工程带来严重的危害。

15.4.2.2 与常规土体不同的物理指标

(1) 盐渍土的相对密度

盐渍土的相对密度一般有以下三种:

① 纯土颗粒的相对密度,即去掉土中所有盐后的土粒相对密度。

② 含难溶盐时的相对密度,即去掉土中易溶盐后的相对密度。

③ 含所有盐时的相对密度,即盐渍土固体颗粒(包括结晶颗粒和土颗粒)的相对密度。

其表达式为:

$$G_{sc} = \frac{g_s + g_c}{V_s + V_c \rho_{1t}} \tag{15.12}$$

式中 ρ_{1t}——t ℃时中性液体的密度(如煤油)(g/cm^3);

g_s——土骨架重量,即固体土颗粒和结晶难溶盐在 105 ℃下烘干后的重量(N);

g_c——结晶易溶盐重量(N)。

对于前两种相对密度,因为易溶盐均被去掉,可用蒸馏水在比重瓶中进行测定。而第三种相对密度由于土中含有易溶盐,相对密度在比重瓶中进行测定时,要用中性溶液(如煤油等),否则将得不出正确的结果。

（2）天然含水量与含液量

测定盐渍土天然含水量通常采用以下公式：

$$w' = \frac{g_w}{g_s + g_c} \times 100\% \tag{15.13}$$

式中　w'——把盐当作土骨架的一部分时的含水量(%)，可用烘干法求得；

g_w——土样中含水重量(N)；

g_s——土骨架重量，即固体土颗粒和结晶难溶盐的重量(N)；

g_c——易溶盐重量(N)。

盐渍土三相体的液体，实际上并不是水(除强结合水外)，而是水把部分或全部易溶盐溶解而形成的一种盐溶液。也就是说，对于盐渍土，用含液量来替代含水量这个指标，才能正确反映盐渍土的基本性质。盐渍土中的含液量由下式定义：

$$w_B = \frac{\text{土样中含盐水重}}{\text{土样中土颗粒和难溶盐总量}} \times 100\% \tag{15.14}$$

不考虑强结合水时，则有：

$$w_B = \frac{g_w + Bg_w}{g_s} = w(1+B) \tag{15.15}$$

式中　w_B——土样中含液量(%)；

B——每100 g水中溶解的盐的含量(%)，可由式$B=g_c/g_w$来确定；

w——常规土定义的含水量(%)，即g_w/g_s；

g_w、g_s、g_c的符号定义同上。

（3）天然重力密度γ

盐渍土的天然重力密度与一般土的定义相同，即：

$$\gamma = \frac{g}{V} \tag{15.16}$$

式中　g——土的总质量(N)。

我国许多盐渍土属于碎石土，故难以用常规的环刀法来测定其天然重力密度，所以，宜采用野外方法，如“现场坑测法”等测定。

15.4.2.3　压缩系数与压缩模量

盐渍土压缩性指标与一般土一样，可采用压缩系数、压缩模量来表示，其测定方法也与非盐渍土相同。但其压缩性与含盐量有关，压缩系数随土中含盐量增加而降低。

15.4.2.4　抗剪强度

盐渍土的抗剪强度与土的颗粒组成、矿物成分、黏粒含量、含水量和密实程度有关外，还与土中含盐量有关，同时还与其是否浸水有关。图15.4、图15.5分别为抗剪强度与含盐量的关系曲线、浸水前后抗剪强度曲线。由图15.5可知，浸水对土的黏聚力影响较大。在有可能浸水的情况下，一般应测定浸水饱和状态的抗剪强度。

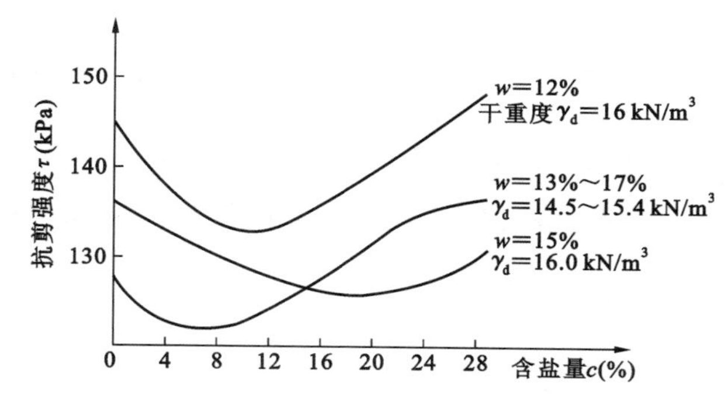

图15.4　氯盐渍土中含盐量与抗剪强度关系图

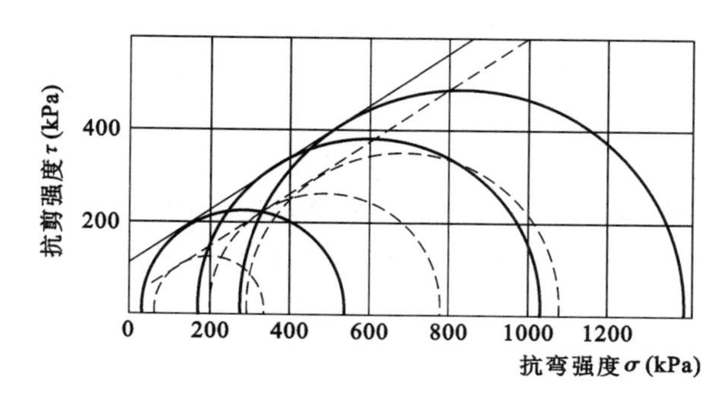

图15.5　浸水前后抗剪强度曲线

——浸水前；----浸水后

15.4.3　盐渍土的工程性质

15.4.3.1　盐渍土的溶陷性

盐渍土的可溶盐经水浸泡后溶解、流失，致使土体结构松散，在土的饱和自重压力或一定压力作用下出现溶陷。盐渍土的溶陷性可用溶陷系数 δ 作为定量评定的指标。当 $\delta<0.01$ 时，盐渍土可定为非溶陷性；当 $\delta\geqslant 0.01$ 时，则可定为溶陷性。

15.4.3.2　盐渍土的盐胀性

盐渍土的膨胀，主要发生在硫酸盐渍土中。硫酸盐渍土中的无水芒硝（Na_2SO_4）在 32.4 ℃以上时为无水晶体，体积较小；当温度低于 32.4 ℃时，它将吸收 10 个水分子的结晶水，成为芒硝（$Na_2SO_4 \cdot 10H_2O$）晶体，使体积增大膨胀，故称为盐胀。盐胀作用是盐渍土由于昼夜温差大引起的，多出现在地表下不太深的地方，一般约为 30 cm。一般来讲，相同的盐渍土，其盐胀量随含水量增大而降低，随土密实度的增大而增加，随温度的降低而增加。当土中的 Na_2SO_4 含量超过 0.5%时，盐胀量要显著增大。

盐渍土的盐胀与膨胀土的膨胀不同，它不是由于吸水而土体膨胀，而纯粹是由于盐体积膨胀而膨胀。盐胀与冻胀也不是一回事，盐胀也可发生在非冻胀性的各类盐渍土中（如砂、石和干燥的黏性土）。

15.4.3.3　盐渍土的腐蚀性

盐渍土均具有腐蚀性，它的这种性质不是由于土的盐结晶，而是土中的盐溶液所致。硫酸盐盐渍土对混凝土具有腐蚀性，当硫酸盐含量大于 1%时，这种腐蚀性非常强烈。我国敦煌地区埋在硫酸盐盐渍土中的混凝土试样表明，经过 20 年后，其抗压强度由原来的 20 MPa 变为 0.23～0.45 MPa。氯盐盐渍土也有一定的腐蚀性。当氯盐含量大于 4%时，对混凝土、钢铁、木材、砖等均会产生不同程度的腐蚀。碳酸盐盐渍土对各种建筑材料也有不同程度的腐蚀性。腐蚀的程度，除与盐类的成分有关外，还与建筑结构所处的环境条件有关。

15.4.4　盐渍土地基的工程评价

盐渍土在天然状态下，由于盐的胶结作用加之含水量低，通常处于坚硬状态，其承载力一般都比较高，可作为一般工业与民用建筑物的良好地基。但是，一旦浸水，地基中的易溶盐被溶解，土体结构破坏，抗剪强度降低，承载力也降低。浸水后盐渍土地基承载力降低的幅度取决于土的类别、含盐的性质和数量。盐渍土地基的承载力一般要进行荷载试验和浸水荷载试验来确定。有经验的地区可采用静力触探、旁压试验等原位测试方法来确定。

盐渍土的溶陷性通过溶陷系数进行评价；盐胀性可根据现场试验测定，也可参照相关规范来确定；腐蚀性主要针对建筑材料而言，主要以 Cl^-、SO_4^{2-} 这样的离子、酸碱度（pH）、总盐量等为评价性指标。

15.4.5　盐渍土的地基处理技术

由前面内容可知，盐渍土对地基基础的影响主要体现在溶陷性、盐胀性及腐蚀性。故盐渍土的地基处理应根据具体情况，采用不同的地基处理方法。

15.4.5.1　以溶陷性为主的盐渍土的地基处理

这类盐渍土的地基处理，主要目的是减小地基的溶陷性，可通过现场试验后，按表 15.4 选用不同的方法。

工程理论与实践表明，要消除盐渍土的溶陷性，必须排除土中的盐结晶。而常规的地基加固方法（如强夯、振冲等）是无法去除盐结晶的，即加固后的地基遇水后仍有溶陷性。故表 15.4 中的浸水预溶法与盐化处理法，是处理盐渍土溶陷性的特殊方法。

表 15.4 防止盐渍土地基溶陷的处理措施表

处理措施	适用条件	注意事项
浸水预溶	厚度不大或渗透性较好的盐渍土层	需经现场试验确定浸水时间及预溶深度
强夯	地下水位以上，含盐量不大而孔隙比较大的低塑性土和砂土	需经现场试验选择最佳夯击能与夯击参数
浸水预溶＋强夯	厚度较大、渗透性较好的盐渍土，处理深度取决于预溶深度和夯击能量	需经现场试验选择最佳夯击能与夯击参数
浸水预溶＋预压	厚度较大、渗透性较好的盐渍土，处理深度取决于预溶深度和预压深度	需经现场试验检验压密效果
换土	溶陷性较大且厚度不大的盐渍土	宜用灰土或易夯实的非盐渍土回填
振冲	粉土和粉细砂层，地下水位较高	振冲所用的水应采用场地内地下水或卤水，切忌使用一般淡水
盐化处理	含盐量高、土层厚，其他方法难以处理，且地下水位较深时	需经现场试验检验处理效果

15.4.5.2 以盐胀性为主的盐渍土的地基处理

这类盐渍土的地基处理，主要目的是减小或消除盐渍土的盐胀性，可采用下列方法：

(1) 换土垫层法　即使硫酸盐渍土层很厚，也无须全部挖除，只要将有效盐胀范围内的盐渍土挖除即可。

(2) 设地面隔热层　地面设置隔热层，使盐渍土层的浓度变化减小，从而减小或完全消除盐胀，不破坏地坪。

(3) 设变形缓冲层　即在地坪下设一层 20 cm 左右厚的大粒径卵石，使下面土层的盐胀变形得到缓冲。

(4) 化学处理方法　即将氯盐渗入硫酸盐渍土中，抑制其盐胀，当 Cl^-/SO_4^{2-} 大于 6 时，效果显著，因为硫酸钠在氯盐溶液中的溶解度随浓度增加而减小。

15.4.5.3 以腐蚀性为主的盐渍土的防腐蚀措施

盐渍土的腐蚀，主要是盐溶液对建筑材料的侵入造成的，所以，采取隔断盐溶液的侵入或增加建筑材料的密度等措施，可以防护或减小盐渍土对建筑材料的腐蚀性。参照《工业建筑防腐蚀设计规范》，主要有以下防护措施：

(1) 钢筋混凝土的混凝土强度不应低于 C20；毛石混凝土和素混凝土的强度不应低于 C15；预制钢筋混凝土桩的混凝土强度不宜低于 C35。

(2) 混凝土的最大水灰比和最少水泥用量应符合规定：对钢筋混凝土，最大水灰比应为 0.55，最少水泥用量应为 300 kg/m^3；对预应力混凝土，最大水灰比应为 0.45，最少水泥用量应为 350 kg/m^3。

(3) 对混凝土强度为 C25、C30、C35 的基础和桩基础，混凝土保护层厚度不应小于 50 mm。

(4) 对基础和桩基础的表面防护应符合规定：对中、强腐蚀性，基础底部应设耐腐蚀垫层，表面涂冷底子油两遍，沥青胶泥两遍，或环氧沥青厚浆型涂料两遍；桩基础在 pH 值小于 4.5 时宜采用涂料防护。在有硫酸盐腐蚀时宜采用抗硫酸盐硅酸盐水泥或铝酸三钙含量不大于 5% 的普通硅酸盐水泥制作，当无条件采用上述材料制作时可采用表面涂料防护。在有氯酸盐腐蚀时宜掺入钢筋阻锈剂。对弱腐蚀性可不必采取防护措施。

15.5 岩溶地基处理

15.5.1 岩溶的分布

岩溶，原称喀斯特，是对碳酸盐岩地区一系列特殊的地貌过程和水文现象的称呼。凡是以地下水为主、地表水为辅，以化学过程（溶解和沉淀）为主、机械过程（流水侵蚀和沉积、重力崩塌和堆积）为辅的对可溶性岩石（石灰岩、白云岩、石膏、岩盐等）的破坏和改造作用都叫岩溶作用。岩溶作用及其所产生的水文现象和地貌现象统称岩溶。

岩溶在我国分布非常广泛，在广西、广东、贵州、云南、四川、山西、山东、湖南、浙江、江苏等省都有。岩溶地区由于有溶洞、溶蚀裂隙、暗河等存在，在岩体自重或建筑物重量作用下，可能发生地面变形、地基塌陷，影响建筑物的安全和使用；由于地下水的运动，建筑场地或地基有时会出现涌水、淹没等事故。因此，在岩溶地区建筑必须进行勘察工作。

15.5.2　岩溶地基的稳定性评价

在岩溶地区常有溶洞、溶蚀裂隙、土洞等存在，应对其地基的稳定性进行评价。

15.5.2.1　岩溶对地基稳定性的影响

溶洞、溶槽、石芽等岩溶形态造成基岩面起伏较大，或者有软土分布，使地基不均匀下沉；在地基主要受力层范围内，若有溶洞、暗河等，在附加荷载或振动荷载作用下，溶洞顶板坍塌，使地基突然下沉；基础埋置在基岩上，其附近有溶沟、竖向溶蚀裂隙、落水洞等，有可能使基础下岩层沿倾向于上述临空面的软弱结构面产生滑动；基岩和上覆土层内，由于岩溶地区较复杂的水文地质条件，易产生新的岩土工程问题，造成地基恶化。

15.5.2.2　地基稳定性的定性评价

定性评价着重分析岩溶形态及各项地质条件，并考虑建筑物荷载的影响来判断其稳定性。当场地存在下列情况之一时，可判定为未经处理不宜作为地基的不利地段：浅层洞体或溶洞群，洞径大，且不稳定的场地；埋藏的漏斗、槽谷等，并覆盖有软弱土体的场地；岩溶水排泄不畅，可能暂时淹没的场地。如果是溶洞，则应了解洞体大小、顶板的厚度和形状、岩体的结构及强度、结构面的多少及其分布，研究洞内充填情况以及水的活动等因素，再结合洞体的埋深、上覆土的厚度、建筑物的基础形式、荷载条件等进行综合分析。

有岩溶洞隙的地基可按下列原则进行稳定性评价：

(1) 当地基属下列条件之一时，对乙级、丙级建筑物可不考虑岩溶稳定性的不利影响。

① 基础底面以下土层厚度大于独立基础宽度的 3 倍或条形基础宽度的 6 倍，且不具备形成土洞或其他地面变形的条件。

② 基础底面与洞体顶板间岩土厚度虽然小于上面所列基础宽度的倍数但符合下列条件之一时：

a. 洞隙或岩溶漏斗被密实的沉积物填满且无被水冲蚀的可能；

b. 洞体由基本质量等级为Ⅰ级或Ⅱ级的岩体组成，顶板岩石厚度大于或等于洞跨；

c. 洞体较小，基础底面尺寸大于洞的平面尺寸，并有足够的支承长度；

d. 宽度或直径小于 1 m 的竖向溶蚀裂隙、落水洞近旁地段。

(2) 当不满足上述条件时，可根据洞体的大小、顶板形状、岩体结构及强度、洞内堆填及岩溶水活动等因素进行洞体稳定性分析。当判断顶板为不稳定，但洞内为密实堆填物充填且无水流活动时，可认为堆填物受力，作为不均匀地基进行评价。当能取得计算参数时，可将洞体顶板视为结构自承重体系进行力学分析。当基础近旁有洞隙和临空面时，应验算基底岩体向临空面倾覆或沿裂面滑移的可能性。当地基为石膏、岩盐等易溶岩时，应考虑溶蚀继续作用的不利影响。在有工程经验的地区，可按类比法进行稳定性评价。

15.5.2.3　地基稳定性的定量评价

目前定量评价主要是针对溶洞的，按经验公式对溶洞顶板的稳定性进行验算。根据洞体形状、顶板厚薄、完整情况等因素，下面介绍几种常用的公式。

(1) 根据抗弯、抗剪验算结果，评价洞室顶板稳定性

顶板按梁板受力情况计算，其受力弯矩按下列情况计算：

① 当顶板跨中有裂隙，顶板两端支座处岩层坚固完整时，按悬臂梁计算：

$$M=\frac{1}{2}pl^2 \tag{15.17}$$

② 当裂隙位于支座处，而顶板较完整时，按简支梁计算：

$$M = \frac{1}{8} p l^2 \tag{15.18}$$

③ 当支座和顶板岩层均较完整时，按两端固定梁计算：

$$M = \frac{1}{12} p l^2 \tag{15.19}$$

抗弯验算：

$$\frac{6M}{bH^2} \leqslant \sigma \tag{15.20}$$

$$H = \sqrt{\frac{6M}{b\sigma}} \tag{15.21}$$

抗剪验算：

$$\frac{4f_s}{H} \leqslant \tau \tag{15.22}$$

式中　M——弯矩(kN·m)；

p——顶板所受总荷重(kN/m)，为顶板厚 H 的岩体自重、顶板上覆土体自重和顶板上附加荷载之和；

l——溶洞宽度，取单宽 1 m；

σ——岩体计算抗弯强度(kPa)，石灰岩可取抗弯强度设计值的 1/8；

f_s——支座处的剪力(kPa)；

τ——岩体计算抗剪强度(kPa)，石灰岩可取抗压强度设计值的 1/12；

b——梁板的宽度(m)；

H——顶板岩层厚度(m)。

上述公式适用于顶板岩层较完整、强度较高、层厚，而且已知顶板厚度和裂隙切割情况时。

(2) 顶板能抵抗剪切的厚度计算

按极限平衡条件的公式计算：

$$T \geqslant P \tag{15.23}$$

$$T = H\tau L \tag{15.24}$$

$$H = \frac{T}{\tau L} \tag{15.25}$$

式中　P——溶洞顶板所受总荷载(kN)；

T——溶洞顶板的总抗剪切力(kN)；

L——溶洞平面的周长(m)。

15.5.3　岩溶地基的处理

岩溶地基的正确处理只能建立在对它的正确稳定性评价的基础上。如果建筑场地和地基经过工程地质评价，属于不稳定的岩溶地基，又不能避开，就必须进行认真的处理。应根据岩溶的形态、工程要求和施工条件等，因地制宜地选择处理措施。在工程实践中，岩溶地基一般有下列处理方法：

(1) 清爆换填

此方法适用于处理顶板不稳定、裂隙发育的浅埋溶洞地基。即清除覆土，爆开顶板，挖去松软填充物，分层回填下粗上细的碎石滤水层，然后建造基础。对于无流水活动的溶洞，也可采用土夹石或黏性土等材料夯填。此外，还可根据溶洞和填充物的具体条件，采用石砌柱、灌注桩或沉井等办法处理。

(2) 梁、板、拱等结构跨越

对于洞口较大、洞壁完整、强度较高而顶板破碎或无顶板的岩溶地基，宜采用梁、板跨越的方法进行处理，跨越结构应有可靠的支撑面。梁式结构在岩石上的支撑长度应大于梁高的 1.5 倍，也可以辅以浆砌块石等堵塞措施。

(3) 换填、镶补、嵌塞与跨盖等

对于洞口较小的洞隙,挖除其中的软弱充填物,回填碎石、块石、素混凝土或灰土等,以增加地基的强度和完整性。必要时可加跨盖。

(4) 洞底支撑

此方法适用于处理跨度较大、顶板完整,但厚度较薄的溶洞地基。为了增加顶板岩体的稳定性,采用石砌柱或钢筋混凝土柱支撑洞顶。采用此方法时应注意查明洞底柱基的稳定性。

(5) 钻孔灌浆

对于基础下埋藏较深的洞隙,可通过钻孔向洞隙中灌注水泥砂浆、混凝土、沥青及硅液等,以堵填洞隙。

(6) 设置"褥垫"

在压缩性不均匀的土岩组合地基上,凿去局部突出的基岩,在基础与岩石接触的部位设置"褥垫"(可采用炉渣、中砂、粗砂、土夹石等材料),以调整地基的变形量。

(7) 调整柱距

对个别溶洞或洞体较小的情况,可适当调整建筑物的柱距,使柱基建造在完整的岩石上,以避免处理地基。

(8) 调整基础底面面积

对有平片状层间夹泥或整个基底岩体都受到较强烈的溶蚀时,可进行地基变形验算,必要时可适当调整基础底面面积,降低基底压力。当基底石基分布不均匀时,可适当扩大基础底面面积,以防止地基不均匀沉降造成基础倾斜。

(9) 地下水排导

对建筑物或附近的地下水宜疏不宜堵。可采用排水管道、排水隧洞等进行疏导,以防止水流通道堵塞,造成场地和地基季节性淹没。

在使用上述处理方法时,应根据工程的具体情况,可单独使用,也可综合使用。

15.6　工程实例

本节主要介绍灰土垫层法处理盐渍土地基。

15.6.1　工程概况

在某市南部地带,从东到西约 20 km、南北长约 5 km 的狭长区域,地下分布着大量的盐渍土,呈强碱性反应的土(pH 值大于 8.5),可溶盐分极少,主要为碳酸钠。碱土常与盐土共生,其工程性质不良,干燥时很坚硬。盐渍土地基在干燥状态下,地耐力可达 180 kN/m^2,远远大于普通黏土地基的 8～12 kN/m^2;渗湿后发生湿化,形成很深很黏的泥泞。

15.6.2　工程经验教训

在这个区域建设的某小区 5 层住宅楼,由于地基处理没有采取相应的措施预防盐渍土的危害,导致 6 栋楼房在竣工后的 1～2 年的时间里,产生了大量的裂缝,其中最严重的 1 栋楼裂缝宽达 1 cm 多。事故出现的原因分析如下:

(1) 灰土层厚度不够

该工程的灰土层厚度为 600～900 mm 不等,刚度不够,所起的隔离水源的作用也是有限的。因此,当水源入侵时,水就会通过灰土层进入地基土中,导致盐渍土层发生湿化变软。

(2) 基础刚度不够

该工程采用条形基础,刚度有限,当地基土层发生湿化变软时,该基础就会发生变形,从而引起墙身开裂。

(3) 地面水源预防不够

该小区的一些住户，在散水上堆置重物，导致散水变形开裂或倒坡。雨水通过水落管流到散水上，又通过散水裂缝进入地基土。

(4) 灰土层所用的土质不当

该工程地基处理所用的土为原土，仍为盐渍土。由于盐渍土的压缩性较差，而且盐渍土本身遇水湿化，所以，地基处理后效果不明显。

15.6.3 地基处理方案的探讨

(1) 可排除的方案

① 挤密砂桩。由于该桩有丰富的毛细管通道，一旦有水源，就会顺着该桩贯通整个持力层，导致盐渍土层发生湿化变软，进一步降低承载力。

② 砂石垫层。由于该垫层有丰富的毛细管通道，一旦有水源，就会顺着该垫层进入持力层，同样导致盐渍土层发生湿化变软。

(2) 合理的方案

① 钢筋混凝土桩。由于该桩有较强的刚度和耐久性，并且能深入地基深处，将承载的重量通过摩擦或端承传递到深层地基中，因此，受地表水影响较小。但是，该方案造价较高，不符合经济实用的原则。

② 人工成孔灰土桩。该桩具有一定的刚度，并且随着时间延长，强度不断提高；另外，该桩中的灰土与盐渍土中的盐离子发生置换后，能够固化土壤，进一步增强地基土的强度。但是由于该桩需要人工挖土成孔，人工夯填灰土，因此，进度缓慢，不符合总工期的要求。

③ 灰土挤密桩。机械成孔后，灌注搅拌均匀的灰土。该桩处理后的地基承载力可提高 1 倍以上，同时具有节省土方、施工简便的特点。

④ 灰土垫层法。即挖去部分或全部盐渍土，用灰土垫层处理。该方法施工简单，取材方便，费用较低。灰土垫层能够增加承载力，并且能切断毛细管水的输送，形成一个屏障，它的无侧限抗压强度显著增加，一般可增加 60 倍以上。该方案又分为刚性灰土法和灰土幕墙法。

a. 刚性灰土法要求灰土的厚度必须大于 1.5 m，以保证灰土层有一定的刚度，另外，该垫层随时间延长强度不断提高，垫层中灰土与盐渍土中的盐离子发生置换后，能够固化土壤，增强地基土的强度。由于该小区地下水位较低，所以，不影响灰土的碾压密实，也不影响灰土作为气硬性材料的强度增长。

b. 灰土幕墙法要求灰土的厚度大于 1.0 m，以保证灰土层的抗渗性，另外，在地基土的周边应设置幕墙。幕墙深要求超过 3 m，宽度要求超过 1 m，这样才能确保地表水不进入地基。这种方法比较经济，而且效果也好。

⑤ 素土垫层法。即挖去部分或全部盐渍土，用素土分层回填夯实。

15.6.4 整个小区的具体实施方法

本着经济实用、讲求效率、安全可靠的原则，本工程选用了灰土垫层法。在施工中采取了如下措施，以确保质量。

(1) 所用土料必须是好土，即易溶盐含量小于 0.3%，并且是黏性土。

(2) 严格控制每层的虚铺厚度，确保分层碾压密实。

(3) 尽可能在寒冷季节到来之前施工，以保证具有足够的强度。另外，还要预防盐渍土中的硫酸盐使土产生由于温度下降引起的膨胀。

(4) 土和白灰必须过筛，充分搅拌均匀，具体要求严格按照施工规范进行。

(5) 灰土垫层伸出片筏基础的宽度，应确保大于 2.0 m，以便更好地起到防范地表水的作用。

(6) 做好防水措施。对于基坑(基槽) 周边回填土，要确保质量。施工期间，要做好排水措施，以免基坑积水。室外管道，包括上水、下水、排水、暖气管道，尽量埋入地沟中，埋入时要增加防水套管(可采用国标厚壁的 PVC 管）。

(7) 做好沉降观测记录，密切注意楼房的变形发展趋势。

15.6.5 实施效果

整个小区在地基处理中采用灰土垫层法，包括刚性灰土法和灰土幕墙法，实施 2 年时间，经观察没有一栋楼房发生地基不均匀沉降，也没有因此而发生墙体变形裂缝。沉降观测记录一般为 2～3 cm，最大不超过 4 cm。这说明，经过处理的地基，强度稳定，地耐力良好。

思考题与习题

15.1 如何根据湿陷系数判定黄土的湿陷性？怎样区分自重湿陷性黄土和非自重湿陷性黄土？如何划分地基的湿陷等级？

15.2 试述膨胀土的特性及其危害。

15.3 膨胀土对建筑物有哪些危害？什么叫自由膨胀率？膨胀土地基胀缩等级分为多少级？

15.4 简述盐渍土的物理力学性质和工程性质。

15.5 什么是岩溶？它的形成条件是什么？

15.6 简述湿陷性黄土地基、膨胀土地基、盐渍土地基和岩溶地基的处理措施。

参考文献

[1] 陈仲颐,叶书麟.基础工程学.北京:中国建筑工业出版社,1990.
[2] 工程地质手册编委会.工程地质手册.4版.北京:中国建筑工业出版社,2007.
[3] 龚晓南.地基处理.北京:中国建筑工业出版社,2005.
[4] 龚晓南.地基处理手册.3版.北京:中国建筑工业出版社,2008.
[5] 龚晓南.复合地基理论及工程应用.北京:中国建筑工业出版社,2002.
[6] 龚晓南.复合地基设计和施工指南.北京:人民交通出版社,2003.
[7] 巩天真,岳晨曦.地基处理.北京:科学出版社,2008.
[8] 顾晓鲁,钱鸿缙,刘惠珊,等.地基与基础.3版.北京:中国建筑工业出版社,2003.
[9] 韩春林,杨锡慎.灰土桩处理湿陷性黄土地基设计与综合评价.西部探矿工程,1996,8(51):40-45,56.
[10] 何广讷.振冲碎石桩复合地基.北京:人民交通出版社,2001.
[11] 刘景政.地基处理与实例分析.北京:中国建筑工业出版社,1998.
[12] 刘松玉,钱国超,章定文.粉喷桩复合地基理论与工程应用.北京:中国建筑工业出版社,2006.
[13] 刘兴录.注册岩土工程师专业考试案例题解.北京:中国建筑工业出版社,2006.
[14] 刘永红.地基处理.北京:科学出版社,2005.
[15] 楼永高.25 m深层振冲挤密砂基加固跑道地基的施工与试验——澳门国际机场跑道区人工岛地基加固工程振冲施工综述.水运工程,1995(9):32-36.
[16] 卢锐.昆明阳光花园小区9#住宅楼顶升纠偏工程设计与施工实践.重庆:重庆大学工程硕士学位论文,2008.
[17] 牛志荣.地基处理技术及工程应用.北京:中国建材工业出版社,2004.
[18] 王建华.加筋地基补强技术研究与应用.重庆:重庆大学工程硕士学位论文,2006.
[19] 王星华.地基处理与加固.长沙:中南大学出版社,2002.
[20] 徐至钧,等.新编建筑地基处理工程手册.北京:中国建材工业出版社,2005.
[21] 徐至钧,张亦农.强夯和强夯置换法加固地基.北京:机械工业出版社,2004.
[22] 徐至钧,赵锡宏.地基处理技术与工程实例.北京:科学出版社,2008.
[23] 岩土注浆理论与工程实例协作组.岩土注浆理论与工程实例.北京:科学出版社,2001.
[24] 叶观宝,高彦斌.振冲法和砂石桩法加固地基.北京:机械工业出版社,2005.
[25] 叶观宝.地基加固新技术.2版.北京:机械工业出版社,2002.
[26] 叶书麟,叶观宝.地基处理.2版.北京:中国建筑工业出版社,2004.
[27] 叶书麟,叶观宝.地基处理与托换技术.北京:中国建筑工业出版社,2005.
[28] 叶书麟.地基处理工程实例应用手册.北京:中国建筑工业出版社,1998.
[29] 张辉杰,胡先举,李学海,等.三峡二期围堰风化砂砾振冲加固检测成果分析.长江科学院院报,2002,19(4):30-32,48.
[30] 浙江省工程建设标准.复合地基技术规程(DB 33/1051—2008).北京:中国计划出版社,2008.
[31] 郑俊杰.地基处理技术.武汉:华中科技大学出版社,2004.
[32] 中华人民共和国国家标准.建筑地基基础设计规范(GB 50007—2011).北京:中国建筑工业出版社,2011.
[33] 中华人民共和国国家标准.建筑地基基础工程施工质量验收规范(GB 50202—2002).北京:中国计划出版社,2002.
[34] 中华人民共和国国家标准.膨胀土地区建筑技术规范(GB 50112—2013).北京:中国计划出版社,2013.
[35] 中华人民共和国国家标准.湿陷性黄土地区建筑规范(GB 50025—2004).北京:中国计划出版社,2004.
[36] 中华人民共和国国家标准.土工合成材料应用技术规范(GB 50290—2014).北京:中国计划出版社,2015.
[37] 中华人民共和国行业标准.公路路基施工技术规范(JTG F10—2006).北京:人民交通出版社,2006.
[38] 中华人民共和国行业标准.公路工程土工合成材料试验规程(JTG E50—2006).北京:人民交通出版社,2006.
[39] 中华人民共和国行业标准.既有建筑地基基础加固技术规范(JGJ 123—2012).北京:中国建筑工业出版社,2012.
[40] 中华人民共和国行业标准.建筑地基处理技术规范(JGJ 79－2012).北京:中国建筑工业出版社,2013.
[41] 周德泉,刘宏利,张可能,等.粉喷桩处理软弱路基的设计与沉降分析.地质与勘探,2001(2):80-83.